U0166503

“十三五”国家重点出版物出版规划项目
能源革命与绿色发展丛书
智能电网关键技术研究与应用丛书

电力系统经济运行理论

韩学山　张利　杨明　王勇　著

机械工业出版社

本书较系统地介绍了电力系统经济运行的基本理论与方法。本书分为9章，第1章阐述了电力系统经济运行理论的基础问题；第2章以协调方程为核心，重点阐述了经典电力系统经济运行理论的问题与方法；第3章全面地阐述了机组组合决策问题与方法；第4章阐述了潮流问题及其相应的数值计算方法；第5章围绕输电能力、静态安全分析及动态安全经济调度等问题，阐述了相应的优化潮流问题及计算方法；第6章在电力市场环境下，以有功功率平衡为核心，以优化潮流为基础，阐述了各种情景下电力系统运行的经济规律；第7章针对可再生能源发电所带来的不确定性问题，深刻阐述了这一环境下的经济调度问题与方法；第8章在状态估计技术成熟条件下，阐述了从拓扑分析到状态估计以及相位量测对状态估计的影响等基本问题；第9章阐述了自动发电控制的基本问题。全书在预测、电源、负荷特性给定基础上，从日前机组组合、超前动态调度、在线调度以及自动发电控制的实现，构成了电力系统经济运行的基本理论体系。

本书内容深入浅出、系统连贯、自成体系，可作为电力系统运行调度方向的本科生和研究生的教学用书，也可为从事电力系统运行调度相关工作的科研人员和工程技术人员提供有益参考。

图书在版编目（CIP）数据

电力系统经济运行理论/韩学山等著．—北京：机械工业出版社，2020.5（2022.1重印）
（能源革命与绿色发展丛书．智能电网关键技术研究与应用丛书）
“十三五”国家重点出版物出版规划项目
ISBN 978-7-111-65168-0

Ⅰ．①电…　Ⅱ．①韩…　Ⅲ．①电力系统运行－研究　Ⅳ．①TM732

中国版本图书馆CIP数据核字（2020）第051622号

机械工业出版社（北京市百万庄大街22号　邮政编码100037）
策划编辑：付承桂　责任编辑：付承桂
责任校对：李　杉　封面设计：马精明
责任印制：单爱军
北京虎彩文化传播有限公司印刷
2022年1月第1版第2次印刷
169mm×239mm·22.75印张·2插页·454千字
标准书号：ISBN 978-7-111-65168-0
定价：118.00元

电话服务	网络服务
客服电话：010-88361066	机　工　官　网：www.cmpbook.com
010-88379833	机　工　官　博：weibo.com/cmp1952
010-68326294	金　　书　　网：www.golden-book.com
封底无防伪标均为盗版	机工教育服务网：www.cmpedu.com

前　言

伴随着电力系统的发展，电力系统经济运行理论经历了百年的历程，其核心就是由远及近地实现电力系统安全、可靠的经济运行。本书是作者近30年教学与科研的一个初步总结，试图通过短期的电力系统经济运行问题，把其中的基本理论与方法阐述清楚，以期对研究、实践电力系统经济运行的人们有参考价值。

本书首先用两章的篇幅，试图回答电力系统经济运行理论最基本的概念是什么？经典电力系统经济运行理论的核心是什么？接着全面阐述了电力系统的机组组合问题及方法，尤其是考虑电压问题的机组组合；在机组组合确定的情景下，就潮流、优化潮流的模型和方法进行了介绍，在此基础上，以有功功率平衡为核心，阐述各种情景下，电力系统运行市场环境下的经济规律，进而阐述针对可再生能源发电所带来的不确定性问题，以及不确定性经济调度的基本理论和方法；最后在状态估计技术成熟条件下，阐述了从拓扑分析到状态估计以及相位量测对状态估计的影响等基本理论问题，从而过渡到自动发电控制的基本理论问题。全书在预测、电源、负荷特性给定基础上，从日前机组组合、超前动态调度、在线调度以及自动发电控制的实现，构成电力系统经济运行的基本理论体系。

本书是团队教师、硕博研究生共同研究成果的总结。书中也参阅了国内外大量有价值的参考文献和资料，篇幅所限不能一一列出，望见谅。张玉敏博士全程参与编辑、校对了本书书稿，还有在读研究生们辛勤的努力，在此表示感谢。

本书内容体现的研究成果是阶段性的，由于笔者水平有限，难免存在缺陷与不足，恳切期望读者给予批评和指正。

作者
于济南

主要符号表

变量：

$\boldsymbol{A}_{\mathrm{C}}$	电网络独立闭合回路与支路间的关联矩阵
$\mathrm{AC}_i^{\min}$	发电机组 i 的最小平均成本
$\boldsymbol{A}_{\mathrm{G}}$	节点与机组间的关联矩阵
$\boldsymbol{A}_{\mathrm{L}}$	节点与支路间的关联矩阵
B_{i0}、B_{j0}	支路首、末两端对地电纳
B_{ij}	支路电纳
$C_g(P_g)$	机组 g 的费用特性函数
D	每单位百分比频率的变化所导致负荷变化的百分比
DR_g	机组 g 的降出力的爬坡速率
E_{qN}	发电机组空载电动势额定值
f_m^t	输电元件 m 在时段 t 传输的有功功率
$\bar{f}_m^{\max}$	输电元件 m 在时段 t 所允许传输的最大有功功率值（正向）
$\underline{f}_m^{\max}$	输电元件 m 在时段 t 所允许传输的最大有功功率值（反向）
$F_g(P_g)$	机组 g 的耗量
F_T	运行周期 T 内消耗的总能源
g_λ^t、g_μ^t	关于 $\boldsymbol{\lambda}^t$ 及 $\boldsymbol{\mu}^t$ 的次梯度
G_{i0}、G_{j0}	支路首、末两端对地电导
G_{ij}	支路电导
$\bar{h}$	单位备用成本平均值
H	机组有效水头
h	单位备用成本
I_{p}	被动量需求变化的区间范围长度
I_{f}	被动量需求波动性变化的区间范围长度
I	转动惯量

IC_g	机组 g 的耗量微增率
I_i	节点 i 注入电流
I_s	区间满足度范围要求
k	负荷区间波动参数
K	变压器电压比
K_a	预想事故集
$K_{g,m}$	机组 g 对应输电元件 m 的发电转移因子
K_i^{max}、K_i^{min}	变压器电压比的上、下限
L	输电元件总数
L_0	被动量需求初始值
L_s	被动量需求预测值
$L_{u,m}$	被动量需求波动上限值
$L_{d,m}$	被动量需求波动下限值
$L(t)$	被动量需求随机变量
M	角动量
N	机组集合
NC_c	存在越限情况预想事件集
NC_s	从 NC_c 中筛选出有效预想事件，形成子问题集
NC_b	起作用事件集
N_g	可启停机组总数
NL	负荷节点集合
NS	平衡节点号
NT	系统可调变压器电压比的总数
ORP_i	发电机组在某一前导时间的停运替代率
PF_i	网损罚因子
P_g	机组 g 的输出功率
$p_{g,t}$	机组 g 在时段 t 的有功输出功率
P_h	水轮机组输出功率
P_L	系统负荷需求
ΔP_L	系统负荷扰动
P_g^{max}、P_g^{min}	机组 g 的输出功率上下限

P_i^s、Q_i^s	节点 i 的有功功率和无功功率注入
P_{loss}、Q_{loss}	系统的有功损耗和无功损耗
$P_{\text{net int}}$	流入联络线的净功率
$P_{\text{net int sched}}$	联络线功率的设定值
ΔP_{valve}	控制阀位置相对其正常值的改变
$P(x)$	强迫停运容量的累积概率，即投运风险度
prob_i	发电机组强迫停运率或输电元件故障率
P_{ij}、Q_{ij}	节点 i 到 j 的支路有功功率、无功功率
$\boldsymbol{P}_g$	发电机组输出功率构成的向量
$\boldsymbol{P}_{\text{L}}$	节点负荷功率构成的向量
$\overline{\boldsymbol{P}}_{\text{f}}$，$\underline{\boldsymbol{P}}_{\text{f}}$	由支路传输功率上下限构成的向量
$P_{\text{L}k}$	预想事件 k 发生时负荷的实际功率
P_g^0	机组 g 初始输出功率
ΔP_g^{up}	机组 g 向上备用响应能力
ΔP_g^{dn}	机组 g 向下备用响应能力
P_{net}	净加速功率
P_{mech}	机械输入功率
P_{elec}	电磁输出功率
$Q_{g,t}$	机组 g 在时段 t 的无功出力
$Q_g^{\max}$、$Q_g^{\min}$	机组 g 的无功出力上下限
Q_{h}	水电机组总发电用水
$Q_{\text{L},t}$	系统在时段 t 的无功负荷
r_g	第 g 台火电机组输出功率的最大变化速率
$\boldsymbol{R}^{\text{down}}$、$\boldsymbol{R}^{\text{up}}$	发电机组向下和向上允许提供旋转备用贡献限制的向量
R_m	无功电源所在节点的集合
s	区间满足度约束中的区间满足度要求
s_{n}	未加入区间满足度约束时系统对被动量需求区间的满足程度
s_0	系统初始运行状态可再生能源波动不确定集置信度
s_V	被动量变化速率满足度
S	区间满足度

S_{r}	可再生能源发电波动不确定集的置信度要求
$S_{g,t}(x_{g,t},u_{g,t},u_{g,t-1})$	机组 g 在时段 t 的启动费用函数
$\mathrm{SF}_g(t)$	机组 g 在时段 t 启动时消耗的能源
$\mathrm{SE}_g(t)$	机组 g 在时段 t 启动时产生的废气
$\widetilde{S}_i$	节点 i 注入复功率
SR_t	时段 t 的备用需求
$S_{ij}^{\max}$	元件的最大热载荷容量
Δt	每时段持续的时间间隔
Δt_{a}	允许调节（来得及）所持续的时间
t_{u}	预测时段内被动量需求上升时间
t_{d}	预测时段内被动量需求下降时间
ΔT	电网在预想事件发生后做出紧急调整的允许时间
T_{CH}	时间常数
T_{elec}	作用在转子上的电磁转矩
$\mathbf{TF}$	变压器分接头矢量
$\mathbf{TF}^{\max}$、$\mathbf{TF}^{\min}$	变压器分接头上下限
T_g^{on}	机组 g 的最小允许持续开机时间
T_g^{off}	机组 g 的最小允许持续停机时间
T_{mech}	作用在转子上的机械转矩
T_{net}	作用在转子上的净加速转矩
$u_{g,t}$	机组 g 在时段 t 的运行状态
UR_g	机组 g 的升出力的爬坡速率
$\boldsymbol{V}$	系统电压矢量
$\boldsymbol{V}^{\max}$、$\boldsymbol{V}^{\min}$	系统电压上下限
V_i	节点 i 的节点电压
$w_{m,t}$	第 m 输电元件在 t 时段机组启停变量变化与虚拟变量间牵制关系
W	决策时刻的可再生能源发电量
x_{t1}	在上调苛刻情景系统向上调节备用响应能力
x_0	系统初始运行状态向上备用响应能力

x_1	系统有效向上备用响应能力
x^0	未加入区间满足度约束时系统的向上备用响应能力
x_1	加入区间满足度约束后系统的有效向上备用响应能力
x_1^0	未加入区间满足度约束时系统的有效向上备用响应能力
$x_{T,\max}$	预测时段内系统最大向上备用响应能力
Δx_T、Δy_T	备用响应能力增量
X	系统对被动量区间波动设置的备用
$\boldsymbol{X}$	系统所有输电元件电抗构成的对角阵
X_g^{on}	机组 g 的持续开机时间
X_g^{off}	机组 g 的持续停机时间
y^0	未加入区间满足度约束时系统的向下备用响应能力
y_0	系统初始运行状态向下备用响应量
y_1^0	未加入区间满足度约束时系统的有效向下备用响应能力
y_{t2}	在下调苛刻情景系统向下调节备用响应能力
y_T	系统在预测时段内的向下备用响应能力
$y_{T,\max}$	预测时段内系统最大向下备用响应能力
Z	系统对主动量离散扰动设置的备用
α_{s}	系统调节比例因子
α	响应因子
α_{r}	转子的角加速度
α_t、β_t	被动量需求变化轨迹与时间轴的夹角
β	锅炉的启动成本
η	机组效率
$\eta_{\mathrm{u,m}}$	被动量需求最大向上变化速率
$\eta_{\mathrm{d,m}}$	被动量需求最大向下变化速率
$\eta_{\mathrm{u}}(t)$	被动量需求向上变化速率
$\eta_{\mathrm{d}}(t)$	被动量需求向下变化速率
η_{M}	系统输出功率最大变化速率
η	被动量需求变化速率
λ	电力商品的边际价格

λ_{H}	水电站耗水微增率特性
λ_t、μ_t、$\delta_{i,t}$、γ_m^+、γ_m^-	拉格朗日乘子
λ_{clear}	市场边际清除价格
τ_g	机组 g 的热时间常数
δ	节点相位角
δ_{r}	转子的相位角
ρ	失负荷风险概率
ρ_i	按同一条件考虑，任一机组的退出，系统的风险度
$\Delta\rho_i$	系统中任一机组退出引起的风险度变化
θ_i	节点 i 的电压相角
θ_{ij}	节点 i 与节点 j 之间的电压相位差
ω_{r}	转子的角速度
ω	可再生能源发电输出功率可用值
π_k	预想事件 k 发生的概率
Ω	区间宽度
$\overline{\Omega}$	系统满足的被动量区间波动上限
$\underline{\Omega}$	系统满足的被动量区间波动下限
$\overline{\Omega}_1$	考虑间歇式变化过程的被动量变化上限，对应发生时刻为 t_1
$\underline{\Omega}_2$	考虑间歇式变化过程的被动量变化下限，对应发生时刻为 t_2
$\psi_{\mathrm{u}}(T)$	预测时段内被动量需求上升量
$\psi_{\mathrm{d}}(T)$	预测时段内被动量需求下降量
$\psi_{\mathrm{u,m}}(T)$	预测时段内被动量需求上升量最大值
$\psi_{\mathrm{d,m}}(T)$	预测时段内被动量需求下降量最大值
φ	系统备用总量限值
μ	期望值
σ	标准差
Δ	加入区间满足度约束后增加系统备用响应能力

本书常用缩略语及中英文对照表

缩略语	英 文 含 义	中 文 含 义
AGC	Automatic Generation Control	自动发电控制
ACE	Area Control Error	区域控制偏差
ATC	Available Transfer Capability	可用输电能力
COPT	Capacity Outage Probability Table	容量停运概率表
CSCOPF	Corrective Security Constrained Optimal Power Flow	校正控制安全约束的优化潮流
DSCED	Dynamic Security Constrained Economic Dispatch	计及动态安全约束经济调度
DSED	Dynamic Security Economic Dispatch	动态安全经济调度
DWD	Dantzig- Wolfe Decomposition	丹齐格-沃尔夫分解法
ED	Economic Dispatch	经济调度
EENS	Expected Energy Not Supplied	期望失负荷电量
EMS	Energy Management System	能量管理系统
FVP	Flat Voltage Profile	稳定的电压分布
GSF	Generation Shift Factors	发电转移因子
LFC	Load Frequency Control	负荷频率控制
LODF	Line Outage Distribution Factor	线路开断分布因子
LOLP	Loss of Load Probability	失负荷概率
UC	Unit Commitment	机组组合
UD	Unit Decommitment	机组组合逆序排序
ORR	Outage Replacement Rate	停运替代概率
PCC	Point of Common Coupling	换流站公共连接点
PMU	Phasor Measurement Unit	相量测量装置
PTDF	Power Transmission Distributed Factors	功率传输分布因子
RPF	Repeated Power Flow	反复潮流法
SCUC	Security Constrained Unit Commitment	计及安全约束的机组组合问题
SCED	Static Security Constrained Economic Dispatch	计及静态安全约束的经济调度
SCOPF	Static Security Constrained Optimal Power Flow	计及静态安全约束的优化潮流
SED	Security Economic Dispatch	安全经济调度
VSC	Voltage Source Converter	电压源换流器
WAMS	Wide Area Measurement System	广域测量系统

目　　录

第1章

绪　论

1.1 电力系统运行的基本问题

电力系统是由发电、输电、配电、用电四个环节有机互联组成的整体。按传统，这一整体分为电网、电力系统、动力系统三个概念，就是把输配电称为电网，将发电厂和用户用电的部分加上电网称为电力系统，再将动力部分加上电力系统称为动力系统。这样的分类与定义，从逻辑上、专业类别上看，有一定的合理性，但实际中又是不可分割的。电网、电力系统只是动力系统的一部分，而且动力部分驱使电能产生与应用，是经济运行效果度量的核心。因此，电力系统经济运行指的是这一动力系统。

动力系统以电（电压、电流、功率、电能）为载体，实现能量转换与利用，这是人造的复杂系统。这一复杂系统可描述为源和网的有机组合。源就是发电厂和用户的动力部分，驱使电能的产生与利用。网就是驱使电能产生与利用环节与输配电网的有机构成。从能量供给和利用的行为角度看，源是功率、能量的供给与需求的集合，源间的平衡就是动力的平衡，在这一平衡过程中，按是否能主动改变自身行为促进源平衡实现性质角度看，源又有主动源和被动源之分。可见，源平衡是目的，网是实现该平衡的手段，这是一个“动力-电力-动力”的动态平衡系统，就是电力系统经济运行所指的系统。从法拉第原理出发，以三相同步发电为根本线索，由源驱使而产生与消费的电能的品质，与电压、频率及三相对称度相关，由此电力系统经济运行实现涉及三个核心要求：一是如何保持其在规定频率范围内；二是如何保持其在规定电压范围内；三是如何保持其电压、电流波形在对称范围内。

从力学角度出发，电力系统运行是一个动力学平衡的问题，因电的引入，这一动力平衡中制动与驱动汇集于一体，就是电力，而电力随电压、频率变化。可见，电力系统实现动力平衡是主动源跟踪被动源的过程，因不确定性的存在实现完全同步跟踪是不现实的。因此，在设计电力系统各个环节时，必须赋予其频率、电压的自动负反馈调节效应，即赋予电力系统源平衡一定的自愈性。也就是在一定条件下，电力系统运行允许频率、电压在一定范围内变化。所谓频率的自动调节效应，就是当频率升高或降低时，应自动地降低或提高频率的特性，即电力系统的自动频率调节特性。所谓电压的自动调节效应，就是当电压升高或降低时，应自动地降低或提高电压的特性，即电力系统的自动电压调节特性。

可见，在电力系统运行过程中，源（发电与用电间）平衡取决于上述自动的频率、电压调节效应，若以额定电压和额定频率下的源平衡为基点，则围绕该基点因频率、电压变化，其基点的平衡具有不可避免的波动性，只要这一波动性（波动的大小、波动的时间及波动的速度）是电力系统运行能承受的，则电力系统就可以自动运行。因此，把握基点与可忍受的波动性是电力系统运行与控制的关键，这也是电力系统经济运行决策的根本。对电力系统这一现代人造工程而言，以额定频率、电压下的源平衡为参考（基点），电力系统运行的波动性问题实质就是一个围绕该基点的运动学问题。就源平衡而言，围绕电力系统允许频率、电压的变化，涉及功率的平衡和能量的平衡，类比能量是路程，则功率是速度，功率变化就是加速度。可见，电力系统运行就是如何利用可控量以应对不可控量，通过调节距离、速度和加速度，使波动限制在可承受的范围内。

电力系统是一个不确定性的动态系统。电力系统运行中存在的不确定性广泛分布于源网及其相应的环境中，如发电与用电的不确定性，设备工作正常与不正常的不确定性，天气、环境和人为的不确定性等。由此可见，如何合理、有效地发挥主动量的作用以应对不确定性，成为电力系统经济运行的关键问题。传统电力系统中，发电作为主动可调节集，负荷作为被动不可调节集，电力系统是典型的发电跟踪负荷的运行模式。而随着发电形式和用电形式的多样化，在增加了不确定性的同时，也改变了主动量和被动量间的构成。因此，本书将主动量定义为：在发电与负荷平衡的过程中，能够通过决策或控制改变自身运行行为的量；被动量定义为：在发电与负荷平衡的过程中，不能通过决策或控制改变自身运行行为的量。在不确定的运行条件下，主动量源自可控火电与水电等电源、可控负荷、电动汽车、综合储能和无功补偿等，被动量源自不可控负荷、风光等可再生能源发电、事故扰动等。可以看出，主动量和被动量融入源网之中，而且主动中存在被动，被动中也存在主动，即在一定条件下主动与被动之间可以相互转化，电力系统经济运行就是主动应对被动的决策与控制。

1.2 电力系统运行有关经济问题的阐释

在电力系统运行过程中，由于存在难以预见的不确定性，必须超前把握基点，以及围绕该基点预期的波动，以耗费的代价或成本最低为目标，决策最优的基点及应对波动性的策略，使电力系统自动地运行，这就是电力系统经济运行的基本定义。

从传统电力系统概念看，基点是发电与用电平衡的预期，应对波动性的策略就是备用，预期是预定实施的计划，备用就是控制实现的策略。若计划不变，电

力系统能否按预期运行就取决于备用策略及实时执行是否可行，最好的经济运行方式就是在执行过程中，基点和应对波动性策略不变，因为这些决策是超前完成的，留有了充分的决策时间。

实现电力系统经济运行的根本在于源、网中各要素的特性，即输入与输出特性，这些特性在众多书籍中都有所阐述，本书就不再一一重复。

为了说明问题，假设将该特性简单抽象地描述为式（1-1）的形式，即

$$y=f(x) \tag{1-1}$$

式中，x 与 y 或 $f(x)$ 间是因果关系，x 表示的是电功率或电能量的某种表达，该关系可泛指：①输配电元件入口与出口的电磁功率传输关系，即电变电的变压器电磁功率特性规律，可以体现电功率（电能量）损失或损失费用；②发电资源耗量与输出电功率之间的关系，可以体现耗量、费用或利润；③用电价值与消费电功率（电能量）之间的关系，可以体现用户的收益或效用；④风险价值与电功率（电能量）之间的关系，体现切电、弃风和弃光等有关风险抵御或惩罚的问题；⑤污染排放与电功率（电能量）之间的关系，可以体现排放量、排放费用或洁净化的价值。

从式（1-1）也可演绎两个重要的概念。

$$\text{单耗：}a=y/x=f(x)/x$$

$$\text{微增率：}m=\mathrm{d}y/\mathrm{d}x=\mathrm{d}f(x)/\mathrm{d}x$$

在因变量（目标）驱使下，单耗（单位耗费）意味着平均的概念，微增率意味着变动平均的概念。当单耗最小值刚好与微增率相等时，意味着其处于最佳运行状态。在经济学上被称为最佳生产规模。若电力系统整体运行驱使某一集成目标达到这一最佳状态，就是电力系统运行最经济的状态，如何使电力系统时刻运行于这样一种状态，是电力系统经济运行所要探究的理论问题。电力系统经济运行涉及：①源、网的机-电、电-机、电-电转换的效率；②设备保持经济的寿命状态；③意外扰动难以抵御所带来的损失。

电力系统是巨型系统工程，效率提升一点点都会产生巨大的经济效益，这意味着节能，这是电力系统经济运行中的调度与控制问题；电力系统又是投资密集的工程，维护好设备，保持经济的寿命状态，才会使源平衡代价减小，这是检修与维护的问题；电力系统也是一个复杂的源网流系统，难以抵御的扰动会造成系统运行的崩溃，这不仅会产生巨大的可见的经济损失，而且也会导致巨大不可见的损失，这是电力系统运行长期的计划问题。可见电力系统经济运行涵盖了可靠与安全的意境，包括调度与控制、检修与维护，以及电力系统运行的长期计划，这是一个十分重要的研究领域。

1.3 电力系统经济运行广义模型的经济学阐释

从经济学角度看，电力应该是一种特殊的商品，尽管目前电力商品属性的实

质尚有诸多没有得到清楚的解释和表达，这也由于电力系统运行调度中复杂的制约条件，供给者与需求者在享用该商品时又无差异，使电力商品的内涵和外延都异常复杂，因此电力市场化改革还在进行之中。因此，电力经济理论与一般普通商品的经济理论有着本质的差别。电力系统经济运行理论在某种程度上讲就是其经济理论，即电力系统运行的经济理论，就是在电力商品生产、传输、销售及使用过程中，各环节的市场经济活动由于必须满足电力系统运行的各种制约而反映出的经济规律。

本节试图给出反映上述规律的一般数学模型，在模型的描述中，假设满足凸规划的条件，且仅考虑静态（假设仅考虑一个时间断面），具体表达式为

$$\begin{aligned}&\max: F(\boldsymbol{U},\boldsymbol{X},\boldsymbol{P})\\&\text{s.t. } g(\boldsymbol{U},\boldsymbol{X},\boldsymbol{P})=0\\&\quad h(\boldsymbol{U},\boldsymbol{X},\boldsymbol{P})\leqslant 0\end{aligned} \tag{1-2}$$

模型中，$\boldsymbol{U}$、$\boldsymbol{X}$、$\boldsymbol{P}$ 分别表示电力系统运行调度中的控制变量的列向量、状态变量的列向量和构成系统的参量。对目标函数 $F(\boldsymbol{U},\boldsymbol{X},\boldsymbol{P})$，当考虑供给与需求的收益时，即为社会效益最大化；当不考虑需求的弹性时，则目标函数表示购电成本最小化。该模型可以是确定性条件的表达，也可以是概率条件的表达，同时也可以考虑预想事件发生时必须满足的情况等。$g(\boldsymbol{U},\boldsymbol{X},\boldsymbol{P})$ 表示电力系统运行中需要满足的等式约束，广义讲是各种条件下的潮流平衡方程。$h(\boldsymbol{U},\boldsymbol{X},\boldsymbol{P})$ 表示电力系统运行调度中需要满足各种资源制约条件的函数约束。

由模型（1-2）可构造如下拉格朗日函数

$$L(\boldsymbol{U},\boldsymbol{X},\boldsymbol{P},\boldsymbol{\lambda},\boldsymbol{\alpha})=F(\boldsymbol{U},\boldsymbol{X},\boldsymbol{P})-\boldsymbol{\lambda}^{\mathrm{T}}g(\boldsymbol{U},\boldsymbol{X},\boldsymbol{P})-\boldsymbol{\alpha}^{\mathrm{T}}h(\boldsymbol{U},\boldsymbol{X},\boldsymbol{P}) \tag{1-3}$$

式中 $\boldsymbol{\lambda}$——等式约束对应的拉格朗日乘子列向量；

$\boldsymbol{\alpha}$——不等式约束对应的拉格朗日乘子列向量。

若对应最优解为（$\boldsymbol{U}^*,\boldsymbol{X}^*,\boldsymbol{\lambda}^*,\boldsymbol{\alpha}^*$），则有

$$\frac{\partial L}{\partial \boldsymbol{X}^*}=\frac{\partial F(\boldsymbol{U}^*,\boldsymbol{X}^*,\boldsymbol{P})}{\partial \boldsymbol{X}^*}-\left(\frac{\partial g(\boldsymbol{U}^*,\boldsymbol{X}^*,\boldsymbol{P})}{\partial \boldsymbol{X}^*}\right)^{\mathrm{T}}\boldsymbol{\lambda}^*-\left(\frac{\partial h(\boldsymbol{U}^*,\boldsymbol{X}^*,\boldsymbol{P})}{\partial \boldsymbol{X}^*}\right)^{\mathrm{T}}\boldsymbol{\alpha}^*=0 \tag{1-4}$$

$$g(\boldsymbol{U}^*,\boldsymbol{X}^*,\boldsymbol{P})=0 \tag{1-5}$$

$$h(\boldsymbol{U}^*,\boldsymbol{X}^*,\boldsymbol{P})\leqslant 0 \tag{1-6}$$

$$\boldsymbol{\alpha}^{*\mathrm{T}}h(\boldsymbol{U}^*,\boldsymbol{X}^*,\boldsymbol{P})=0 \tag{1-7}$$

在式（1-4）条件下，若状态发生微小变化，可有如下关系

$$\begin{aligned}\Delta \boldsymbol{F}&=\boldsymbol{\lambda}^{*\mathrm{T}}\Delta g(\boldsymbol{U}^*+\Delta\boldsymbol{U},\boldsymbol{X}^*+\Delta\boldsymbol{X},\boldsymbol{P})+\boldsymbol{\alpha}^{*\mathrm{T}}\Delta h(\boldsymbol{U}^*+\Delta\boldsymbol{U},\boldsymbol{X}^*+\Delta\boldsymbol{X},\boldsymbol{P})\\&=\boldsymbol{\lambda}^{*\mathrm{T}}\Delta\boldsymbol{E}+\boldsymbol{\alpha}^{*\mathrm{T}}\Delta\boldsymbol{h}\end{aligned} \tag{1-8}$$

其中，$\Delta\boldsymbol{E}=\Delta g(\boldsymbol{U}^*+\Delta\boldsymbol{U},\boldsymbol{X}^*+\Delta\boldsymbol{X},\boldsymbol{P})$，该量为状态微小变化引起等式约束的变化，该变化主要对应引导控制变量的变化，以驱使等式约束的满足。当该量趋于无穷小时，其中目标函数对驱使等式约束成立时必然有如下关系

$$\frac{\mathrm{d}\boldsymbol{F}}{\mathrm{d}\boldsymbol{E}}=\boldsymbol{\lambda}^{*} \tag{1-9}$$

式（1-9）就是所谓的边际影子，至于式（1-8）中的第二项在上述微变趋于最优时，同样满足式（1-7）。

由此看来，式（1-9）是上述一般数学表达中最本质的边际影子，对应模型反映的具体问题将体现不同条件下的边际成本，是电力商品完全竞争条件下制定价格的基础信息，也是反映电力系统运行调度中经济问题的实质所在。

那么起作用的不等式约束自然体现在影子 α 中，对应非零者自动对稀缺资源进行惩罚，同时反映该资源的机会成本概念，从而导致 Δh 趋于零，这一过程必然挤对控制变量的变化，该变化又自动转移到式（1-9），由此使价格发生了变化，上述便是本节一般模型经济机制解释的核心。

1.4 本书的内容

本书在日前时间级范围内给出电力系统经济运行理论中若干基本问题的阐释和体会，由于此方面书籍在国内外较多，在保证一定的体系下，本书重点讨论近20年来对经济运行理论的一些核心问题，而诸如预测理论、电源和负荷特性等与经济运行相关的理论本书没有介绍。本书分9章，第1章阐述电力系统经济运行理论的一些基本问题；第2章重点阐述经典电力系统经济运行理论的核心部分，以及与电网方程的衔接；第3章全面阐述了机组组合问题；第4章阐述了潮流问题及其相应的数值计算方法；第5章围绕输电能力、静态安全分析及动态安全经济调度等问题，阐述了相应的优化潮流模型和数值计算方法；第6章在电力市场环境下，以有功功率为核心，以优化潮流为基础，阐述各种情景下电力系统运行的经济规律；第7章针对可再生能源发电所带来的问题，深刻阐述了不确定性环境下经济调度的基本问题；第8章在状态估计技术成熟条件下，阐述了从拓扑分析到状态估计以及相位量测对状态估计的影响等基本问题；第9章阐述自动发电控制的基本问题。全书在预测、电源、负荷特性给定基础上，从日前机组组合、超前动态调度、在线调度以及自动发电控制的实现，构成对电力系统经济运行基本的理论。

第 2 章

电力系统经济运行中经典的问题

在传统电力系统中，电源主要由火电和水电构成，经济运行主要是追求火电机组运行的最高效率问题，时至今日，围绕这一问题的研究依然是电力系统经济运行的基础和核心。依据这一背景，本章从源平衡角度以及经典的经济调度理论出发，试图抽取这些共性的规律，包括可调可控火电机组在能源提供不受限制下的微分经济调度规律，可调可控水电在水资源受限制下的水火电积分经济调度规律，以及网损与电网广义注入量之间关系的规律，便于对电力系统经济运行实际复杂问题决策的理解与应用。

微分经济调度指的是发电资源不受限制下发电跟踪负荷的变化策略。积分经济调度指的是某些发电资源受限制下，发电跟踪负荷变化的策略必须在运行周期内同时完成。前者体现电力系统运行的实时性策略，后者体现电力系统运行的超前性策略。二者必须有机结合，才能促成电力系统稳健运行和发展。

2.1 等耗量微增率

最初的电力系统经济运行均被视为一个单母线问题，如火电机组间载荷的分配，水电机组间载荷的分配，目的是提高燃料（水量）的利用效率[1]。在能源提供不受限制的情况下，这类调度均为微分经济调度。当然，若在调度过程中不受速度（发电功率随时间的变化）的牵制，则可称为静态的微分式调度，若受速度的牵制，则必须实施瞻前顾后的策略，则称为动态的微分经济调度。本节侧重概念，仅讨论静态的微分经济调度。

2.1.1 耗量特性

就某一机组而言，要想实现经济的分配，精准把握机组耗量的输入与输出特性，即机组经锅炉、汽轮机，通过发电机转换为电的输出功率（P_g）与煤耗之间的关系特性。

耗量特性是电力系统中机组间有功功率载荷合理分配的依据，在满足一定约束条件的前提下，尽可能节约消耗的一次能源[2]。因此必须先明确发电设备单位时间内消耗的能源与发出电的有功功率的关系，即发电设备输入能量与输出电功率（并入电网的功率）的关系，这种关系称耗量特性。

机组耗量（费用）特性一般表示为近似的二次函数形式（当然还有其他形式，如分段线性、考虑气门调节阀效应的指数形式等），如式（2-1）所表示的火电机组耗量特性。

$$F_g(P_g)=a_gP_g^2+b_gP_g+c_g \quad (\text{吨标准煤(万元)/小时}) \tag{2-1}$$

其中，$F_g(P_g)$ 可表示费用，也可以表示耗量，二者之间差一个耗量价格的系数，在不引起混淆前提下，后续以耗量予以阐述。另外，上式中的 c_g 表示机组只要处于运行状态，其必存在的固定不变的耗量，相当于准固定成本。当机组处于运行状态时，决策机组输出功率变动的优劣与该常数无关，但当决策该机组是否启动或关闭时，与该常数就有紧密的关系。

2.1.2 比耗量

耗量特性曲线上的任意一点到原点直线的斜率定义为比耗量，又称为单位耗量，可以表示为

$$\frac{F_g}{P_g}=\frac{a_gP_g^2+b_gP_g+c_g}{P_g} \tag{2-2}$$

上式定义的比耗量意味着机组不同输出功率方式下其平均耗量是不同的，其倒数又可定义为效率（当然需要单位的换算）。当然，当机组运行于最大允许输出功率时，比耗量最小，即机组处于满载运行。这一概念在判别机组是否需要起停时，有着重要的作用。

2.1.3 耗量微增率

当机组处于某一运行点，围绕此点微小的输出功率变化所引起耗量的变化，定义为耗量微增率，即运行点的导数。耗量微增率主要考量机组间微小输出功率变化所引起耗量的变化。此概念在机组间经济功率分配有重要作用。机组耗量微增率由耗量特性可推演为

$$\mathrm{IC}_g=\frac{\Delta F_g}{\Delta P_g}=\frac{\mathrm{d}F_g}{\mathrm{d}P_g}=2a_gP_g+b_g \tag{2-3}$$

可见，耗量微增率曲线与耗量特性曲线有关，当耗量特性曲线中二次系数不为零时，耗量微增率曲线为直线，否则为常数。一般情况下，尤其是大型火力发电机组，其二次特性系数很小，故耗量微增率基本为常数。

2.1.4 机组间功率的经济分配

以两台机组共同运行满足某一用电功率的分配为例，开始处于不同的耗量微增率水平，要想处于经济运行状态，高耗量微增率机组应减小其输出功率，低耗量微增率机组应增加其输出功率，若不考虑机组输出功率上下限限制，这种调整过程趋于二者耗量微增率相等便达到经济的运行状态。

2.1.5 数学模型

在数学上，这个问题可表示成含等式、不等式约束的优化问题，可描述为

$$\min F = \sum_{g \in N} F_g(P_g) \tag{2-4}$$

$$P_L - \sum_{g \in N} P_g = 0 \tag{2-5}$$

$$P_g^{\min} \leqslant P_g \leqslant P_g^{\max}, \ g \in N \tag{2-6}$$

式（2-4）为目标函数，其中，N 为机组集合，P_g 为机组 g 输出有功功率。式（2-5）为发电与负荷平衡约束，P_L 为负荷需求，包括网损并设为常数。式（2-6）为机组输出功率上下限约束，其中 $P_g^{\max}$、$P_g^{\min}$ 分别为机组 g 允许输出功率的上限与下限。

2.1.6 求解原理

若仅考虑等式约束，可构造如下拉格朗日函数：

$$L(P,\lambda) = F + \lambda(P_L - \sum_{g \in N} P_g) \tag{2-7}$$

其最优性条件为

$$\frac{\partial L}{\partial P_g} = \frac{dF_g(P_g)}{dP_g} - \lambda = 0 \text{ 或} \frac{dF_g(P_g)}{dP_g} = \lambda, g \in N \tag{2-8}$$

$$\frac{\partial L}{\partial \lambda} = P_L - \sum_{g \in N} P_g = 0 \tag{2-9}$$

式（2-8）就是等耗量微增率准则的解析表达，其说明当系统耗量最小时，各个发电机组的边际耗量（耗量微增率）必须是相等的。

从式（2-8）及式（2-9）可以看出，若认为不等式约束在限制范围内，对此最优性条件，共有 $N+1$ 个变量（输出功率 P_g 以及拉格朗日乘子 λ），同时提供了 $N+1$ 个线性方程。从而通过解线性方程组，可以确定各发电机组的最优输出功率及乘子 λ。

在满足等耗量微增率准则情形下，对应乘子 λ 反映出单位负荷增加所引起耗量的增加，即边际耗量，边际耗量对应机组的集合为边际机组，边际机组输出功率一定在其输出功率上下限的范围内，即具有一定的上调或下调的能力，这一边际机组的集合称为优化的协调区[3]。协调区内的机组输出功率满足等耗量微增率准则是关键，如式（2-10）所示。

$$\frac{dF_g}{dP_g} = \lambda \qquad P_g^{\min} < P_g < P_g^{\max} \tag{2-10}$$

非边际机组的优化输出功率要么维持在上限、要么维持在下限，如式（2-11）和式（2-12）所示。

$$\frac{dF_g}{dP_g} < \lambda \qquad P_g = P_g^{\max} \tag{2-11}$$

$$\frac{dF_g}{dP_g} > \lambda \qquad P_g = P_g^{\min} \tag{2-12}$$

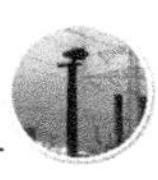

一般来讲，处于非协调区的机组数量可能有多个。当按式（2-8）和式（2-9）求解结果，对输出功率低于下限或高于上限机组依据式（2-11）和式（2-12）予以判断而出现多个机组时，从优化角度讲，不能一次性按式（2-11）和式（2-12）统一处理，要按一定的序列一个一个地松弛，即每次松弛一个机组（限定其为上限或下限，将其按等效负荷处理），在余下机组集合中，再建立类似式（2-8）和式（2-9）的方程组予以求解，如此反复进行下去，直到找到协调区为止。可见，这是解这一基本优化问题的难点。当然，由于式（2-4）~式（2-6）构成的是一个标准的二次规划问题，也可以通过直接的二次规划方法求解，即可发现协调区，不过此时需要较大的计算代价和复杂的计算逻辑。

【算例1】

情况1：如下三个火电机组的耗量特性与机组输出功率限制，$F_1(P_1)$、$F_2(P_2)$、$F_3(P_3)$的单位为R/h，R是一个广义的单位，可以是每小时耗量，也可以是每小时货币单位。

$$F_1(P_1)=561+7.92P_1+0.001562P_1^2$$
$$F_2(P_2)=310+7.85P_2+0.00194P_2^2$$
$$F_3(P_3)=78+7.97P_3+0.00482P_3^2$$
$$P_1\leqslant 600\text{MW 且 } P_1\geqslant 150\text{MW}$$
$$P_2\leqslant 400\text{MW 且 } P_2\geqslant 100\text{MW}$$
$$P_3\leqslant 200\text{MW 且 } P_3\geqslant 50\text{MW}$$

若此三个机组需要共同满足850MW负荷功率时，其经济功率的分配可以建立如式（2-8）和式（2-9）的线性方程组，可解出结果如下：

$$\lambda=9.148,\ P_1=393.2\text{MW},\ P_2=334.6\text{MW},\ P_3=122.2\text{MW}$$

可见，对应850MW负荷下，此三个机组属于同一协调区，围绕机组输出功率的基点（方程组的解），均可以具有一定的上调和下调的能力。

情况2：在上述情况下，若将机组1的耗量特性改为

$$F_1(P_1)=459+6.48P_1+0.00128P_1^2$$

按此情况求解，结果为

$$\lambda=8.284,\ P_1=704.6\text{MW},\ P_2=111.8\text{MW},\ P_3=32.6\text{MW}$$

尽管此时满足负荷，但机组1和机组3分别超上限和越下限，若一次性按式（2-11）和式（2-12）处理，则结果为

$$\lambda=8.626,\ P_1=600\text{MW},\ P_2=200\text{MW},\ P_3=50\text{MW}$$

若仅对机组1进行式（2-11）和式（2-12）处理，协调区认为是机组2和机组3构成，则结果为

$$\lambda=8.576,\ P_1=600\text{MW},\ P_2=187.1\text{MW},\ P_3=62.9\text{MW}$$

可以证明，协调区由机组2和机组3构成是最优分配方案。

2.1.7 协调区及其参与因子

围绕等耗量微增率原理，协调区是一个非常重要的概念。由于发电要满足的负荷是不确定的，在预期值周围要发生一定的随机变化，这些变化需要自动发电控制机组予以应对，可见自动发电控制机组集合必须在这个协调区内，才能实现自动的、经济的发电控制。设当前任意机组调度基点为 P_g^0，协调区内等耗量微增率为 λ。在这一情形下，当系统负荷发生一个扰动或变化，扰动量为 ΔP_{L}，若在此情况下参与控制机组（AGC 机组）数为 n，则由于机组增或减自己的发电功率，引起微增率的变化关系可以表示为

$$\Delta\lambda_g = \Delta\lambda \approx F_g''(p_g^0)\Delta P_g \tag{2-13}$$

由此有

$$\Delta P_{\mathrm{L}} = \Delta P_1 + \Delta P_2 + \cdots + \Delta P_n = \Delta\lambda \sum_{g=1}^{n} \frac{1}{F_g''(p_g^0)} \tag{2-14}$$

这样，参与因子（Participation Factor，PF）可以表示为

$$\mathrm{PF}_g = \frac{\Delta P_g}{\Delta P_{\mathrm{L}}} = \frac{\dfrac{1}{F_g''(p_g^0)}}{\displaystyle\sum_{g=1}^{n} \frac{1}{F_g''(p_g^0)}} \tag{2-15}$$

依据参与因子和总负荷扰动量，自动发电控制机组各自分摊的扰动量便得以确定，由此实现自动的发电控制，即自动的负荷跟踪。然而，协调区内，每一机组参与控制的量（增加发电或减少发电、响应速率大小）是决定自动发电控制品质（频率）的根本，自动发电控制机组参与控制的量越大，自动发电控制的品质指标就越好。可见协调区的范围就是负荷备用，负荷预测精度越高，协调区的范围就越小；负荷预测精度越低，协调区的范围就越大。当然，协调区的范围越大，运行也就越不经济。可见，经济运行引入备用便使其成为决策的问题。

【算例 2】

按算例 1 中的情况 1，计算三个机组的参与因子，并基于参与因子计算系统负荷增加 50MW 的机组载荷经济分配结果。

按上述分析可计算机组参与因子为：$\mathrm{PF}_1 = 0.47$；$\mathrm{PF}_2 = 0.38$；$\mathrm{PF}_3 = 0.15$

当负荷增加 50MW 时，机组按参与因子分配结果为

$$P_1 = 393.2\mathrm{MW} + 0.47 \times 50\mathrm{MW} = 416.7\mathrm{MW}$$

$$P_2 = 334.6\mathrm{MW} + 0.38 \times 50\mathrm{MW} = 353.6\mathrm{MW}$$

$$P_3 = 122.2\mathrm{MW} + 0.15 \times 50\mathrm{MW} = 129.7\mathrm{MW}$$

可见，以算例 1 情况 1 调度结果为基点，当负荷增加 50MW 时，机组分配结果依然在协调区内。

2.2　网损对等耗量微增率准则的修正

上述最基本的经济调度属于单母线问题，严格讲是一个源平衡调度问题，没有考虑电网的作用，当发电与用电在空间上差异很大时，会有一定的电的损耗（网损），考虑这一损耗时，等耗量微增率准则必须予以修正[4]。

考虑网损的火电机组输出功率经济分配的数学模型可表示为

$$\min F = \sum_{g \in N} F_g(P_g) \tag{2-16}$$

$$P_{\mathrm{L}} + P_{\mathrm{loss}} - \sum_{g \in N} P_g = 0 \tag{2-17}$$

$$P_g^{\min} < P_g < P_g^{\max}, \quad g \in N \tag{2-18}$$

需要说明的是，P_{loss}表示电网的损耗，该损耗与机组输出功率间构成复杂的函数变化关系。在经典的经济调度研究中，这一复杂关系表达中，一般假设机组输出功率间关系是独立的。由此当忽略不等式约束时，可构造拉格朗日函数如下：

$$L(P,\lambda) = F + \lambda(P_{\mathrm{L}} + P_{\mathrm{loss}} - \sum_{g \in N} P_g) \tag{2-19}$$

其最优性条件为

$$\frac{\partial L}{\partial P_g} = \frac{\mathrm{d}F_g(P_g)}{\mathrm{d}P_g} - \left(1 - \frac{\partial P_{\mathrm{loss}}}{\partial P_g}\right)\lambda = 0 \text{ 或 } \frac{\mathrm{d}F_g(P_g)}{\mathrm{d}P_g}\mathrm{NF}_g = \lambda, \quad g \in N \tag{2-20}$$

$$\frac{\partial L}{\partial \lambda} = P_{\mathrm{L}} + P_{\mathrm{loss}} - \sum_{g \in N} P_g = 0 \tag{2-21}$$

其中，$\mathrm{NF}_g = \dfrac{1}{\left(1 - \dfrac{\partial P_{\mathrm{loss}}}{\partial P_g}\right)}$称为网损罚因子，$\dfrac{\partial P_{\mathrm{loss}}}{\partial P_g}$称为网损微增率。由此，式（2-20）又称为考虑网损的等耗量微增率的协调方程。

可见，因电网损耗随机组输出功率而变化，而且这一变化是一个与电压、电流、有功功率、无功功率相关联的复杂函数，故此问题求解较不考虑网损要复杂很多。其复杂的原因在于网损微增率的正确求取，这个问题将放在后面专门阐述。若针对式（2-20）和式（2-21）发现了最优的协调区，在此基础上，可以解释考虑电网损耗时等耗量微增率准则修正方程的机理：当网损微增率大于0时，网损罚因子大于1，此情形表明该机组输出功率增加会引起网损的增加，因而其相当于耗量微增率增大，也相当于有减少该机组输出功率的趋势；当网损微增率小于0时，网损罚因子小于1，此情形表明该机组输出功率增加会引起网损的减少，因而其相当于耗量微增率减小，也相当于有增加该机组输出功率的趋势。基于这一机理，当网损微增率能精准表达时，等耗量微增率准则应用的原理基本不变，当然这一准则要面临电压水平和载流水平限制的考验，实质是进入了源平衡下的电网支撑问题。

【算例3】

若系统与算例1情况1相同，假设电网网损表达式如下：

$$P_{\text{loss}} = 0.00003P_1^2 + 0.00009P_2^2 + 0.00012P_3^2$$

这个简化的网损表达足以表明考虑损耗后进行分配调度的复杂性。实际应用时网损表达要比本例中使用表达更加复杂。

应用式（2-20），

$$\frac{\mathrm{d}F_1}{\mathrm{d}P_1} = \lambda\left(1 - \frac{\partial P_{\text{loss}}}{\partial P_g}\right)$$

变为

$$7.92 + 0.003124P_1 = \lambda[1 - 2(0.00003)P_1]$$
$$7.85 + 0.00388P_2 = \lambda[1 - 2(0.00009)P_2]$$
$$7.97 + 0.00964P_3 = \lambda[1 - 2(0.00012)P_3]$$

并且

$$P_1 + P_2 + P_3 - 850 - P_{\text{loss}} = 0$$

可见，不再能像上例一样直接对线性方程组求解，只能是迭代求解，步骤如下：

步骤1：为 P_1、P_2 和 P_3 分别选定初始值，它们相加等于总负荷。

步骤2：计算网损微增率$\frac{\partial P_{\text{loss}}}{\partial P_i}$和总损耗 P_{loss}。

步骤3：计算使 P_1、P_2 和 P_3 总和等于总负荷加损耗的 λ 值。

步骤4：将步骤3得到的 P_1、P_2 和 P_3 值与步骤1中的初始值进行比较。如果各值均没有显著的变化，转步骤5，否则返回步骤2。

步骤5：计算完成。

按此过程，对上例可得到

步骤1：选取 P_1、P_2 和 P_3 的初始值为

$$P_1 = 400.0\text{MW}$$
$$P_2 = 300.0\text{MW}$$
$$P_3 = 150.0\text{MW}$$

步骤2：网损微增率为

$$\frac{\partial P_{\text{loss}}}{\partial P_1} = 2 \times 0.00003 \times 400 = 0.0240$$

$$\frac{\partial P_{\text{loss}}}{\partial P_2} = 2 \times 0.00009 \times 300 = 0.0540$$

$$\frac{\partial P_{\text{loss}}}{\partial P_3}=2\times0.00012\times150=0.0360$$

总损耗为 15.6MW。

步骤 3：现在可以通过下列等式求解 λ 为

$$7.92+0.003124P_1=\lambda(1-0.0240)=0.9760\lambda$$

$$7.85+0.00388P_2=\lambda(1-0.0540)=0.9460\lambda$$

$$7.97+0.00964P_3=\lambda(1-0.0360)=0.9640\lambda$$

并且

$$P_1+P_2+P_3-850-15.6=P_1+P_2+P_3-865.6=0$$

这些等式是线性的，可以直接求解 λ。结果为

$$\lambda=9.5252\text{R/MW}\cdot\text{h}$$

所得火电机组输出功率为

$$P_1=440.68\text{MW}$$

$$P_2=299.12\text{MW}$$

$$P_3=125.77\text{MW}$$

步骤 4：因为 P_1、P_2 和 P_3 的值和初始值并不相同，返回步骤 2。

步骤 2：利用新的机组发电量重新计算网损微增率。

$$\frac{\partial P_{\text{loss}}}{\partial P_1}=2\times0.00003\times440.68=0.0264$$

$$\frac{\partial P_{\text{loss}}}{\partial P_2}=2\times0.00009\times299.12=0.0538$$

$$\frac{\partial P_{\text{loss}}}{\partial P_3}=2\times0.00012\times125.77=0.0301$$

总损耗为 15.78MW。

步骤 3：新的网损微增率和总损耗包含到等式中，对 λ 和 P_1、P_2、P_3 新值进行求解。

$$7.92+0.003124P_1=\lambda(1-0.0264)=0.9736\lambda$$

$$7.85+0.00388P_2=\lambda(1-0.0538)=0.9462\lambda$$

$$7.97+0.00964P_3=\lambda(1-0.0301)=0.9699\lambda$$

$$P_1+P_2+P_3-850-15.78=P_1+P_2+P_3-865.78=0$$

得到 $\lambda=9.5275\text{R/MW}\cdot\text{h}$ 以及

$$P_1=433.94\text{MW}$$

$$P_2=300.11\text{MW}$$

$$P_3=131.74\text{MW}$$

表 2-1 总结了解决此问题的迭代过程。

表 2-1　迭代过程

迭代次数	P_1/MW	P_2/MW	P_3/MW	损耗/MW	λ/(R/MW·h)
开始	400.00	300.00	150.00	15.60	9.5252
1	440.68	299.12	125.77	15.78	9.5275
2	433.94	300.11	131.74	15.84	9.5285
3	435.87	299.94	130.42	15.83	9.5283
4	434.13	299.99	130.71	15.83	9.5284

2.3　水火电协调

在本节中，仅考虑一个火电机组和一个水电机组共同满足载荷的简单系统，来探讨水火协调的积分式经济调度的基本问题。当然，积分调度中包含着微分调度，同时积分调度必须给出一个运行周期内的决策轨迹，因而必定是动态的问题[5]。虽然只阐述水火电这样一个简单的系统，但其涵义可以包容资源受限制的若干问题。另外，通过简单扩展或补充，也很容易考虑抽水蓄能、各种储能设施等参与的经济调度问题。因此水火电协调积分式经济调度是动态问题优化中关键而基础的问题，意义深远。

2.3.1　不考虑网损的数学模型及优化方法

1. 水电机组耗水量特性

水力发电就是利用水力（具有水头）推动水力机械（水轮机）转动，将水能转变为旋转机械能，如果在水轮机上接上另一种机械（发电机），随着水轮机的旋转便可发出电来，这时机械能又转变为电能。

水力发电在某种意义上讲是水的势能变成旋转机械能，又变成电能的转换过程。根据原理可推算出水力发电的出力公式如下：

$$P = 9.81\eta HQ \tag{2-22}$$

式中　P——机组机端传出的功率、出力（kW）；

H——作用在水轮机上的有效水头（m），它等于水库水位与下游水位之差（即毛水头）减去引水部分水头损失。据经验，水头损失 Δh 一般为 H_g（毛水头）的 3% ~10%，输水道短取小值；

Q——水电厂水轮机的引用流量（m^3/s）；

η——水轮发电机组效率，包括水轮机的效率和发电机的效率。η 不但与水轮机、发电机的类型和参数有关，还会随机组运行工况的改变而改变，不是一个固定值。为简化计算，令 $k = 9.81\eta$，则可把出力公式简化为

$$P = kHQ \tag{2-23}$$

式中　k——水电站出力系数。大中型水电站，$k = 8.0 \sim 8.5$；中小型水电站，$k = 6.5 \sim 8.0$；小型电厂，$k = 6.0 \sim 6.5$。

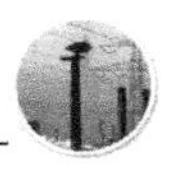

各国一般把装机容量5MW以下的水电站定为小水电站，5~100MW为中型水电站，100~1000MW为大型水电站，超过1000MW的为巨型水电站。

实际运行中的水电站，只有可调节能力的才能参与电力系统的运行调度，不可调节的按可再生能源发电一样处理。针对可调节水电站，依据水库水资源情况，其发电与耗水量之间的关系（耗水量特性）比较复杂，由于来水量等变化，严格讲水头是变化的，从而每一时刻发电功率所需水量与水库净水头有着复杂的非线性关系，在一定允许的运行范围内（水头近似不变），耗水流量可以近似表达为发电功率的线性或二次函数，也可抽象表示为

$$q_{ht}=f(p_{ht}) \tag{2-24}$$

随着季节不同，水库来水量也不同，耗水量特性会发生变化，类似火电机组，也可以定义水电机组的比耗量，从机组个体角度，应该追求最小比耗量下运行。

2. 水电机组耗水量微增率特性

类似火电机组，所谓水电机组耗水量微增率特性，是指在某一发电方式下，耗水对发电功率的导数，是微增变化的比耗量，用λ_h表示。水电站耗水量微增率的表达式可依据式（2-24）求导得

$$\lambda_h=\frac{df(p_h)}{dp_h} \tag{2-25}$$

当然，耗水量微增率随水头变化而变化，呈现一定的非线性。基于耗水量微增率特性也可以求解水电站内机组群的经济载荷分配，类似于火电机组载荷的等耗量微增率分配准则。

3. 水电站运行特性及水火电系统联合的载荷经济分配

水力发电在一定水头下通过调节流量的大小来调节发电出力，流量的调节是由改变水轮机导叶开度来实现的，导叶开度的调节是由改变接力器行程来进行的。这样水轮发电机组的运行工况就可以用水头、导叶开度和出力等之间关系来表示。与火力发电类似，水头损失、特别是导叶的局部水头损失，是因负荷的变化而进行水轮机进水量调节所引起，在减小导叶开度以降低负荷时，虽然流量减小，但因导叶开度减小引起了局部水头损失急剧增加，使水能的利用率大大降低，导致耗水率急剧上升。在日运行方式中，空载及压负荷运行时的耗水率较大，水能的利用率很低。按设计，水轮机组满负荷或接近额定负荷时运行效率最高，此时水能资源得以充分利用。

然而，水资源来源具有不确定性，其用水量受上游水位及下游用水量的限制。对可调节水库（日调节、月调节、年度调节）电站而言，水电厂一定周期内消耗的水量由水库调度确定，这时的目标函数不再是单位时间内消耗的水量，应该是在一定的运行周期T（如年、月、日等周期）内允许消耗的水量。由于化石燃料是非可再生资源，因而在水火电联合系统中，经济运行决策应追求运行周期内的火电燃料F_T总耗量最小，如式（2-26）所示。

$$F_T = \sum_{g \in N} \int_0^T F_g(P_g)\,\mathrm{d}t \tag{2-26}$$

而水电站在运行周期内应该满足式（2-27）的约束。

$$\int_0^T f(p_\mathrm{h}(t))\,\mathrm{d}t = Q_\mathrm{H} \tag{2-27}$$

式中 $f(p_\mathrm{h}(t))$——水电机组输出有功功率 $P_\mathrm{h}(t)$ 耗水量特性；

Q_H——周期 T 内允许的用水量。

实际中，相关水电机组的约束和表达是更复杂的，如水头与流量之间的非线性关系，梯级水流域耦合等，还有下游企业、民用、灌溉等必用水量限制等，从而其优化决策也变得更加复杂。

同火电厂相比，水电厂运行费用可忽略不计。因此，使用水力发电可以大幅降低发电费用。此外，与火电厂相比，水电厂可更迅速地对负荷的变化做出快速的调整。但是水电厂的局限在于可以用于发电的水资源是有限的（除丰水期）；同时，同一河流上的梯级电站间存在着水力关联。因此，就需要对发电用水量加入一系列约束。

相对而言，火电厂运行费用高，同时必须控制其污染物排放。若假设能源（矿物燃料、核燃料）供给充足，可认为发电方式改变不受其影响。

因此，合理的水火电系统发电计划必须满足各时刻的负荷需求，以及相应的运行约束，协调水力发电和火力发电资源以充分发挥各自的优势，降低发电费用。这就是使载荷的经济分配从微分式走向了积分式。本节仅对简单的水火电力系统的经济调度问题进行分析。为清楚起见，假设系统中只存在一个火电机组和一个水电机组，把周期内时间积分离散化成代数方式予以探讨水火协调经济调度的最基本原理问题。

目标函数：在运行周期内追求火电机组燃料消耗最少，即

$$\min F_T = \sum_{t=1}^{T} [\Delta T F_\mathrm{st}(p_\mathrm{st})] \tag{2-28}$$

约束条件：

发电与负荷平衡：

$$p_\mathrm{st} + p_\mathrm{ht} = P_L \quad (t = 1, 2, \cdots, T) \tag{2-29}$$

用水量限制：

$$\sum_{t=1}^{T} \Delta T q_\mathrm{ht} = Q_\mathrm{H},\ q_\mathrm{ht} = f(p_\mathrm{ht}) \tag{2-30}$$

当然还有其他约束。如，开始时刻水量约束、终止时刻水量约束、发电流量约束、特殊时间段固定流量约束等。火电机组的运行约束包括机组出力限制、爬坡约束、最小启停时间限制等。此外，还包含各时段水火电间的耦合约束，包括功率平衡、旋转备用等。

若仅考虑式（2-28）~式（2-30）的数学模型，假定水电机组流量与发电之间的函数关系是已知的，水库水头在发电过程中近似不变。其中 Q_{H} 为周期内最大允许的用水量，ΔT 为每时段延续的时间，T 为运行周期内离散化所划分的时段数。

依据上述，可构建拉格朗日函数：

$$L = \sum_{t=1}^{T} \Delta T[F_{\mathrm{s}}(p_{\mathrm{st}}) - \lambda_t(p_{\mathrm{st}} + p_{\mathrm{ht}} - P_L)] - \gamma\left[Q_{\mathrm{H}} - \sum_{t=1}^{T} \Delta T q_{\mathrm{ht}}(p_{\mathrm{ht}})\right] \tag{2-31}$$

由此有最优条件：

$$\frac{\partial L}{\partial p_{\mathrm{st}}} = \frac{\mathrm{d}F_{\mathrm{s}}(p_{\mathrm{st}})}{\mathrm{d}p_{\mathrm{st}}} - \lambda_t = 0 \quad t = 1,2,\cdots,T \tag{2-32}$$

$$\frac{\partial L}{\partial p_{\mathrm{ht}}} = -\lambda_t + \gamma\frac{\mathrm{d}q_{\mathrm{h}}(p_{\mathrm{ht}})}{\mathrm{d}p_{\mathrm{ht}}} = 0 \quad t = 1,2,\cdots,T \tag{2-33}$$

当 ΔT 趋于0时，可得

$$\frac{\Delta F_{\mathrm{st}}}{\Delta p_{\mathrm{st}}} = \gamma\frac{\Delta q_{\mathrm{h}}(p_{\mathrm{ht}})}{\Delta p_{\mathrm{ht}}} \tag{2-34a}$$

$$\gamma = \frac{\Delta F_{\mathrm{st}}(p_{\mathrm{st}})}{\Delta q_{\mathrm{h}}(p_{\mathrm{ht}})} \tag{2-34b}$$

若不等式约束均满足，式（2-34a）就是水火电经济调度在任意时刻满足的协调方程，其结果与泛函变分法优化结果完全一致。式（2-34b）是水煤换算当量的表达，分子是火电耗煤量或费用，分母是耗水量，由此称 γ 为水煤换算当量系数，数学上讲是为满足约束（2-30）所对应的乘子，经济学上讲是对应稀缺资源的影子价格。

可见，水电机组耗水量微增率再乘以水煤换算当量系数，就等效为一个火电机组。水煤换算当量系数越小，意味着水电机组应该多发电；水煤换算当量系数越大，意味着水电机组应该少发电；水煤换算当量系数接近0时，意味着水电机组承担全部发电任务。由此，式（2-34a）是运行周期内任意时刻满足的扩展的等耗量微增率准则。

就上述简化模型的最优条件，其求解方法为给定初始条件下，火电机组等耗量微增率原则（称为 λ 内层迭代），再在外层加 γ 层迭代，一般称 λ-γ 迭代，收敛条件为满足等式约束。具体的计算方法就不在此详细阐述。

2.3.2　考虑网损的水火电调度

目标函数：

$$\min F_T = \sum_{t=1}^{T}[\Delta T F_{\mathrm{st}}(p_{\mathrm{st}})] \tag{2-35}$$

负荷平衡约束：

$$p_{\mathrm{st}} + p_{\mathrm{ht}} = P_L + P_{\mathrm{loss}}(t) \quad (t = 1,2,\cdots,T) \tag{2-36}$$

水量约束：

$$\sum_{t=1}^{T} \Delta T q_{ht} = Q_{H}, \ q_{ht} = f(p_{ht}) \tag{2-37}$$

以及其他约束。

上述数学模型与不考虑网损是一样的，只是增加了网损随发电功率而变化的项。

仅考虑等式约束，可建立拉格朗日函数：

$$L = \sum_{t=1}^{T} \Delta T [F_{s}(p_{st}) - \lambda_{t}(p_{st} + p_{ht} - P_{loss}(t) - P_{L})] - \gamma \left[Q_{H} - \sum_{t=1}^{T} \Delta T q_{ht}(p_{ht}) \right] \tag{2-38}$$

其最优条件：

$$\frac{\partial L}{\partial p_{st}} = \frac{dF_{s}(p_{st})}{dp_{st}} - \lambda_{t}\left(1 - \frac{\partial P_{loss}(t)}{\partial p_{st}}\right) = 0 \quad t = 1, 2, \cdots, T \tag{2-39}$$

$$\frac{\partial L}{\partial p_{ht}} = -\lambda_{t}\left(1 - \frac{\partial P_{loss}(t)}{\partial p_{ht}}\right) + \gamma \frac{dq_{h}(p_{ht})}{dp_{ht}} = 0 \quad t = 1, 2, \cdots, T \tag{2-40}$$

$$pf_{st}\frac{\Delta F_{st}}{\Delta p_{st}} = \gamma pf_{ht}\frac{\Delta q_{h}(p_{ht})}{\Delta p_{ht}}, \ \gamma = \frac{pf_{st}\Delta F_{st}(p_{st})}{pf_{ht}\Delta q_{h}(p_{ht})} \tag{2-41}$$

式（2-41）就是考虑网损的水火电协调方程。其中，pf_{st}为火电机组网损罚因子，pf_{ht}为水电机组网损罚因子。对应这一条件的求解方法为，在 λ 迭代法基础上，中间层、最外层的 γ、pf 两层迭代，一般称 $\lambda-\gamma$、pf 迭代。

【算例 4】

一个水电机组和一个火电机组构成简单水火系统为载荷供电。具体参数如下：

等效火电机组耗量（单位为 R/h）特性为 $F(P_t) = 575 + 9.2P_t + 0.00184P_t^2$

等效火电机组输出功率约束为 $150\text{MW} \leqslant P_t \leqslant 1500\text{MW}$

等效水电机组耗水量（单位为 acre-ft/h㊀）特性为

$$q(P_h) = 330 + 4.97P_h$$
$$0 \leqslant P_h \leqslant 1000\text{MW}$$
$$q(P_h) = 5300 + 12(P_h - 1000) + 0.05(P_h - 1000)^2$$
$$1000\text{MW} \leqslant P_h \leqslant 1100\text{MW}$$

网损（单位为 MW）为 $P_{loss} = 0.00008P_h^2$

一天要满足的负荷为 0 时到 12 时：1200MW；12 时到 24 时：1500MW

水电机组 24 小时用水量限制为 100000acre-ft，忽略来水量。

依据上述算法，可得 0 时到 12 时：火电机组发电 567.4MW，水电 668.3MW，流量 3651.5acre-ft；12 时到 24 时：火电发电 685.7MW，水电 875.6MW，流量 4681.7acre-ft。水煤换算当量系数 γ 为 2.028378R/acre-ft。

㊀ 1acre（英亩）= 4046.856m²；1ft（英尺）= 0.3048m；1acre-ft/h = 1233.48m³/h。

2.4　计及电网潮流协调方程的修正

上述经典协调方程的推导，一个重要的问题是数学上不严密（发电与负荷平衡时假设注入功率间独立，考虑网损时又假设注入功率之间相关）。另外就是与电网潮流方程不是有机衔接的。实际上电网电功率牵制并支撑着源功率的平衡，其电网损耗功率是这一牵制的线索，这一损耗功率（电场、磁场产生的损耗）由电网中各元件的电阻属性、电导属性等参量，以及电网的运行方式共同决定，经典协调方程注重源平衡，对网损处理存在缺欠，从而难以处理电网问题（电压问题、载流问题等）。按电网网络理论，网损功率就是电网各节点注入功率的函数，而注入功率随电压、频率变化而变化，从而呈非线性特性。显然，当上述经济调度结果考虑这一损耗时会使优化结果改变，从而显现出协调方程中协调区的等耗量微增率应该体现在电网的各个节点上，为寻求这一节点上协调方程的修正与推广，必须从电网潮流方程出发，寻找线损功率的解析表达，从而推演基于潮流网损微增率的解析，使协调方程与现代电力系统调度接轨。

2.4.1　直角坐标下的潮流方程

2.4.1.1　潮流计算中的节点类型划分

电力系统的潮流计算，根据给定的运行方式，节点可分为三种：①*PQ* 节点，所谓 *PQ* 节点通俗讲是该节点有功功率及无功功率的注入是给定的，待求量为该节点的电压（直角坐标为实部与虚部，极坐标为模值与相角）。从运行决策角度看，该类节点是被动的，即不具有主动改变有功功率和电压水平的能力；②*PV* 节点，所谓 *PV* 节点就是节点的注入有功功率及电压幅值给定，待求量为该节点的注入无功功率及电压相位。从运行决策角度看，该类节点是主动的，即在一定允许条件下具有主动改变有功功率和电压水平的能力；③平衡节点，在潮流计算中，这类节点只设一个，又称为参考节点，即该点电压幅值给定，相位给定，待求量为注入有功功率和注入无功功率，若不设置这一节点，潮流难以求解。从运行决策角度看，平衡节点应该是多个，如自动发电控制就是在多个节点集成后实现的。因此，在理解潮流时，不应该仅从数学上看，还应从电力系统运行角度去思考，这样才能深刻理解和应用这一电力系统运行与控制的关键基础。

为下文叙述方便，定义以下节点集合：S_P 为有功功率注入已知的节点集合，即包括所有的 *PQ* 节点和 *PV* 节点；S_Q 为无功功率注入已知的节点集合，即包括所有的 *PQ* 节点；S_V 为电压幅值已知的节点集合，即包括 *PV* 节点和平衡节点。

2.4.1.2　节点功率方程

具有 N 个节点的电网，节点 i 的注入电流 I_i（复数）、注入功率 $\widetilde{S}_i$（复数）及电压 V_i（复数）间的关系为（电压与电流共轭之积，呈现点积为有功功率和差积为无功功率）

$$\widetilde{S}_i = P_i + jQ_i = V_i\overset{*}{I}_i = V_i\sum_{j\in i}\overset{*}{Y}_{ij}\overset{*}{V}_j,\ i = 1,2,\cdots,N \tag{2-42}$$

用向量可表示为

$$\widetilde{\boldsymbol{S}} = \boldsymbol{P} + \mathrm{j}\boldsymbol{Q} = \mathrm{diag}(\overline{\boldsymbol{V}})\overline{\boldsymbol{I}}^* = \mathrm{diag}(\overline{\boldsymbol{V}})(\overline{\boldsymbol{Y}}\,\overline{\boldsymbol{V}})^* \tag{2-43}$$

式中，$\widetilde{\boldsymbol{S}}$、$\boldsymbol{P}$、$\boldsymbol{Q}$ 分别为 N 维的复功率、注入有功功率以及无功功率向量；$\overline{\boldsymbol{V}}$、$\overline{\boldsymbol{I}}$ 为复数电压、电流向量，其中 $\overline{\boldsymbol{V}} = \boldsymbol{e} + \mathrm{j}\boldsymbol{f}$（实部、虚部向量）；$\overline{\boldsymbol{Y}}$ 为电网节点导纳矩阵。

将复功率的实部与虚部分开，则可以得到节点有功功率、无功功率向量以及电压幅值的表达式

$$\boldsymbol{P} = \mathrm{diag}(\boldsymbol{e})(\boldsymbol{Ge} - \boldsymbol{Bf}) + \mathrm{diag}(\boldsymbol{f})(\boldsymbol{Gf} + \boldsymbol{Be}) \tag{2-44}$$

$$\boldsymbol{Q} = \mathrm{diag}(\boldsymbol{f})(\boldsymbol{Ge} - \boldsymbol{Bf}) - \mathrm{diag}(\boldsymbol{e})(\boldsymbol{Gf} + \boldsymbol{Be}) \tag{2-45}$$

$$\boldsymbol{V}^2 = \mathrm{diag}(\boldsymbol{e})\boldsymbol{e} + \mathrm{diag}(\boldsymbol{f})\boldsymbol{f} \tag{2-46}$$

式中　$\boldsymbol{G}$、$\boldsymbol{B}$——导纳矩阵的实部、虚部；

$\boldsymbol{e} = [e_1, e_2, \cdots, e_N]^{\mathrm{T}}$——节点电压实部组成的列向量；

$\boldsymbol{f} = [f_1, f_2, \cdots, f_N]^{\mathrm{T}}$——节点电压虚部组成的列向量；

$\boldsymbol{f}'$——去掉参考节点对应列的节点电压虚部向量；

$\boldsymbol{x}$——$n = 2(N-1)$ 维电压向量，$\boldsymbol{x} = \begin{bmatrix}\boldsymbol{e}\\ \boldsymbol{f}'\end{bmatrix}$。

2.4.1.3　广义注入量及表达

从式（2-42）至式（2-46）可以看出，直角坐标形式下的功率方程为各节点电压的实部和虚部的二次方程，即关于向量 $\boldsymbol{e}$ 和 $\boldsymbol{f}$ 的二次函数。将以上节点的有功功率注入 $\boldsymbol{P}$、无功功率注入 $\boldsymbol{Q}$ 以及节点电压幅值 $\boldsymbol{V}^2$ 通称为系统的广义注入量，计为 $\boldsymbol{z}$。

定义 N 维列向量 $\mathbf{l}_i$，其第 i 列元素为 1，其余元素都为 0，则节点 i 的有功功率注入 P_i 可记为

$$\begin{aligned} P_i &= (\mathbf{l}_i)^{\mathrm{T}}\boldsymbol{P} = (\mathbf{l}_i)^{\mathrm{T}}[\mathrm{diag}(\boldsymbol{e})(\boldsymbol{Ge} - \boldsymbol{Bf}) + \mathrm{diag}(\boldsymbol{f})(\boldsymbol{Gf} + \boldsymbol{Be})] \\ &= \boldsymbol{e}^{\mathrm{T}}[\mathrm{diag}(\mathbf{l}_i)(\boldsymbol{Ge} - \boldsymbol{Bf})] + \boldsymbol{f}^{\mathrm{T}}[\mathrm{diag}(\mathbf{l}_i)(\boldsymbol{Gf} + \boldsymbol{Be})] \end{aligned} \tag{2-47}$$

定义一个对称阵 $\boldsymbol{H}^{\mathrm{P}}$，有

$$\hat{\boldsymbol{H}}_i^{\mathrm{P}} = \begin{bmatrix} \mathrm{diag}(\mathbf{l}_i)\boldsymbol{G} + \boldsymbol{G}^{\mathrm{T}}\mathrm{diag}(\mathbf{l}_i) & -\mathrm{diag}(\mathbf{l}_i)\boldsymbol{B} + \boldsymbol{B}^{\mathrm{T}}\mathrm{diag}(\mathbf{l}_i) \\ -\boldsymbol{B}^{\mathrm{T}}\mathrm{diag}(\mathbf{l}_i) + \mathrm{diag}(\mathbf{l}_i)\boldsymbol{B} & \mathrm{diag}(\mathbf{l}_i)\boldsymbol{G} + \boldsymbol{G}^{\mathrm{T}}\mathrm{diag}(\mathbf{l}_i) \end{bmatrix} \tag{2-48}$$

则式（2-47）可以表示为

$$P_i = \frac{1}{2}\begin{bmatrix}\boldsymbol{e}\\ \boldsymbol{f}\end{bmatrix}^{\mathrm{T}}\hat{\boldsymbol{H}}_i^{\mathrm{P}}\begin{bmatrix}\boldsymbol{e}\\ \boldsymbol{f}\end{bmatrix} \tag{2-49}$$

令 $\boldsymbol{H}_i^{\mathrm{P}}$ 表示 $\hat{\boldsymbol{H}}_i^{\mathrm{P}}$ 中去掉参考节点对应的行和列，则有

$$P_i = \frac{1}{2}\boldsymbol{x}^{\mathrm{T}}\boldsymbol{H}_i^{\mathrm{P}}\boldsymbol{x} \tag{2-50}$$

同理，无功注入可以表示为

$$Q_i = \frac{1}{2}\boldsymbol{x}^{\mathrm{T}}\boldsymbol{H}_i^{\mathrm{Q}}\boldsymbol{x} \tag{2-51}$$

其中，$\boldsymbol{H}_i^{\mathrm{Q}}$ 表示 $\hat{\boldsymbol{H}}_i^{\mathrm{Q}}$ 中去掉参考节点对应的行和列。

$$\hat{\boldsymbol{H}}_i^{\mathrm{Q}} = \begin{bmatrix} -\mathrm{diag}(\mathbf{l}_i)\boldsymbol{B} - \boldsymbol{B}^{\mathrm{T}}\mathrm{diag}(\mathbf{l}_i) & -\mathrm{diag}(\mathbf{l}_i)\boldsymbol{G} + \boldsymbol{G}^{\mathrm{T}}\mathrm{diag}(\mathbf{l}_i) \\ -\boldsymbol{G}^{\mathrm{T}}\mathrm{diag}(\mathbf{l}_i) + \mathrm{diag}(\mathbf{l}_i)\boldsymbol{G} & -\mathrm{diag}(\mathbf{l}_i)\boldsymbol{B} - \boldsymbol{B}^{\mathrm{T}}\mathrm{diag}(\mathbf{l}_i) \end{bmatrix} \tag{2-52}$$

电压幅值可以表示为

$$V_i^2 = \frac{1}{2}\boldsymbol{x}^{\mathrm{T}}\boldsymbol{H}_i^{\mathrm{V}}\boldsymbol{x} \tag{2-53}$$

其中，$\boldsymbol{H}_i^{\mathrm{V}}$ 表示 $\hat{\boldsymbol{H}}_i^{\mathrm{V}}$ 中去掉参考节点对应的行和列。

$$\hat{\boldsymbol{H}}_i^{\mathrm{V}} = 2\begin{bmatrix} \mathrm{diag}(\mathbf{l}_i) & 0 \\ 0 & \mathrm{diag}(\mathbf{l}_i) \end{bmatrix} \tag{2-54}$$

根据式（2-50）、式（2-51）以及式（2-53），广义节点注入 z 可以统一表达为

$$z_i = \frac{1}{2}\boldsymbol{x}^{\mathrm{T}}\boldsymbol{H}_i\boldsymbol{x} \tag{2-55}$$

则直角坐标下潮流方程的雅可比矩阵 $\boldsymbol{J}(x)$ 可以表示为

$$\boldsymbol{J}(x) = \frac{\partial z}{\partial \boldsymbol{x}} = \frac{\partial\left[\dfrac{1}{2}\begin{bmatrix}\boldsymbol{x}^{\mathrm{T}}\boldsymbol{H}_1\boldsymbol{x} \\ \vdots \\ \boldsymbol{x}^{\mathrm{T}}\boldsymbol{H}_n\boldsymbol{x}\end{bmatrix}\right]}{\partial \boldsymbol{x}} = \begin{bmatrix}\boldsymbol{x}^{\mathrm{T}}\boldsymbol{H}_1 \\ \vdots \\ \boldsymbol{x}^{\mathrm{T}}\boldsymbol{H}_n\end{bmatrix} \tag{2-56}$$

代入式（2-55）得

$$z = \frac{1}{2}\boldsymbol{J}(x)\boldsymbol{x} \tag{2-57}$$

2.4.2　网损及网损微增率的推导

2.4.2.1　网损的二次型表达

电网所有节点的有功功率注入之和就是电网中消耗的总损耗功率，网损表示为

$$\begin{aligned} P_{\mathrm{loss}} &= \sum_{i=1}^{N} P_i = \mathrm{R}\left\{\sum_{i=1}^{N}\sum_{j=1}^{N}\overline{V}_i\overline{Y}_{ij}^{*}\overline{V}_j^{*}\right\} = \mathrm{R}\{\overline{\boldsymbol{V}}^{\mathrm{T}}[\overline{\boldsymbol{Y}}\,\overline{\boldsymbol{V}}]^{*}\} \\ &= \mathrm{R}\{(\boldsymbol{e}+\mathrm{j}\boldsymbol{f})^{\mathrm{T}}[(\boldsymbol{G}+\mathrm{j}\boldsymbol{B})(\boldsymbol{e}+\mathrm{j}\boldsymbol{f})]^{*}\} \end{aligned} \tag{2-58}$$

假设电网中没有不对称元件，则导纳矩阵的实部 $\boldsymbol{G}$ 为对称阵，则有

$$P_{\mathrm{loss}} = \boldsymbol{e}^{\mathrm{T}}\boldsymbol{G}\boldsymbol{e} + \boldsymbol{f}^{\mathrm{T}}\boldsymbol{G}\boldsymbol{f} = \boldsymbol{e}^{\mathrm{T}}\boldsymbol{G}'\boldsymbol{e} + (\boldsymbol{f}')^{\mathrm{T}}\boldsymbol{G}'\boldsymbol{f}' \tag{2-59}$$

其中，$\boldsymbol{G}'$ 为 $\boldsymbol{G}$ 矩阵去掉平衡节点对应的行和列。

定义 $(2n-1)\times(2n-1)$ 维矩阵 $\boldsymbol{L}$ 为

$$L=2\begin{bmatrix} G & 0 \\ 0 & G' \end{bmatrix} \tag{2-60}$$

代入式（2-59），得到系统总网损功率关于状态量 $\boldsymbol{x}$ 向量的二次型表达式为

$$P_{\mathrm{loss}}(\boldsymbol{x})=\frac{1}{2}\boldsymbol{x}^{\mathrm{T}}\boldsymbol{L}\boldsymbol{x} \tag{2-61}$$

2.4.2.2 网损微增率及修正的协调方程

在运行点 $\boldsymbol{x}^0$ 处，网损对系统注入量 z 的灵敏度向量记为 $\boldsymbol{\beta}$，有

$$\boldsymbol{\beta}=\frac{\partial P_{\mathrm{loss}}\left(z(\boldsymbol{x}^0)\right)}{\partial z}=\left[\left[\frac{\partial z(\boldsymbol{x}^0)}{\partial \boldsymbol{x}}\right]^{\mathrm{T}}\right]^{-1}\frac{\partial P_{\mathrm{loss}}(\boldsymbol{x}^0)}{\partial \boldsymbol{x}}=[\boldsymbol{J}^{\mathrm{T}}(\boldsymbol{x}^0)]^{-1}\boldsymbol{L}\boldsymbol{x}^0 \tag{2-62}$$

可以看出，灵敏度 $\boldsymbol{\beta}$ 只与电网接线方式及系统运行状态有关。对电网某一确定的运行点 $\boldsymbol{x}^0$，损耗功率的灵敏度向量 $\boldsymbol{\beta}$ 中的各元素都是常数。元素 β_i 表示在 $\boldsymbol{x}^0$ 处，注入量 z_i（包括有功功率、无功功率及节点电压幅值）发生单位变化时引起网损功率的变化，网损微增率正是向量 $\boldsymbol{\beta}$ 中与有功功率注入、无功功率注入及电压相对应的部分。

由此，回忆式（2-20）的经典协调方程，经上述网损微增率的表达，考虑节点注入功率相关性的一个数学假设条件，就可演绎成以下修正的形式，这一形式的优点在于其能与优化潮流相衔接。若不考虑无功功率、电压变化，设等耗量微增率准则满足协调区的 λ 一定在包括平衡节点的节点集中，换句话讲，协调方程是以平衡节点为参考节点的，相当于参考节点网损微增率为 1，则以耗量最小的协调方程（考虑潮流平衡）的修正形式为式（2-63）。依据此，从而使经典的经济调度与潮流能有机结合，这是经典经济调度走向现代经济调度的雏形。当然，相关对无功功率、电压的网损微增率也可用于考虑无功功率、电压变动的复杂协调方程形式，另外还有电网元件载流越限不等式约束处理等，这些都是优化潮流的基础性问题，在此就不再详细讨论。

$$\frac{1}{1-\beta_i}\frac{\mathrm{d}F_i(p_i)}{\mathrm{d}p_i}=\mathrm{PF}_i\frac{\mathrm{d}F_i(p_i)}{\mathrm{d}p_i}=\frac{\mathrm{d}F_{\mathrm{ref}}(p_{\mathrm{ref}})}{\mathrm{d}p_{\mathrm{ref}}}=\lambda \tag{2-63}$$

修正的协调方程（2-63）表明经济调度与现代的优化潮流是相通的。

2.4.2.3 网损与注入之间的关系表达

设任意运行点 $\boldsymbol{x}^0$ 处，总网损功率为 P^0_{loss}。当系统运行状态发生改变，偏移量为 $\Delta\boldsymbol{x}$，即新运行点对应状态向量为 $\boldsymbol{x}=\boldsymbol{x}^0+\Delta\boldsymbol{x}$，代入式（2-61）网损功率为

$$P_{\mathrm{loss}}(x)=\frac{1}{2}(\boldsymbol{x}^0+\Delta\boldsymbol{x})^{\mathrm{T}}\boldsymbol{L}(\boldsymbol{x}^0+\Delta\boldsymbol{x})=\frac{1}{2}(\boldsymbol{x}^0)^{\mathrm{T}}\boldsymbol{L}\boldsymbol{x}^0+(\boldsymbol{x}^0)^{\mathrm{T}}\boldsymbol{L}\Delta\boldsymbol{x}+\frac{1}{2}\Delta\boldsymbol{x}^{\mathrm{T}}\boldsymbol{L}\Delta\boldsymbol{x} \tag{2-64}$$

同样，根据式（2-57），以增量表示的系统注入量为

$$z=\frac{1}{2}\boldsymbol{J}(\boldsymbol{x}^0+\Delta\boldsymbol{x})\boldsymbol{x}^0+\Delta\boldsymbol{x}=\frac{1}{2}\boldsymbol{J}(\boldsymbol{x}^0)(\boldsymbol{x}^0)+\boldsymbol{J}(\boldsymbol{x}^0)\Delta\boldsymbol{x}+\frac{1}{2}\boldsymbol{J}(\Delta\boldsymbol{x})\Delta\boldsymbol{x} \tag{2-65}$$

由式（2-65）得到

$$\Delta \boldsymbol{x} = [\boldsymbol{J}(\boldsymbol{x}^0)]^{-1}\left(z - \frac{1}{2}\boldsymbol{J}(\boldsymbol{x}^0)(\boldsymbol{x}^0) - \frac{1}{2}\boldsymbol{J}(\Delta \boldsymbol{x})(\Delta \boldsymbol{x})\right) \tag{2-66}$$

将式（2-65）和式（2-66）代入式（2-64），并整理得

$$\begin{aligned} P_{\text{loss}}(x) &= (\boldsymbol{x}^0)^{\mathrm{T}}\boldsymbol{L}[\boldsymbol{J}(\boldsymbol{x}^0)]^{-1}\left(z - \frac{1}{2}\boldsymbol{J}(\Delta \boldsymbol{x})(\Delta \boldsymbol{x})\right) + \frac{1}{2}\Delta \boldsymbol{x}^{\mathrm{T}}\boldsymbol{L}\Delta \boldsymbol{x} \\ &= \boldsymbol{\beta}^{\mathrm{T}}z - \frac{1}{2}\boldsymbol{\beta}^{\mathrm{T}}\boldsymbol{J}(\Delta \boldsymbol{x})(\Delta \boldsymbol{x}) + \frac{1}{2}\Delta \boldsymbol{x}^{\mathrm{T}}\boldsymbol{L}\Delta \boldsymbol{x} \end{aligned} \tag{2-67}$$

令

$$\boldsymbol{H}(\boldsymbol{\beta}) = \sum_{i=1}^{n}\beta_i \boldsymbol{H}_i \tag{2-68}$$

再由式（2-56），有

$$\boldsymbol{\beta}^{\mathrm{T}}\boldsymbol{J}(\Delta \boldsymbol{x}) = \boldsymbol{\beta}^{\mathrm{T}}\begin{bmatrix} \Delta \boldsymbol{x}^{\mathrm{T}}\boldsymbol{H}_1 \\ \vdots \\ \Delta \boldsymbol{x}^{\mathrm{T}}\boldsymbol{H}_n \end{bmatrix} = \left[\sum_{i=1}^{n}\beta_i \Delta \boldsymbol{x}^{\mathrm{T}}\boldsymbol{H}_i\right] = \Delta \boldsymbol{x}^{\mathrm{T}}\left[\sum_{i=1}^{n}\beta_i \boldsymbol{H}_i\right] = \Delta \boldsymbol{x}^{\mathrm{T}}\boldsymbol{H}(\boldsymbol{\beta}) \tag{2-69}$$

式（2-69）代入式（2-67）并整理，可得到

$$P_{\text{loss}} = \boldsymbol{\beta}^{\mathrm{T}}z + \frac{1}{2}[\Delta \boldsymbol{x}]^{\mathrm{T}}[\boldsymbol{L} - \boldsymbol{H}(\boldsymbol{\beta})]\Delta \boldsymbol{x} \tag{2-70}$$

当 $\boldsymbol{x} = \boldsymbol{x}^0$ 时，代入式（2-70）有

$$P_{\text{loss}}(\boldsymbol{x}^0) = \boldsymbol{\beta}^{\mathrm{T}}z(\boldsymbol{x}^0) \tag{2-71}$$

而在任意 $\boldsymbol{x}$ 处，有

$$P_{\text{loss}} = \boldsymbol{\beta}^{\mathrm{T}}z + \varepsilon \tag{2-72}$$

其中 ε 为误差项

$$\varepsilon = \frac{1}{2}[\Delta \boldsymbol{x}]^{\mathrm{T}}[\boldsymbol{L} - \boldsymbol{H}(\boldsymbol{\beta})]\Delta \boldsymbol{x} \tag{2-73}$$

2.4.3　电网损耗功率的凸特性

2.4.3.1　一个理想运行状态的定义

定义一个各节点电压幅值相等、相位相同的理想状态，记为 x_{fvp}（下角 fvp, flat voltage profile）。

用直角坐标表示时：$x_{\text{fvp}} = e_{\text{fvp}} + f_{\text{fvp}}$，且 $f_{\text{fvp}} = 0$。

用极坐标表示时：$x_{\text{fvp}} = V_{\text{fvp}} \angle \delta_{\text{fvp}}$，且 $\delta_{\text{fvp}} = 0$。

可以得到以下结论：

1）导纳矩阵的实部 $\boldsymbol{G}$ 阵是半正定矩阵，有且只有一个零特征值，对应的特征向量是 $\boldsymbol{e}_{\text{fvp1}}$。证明：因为网损一定是非负的，即

$$P_{\text{loss}} = \boldsymbol{e}^{\mathrm{T}}\boldsymbol{G}\boldsymbol{e} + \boldsymbol{f}^{\mathrm{T}}\boldsymbol{G}\boldsymbol{f} \geqslant 0$$

令 $\boldsymbol{f}=\boldsymbol{0}$，则对任意电压实部向量 $\boldsymbol{e}$ 有

$$\boldsymbol{e}^{\mathrm{T}}\boldsymbol{G}\boldsymbol{e}\geqslant 0$$

因此 $\boldsymbol{G}$ 阵是半正定矩阵。

在理想状态 $\boldsymbol{x}_{\mathrm{fvp}}$ 下，由于各节点电压大小相等、相位相同，则所有支路电流均为0，即

$$\boldsymbol{I}=\boldsymbol{Y}\overline{\boldsymbol{V}}=(\boldsymbol{G}+\mathrm{j}\boldsymbol{B})\boldsymbol{e}_{\mathrm{fvp1}}=0$$

则有

$$\boldsymbol{G}(\boldsymbol{e}_{\mathrm{fvp1}})=0$$

由此说明 $\boldsymbol{G}$ 有且仅有一个0特征值，对应的特征向量是 $\boldsymbol{e}_{\mathrm{fvp1}}$。

2）矩阵 $\boldsymbol{L}$ 为半正定矩阵，有且只有一个零特征值，对应的特征向量是 $\boldsymbol{e}_{\mathrm{fvp1}}$。

证明：由于 $\boldsymbol{G}$ 是半正定矩阵，其0特征值对应的特征向量为 $\boldsymbol{e}_{\mathrm{fvp}}(\boldsymbol{f}=0)$，而 $\boldsymbol{G}'$为 $\boldsymbol{G}$ 中去掉平衡节点（$f_{\mathrm{N}}=0$）对应的行与列，因此，对 $\boldsymbol{G}'$有

$$\boldsymbol{f}'\boldsymbol{G}'\boldsymbol{f}'>0$$

即 $\boldsymbol{G}'$为正定矩阵。由于

$$\boldsymbol{L}=\begin{bmatrix}\boldsymbol{G} & \\ & \boldsymbol{G}'\end{bmatrix}$$

可得证 $\boldsymbol{L}$ 为半正定矩阵，有且仅有一个0特征值，对应的特征向量为 $\boldsymbol{e}_{\mathrm{fvp1}}$。

2.4.3.2 网损的凸特性证明

当初始点 $\boldsymbol{x}^0$ 接近 $\boldsymbol{x}_{\mathrm{fvp}}$，即电网各节点电压幅值（标幺值）以及相位都相差不大时，任意节点注入 $\boldsymbol{z}$ 下的网损满足以下凸特性[6]：

$$P_{\mathrm{loss}}\geqslant\boldsymbol{\beta}^{\mathrm{T}}\boldsymbol{z} \tag{2-74}$$

当且仅当 $\boldsymbol{x}=\boldsymbol{x}^0$ 时，等式成立。

证明：

根据式（2-73），误差项 $\boldsymbol{\varepsilon}$ 是关于状态向量偏差 $\Delta\boldsymbol{x}$ 的二次型，对应矩阵为 $\boldsymbol{L}-\boldsymbol{H}(\boldsymbol{\beta})$。

由2.4.3.1节中的结论（2），有

$$\boldsymbol{L}\boldsymbol{x}_{\mathrm{fvp}}=0 \tag{2-75}$$

当初始值 $\boldsymbol{x}^0$ 接近 $\boldsymbol{x}_{\mathrm{fvp}}$，有 $\boldsymbol{L}\boldsymbol{x}^0\approx\boldsymbol{L}\boldsymbol{x}_{\mathrm{fvp}}=0$。

代入式（2-62），得到这种情况下的损耗灵敏度向量为

$$\boldsymbol{\beta}=[\boldsymbol{J}^{\mathrm{T}}(\boldsymbol{x}^0)]^{-1}\boldsymbol{L}\boldsymbol{x}^0\approx[\boldsymbol{J}^{\mathrm{T}}(\boldsymbol{x}^0)]^{-1}\boldsymbol{L}\boldsymbol{x}_{\mathrm{fvp}}=0 \tag{2-76}$$

则由式（2-68），有

$$\boldsymbol{H}(\boldsymbol{\beta})=\sum_{i=1}^{n}\beta_i\boldsymbol{H}_i\mid_{\boldsymbol{x}^0\approx\boldsymbol{x}_{\mathrm{fvp}}}=0 \tag{2-77}$$

由此，在初始值 $\boldsymbol{x}^0$ 接近 $\boldsymbol{x}_{\mathrm{fvp}}$时，$\boldsymbol{L}$ 与 $\boldsymbol{L}-\boldsymbol{H}(\boldsymbol{\beta})$ 是非常接近的两个实对称阵，其特征值也接近。可知：$\boldsymbol{L}-\boldsymbol{H}(\boldsymbol{\beta})$ 也是半正定矩阵。

由式（2-62）可得

$$\boldsymbol{L}\boldsymbol{x}^0=[\boldsymbol{J}(\boldsymbol{x}^0)]^{\mathrm{T}}\boldsymbol{\beta}=\boldsymbol{H}(\boldsymbol{\beta})\boldsymbol{x}^0\Rightarrow[\boldsymbol{L}-\boldsymbol{H}(\boldsymbol{\beta})]\boldsymbol{x}^0=0 \tag{2-78}$$

因此，$\boldsymbol{L}-\boldsymbol{H}(\boldsymbol{\beta})$ 存在特征向量为 $\boldsymbol{x}^0$，使得 $\lambda[\boldsymbol{L}-\boldsymbol{H}(\boldsymbol{\beta})]=0$。

那么可知 $\boldsymbol{\varepsilon}=\frac{1}{2}[\Delta\boldsymbol{x}]^{\mathrm{T}}[\boldsymbol{L}-\boldsymbol{H}(\boldsymbol{\beta})]\Delta\boldsymbol{x}\geqslant0$，当且仅当 $\boldsymbol{x}=\boldsymbol{x}^0$ 时，等号成立。

由上述可以得证网损的凸特性。

2.4.3.3　基于支撑超平面的线性网损功率表达

当状态 $\boldsymbol{x}^0$ 下的网损灵敏度向量 $\boldsymbol{\beta}$，使得任意注入 $\boldsymbol{z}$ 时的电网损耗满足 $P_{\mathrm{loss}}\geqslant\boldsymbol{\beta}^{\mathrm{T}}\boldsymbol{z}$，则 $P_{\mathrm{loss}}=\boldsymbol{\beta}^{\mathrm{T}}\boldsymbol{z}$ 便定义了一个网损的支撑超平面（Supporting Hyper Plane）。

对一个接线方式一定的电网，对应于不同的初始点 $x_1^0,x_2^0,\cdots$有多个支撑超平面，可以满足 $P_{\mathrm{loss}}\geqslant\beta(x_1^0)^{\mathrm{T}}z$，$P_{\mathrm{loss}}\geqslant\beta(x_2^0)^{\mathrm{T}}z,\cdots$。如此一来，通过这组线性不等式表达就可以将网损 P_{loss}约束到误差很小的范围内。那么，计及损耗的功率平衡方程式可以用以下线性表达近似表示为

$$\begin{gathered}\sum_{i=1}^{N}P_i=P_{\mathrm{loss}}\\ P_{\mathrm{loss}}\geqslant\boldsymbol{\beta}^{\mathrm{T}}\boldsymbol{z},\forall\beta\in\mathrm{SH}\end{gathered} \tag{2-79}$$

以上表达式有效的初始点 $\boldsymbol{x}^0$ 的范围为

$$\boldsymbol{x}^0\left|\begin{gathered}P_{\mathrm{loss}}\geqslant\boldsymbol{\beta}^{\mathrm{T}}z;\boldsymbol{\beta}=[\boldsymbol{J}^{\mathrm{T}}(\boldsymbol{x}^0)]^{-1}\boldsymbol{L}\boldsymbol{x}^0;\boldsymbol{L}-\boldsymbol{H}(\boldsymbol{\beta})\geqslant0;\\ P_{\mathrm{loss}}=P_{\mathrm{loss}}(\boldsymbol{x});z=z(\boldsymbol{x});x\in\mathbf{R}^n\end{gathered}\right. \tag{2-80}$$

上述网损与注入之间在一定邻域内所显现的凸特性，对于快速优化的决策经济调度问题有非常积极的意义。

2.4.4　算例及其分析

【算例 5】

为验证上述网损表达以及凸特性论证的有效性，本节采用 5 节点简单电力系统，电网结构关系及元件参数见表 2-2。

表 2-2　5 节点系统相关参数

支路首节点	支路末节点	电　阻	电　抗	电　纳	非标准电压比
1	2	0.04	0.250	0.25	1
1	3	0.1	0.350	0.00	1
2	3	0.08	0.300	0.25	1
4	2	0.00	0.015	0.00	1.05
5	3	0.00	0.03	0.00	1.05

注：节点 1、2、3 为负荷节点；节点 4 和节点 5 为发电节点（参考节点）。均为标幺值。

通过编程计算，结果如下：

保持各节点电压为额定值，初始点为

$$z^0=[P_1,\cdots,P_4,V_1^2,\cdots,V_5^2]^{\mathrm{T}}=[-1.6,-2.0,-3.7,5.0,1.0,1.0,1.0,1.0,1.0]^{\mathrm{T}}$$

经过潮流计算得到的结果为

$$\boldsymbol{x}^0=[e_1,\cdots,e_5,f_1,\cdots,f_4]^{\mathrm{T}}$$

$$=[0.99555,0.94474,0.99676,0.91599,1,-0.09419,0.32783,-0.08043,0.40121]^{\mathrm{T}}$$

网损为 $P_{\mathrm{loss}}^0=0.2535$。

该初始运行点对应的支撑超平面见表 2-3。

表 2-3　5 节点系统的一个支撑超平面

节点号	δ^0	P^0	β_{P}	V^0	$(V^0)^2$	β_{V}
1	-5.40	-1.6	0.02597	1	1	-0.03645
2	19.14	-2.0	0.18202	1	1	-0.25028
3	-4.61	-3.7	0	1	1	0.03569
4	23.65	5.0	0.18202	1	1	0
5	-	-	-	1	1	0

上表中的 β_{P} 和 β_{V} 分别代表了有功的灵敏度因子和电压的灵敏度因子，即有 $\boldsymbol{\beta}=\boldsymbol{\beta}(x^0)=[0.02597,0.18202,0,0.18202,-0.03645,-0.25028,0.03569,0]^{\mathrm{T}}$。

$\boldsymbol{L}$ 矩阵和误差矩阵 $\boldsymbol{L}-\boldsymbol{H}(\boldsymbol{\beta})$ 的特征值见表 2-4。

表 2-4　$\boldsymbol{L}$ 矩阵和误差矩阵 $\boldsymbol{L}-\boldsymbol{H}(\boldsymbol{\beta})$ 的特征值

序　号	$\lambda_i(\boldsymbol{L})$	$\lambda_i[\boldsymbol{L}-\boldsymbol{H}(\boldsymbol{\beta})]$
1	4.056	4.032
2	3.23E-8	2.91E-08
3	4.778	4.703
4	0	0
5	0	0
6	4.056	4.032
7	3.23E-8	2.91E-08
8	4.778	4.703
9	0	0

上述结果表明：

1）经过向量计算，$\boldsymbol{\beta}^{\mathrm{T}}\boldsymbol{z}=0.2535$，验证了等式 $P_{\mathrm{loss}}=\boldsymbol{\beta}^{\mathrm{T}}\boldsymbol{z}^0$。

2）在 2.4.3.1 节中定义的 FVP 理想状态，用极坐标表示时有相角 $\boldsymbol{\delta}=[0,0,0,0]^{\mathrm{T}}$，电压幅值 $\boldsymbol{V}=[1,1,1,1,1]^{\mathrm{T}}$。而通过表 2-3 可以看到，初始状态下

各节点的相位并非全为 0，偏离最大的达到 23.65。这也表明，初始点接近 FVP 的条件并不严格，这就大大提高了网损凸特性的实用价值。

3）误差矩阵 $\boldsymbol{L}-\boldsymbol{H}(\boldsymbol{\beta})$ 的特征值都是非负数，说明该初始状态满足构成支撑超平面的条件，则该系统在接线方式不变时，其他任意运行状态下的总损耗都满足凸特性表达 $P_{\text{loss}} \geqslant \boldsymbol{\beta}^{\mathrm{T}}\boldsymbol{z}$。

在初始运行方式的基础上，对其中的某些注入量进行调整，对比 $\boldsymbol{\beta}^{\mathrm{T}}\boldsymbol{z}$ 与潮流计算得到的实际网损 P_{loss}，结果见表 2-5。

表 2-5　注入量调整后的计算结果对比

待调整注入量	对应的灵敏度因子	原始注入（pu）	调整后注入（pu）	$\boldsymbol{\beta}^{\mathrm{T}}\boldsymbol{z}$	实际网损 P_{loss}(pu)
P_1	0.02597	-1.6	-1.7	0.2505	0.2515
			-1.5	0.2561	0.2567
P_4	0.18202	5.0	5.1	0.2717	0.2722
			4.9	0.2353	0.2357
V_1^2	-0.03645	1.0	1.05	0.2497	0.2608
			0.9025	0.2570	0.2738

由上述可知，在初始点 $\boldsymbol{x}^0$ 下构成支撑超平面，即任意注入下的实际损耗都大于等于向量乘积 $\boldsymbol{\beta}^{\mathrm{T}}\boldsymbol{z}$。表 2-5 中，分别对节点 1、节点 4 的有功注入和节点 1 的电压幅值进行了调整，可以发现所有调整后的网损满足 $P_{\text{loss}} \geqslant \boldsymbol{\beta}^{\mathrm{T}}\boldsymbol{z}$，体现了网损的凸特性。

网损的灵敏度因子 $\boldsymbol{\beta}$，体现了在运行点 $\boldsymbol{x}^0$ 处的节点注入对网损的影响。当 $\beta_i>0$ 时，该节点净注入的增加会引起损耗的增加；当 $\beta_i<0$ 时，网损随节点净注入的增加而减小；当 $\beta_i=0$ 时，该节点净注入的增加不会引起网损的变化。在表 2-5 中，$\beta_{\mathrm{P1}}>0$，因此当节点 1 的净注入由 -1.6pu 增加为 -1.5pu（即减小节点上的负荷有功为 0.1pu）时，网损由 0.2535pu 增加为 0.2561pu，反之则减小。$\beta_{\mathrm{P4}}>0$，因此当节点 4 的净注入由 5.0pu 增加到 5.1pu（即增加节点上的发电功率 0.1pu）时，网损也增加为 0.2717pu。而对应灵敏度因子小于零的节点，$\beta_{\mathrm{V1}}<0$，当节点 1 的电压幅值增加为 1.05 时，总网损减小为 0.2497，反之，其电压幅值减小时网损增加。

2.5　结论

本章主要以最简单水火电系统为主线索，以等耗量微增率准则为核心，推演各种情景下的协调方程，阐明优化中基点和协调区的概念，微分调度、积分调度的概念，以及它们之间的关系。最后将潮流方程引入，演绎网损微增率，得出修正的协调方程，实现经典经济调度与现代经济调度的初步接轨。同时，推演网损微增率与相关注入间关系的严谨表达，并阐明在一定条件下具有较好的凸特性。

第3章

机组组合问题

3.1 引言

由于火电机组一旦运行，就要求必须运行在高于一个最小技术输出功率和低于一个最大技术输出功率，而人们的生活及企业生产等用电呈现周期的波动和变化，有高峰，也有低谷，为满足负荷这一变化的要求，就必然存在机组的启停问题，而频繁的机组启停不仅可能破坏设备的技术条件，而且会引起启动与停运费用的增加，因此，机组启停问题需要优化，大规模的电力系统，尤其是火电机组占主导的系统，机组组合优化可带来可观的经济效益。

从优化数学理论讲，机组组合（Unit Commitment）是根据负荷预测和各机组的成本特性，决策各机组在未来调度周期内（日、周）各个时段（一般一小时延续时间为一个时段）的开停机计划，在满足系统负荷需求和各类约束条件下，实现总成本最小。机组组合与经济调度（Economic Dispatch）是电力系统经济运行理论中两个核心的问题，本章在经济调度的基础上，重点阐述机组组合的相关问题[7]。

3.2 机组组合问题的数学描述

机组组合是要确定在调度周期内，机组在各个时段中的启停状态和发电功率，其目标是在满足系统约束和发电机组自身约束的前提下，使运行费用最小。该问题的数学模型可表示如下：

目标函数

$$\min F(p_{g,t},u_{g,t}) = \sum_{t=1}^{T}\sum_{g=1}^{N_g}[C_g(p_{g,t})u_{g,t} + S_{g,t}(x_{g,t-1},u_{g,t},u_{g,t-1})] \quad (3\text{-}1)$$

式中 T——研究周期内所划分时段数；

N_g——可启停机组总数；

$p_{g,t}$——机组 g 在时段 t 的有功输出功率；

$u_{g,t}$——机组 g 在时段 t 的运行状态（投运为1，停运为0）；

$C_g(p_{g,t})$——机组 g 仅与输出功率相关的费用特性函数，在此设其为 $p_{g,t}$ 的二次函数表达：$C_g(p_{g,t}) = a_g p_{g,t}^2 + b_g p_{g,t} + c_g$，其中 a_g、b_g 和 c_g 为给定的常数；

$S_{g,t}(x_{g,t-1}, u_{g,t}, u_{g,t-1})$——机组 g 在时段 t 的启动费用函数，可表示为 $S_{g,t} = \alpha_g + \beta_g(1 - \mathrm{e}^{-x_g(t)/\tau_g})$，其中，$\alpha_g$、$\beta_g$ 为机组 g 启动费用中的固定费用和冷启动费用，τ_g 为机组的热时间常数；

$x_{g,t}$——机组 g 在时段 t 已连续运行或连续停运的时段数，正值表示连续运行，负值表示连续停运。

需要满足的约束条件：

（1）基本系统约束

1）发电与负荷平衡约束

$$\sum_{g=1}^{N_g} p_{g,t} u_{g,t} = D_t \quad t = 1,2,\cdots,T \tag{3-2}$$

式中　D_t——时段 t 的有功负荷功率。

2）系统备用需求约束

$$\sum_{g=1}^{N_g} p_g^{\max} u_{g,t} \geqslant D_t + R_t \quad t = 1,2,\cdots,T \tag{3-3}$$

式中　R_t——时段 t 的备用需求。

（2）机组自身的技术约束

1）机组有功功率技术限制

$$u_{g,t} p_g^{\min} \leqslant p_{g,t} \leqslant u_{g,t} p_g^{\max} \quad g = 1,2,\cdots,N_g \quad t = 1,2,\cdots,T \tag{3-4}$$

2）机组最小运行、最小停运时间限制

$$u_{g,t} = \begin{cases} 1 & 1 \leqslant x_{g,t-1} < T_g^{\mathrm{on}} \\ 0 & -1 \geqslant x_{g,t-1} > -T_g^{\mathrm{off}} \\ 0 \text{ 或 } 1 & \text{其他} \end{cases}$$
$$g = 1,2,\cdots,N_g \quad t = 1,2,\cdots,T \tag{3-5}$$

式中　T_g^{on}、T_g^{off}——机组的最小允许开机时间和最小允许停机时间。

3）机组输出功率速率

$$-u_{g,t} D_{g,r} \Delta t \leqslant p_{g,t+1} - p_{g,t} \leqslant u_{g,t} U_{g,r} \Delta t$$
$$g = 1,2,\cdots,N_g \quad t = 1,2,\cdots,T-1 \tag{3-6}$$

式中　$U_{g,r}$、$D_{g,r}$——机组 g 单位时间输出有功功率的允许上升和下降速率；

Δt——每时段持续的时间间隔。

（3）网络约束

1）输电元件传输功率约束

$$-f_m^{\max} \leqslant f_{m,t} \leqslant f_m^{\max} \quad m = 1,2,\cdots,L \quad t = 1,2,\cdots,T \tag{3-7}$$

式中，$f_{m,t}$、$f_m^{\max}$——输电元件 m（输电线路或变压器）在时段 t 传输的有功功率及其所允许传输的最大有功功率值；

L——输电元件总数。

2）节点电压及机组无功功率技术限制

$$v_i^{\min} \leqslant v_{i,t} \leqslant v_i^{\max} \quad i=1,2,\cdots,N \quad t=1,2,\cdots,T \tag{3-8a}$$

$$u_{g,t}q_g^{\min} \leqslant q_{g,t} \leqslant u_{g,t}q_g^{\max} \quad g=1,2,\cdots,N \quad t=1,2,\cdots,T \tag{3-8b}$$

式中　$v_{i,t}$——节点 i 在时段 t 的电压幅值；

$v_i^{\min}$、$v_i^{\max}$——节点 i 所允许的电压最小值和最大值；

$q_{g,t}$——机组 g 在时段 t 的无功输出功率；

$q_g^{\min}$、$q_g^{\max}$——机组 g 所允许输出无功功率的技术最小值和最大值（随有功方式而变化）；

N——系统内总的节点数。

除以上的几种约束条件以外，机组组合问题根据实际情况还可包含机组消耗的能源约束、机组排放约束等。一般来说，除式（3-2）和式（3-4）是必须考虑的约束条件外，其余约束条件会因考虑问题的角度不同而有所取舍。本章将按考虑约束的不同一一阐述其相应问题的求解方法。

另外，机组组合问题主要由火电机组引起，因此，本章主要以火电系统阐述机组组合问题，这样也便于学习与理解。

3.3 机组组合解法

3.3.1 优先级表法

优先级表法将系统可调度的机组按某种经济特性指标事先排出顺序，根据系统负荷大小按这种顺序依次投切机组，这种最简单的机组组合求解方法是要建立一个机组的优先列表，简单来说是根据经济性对机组的重要性进行排序。

例 3A　给定如下 3 个机组：

机组 1

$$\text{Min} = 150\text{MW}$$

$$\text{Max} = 600\text{MW}$$

$$H_1 = 510.0 + 7.2P_1 + 0.00142P_1^2$$

机组 2

$$\text{Min} = 100\text{MW}$$

$$\text{Max} = 400\text{MW}$$

$$H_2 = 310.0 + 7.85P_2 + 0.00194P_2^2$$

机组 3

$$\text{Min} = 50\text{MW}$$

$$\text{Max} = 200\text{MW}$$

$$H_3 = 78.0 + 7.97P_3 + 0.00482P_3^2$$

燃料成本如下：

机组 1 的燃料成本为 1.1$/MBtu[⊖]

机组 2 的燃料成本为 1.0$/MBtu

机组 3 的燃料成本为 1.2$/MBtu

为了得到优先顺序方案，可以在每个负荷水平下枚举所有机组的组合，也可以通过一种更简单的办法，即基于每个机组在满载时的平均发电成本（平均发电成本等于满载时的净热耗率乘以燃料成本）获得。

针对例 3A 建立优先顺序列表，首先，满载时的平均发电成本计算结果如表 3-1 所示。

表 3-1 机组满载时的平均发电成本

机组	满载时平均发电成本/($/MW·h)
1	9.790
2	9.480
3	11.188

严格按照平均发电成本得到的优先顺序如表 3-2 所示。

表 3-2 按照平均发电成本的机组优先顺序

机组	平均发电成本/($/MW·h)	最小出力/MW	最大出力/MW
2	9.480	100	400
1	9.790	150	600
3	11.188	50	200

此时，机组组合只可能选用表 3-3 中的组合方案（忽略最小运行时间/停运时间、启动成本等）：

表 3-3 机组的组合方案

机组的组合	组合的最小出力/MW	组合的最大出力/MW
2+1+3	300	1200
2+1	250	1000
2	100	400

然后针对不同的负荷要求，根据上面的优先顺序表给出机组组合方案，比如

⊖ 1Btu（英热单位）=1055J（焦耳）。——编辑注

要给200MW的负荷供电，使用优先级表法，能够立刻知道在忽略最小停运或最小运行时间及启停次数限制的前提下，机组组合方案为机组2运行，机组1和机组3停机；如果要考虑最小停运或最小运行时间及启停次数限制，则需要针对这些限制条件对个别机组的启停做相应的调整，直至在满足约束的条件下达到成本最低。

通过上述例子可以得到优先级表法的计算步骤如下：

1）建立以（$FLAPC_g = F(\bar{p}_g)/\bar{p}_g$，$g=1,2,\cdots,n$）由小到大的列表（优先级表）。

2）对每个时段t，$t=1,2,\cdots,T$，针对给定的负荷，按优先级表确定各时段运行的机组数，以满足负荷和备用。

3）检查机组是否满足最小停运或最小运行时间及启停次数限制，若不满足，则进行调整；若满足，则执行步骤4）。

4）计算成本。

优先级表法计算速度快，占用内存少，但常常会找不到最优解，能满足一般的应用要求，且优先级表法得到的机组组合方案由于容量未有效利用、动态关联难以考虑，故其结果不是最优的，可以对优先级表法进行改进，比如通过将机组进行分组来确保满足各种约束条件。

3.3.2 动态规划法

与枚举法相比，动态规划有许多优势，其中最主要的是降低问题规模，且适合于求解以时间划分阶段的动态过程的优化问题，恰好与机组组合问题的动态特性相吻合，动态规划算法可以从终点小时开始，往回求解直至初始小时。相反地，也可以从初始小时开始往前求解直至终点小时。简单来说，用动态规划法求解机组组合问题时，整个调度期间T被分成若干个时段，通常每个时段为1h，每个时段即为动态规划过程中的一个阶段，各阶段的状态即为该时段所有可能的机组开停状态组合，从初始阶段开始，从前向后计算到达各阶段各状态的累计费用（包括开停机费用和运行时的燃料费），再从最后阶段累计费用最小的状态开始，由后向前回溯，依次记录各阶段使总的累计费用最小的状态，这样就可得到最优的开停机方案，在计算运行所需的燃料费用时，需使用负荷经济分配算法。

若使用完全状态的动态规划法，对于N台机组的系统，若要考虑T个时段的机组组合问题，则总的状态数为$2^N \times T$，当N和T增大时，计算量将急剧增加，造成所谓“维数灾”。为了克服这个困难，常常通过多种方法结合的使用来限制状态的数目。

动态规划法可以处理作为时间函数的开机费用和最小开停机时间约束，但必须在各阶段的状态中包括机组的累计开机和停机时间，这样状态数会大大增加，即使使用上述限制状态数目的办法，计算量仍然很大，必须采取简化方法。在动态规划法由前向后计算的过程中，计算出对应于每个状态的累计开停机时间，这个累计开停机时间对应于到达该状态的最优路径，动态规划法只允许那些满足最小开停机时间约束的状态转移。累计开停机时间也用于计算开机费用。应该注意

的是，这只是一种近似计算方法，可能丢失最优解。

动态规划法另一个难以处理的问题是机组爬坡速率限制，即机组功率变化速率限制。对于某个给定的状态来说，爬坡速率限制是前一阶段与其相连的状态函数，对于这个状态，相关于每个前一阶段状态都要进行一次经济负荷分配计算，使占用内存量和计算时间增加，因此只能通过近似方法解决。在停机的过程中，考虑爬坡速率约束也会丢失最优解。动态规划算法的流程如图3-1所示。

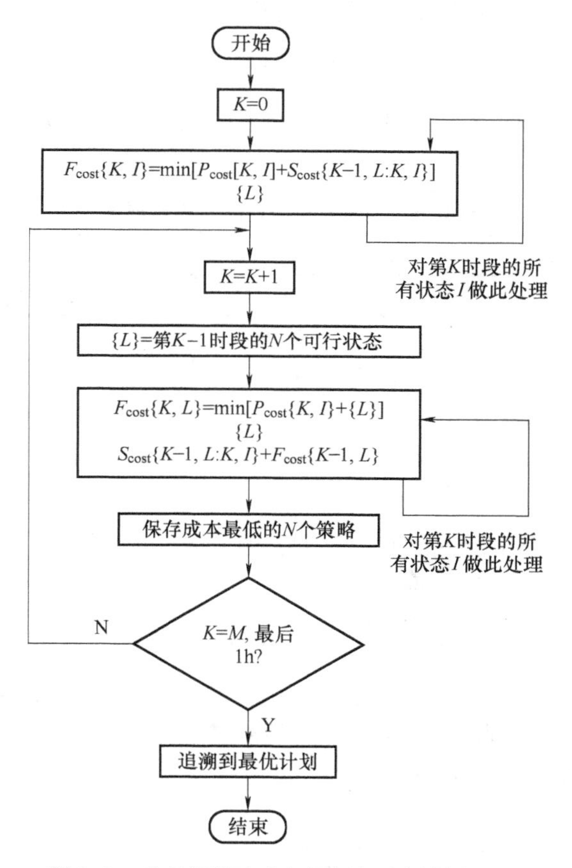

图3-1 动态规划法求解机组组合问题流程图

计算第 K 小时的第 I 组合的最小成本的循环算法为：

$$F_{\text{cost}}(K,I)=\min\left[P_{\text{cost}}(K,I)+S_{\text{cost}}(K-1,L:K,I)+F_{\text{cost}}(K-1,L)\right] \tag{3-9}$$

式中 $F_{\text{cost}}(K,I)$——到达状态（K,I）过程的最小总成本；

$P_{\text{cost}}(K,I)$——状态（K,I）的生产成本；

$S_{\text{cost}}(K-1,L:K,I)$——从状态（$K-1,L$）到状态（$K,I$）的状态转换成本。

状态（K,I）是第 K 小时的第 I 个组合，对于前向动态规划法，将策略定义为从给定小时的状态到下个小时的状态的过渡或者路径。图3-2是例3A的动态规划的路径图，显然可以看到动态规划的核心是记住已经解决过的子问题的解，在子问题上递归，直到找到最优路径。

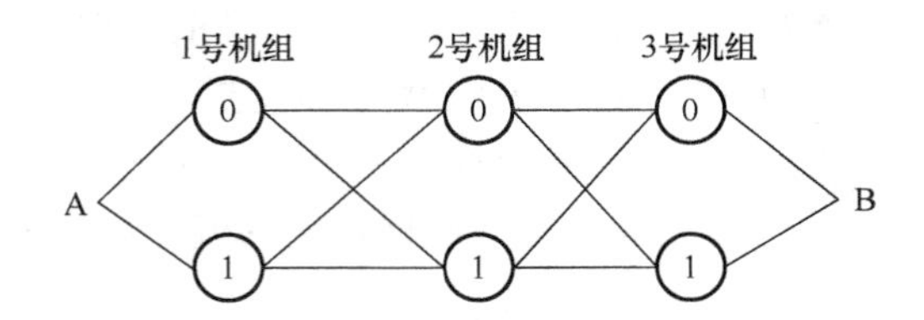

图 3-2　例 3A 的动态规划的路径图

由上述路径可以求得不同机组组合的总发电成本，如表 3-4 所示，从而找到最优的路径。

表 3-4　不同机组组合的总发电成本

机组			出力		P1	P2	P3	总发电成本
1	2	3	Max	Min				
停运	停运	停运	0	0				不可行
停运	停运	运行	200	50				不可行
停运	运行	停运	400	100				不可行
停运	运行	运行	600	150	0	400	150	5418
运行	停运	停运	600	150	550	0	0	5389
运行	停运	运行	800	200	500	0	50	5497
运行	运行	停运	1000	250	295	255	0	5471
运行	运行	运行	1200	300	267	233	50	5617

通过运用动态规划法可知，只运行机组 1 才是最经济的机组组合方案。

针对图 3-1 可以得到动态规划法的计算步骤如下：

1）给定初始机组状态 $k=0$。

2）$k=k+1$。

3）形成 k 时段的（2^n-1）个组合状态。

4）由 $k-1$ 时段的每一可行状态寻求到 k 时段的最小成本路径并记录。

5）若 $k=T$，则执行步骤 6)；否则执行步骤 2)；

6）回溯最优路径，得到最优解。

动态规划法有如下优点：

1）动态规划法是一种组合优化算法，对目标函数的形态设有特殊的要求，能求得全局最优解。

2）结合优先顺序等限制状态数目后，能开发出实用算法，因而在实际系统中取得广泛的应用。

动态规划法有如下缺陷：

1）对于机组数较多的电力系统，计算量太大，必须采用近似方法加以简化，这样不可避免地要丢失最优解。

2）动态规划法要求所求解的问题具有明显的阶段性，难以考虑与时间有关的约束条件和机组爬坡速率等限制。

3）通盘考虑整个系统的问题时，使用起来不够灵活。

3.3.3　UC问题的拉格朗日松弛方法

拉格朗日松弛法求解的基本思想是用拉格朗日乘子松弛式（3-2）及式（3-3）表示的发电与负荷平衡约束和系统备用需求约束，以形成两层优化结构。

在目标函数［式（3-1）］中，针对式（3-2）及式（3-3）分别引入拉格朗日乘子 λ_t 及 μ_t，构造如下的拉格朗日函数

$$L(p_{g,t},u_{g,t},\lambda_t,\mu_t) = F(p_{g,t},u_{g,t}) - \sum_{t=1}^{T}\left[\lambda_t\left(\sum_{g=1}^{N_g}p_{g,t}u_{g,t} - D_t\right) + \mu_t\left(\sum_{g=1}^{N_g}p_g^{\max}u_{g,t} - D_t - R_t\right)\right] \tag{3-10}$$

得到原优化问题的对偶优化问题

$$\begin{cases}\max\limits_{\lambda_t,\mu_t}\left[\min\limits_{p_{g,t},u_{g,t}} L(p_{g,t},u_{g,t},\lambda_t,\mu_t)\right]\\ \text{s. t.}\ 机组自身的技术约束\end{cases} \tag{3-11}$$

对以上问题求解，可形成两层最大-最小优化问题，具体如下。

1）根据目标函数的可分解结构，下层为一系列拉格朗日乘子给定下（设为 $\overset{*}{\lambda}_t$、$\overset{*}{\mu}_t$）的单机优化子问题

$$\begin{cases}\min\limits_{p_{g,t},u_{g,t}}\sum_{t=1}^{T}C_g(p_{g,t})u_{g,t} + S_{g,t}(x_{g,t-1},u_{g,t},u_{g,t-1}) - \overset{*}{\lambda}_tD_t - \overset{*}{\mu}_tR_t\\ \text{s. t.}\ 机组\ g\ 自身的技术约束\quad g = 1,2,\cdots,N_g\end{cases} \tag{3-12}$$

2）当由下层获得机组启停状态及输出的有功功率，设为 $\overset{*}{p}_{g,t}$ 及 $\overset{*}{u}_{g,t}$ 时，上层问题则可表示为决策量仅是 λ_t 及 μ_t 的优化问题

$$\max F(\overset{*}{p}_{g,t},\overset{*}{u}_{g,t}) - \sum_{t=1}^{T}\left[\lambda_t\left(\sum_{g=1}^{N_g}\overset{*}{p}_{g,t}\overset{*}{u}_{g,t} - D_t\right) + \mu_t\left(\sum_{g=1}^{N_g}p_g^{\max}\overset{*}{u}_{g,t} - D_t - R_t\right)\right] \tag{3-13}$$

对于下层 N_g 个独立的子问题，可采用动态规划的方法求解。对于上层问题中 λ_t 及 μ_t 的修正，可以采用次梯度的方法：

$$(\lambda_t)^{k+1} = (\lambda_t)^k + \alpha^k(g_\lambda^t)^k \tag{3-14}$$

$$(\mu_t)^{k+1} = (\mu_t)^k + \alpha^k(g_\mu^t)^k \tag{3-15}$$

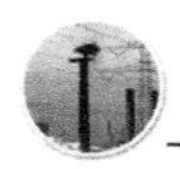

式中 k——迭代次数；

α——迭代步长；

g_λ^t、g_μ^t——上层目标函数关于 λ_t 及 μ_t 的次梯度。

其中

$$(g_\lambda^t)^k = D_t - \sum_{g=1}^{N_g} (\overset{*}{p}_{g,t})^k (\overset{*}{u}_{g,t})^k \tag{3-16}$$

$$(g_\mu^t)^k = D_t + R_t - \sum_{g=1}^{N_g} p_g^{\max} (\overset{*}{u}_{g,t})^k \tag{3-17}$$

由非线性规划问题的对偶原理[3]可知，上层对偶问题的目标值总是小于或等于相应原优化问题的目标值，只有当二者最优解相同时，它们的目标值之差（对偶间隙）才为0，因此，可将对偶间隙的大小作为拉格朗日松弛法的迭代求解过程是否结束的标准。用拉格朗日松弛法求解机组组合问题的流程如图3-3所示。

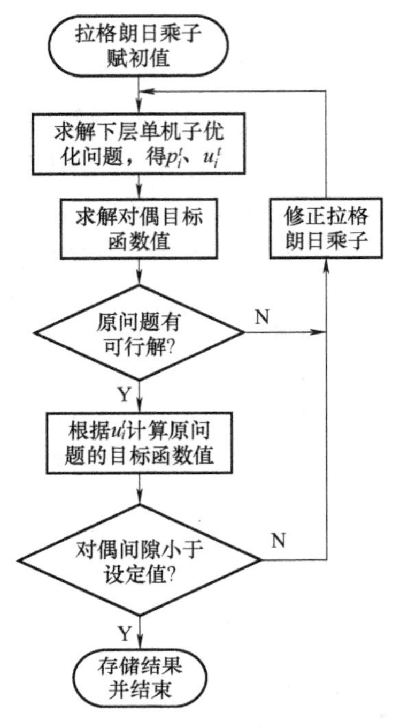

图3-3 拉格朗日松弛法流程图

3.3.4 UD方法的数学描述

3.3.4.1 UC问题的优化模型

将式（3-2）表示的发电与负荷平衡约束通过拉格朗日乘子引入到式（3-1）表示的目标函数中，形成如下拉格朗日函数：

$$L(p_{g,t},u_{g,t},\lambda_t,\mu_t) = F(p_{g,t},u_{g,t}) - \sum_{t=1}^{T} \lambda_t \left(\sum_{g=1}^{N_g} p_{g,t}u_{g,t} - D_t \right) \tag{3-18}$$

当拉格朗日乘子 λ_t 给定时，根据上一节所描述的拉格朗日松弛法的基本原理，原问题等价于如下优化问题。

目标函数：

$$\min_{p_{g,t},u_{g,t}} \sum_{t=1}^{T} \sum_{g=1}^{N_g} \left[C_g(p_{g,t})u_{g,t} + S_{g,t}(x_{g,t-1},u_{g,t},u_{g,t-1}) - \lambda_t \left(\sum_{g=1}^{N_g} p_{g,t}u_{g,t} - D_t \right) \right] \tag{3-19}$$

约束条件：除机组自身的技术约束外，还应满足式（3-3）表示的系统备用需求约束，为下文描述方便，将式（3-3）表达为以下形式

$$\mathrm{EXS}_t = \sum_{g=1}^{N_g} p_g^{\max} u_{g,t} - D_t - R_t \geqslant 0 \tag{3-20}$$

3.3.4.2 UD方法的基本思想

假设存在某一机组组合方案 $\left((u_{g,t})^0,\ (p_{g,t})^0,\ (x_{g,t})^0,\ (\lambda_t)^0 \right)$，使系统存在较多的冗余备用容量，此时需要寻找相对最不经济的机组将其停运（注意此处

停运不是研究周期内各时段均停运的意思），以达到减少运行费用的目的。此时，对应给定的$(\lambda_t)^0$，每任意机组 g 的停运方案根据式（3-19）和式（3-20），可由如下优化问题进行决策：

目标函数：

$$\min \sum_{t=1}^{T} [C_g((p_{g,t})^0)u_{g,t} + S_{g,t}(x_{g,t-1}, u_{g,t}, u_{g,t-1}) - (\lambda_t)^0 (p_{g,t})^0 u_{g,t}] \tag{3-21}$$

约束条件：除满足机组自身的技术约束外，还应满足系统的备用需求约束

$$\text{EXS}_t = \sum_{g \neq i} p_g^{\max}(u_{g,t})^0 + p_g^{\max} u_{g,t} - D_t - R_t \geqslant 0 \tag{3-22}$$

在求解以上的优化问题，得到每台机组各自停运方案 $\hat{u}_{g,t}$ 的基础上，还需要根据相应的经济指标来确定需要停运的机组。

3.3.4.3　机组的经济性指标

若机组 g 停运前、后由式（3-21）表示的运行费用分别记作 UCST0_g、UCST1_g，则 UCST0_g 与 UCST1_g 可由以下两式表达：

$$\text{UCST0}_g = \sum_{t=1}^{T} \Big[C_g\big((p_{g,t})^0\big)(u_{g,t})^0 + S_{g,t}\big((x_{g,t-1})^0, (u_{g,t})^0, (u_{g,t-1})^0\big) - (\lambda_t)^0 (p_{g,t})^0 (u_{g,t})^0 \Big] \tag{3-23}$$

$$\text{UCST1}_g = \sum_{t=1}^{T} \Big[C_g\big((p_{g,t})^0\big)\hat{u}_{g,t} + S_{g,t}(\hat{x}_{g,t-1}, \hat{u}_{g,t}, \hat{u}_{g,t-1}) - (\lambda_t)^0 (p_{g,t})^0 \hat{u}_{g,t} \Big] \tag{3-24}$$

由 UCST0_g、UCST1_g 可获得停运机组 g 使系统节省的运行费用 SUCST_g

$$\text{SUCST}_g = \text{UCST0}_g - \text{UCST1}_g \tag{3-25}$$

则机组 g 的相对经济指标 RUCST_g 定义如下

$$\text{RUCST}_g = \text{SUCST}_g / \text{DUSC}_g \tag{3-26}$$

其中，DUSC_g 表示机组 g 的停运备用容量，表达式为

$$\text{DUSC}_g = \sum_{t=1}^{T} \min\{\text{EXS}_t, p_g^{\max}(1 - \hat{u}_{g,t})\} (u_{g,t})^0 \tag{3-27}$$

对应上式经济指标越高的机组，说明将其停运会节省更多的运行费用，则这台机组将被优先停运。

3.3.4.4　UD 方法的计算步骤

根据以上的分析，UD 方法的计算流程可描述如下：

1）初始化所有的机组为运行状态。

2）进行经济调度计算，以获得$(\lambda_t)^0$、$(p_{g,t})^0$。

3）计算式（3-22）表示的 EXS_t。

4）对于未被停运的机组求解式（3-21）与式（3-22）表示的优化问题，获得相应的停运方案。

5）计算未被停运机组的相对经济指标 RUCST_g，选择此指标值最大的机组按其停运方案将其停运。

6）判断本次迭代与前次迭代是否结果相同，若是，结束；否则到下一步。

7）进行经济调度计算，更新 $(\lambda_t)^0$、$(p_{g,t})^0$，到步骤 3）。

3.3.4.5 ED 和 UC 中的拉格朗日乘子

按传统概念，ED 指的是在研究周期内的各时段机组启停方式给定下追求系统运行费用最小的机组输出有功功率（即 $P_{g,t}$）调度问题，按本节假设，ED 是一个严格的凸规划问题；而 UC 指的是在研究周期内的各时段决策哪些机组该停运、哪些机组该运行（即 $u_{g,t}$取何值），并追求系统运行费用最小的调度问题，是非凸优化问题。二者的差别在于决策变量不同，由此导致 ED 和 UC 在求解方法上以及收敛过程上是不同的。

然而，在求解 UC 问题的迭代过程中，单机子问题中的拉格朗日乘子修正一般都是借助 ED 来完成的。由于混淆了两者在概念上的差别，因而对计算过程中出现诸如振荡等现象无法清晰地予以解释，在某种程度上有其盲目性。因此，研究 ED 和 UC 中拉格朗日乘子的区别、联系及各自所起的作用有益于提高基于拉格朗日松弛算法的效率。有学者对此问题就拉格朗日乘子不同的经济意义以及数值上的差异作了有见解的阐述，但没有进一步解释二者的机理，因而没有明晰在 UC 中有效的拉格朗日乘子修正手段。

为简便起见，假设忽略机组的启动费用及机组自身约束。若给定拉格朗日乘子 λ_t，对 ED 而言，其调度原则为 $\mathrm{d}F_g(p_{g,t})/\mathrm{d}p_{g,t}=\lambda_t$，由此可决策该 λ_t 下的 $p_{g,t}$；对 UC 而言，决策 $u_{g,t}=1$ 的准则为 $F_g(p_{g,t})-\lambda_t p_{g,t}\leqslant 0$，否则决策 $u_{g,t}=0$。由此可见，ED 中拉格朗日乘子为运行机组的边际费用，UC 中的拉格朗日乘子为运行机组的平均成本。

下面以两机系统单时段的机组组合为例进一步说明上述问题，这两台机组的状态与拉格朗日乘子的关系如图 3-4 所示。

图 3-4 中，F_1、F_2 为机组 1、2 的费用特性曲线；$P_1^{\max}$ 和 $P_2^{\max}$ 分别为机组 1、2 的有功功率上限；直线 k_1 从原点出发且与 F_2 相切，直线 k_2 从原点出发且与 F_1 相切；假设直线 k_1 的斜率为 λ_1，直线 k_2 的斜率为 λ_2，直线 k 的斜率为 λ（表示迭代过程中的拉格朗日乘子）；P_2 为由 λ 根据 ED 准则确定的机组 2 的有功功率。

由图 3-4 可见，当拉格朗日乘子 λ 介于 λ_1 与 λ_2 之间时，机组 2 的收益［$d=\lambda P_2-F(P_2)$］大于 0，而机组 1 的收益小于 0，按 UC 决策准则，应决策机组 2 投运，机组 1 停运。可见，对 UC 问题决策机组启停的拉格朗日乘子值位于某一区间时对应相同机组的启停决策结果。

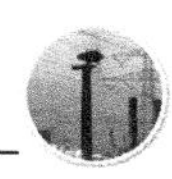

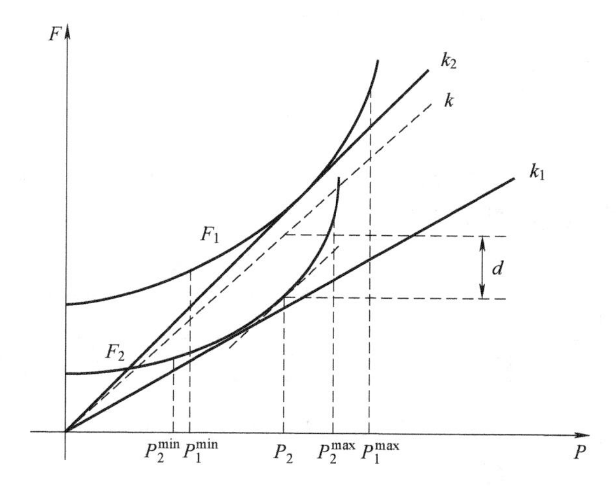

图 3-4 拉格朗日乘子与机组状态的关系

在图 3-4 中，如果由 λ 确定的机组功率 P 恰好是系统要求满足的负荷，则此时 ED 和 UC 的拉格朗日乘子在数值上相等，原问题的目标函数值与对偶问题的目标函数值相等，即对偶间隙为 0。但就实际问题而言，上述条件很难满足，即 UC 中所用拉格朗日乘子与 ED 中的拉格朗日乘子是不同的，出现对偶间隙是必然的。因此，在 UC 中修正拉格朗日乘子时，若盲目利用伴随 ED 的拉格朗日乘子也必然产生振荡现象，由上述分析可知，出现此现象的一个根本原因是机组启停状态的决策不依据唯一的拉格朗日乘子。

由经济学理论可知，出现 ED 和 UC 这种差别的主要原因在于固定成本的存在（如费用特性中的 c_g 项，启动费用和停运费用等）。对 ED 而言，其机组启停决策与固定成本无关；对 UC 而言，其机组启停决策与固定成本有关。前者的边际是连续的，即一一映射的关系；后者的边际是离散的，即不是一一映射的关系。但若负荷需求可任意控制，则在后者中总能找到一种与前者对应的负荷模式。

3.3.4.6 算例分析

给定 3 台机组的参数，需要求解 4 个时段（小时）的机组组合问题。3 台机组的参数分别是：

机组 1

$$\text{Min} = 100\text{MW}$$
$$\text{Max} = 600\text{MW}$$
$$F_1(P_1) = 500.0 + 10P_1 + 0.002P_1^2$$

机组 2

$$\text{Min} = 100\text{MW}$$
$$\text{Max} = 400\text{MW}$$

$$F_2(P_2) = 300.0 + 8P_2 + 0.0025P_2^2$$

机组 3

$$\text{Min} = 50\text{MW}$$

$$\text{Max} = 200\text{MW}$$

$$F_3(P_3) = 100.0 + 6P_3 + 0.005P_3^2$$

4 个时段的负荷如表 3-5 所示。

表 3-5　3 机组系统的负荷

t	1	2	3	4
P_{load}^t/MW	170	520	1100	330

假设没有启动成本，也没有最小运行时间和最小停运时间约束，对上面问题用拉格朗日松弛法进行求解。

下面展示几次迭代的结果，起始条件是将所有 λ_t 值设为 0。当某个时段启动了足够的发电机时，就对该小时运行经济调度。如果没有启动足够的发电机，就将该小时的总成本设为任意值 \$10000。如果每个小时都启动了足够的发电机，原问题最优值 J^* 就代表了通过经济调度计算出的所有时段的发电总成本。

对每个时段中 $\lambda_t = 0$ 的机组，其对应的动态规划的结果总是将所有机组设为停运状态。

第 1 次迭代的结果如表 3-6 所示。

表 3-6　拉格朗日松弛法求解机组组合第 1 次迭代的结果

小时	u_2	u_1	P_L	u_3	P_1	P_2	P_3	$P_L^t - \sum P_{g,t}U_{g,t}$	P_1^{edc}	P_2^{edc}	P_3^{edc}
1	0	0	0	0	0	0	0	170	0	0	0
2	0	0	0	0	0	0	0	520	0	0	0
3	0	0	0	0	0	0	0	1100	0	0	0
4	0	0	0	0	0	0	0	330	0	0	0

$q(\lambda) = 0.0$，$J^* = 40000$，并且$\dfrac{J^* - q(\lambda)}{q(\lambda)}$无定义。

在下一次迭代中，增加了 λ_t 值。上面谈到的机组启停方案，如果作为带有单变量的动态规划问题则很容易求解，因此在迭代过程中，结合动态规划的思想制定发电机启停方案。上面结果显示，机组 3 要在第 1h、2h 和 4h 保持停机，并在第 3h 启动。进一步，在第 3h 机组 3 被调度在其最大出力 200MW。

第 2 次迭代的结果如表 3-7 所示。

$q(\lambda) = 14982$，$J^* = 40000$，并且$\dfrac{J^* - q(\lambda)}{q(\lambda)} = 1.67$。

第 3 次迭代的结果如表 3-8 所示。

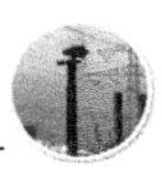

表3-7 拉格朗日松弛法求解机组组合第2次迭代的结果

小时	u_2	u_1	P_L	u_3	P_1	P_2	P_3	$P_L^t-\sum P_{g,t}U_{g,t}$	P_1^{edc}	P_2^{edc}	P_3^{edc}
1	1.7	0	0	0	0	0	0	170	0	0	0
2	5.2	0	0	0	0	0	0	520	0	0	0
3	11.0	0	1	1	0	400	200	500	0	0	0
4	3.3	0	0	0	0	0	0	330	0	0	0

表3-8 拉格朗日松弛法求解机组组合第3次迭代的结果

小时	u_2	u_1	P_L	u_3	P_1	P_2	P_3	$P_L^t-\sum P_{g,t}U_{g,t}$	P_1^{edc}	P_2^{edc}	P_3^{edc}
1	3.4	0	0	0	0	0	0	170	0	0	0
2	10.4	0	1	1	0	400	200	-80	0	320	200
3	16.0	1	1	1	600	400	200	-100	500	400	200
4	6.6	0	0	0	0	0	0	330	0	0	0

$q(\lambda)=18344$，$J^*=36024$，并且$\dfrac{J^*-q^*}{q^*}=0.965$。

第4次迭代的结果如表3-9所示。

表3-9 拉格朗日松弛法求解机组组合第4次迭代的结果

小时	u_2	u_1	P_L	u_3	P_1	P_2	P_3	$P_L^t-\sum P_{g,t}U_{g,t}$	P_1^{edc}	P_2^{edc}	P_3^{edc}
1	5.10	0	0	0	0	0	0	170	0	0	0
2	10.24	0	1	1	0	400	200	-80	0	320	200
3	15.80	1	1	1	600	400	200	-100	500	400	200
4	9.90	0	1	1	0	380	200	-250	0	130	200

$q(\lambda)=19214$，$J^*=28906$，并且$\dfrac{J^*-q^*}{q^*}=0.502$。

第5次迭代的结果如表3-10所示。

表3-10 拉格朗日松弛法求解机组组合第5次迭代的结果

小时	u_2	u_1	P_L	u_3	P_1	P_2	P_3	$P_L^t-\sum P_{g,t}U_{g,t}$	P_1^{edc}	P_2^{edc}	P_3^{edc}
1	6.80	0	0	0	0	0	0	170	0	0	0
2	10.08	0	1	1	0	400	200	-80	0	320	200
3	15.60	1	1	1	600	400	200	-100	500	400	200
4	9.40	0	0	1	0	0	200	130	0	0	0

$q(\lambda)=19532$，$J^*=36024$，并且$\dfrac{J^*-q^*}{q^*}=0.844$。

第 6 次迭代的结果如表 3-11 所示。

表 3-11 拉格朗日松弛法求解机组组合第 6 次迭代的结果

小时	u_2	u_1	P_L	u_3	P_1	P_2	P_3	$P_L^t - \sum P_{g,t}U_{g,t}$	P_1^{edc}	P_2^{edc}	P_3^{edc}
1	8.50	0	0	1	0	0	200	-30	0	0	170
2	9.92	0	1	1	0	384	200	-64	0	320	200
3	15.40	1	1	1	600	400	200	-100	500	400	200
4	10.70	0	1	1	0	400	200	-270	0	130	200

$q(\lambda)=19442$，$J^*=20170$，并且$\dfrac{J^*-q^*}{q^*}=0.037$。

由此可见，虽然机组启停计划并不稳定，但是也不会随着进一步的迭代而产生显著改变。进一步的迭代会在一定程度上降低对偶间隙，但是机组 2 的结果不稳定，因为其处于启动和不启动的边界线上，从而在启停状态中来回切换，而不能收敛。在 10 次迭代后，$q(\lambda)=19485$，$J^*=20017$，并且$\dfrac{(J^*-q^*)}{q^*}=0.027$。在上述算例中，相对对偶间隙不会达到 0，解也不会收敛到一个最终值。因此需要在$\dfrac{(J^*-q^*)}{q^*}$足够小时将算法停止。

3.3.5 改进拉格朗日乘子修正的 UD 方法

由以上的分析可知，UD 方法获得的机组组合结果与拉格朗日乘子有直接的联系，这样拉格朗日乘子修正便成为 UD 方法的关键。UD 方法在迭代过程中，用 ED 产生的拉格朗日乘子值直接进行单机子问题求解，该乘子只有小于机组最低平均费用（按传统 ED 也称为最小比耗量）才会使该机组有停运的可能（又称待选机组）。尽管此方法在多数情况下是可行的，但每次都要进行 ED 求解以产生乘子，且只用该乘子值优化单机子问题在某些情况下制约了 UC 的优化空间，同时耗费机时。因此，本节通过分析 ED 和 UC 中拉格朗日乘子的作用，提出该乘子简化的修正方法，其概念清楚而且能提高计算效率。

本节对拉格朗日乘子修正的原则为：在研究周期内的每个时段，拉格朗日乘子应按已投运机组容量和低于但接近系统需求对应的边际机组来修正，以下对该原则予以阐述。

设求解任意机组 g 的最小平均费用（称其为使机组投运的最小拉格朗日乘子）可表示为如下优化问题：

$$
\begin{aligned}
&\lambda_g^{\min}=\min[F_g(p_g)/p_g] \\
&\text{s.t.}\quad p_g^{\min}\leqslant p_g\leqslant p_g^{\max}
\end{aligned}
\tag{3-28}
$$

若机组费用为二次特性，则式（3-28）中 $\lambda_g^{\min}$ 为图 3-5 中直线 k 的斜率。

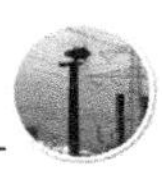

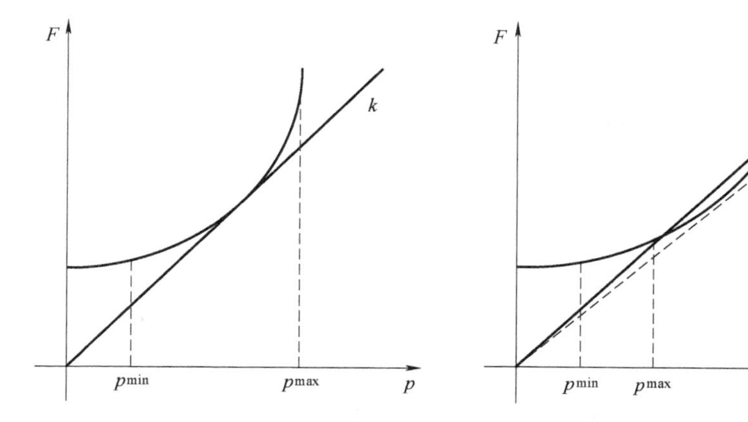

图3-5 $\lambda_g^{\min}$ 与机组的费用特性

图3-5中，曲线代表机组的费用特性。由此可见，在研究周期内，只有在拉格朗日乘子的值（由原点发出射线的斜率）大于图中直线 k（实线）斜率的时段，机组才有被投运的可能，即 $\lambda_g^{\min} \leqslant \lambda$，对于UD方法而言，不满足这一条件的剩余机组将作为待选机组。

计算出每台机组的 $\lambda_g^{\min}$，将此值按由小到大的顺序对所有机组进行排序，并将机组容量依次累加，当该累加容量接近但低于系统需求时，边际机组对应的 $\lambda_g^{\min}$ 值即可作为单机子问题求解中的拉格朗日乘子。

上述是本节的基本思想，就研究周期内每个时段中拉格朗日乘子修正步骤如下：

1）计算 $\mathrm{EXS} = P_{\mathrm{sys}} - \sum\limits_{g \in C} p_g^{\max} u_{g,t}$，若EXS小于或等于零，$\lambda_t$ 的值不变则结束；否则进行下一步。

2）由 $\lambda_g^{\min} = \min\limits_{j \notin C, j \notin M}(\lambda_j^{\min})$ 确定机组 g，若 $\mathrm{EXS} - p_g^{\max} > 0$，则 $\mathrm{EXS} = \mathrm{EXS} - p_g^{\max}$，返回步骤2)；若 $\mathrm{EXS} - p_g^{\max} \leqslant 0$ 且 $\gamma_g \neq 1$，则 $\lambda^t = \lambda_k^{\min} + \sigma$，结束修正；如果 $\gamma_g = 1$，$\lambda^t = \lambda_g^{\min} \times \alpha$，结束修正。

其中，EXS代表不满足系统需求的容量；$P_{\mathrm{sys}} = D^t + R^t - \sum\limits_{j \in V} p_j^{\max}$；$V$ 为直接投运机组的集合，这些机组在程序迭代运算前已经确定；C 为计算过程中已经停运机组的集合；M 为待选机组中已经进行过第2步处理的机组集合；α 为衰减系数，按上述修正原则，当无明确边际机组时，其发挥作用；σ 为避免边际机组成为候选机组的摄动量；机组按 $\lambda_g^{\min}$ 由低到高排序后其所在顺序为 γ_g，机组 g 与机组 k 相邻，并且 $\lambda_g^{\min} > \lambda_k^{\min}$。根据上述步骤得出 λ_t 后即可进行单机的动态规划决策。

上述方法用于修正拉格朗日乘子的好处是，某些机组的 $\lambda_g^{\min}$ 明显小于系统的拉格朗日乘子，处于必然运行的状态，不必在每次迭代中作为待选机组进行处理，由此节省了计算时间，图3-6的1～g 机组均为此类机组。

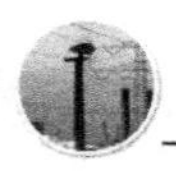

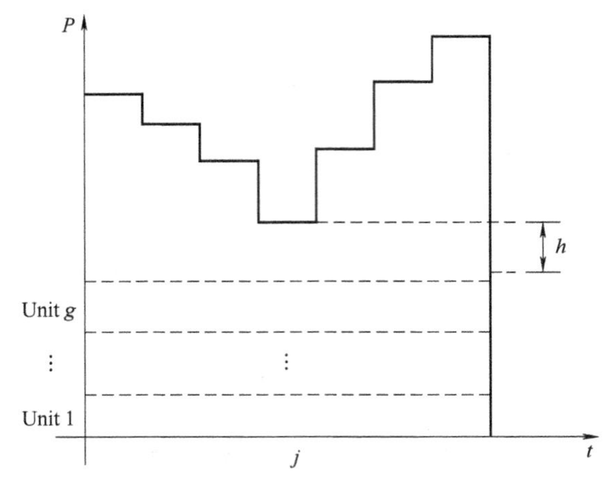

图 3-6　直接投运的机组

图 3-6 为在研究周期内系统负荷与备用的需求曲线，时段 j 的系统负荷水平最低，机组 1 ~ g 按 $\lambda_g^{\min}$ 由小到大排列，g 与 h 值有密切的关系，本节算法中 h 选为参与组合机组中机组最大的容量值，该值越大，对优化结果的影响越小，该值的选择应在计算量和优化准确度之间折中处理。

每选出一台要停运机组的目的是要使式（3-21）最大程度地减小，因此，在计算每一机组相对经济指标时，本节方法采用的是 $UCST0_g - UCST1_g$ 而非式（3-26）的表达，分析表明这样做效果较好，因为式（3-26）掩盖了机组容量是否使用充分或使用的程度。

综上所述，改进算法的主要特点有：①在机组组合优化过程中修正拉格朗日乘子时，无须进行经济调度；②对某些机组无须迭代计算便可决策其状态；③改进了对机组的经济指标表达式，使算法的寻优能力略有加强。

具体的算法流程如图 3-7 所示。

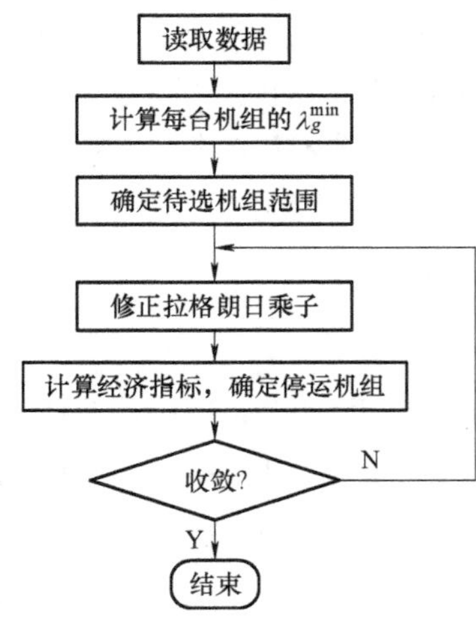

图 3-7　改进方法的流程图

3.3.6　算例分析

3.3.6.1　概述

本节对 20 机系统[8]、26 机系统[9]及 110 机系统[10]（3 系统每个时段的备用分别为 200MW、400MW 和 700MW）分别采用 UD 及改进后的 UD 方法进行了计算，3 系统的相关数据见本章附录中表 3A-1 ~ 表 3A-6。本节算法中，经济调度采用二次规划的 Lemake 算法，σ 取 0.01，程序由 C ++ 语言编写并在 P4 1.7GHz 计算机上运行。用 2 种方法计算得到的 3 个系统的发电费用及计算时间分别如表 3-12 及表 3-13 所示。

表3-12　原UD方法的计算结果

算例系统	发电费用/元	时间/s
20机系统	1896770	1.08
26机系统	722013	2.80
110机系统	3840080	622.5

表3-13　改进方法的计算结果

算例系统	发电费用/元	时间/s
20机系统	1896770	0.12
26机系统	721450	0.19
110机系统	3834170	3.75

3.3.6.2　20机系统分析

对20机系统，2种方法所得乘子的性质与26机系统是一致的，本节方法确定的不参与迭代而直接投运的机组为机组1～4、6、8、14，同时利用2种方法得到了相同的机组启停状态，说明对于该系统，2种方法对乘子的修正是一致的，但本节方法耗费的计算时间较少。

3.3.6.3　26机系统分析

图3-8给出了分别用本节方法和原方法最后一次迭代确定的各时段拉格朗日乘子值。其中：K为本节方法得到的乘子值；L为原方法得到的乘子值。由K在大部分时段内位于L上方可知，本节基于机组组合中拉格朗日乘子为机组平均成本这一概念确定的乘子值总体上要大于对应的机组经济调度的拉格朗日乘子值，这与之前对机组组合与经济调度中乘子值的分析所得的结论是一致的。

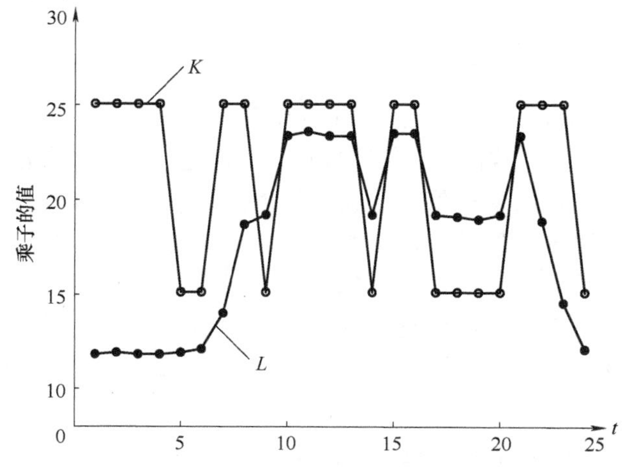

图3-8　2种方法得到的拉格朗日乘子值

表 3-14、3-15 分别给出了用原方法和本节改进方法得到的 26 机系统的机组停运计划。

表 3-14 利用原方法得到的 26 机系统机组停运计划表

机组	时段（1~24）																						
1~3	0	0	0	0	0	0	1	0	0	1	1	1	1	0	1	1	0	0	0	0	1	0	1	0
4	0	0	0	0	0	0	0	0	0	0	1	0	0	0	1	1	0	0	0	0	0	0	0	0
5	0	0	0	0	0	0	0	0	0	0	0	0	0	0	1	0	0	0	0	0	0	0	0	0
6，7	0	0	0	0	0	0	0	0	0	0	1	0	0	0	0	1	0	0	0	0	0	0	0	0
8	0	0	0	0	0	0	0	0	0	0	1	0	0	0	0	0	0	0	0	0	0	0	0	0
9	0	0	0	0	0	0	0	0	0	0	0	0	0	0	0	0	0	0	0	0	0	0	0	0
15	0	0	0	0	0	1	1	1	1	1	1	1	1	1	1	1	1	1	1	1	1	1	1	1
16	0	0	0	0	0	0	1	1	1	1	1	1	1	1	1	1	1	1	1	1	1	1	1	0
21	0	0	0	0	0	0	0	1	1	1	1	1	1	1	1	1	1	1	1	1	1	1	1	0
22，23	0	0	0	0	0	0	0	1	1	1	1	1	1	1	1	1	1	1	1	1	1	1	0	0
其他	1	1	1	1	1	1	1	1	1	1	1	1	1	1	1	1	1	1	1	1	1	1	1	1

表 3-15 利用改进方法得到的 26 机系统机组停运计划

时　段	$u_i^t=1$ 的机组
1，4	1~3，10~13，17~20，24~26
2	1~5，10~13，17~20，24~26
3	1，2，10~13，17~20，24~26
8	1~4，6，10~22，24~26
22	1~8，10~22，24~26
其他	同表 3-14

由表 3-15 可以看出，2 种方法所得结果只在时段 1~4、8、22 是不同的，说明这 2 种修正方法具有一致性。计算时发现，每次迭代中本节方法得到的乘子值总体上要大于原方法确定的乘子值，与经济调度所得的乘子相比，在选择停运机组的过程中由本节方法确定的乘子值使得可由启变为停的机组数目减少，相当于缩小了待选机组的范围，但表 3-12、表 3-13 说明本节方法所得结果较优，表明本节对乘子的修正及对机组相对经济指标的选择是合适的。另外，本节方法确定的不参与迭代而直接投运的机组为机组 17~19 和 24~26，这与原方法所得的结果一致。

以上计算结果及分析表明，随着机组数目的增加，原方法的计算时间与每次迭代中经济调度的规模有很大的关系，而用本节方法对拉格朗日乘子进行修正并

对经济指标进行选择时，其概念清晰，提高了计算效率，能得到较优的计算结果。

3.3.7 小结

本节对传统机组组合方法（优先级表法、动态规划法、拉格朗日松弛法）详细介绍的基础上，对机组组合及经济调度中拉格朗日乘子的差异及作用机理进行了分析，针对逆序排序机组组合方法中用后者对前者进行修正，存在随机组数量增加，计算量明显增加且概念含混的不足，提出了一种新的乘子的修正策略，并且对机组的搜索范围及机组运行的经济指标作了相应的改进。通过算例分析表明，本节改进后的方法保证了解的准确度又提高了计算效率，进一步增强了机组组合对大规模系统的适应性。

3.4 机组组合中概率备用的解析表达

3.4.1 引言

机组组合问题中考虑旋转备用约束，其目的是应付不确定性事件的发生[11]，如负荷预报的偏差、机组可能发生的故障停运以及线路故障引起的潮流转移等。在机组组合模型中，就旋转备用约束的考虑，一是按确定性方法，这一方法虽使问题处理容易，但由于系统各元件故障概率的分布规律不同，因而机组组合计划难以使系统在运行期间保持一致的可靠性水平；二是为解决确定性方法的不足，充分考虑系统运行中出现的随机性，提出的以概率分析为基础考虑旋转备用的方法，这些方法通常基于投运风险度的概念，也就是使机组组合计划在每一时段达到等投运风险度水平。然而机组组合这一优化问题决策的是机组的运行状态（运行或停运），而投运风险度的量化恰恰取决于此。可见，目前在机组组合中，虽然以投运风险度指标作为确定旋转备用的标准，但基于确定性方法对旋转备用约束进行处理的决策机制，严格讲不是真正意义上的优化，造成这一不足的原因就是投运风险度的表达。只有将投运风险度表示成机组运行状态的函数，才能将其有机牵制到机组组合模型的旋转备用约束中，体现完整优化的概念。为此，本节提出了投运风险度的高斯函数拟合形式，将机组停运容量累积概率近似表达成机组运行状态的函数，构建了系统投运风险度与机组状态之间的近似解析关系，有机一体地完成了在数学优化概念下机组组合中投运风险度约束的处理。分析表明，对于以概率分析为基础考虑旋转备用的机组组合问题，本节的方法能够取得满意的效果。

3.4.2 机组累积停运容量表的形成

投运风险度是指故障的发电容量在不能被替代的时间（即前导时间）内，已投入运行的发电容量刚好满足或刚好不满足期望负荷的概率。投运风险度的计算需要机组的故障率分布规律和负荷的不确定性变化规律。

为分析问题方便，机组暂采用两状态模型，并认为其分布为指数分布（α_g 表

示第 g 机组的故障率，β_g 表示第 g 机组的修复率），设在某一初始时刻机组处于运行状态，则在前导时间 lt 内机组的停运替代概率（ORR_g）分布为

$$\mathrm{ORR}_g=\frac{\alpha_g}{\alpha_g+\beta_g}-\frac{\alpha_g}{\alpha_g+\beta_g}\mathrm{e}^{-(\alpha_g+\beta_g)lt} \tag{3-29}$$

由于 lt 相对较小，可以忽略 lt 内的修复过程，即 $\beta_g=0$，则式（3-29）可简化为

$$\mathrm{ORR}_g=1-\mathrm{e}^{\alpha_g(lt)} \tag{3-30}$$

由于几个小时以内的短期投运前导时间使 $\alpha(lt)$ 远远小于 1，由此式（3-30）进一步简化为

$$\mathrm{ORR}_g=\alpha_g(lt) \tag{3-31}$$

式（3-31）是累积停运容量概率表形成的基础，其递推过程表达如下：

当系统停运容量状态为 x（MW）时，追加第 g 机组，其容量为 c_g（MW）时，此时累积停运容量概率的计算表达为

$$P'(x)=P(x)(1-\mathrm{ORR}_g)+\mathrm{orr}_gP(x-c_g) \tag{3-32}$$

式中 $P'(x)$——追加第 i 机组后停运容量状态为 x 时的累积概率。

假设负荷不确定性按正态分布，并且被分成 5 ~ 7 个离散区间，则与每个区间的负荷水平相关的投运风险度由该区间的概率来加权，各区间风险度之和为总的投运风险度。

3.4.3 投运风险度的近似解析表达

累积停运容量概率表反映的是系统强迫停运容量 x（可等效看成备用容量）与其相应的累积状态概率 $P(x)$（称为失负荷概率 LOLP，也称其为投运风险度）的关系影射，这一影射一般是根据停运容量的离散处理而形成的离散型分布表，就实际强迫停运容量和 LOLP 之间没有明确的解析函数表达关系，但分析发现该关系有如下性质：

1）当 $x=0$ 时，$P=1$。

2）x 是单调增加的，且 $x\geqslant0$。

3）P 是单调减小的，且随 x 增加，P 单调减小呈加速性，且 $P\leqslant1$。

这些性质促使研究者用某一函数加以拟合，在准确度允许条件下获取更有效的解析表达。本节采用如下表达方式

$$P(x)=a\mathrm{e}^{\frac{-x^2}{M}} \tag{3-33}$$

式中 $P(x)$——强迫停运容量的累积概率，即投运风险度；

x——强迫停运容量，即相当于系统中的旋转备用容量；

a、M——根据系统情况要估计的参数。

式（3-33）在形式上相当于期望值为 0 的正态分布函数形式，即高斯函数，与指数函数的拟合形式相比较更加符合上述的三点性质。

将式（3-33）两边取对数得

$$\ln[P(x)] = \ln(a) - \frac{x^2}{M} = A - \frac{x^2}{M} \tag{3-34}$$

设SR表示系统在某时段要求的旋转备用容量，则将 x 用SR替换，同时用LOLP表示系统要求的投运风险度，则经简单推导有

$$A - \frac{\mathrm{SR}^2}{M} \leqslant \ln(\mathrm{LOLP}) \tag{3-35}$$

或

$$\mathrm{SR} \geqslant \sqrt{M[A - \ln(\mathrm{LOLP})]} \tag{3-36}$$

式中，$A = \ln(a)$。

对应给定的运行机组集合，可以形成容量停运概率表（即COPT），进而按上述函数进行拟合即可确定参数 a、A 和 M。

若横坐标表示备用容量，纵坐标表示投运风险度，则参数 a 是指该拟合函数与纵坐标的交点。对应给定的系统，参数 A 对应的投运风险度为1，所以该参数为一恒定值。然而，实际拟合的曲线存在一定的误差，但系统要求的投运风险度水平远远小于这个数值，因此衡量其拟合准确度只是在要求的投运风险度的邻域内，所以该参数对研究的问题影响不是显著的。

对应同一备用量，投运的机组容量越大，投运的机组数越多，投运风险度就越小，M 就越大，当所有可用机组都投入时，此时的 M 值最大。随着停运机组数的增加，M 将减小。可见，如果每一种组合方式下都通过COPT来估计 M，必然使计算量加大，同时也难以形成解析的约束表达。由此做如下假设：

1）对所有机组都运行时以及每一台机组停运时计算COPT，拟合估计其相应的 A 和 M，则所有机组都运行时的 $\sqrt{M^{(n)}}$ 与机组 g 停运时对应的 $\sqrt{M_g}$ 的差，即 $\Delta M_g = \sqrt{M^{(n)}} - \sqrt{M_g}$ 为该机组停运对参数 $\sqrt{M}$ 的影响。

2）当多台机组停运时，参数 $\sqrt{M}$ 近似采用所有停运机组单独停运对参数的影响之和作为多台机组同时停运对参数 $\sqrt{M}$ 的影响。

由此可得出不同组合方式下对应参数 M 修正表达式为

$$\sqrt{M'} = \sqrt{M^{(n)}} - \sum_{g=1}^{N_g}(1 - u_{g,t})\Delta M_g \tag{3-37}$$

式中　$M^{(n)}$——所有机组都运行时的拟合值；

M'——一定的组合方式下的参数值。

计算发现，停运一台机组所得拟合值 a 近似相等，因此，在每次拟合过程中，对于参数 a 可采用固定的数值。

将式（3-37）代入式（3-36），取代其中的 M'，可得如下表达

$$\mathrm{SR} \geqslant \left[\sqrt{M^{(n)}} - \sum_{g=1}^{n}(1-u_{g,t})\Delta M_g\right]\sqrt{[A-\ln(\mathrm{LOLP})]} \tag{3-38}$$

由式（3-38）可知，当投运风险度给定后，旋转备用容量将由机组运行状态唯一确定，完全免去重复的 COPT 计算，拟合函数的计算完全是在机组组合前完成的，这对机组组合考虑投运风险度约束无疑是有益的。

尽管上述两点近似使机组组合完成了考虑投运风险度约束的解析表达，但失去准确度也是没有意义的，对此本节进行了深入分析，采用高斯函数进行拟合，在提高拟合准确度的基础上，获得了较优的机组组合方案（见算例）。

3.4.4 考虑概率备用约束机组组合的拉格朗日松弛法

1. 数学模型

将式（3-38）引入机组组合的模型中可给出如下新的机组组合数学模型：

首先应最小化如下目标函数：

$$\min F(p_{g,t},u_{g,t}) = \sum_{t=1}^{T}\sum_{g=1}^{N_g}[C_g(p_{g,t})u_{g,t} + S_{g,t}(x_{g,t-1},u_{g,t},u_{g,t-1})] \tag{3-39}$$

功率平衡约束：

$$\sum_{g=1}^{N_g} p_{g,t}u_{g,t} = D_t \quad t=1,2,\cdots,T \tag{3-40}$$

备用约束：

$$\sum_{g=1}^{n} u_{g,t}p_g^{\max} - D_t \geqslant \left[\sqrt{M^{(n)}} - \sum_{g=1}^{n}(1-u_{g,t})\Delta M_g\right]\sqrt{[A-\ln(\mathrm{LOLP})]}$$
$$t=1,2,\cdots,T \tag{3-41}$$

其他约束：机组自身运行技术约束。

2. 拉格朗日松弛法求解概率备用约束的机组组合

在进行机组组合前，首先形成对所有可用机组投运的累积停运容量概率表（即 COPT）；然后进行曲线拟合，确定参数 a、$M^{(n)}$，以及每台机组单独停运时各自的 COPT，计算 M_g；最后根据给定的风险度水平 LOLP，可得到式（3-41）的表达。

将式（3-39）和式（3-40）松弛后经过推导得到单机动态规划的目标函数

$$\min\sum_{t=1}^{T}\{[C_g(p_{g,t}) - \lambda_t p_{g,t} - \mu_t(p_t - k\Delta M_g)]u_{g,t} + S_{g,t}\} \tag{3-42}$$

式中　$k=\sqrt{A-\ln(\mathrm{LOLP})}$；

λ_t 和 μ_t——对应式（3-12）和式（3-13）的拉格朗日乘子。

在单机动态规划过程中，机组的容量由 $p_g^{\max}$ 变为

$$p_g^{\max} - k\Delta M_g \tag{3-43}$$

由于 ΔM_g 与机组容量及 ORR 有关，因此，式（3-43）实质是计及机组故障概

率特性的有效容量，在计算过程中，ORR 小的机组较之于确定性考虑备用的方法更容易被投运。

3.4.5 算例分析

以 26 机系统为例，针对两种投运风险度曲线拟合函数形式，对拟合结果进行了分析和比较，同时在这两种拟合形式下，根据不同的 LOLP 指标，用拉格朗日松弛法对机组组合问题进行求解，并对计算结果进行了比较和分析。该系统发电机及负荷参数见本章附录中表 3A-3、表 3A-7，相应机组的 ORR 如表 3-16 所示。

表 3-16 机组 α 及 lt

机组	α/(次/h)	lt/h
1~5	0.0004	5
7, 8, 11, 12	0.0020	5
9, 10, 13, 14	0.0004	5
15~17	0.0008	5
6, 18~20	0.0008	5
21	0.0016	5
22~24	0.0010	5
25, 26	0.0024	5

1. 拟合数据的选取及拟合曲线的误差分析

累积停运容量概率表中，停运容量的累积概率随着停运容量的增加单调加速减小，且停运容量的值相当一部分大于系统可提供的最大备用容量，由此，若对数据不加选择进行拟合，一般情况下，根据系统实际要求的可靠性指标所得的计算结果会有失真。因而，对数据拟合时，一般根据所要研究的 LOLP 指标在一定的范围内取值进行拟合。

对 26 机系统的累积停运容量概率表进行曲线拟合，假设系统的 LOLP 指标在 $1\times10^{-3}\sim1\times10^{-4}$间取值，表 3-17 为选取的三组不同数据及用两种不同函数拟合的误差值，图 3-9 为采用第一组数据的拟合曲线与实际曲线的比较，其中点画线为指数函数拟合曲线，虚线为高斯函数拟合曲线，实线为实际值。

表 3-17 两种函数拟合的误差值

数据拟合的范围(停运容量/MW)	二次残差	
	指数函数	高斯函数
500~1100	4.0135e-005	5.3842e-006
500~1200	5.5684e-005	4.3177e-006
500~1300	9.2091e-005	4.3223e-006

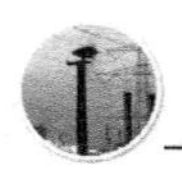

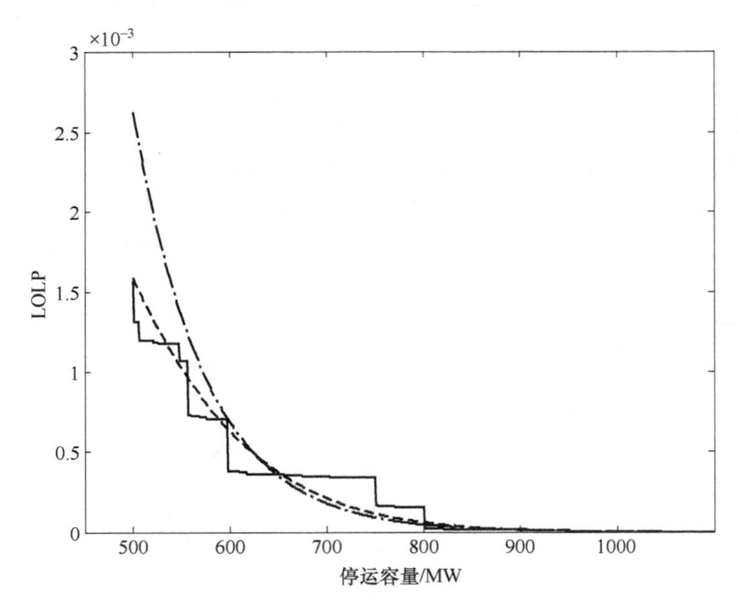

图 3-9 两种拟合曲线和实际曲线的比较

从表 3-17 和图 3-9 可以看出，对于所选数据，高斯函数的拟合要明显好于指数函数的拟合。计算发现，系统规模越大，拟合误差越小，因此，用解析形式近似表达投运风险度是可行的。

2. 机组组合的结果分析

表 3-18 给出 0.0010～0.0001 之间四种风险水平下针对指数函数和高斯函数的拟合形式，并用拉格朗日松弛法进行求解的 26 台机组系统的机组组合结果。其中，拟合过程所用的数据为表 3-17 中的第一组数据所对应的 500～1100MW；费用为机组的发电与运行成本；最大 LOLP 指的是机组组合结果中，可靠性水平最差时段相应的 LOLP 值。

表 3-18 各种 LOLP 指标下的计算结果

LOLP	指数拟合（方案 1）		高斯函数拟合（方案 2）	
	费用/美元	最大 LOLP	费用/美元	最大 LOLP
0.0010	488819	0.0004688	481289	0.0007152
0.0007	489904	0.0003493	489175	0.0004666
0.0005	490600	0.0003496	490828	0.0003496
0.0001	501874	0.0003357	502045	0.0003337

由表 3-18 可以看出：随着 LOLP 指标的减小，系统的可靠性要求增加，所需费用相应增加；当 LOLP 为 0.0010 及 0.0007 时，根据高斯拟合求解的机组组合

（方案2）的费用要低于根据指数拟合求解的机组组合（方案1）的费用，并且可靠性指标更接近于给定值；当 LOLP 为 0.0005 时，方案 1 与方案 2 接近，但略好于方案 2；当 LOLP 为 0.0001 时，方案 2 虽然费用高于方案 1，但计算发现方案 1 中不满足备用需求的时段要多于方案 2。

由于对 COPT 采用的是最小二乘意义上的拟合，因此，存在针对某一 LOLP，方案 1 要优于方案 2 的情况，但总体上来看，拉格朗日松弛法求解的用高斯函数拟合 COPT 的机组组合问题优于用指数函数拟合 COPT 的情况。从上面的分析也可以看出，针对不同的 LOLP，选取合适的 COPT 内的数据进行拟合也是相当重要的。

3.4.6　小结

机组组合问题中，为了使系统在运行期间保持一致的可靠性水平，用确定性方法处理以投运风险度为指标的备用约束，不能称其为一种完整的优化概念，但系统投运风险水平与机组强迫停运容量呈离散型的分布关系，难以与求解机组组合的拉格朗日松弛法等有机结合。本节将累积强迫停运概率表以高斯函数的形式进行拟合，使投运风险度与机组的运行状态有机耦联，形成了概率备用的解析表达，由于此备用约束中机组的运行状态变量以线性相加的形式存在，因此可将其直接嵌入拉格朗日松弛法的机组组合中，从而有机一体地完成机组组合问题的求解，实现真正意义上的优化。

3.5　机组组合问题中安全约束的处理

3.5.1　引言

上述 3.3 节和 3.4 节中，对机组组合问题的拉格朗日乘子及备用与机组故障概率的解析关系等基础问题进行了分析。但随着电网规模、发电与用电间地域差异的不断扩大，除发电与负荷平衡及备用约束外，机组组合中还必须考虑电网静态安全（以直流潮流为基础，考虑输电元件热载荷限制，后文简称“安全”）约束。

针对这样一个复杂的优化问题，为了降低求解难度，有相当一部分方法采用了分解协调的两层决策机制，如增广拉格朗日松弛法、变量复制法及奔德斯分解法等。然而，就实际电力系统而言，在正常情况下，机组组合很少受安全的制约，即便存在，也不可能很严重。由此，研究机组组合问题，将数学优化理论与实际结合十分必要。从目前实际机组组合问题看，安全制约往往限制了机组的发电能力，影响机组启停状态的情况则很少；另外就是安全水平的把握，如针对预想事件的发生，可能造成机组启停状态的不合理性。因此，考虑安全约束的机组组合无非是后者与前者间矛盾的处理问题。

由此，本节给出两种解决方法：一种借鉴了优化问题的两层决策思想，针对实际问题的背景，目的在于将计及安全约束的机组组合问题分解成两个自然的子问题，即无安全约束的机组组合和安全约束的优化潮流，用常规方法就能解决，当有安全制约现象时，在安全约束优化潮流中引入虚拟变量，并通过发电转移分布因子将其影响导入无安全约束的机组组合，由此实现这两个子问题间的衔接与协调，以较少的计算负担，快速地消除安全的制约现象；另一种则通过对网络安全约束下的机组组合模型进行分析，发展了变量复制技术[12]的思想，不再单纯应用变量复制技术，而是在拉格朗日对偶分解的基础上结合变量复制，用子问题处理网络约束，通过附加人工约束，实现网络约束在机组组合问题中的考虑，该方法更注重网络与机组组合的关系，清晰了物理上的概念，使目标函数进一步得到优化。

3.5.2 安全约束机组组合问题的数学描述

考虑安全约束机组组合问题的数学模型可表达如下：

目标

$$\min F = \sum_{t=1}^{T}\sum_{g=1}^{N_g}[C_g(p_{g,t})u_{g,t} + S_{g,t}(x_{g,t-1},u_{g,t},u_{g,t-1})] \tag{3-44}$$

发电与负荷平衡约束

$$\sum_{g=1}^{N_g} p_{g,t}u_{g,t} = D_t \quad t = 1,2,\cdots,T \tag{3-45}$$

备用需求约束

$$\sum_{g=1}^{N_g} p_g^{\max}u_{g,t} \geqslant D_t + R_t \quad t = 1,2,\cdots,T \tag{3-46}$$

安全约束

$$f_{m,t} \leqslant f_m^{\max} \quad m=1,2,\cdots,L \quad t=1,2,\cdots,T \tag{3-47}$$

为简化表达而假设输电元件潮流参考方向与实际一致。

机组有功功率技术限制约束

$$u_{g,t}p_g^{\min} \leqslant p_{g,t} \leqslant u_{g,t}p_g^{\max} \quad g=1,2,\cdots,N_g \quad t=1,2,\cdots,T \tag{3-48}$$

机组最小运行、最小停运时间限制约束

$$u_{g,t} = \begin{cases} 1 & 1 \leqslant x_{g,t-1} < T_g^{\text{on}} \\ 0 & -1 \geqslant x_{g,t-1} > -T_g^{\text{off}} \\ 0\text{或}1 & \text{其他} \end{cases} \quad g=1,2,\cdots,N_g \quad t=1,2,\cdots,T \tag{3-49}$$

3.5.3 对应的两个子问题

由式（3-44）~式（3-49）构成的数学模型，就是一般意义上的安全约束机组组合问题。所谓安全关键是式（3-47）所指。这是一个难以用统一的优化数学理论求解的问题，由此本节试图建立一种适应用常规方法求解，又体现两层决策机制的算法。

3.5.3.1 基本思想

就上述问题而言，在研究周期内，要解决的本质是机组的启停问题。机组启停状态一旦确定，剩下就是安全约束的优化潮流问题。可见，决策机组启停状态

免不了要进行安全约束的优化潮流，即前者是目的，后者是检验目的好坏的手段。基于这一基本思想，针对安全约束机组组合数学模型，可自然划分成两个子问题，即松弛式（3-47）的无安全约束的机组组合子问题（后文用SP1表示）和机组启停状态给定下的式（3-44）~式（3-49）构成的安全约束优化潮流子问题（后文用SP2表示）。

上述两个子问题并不能直接从式（3-44）~式（3-49）构成的问题中抽取，二者存在衔接与协调，必然要交替以解决其牵制影响，因而当安全产生制约现象时，这两个子问题都有其变形，在算法的开始，SP1就是松弛式（3-47）的模型，以下就其两个子问题变形及衔接为焦点予以阐述。

3.5.3.2　SP2模型及求解

针对SP1给出的机组组合方案，当执行安全约束优化潮流时，会出现如下三种情况：①由于安全制约，无法满足负荷需求，即方案不可行；②目标函数值发生改变，方案可行，但是否修改方案有待确定；③安全约束优化潮流结果与方案完全相同，表明方案可行且实现等同于SP1一致优化水平。

由此可见，SP2面临前两种情况时必须进行处理，以解决优化可行，同时为SP1提供有效牵制信息，为此，在每时段引入虚拟变量以达到此目的。

具体SP2优化模型是在机组启停状态给定下，约束条件式（3-45）、式（3-48）保持不变，取消式（3-46）和式（3-49），将式（3-44）及式（3-47）改成如式（3-50）和式（3-51）的表达，便构成SP2数学优化模型。

$$\min F^{\text{scopf}} = \sum_{t \in T} \left[\sum_{g \in N_g} C_g(p_{g,t}) u_{g,t} + \alpha_p \sum_{m \in L} s_m^t \right] \tag{3-50}$$

$$f_{m,t} - s_{m,t} \leqslant f_m^{\max}, s_{m,t} \geqslant 0, m \in L, t \in T \tag{3-51}$$

在修正的式（3-50）和式（3-51）中，$s_{m,t}$为引入的虚拟变量，其作用在于当有安全制约发生时，以虚拟量暂时缓解这一现象，使发电与负荷保持平衡并保持安全约束优化潮流有解，同时有与SP1衔接与牵制的关联作用；α_p为虚拟变量的惩罚系数，该系数的作用在于当安全无制约（含临界情况）发生时，应该使虚拟变量为0。

式（3-50）表示的就是SP2的目标函数，其中第一项由于机组启停状态给定，故启停成本为常数而略去，不影响优化结果；第二项表示为缓解安全制约发生时所要付出的代价，由此α隐含经济价值的概念，其数值至少要高于最差机组的价值（边际）。

针对SP2的解，会出现如下情况：①安全约束不发生作用，虚拟变量对任意输电元件m任一时段的值都为0，即式（3-50）中第二项为0，且机组有功功率输出与SP1解相同；②虽在某些时段安全约束发生作用，但SP1机组组合方案可行，且式（3-50）中第二项也为0，只是机组有功功率输出较SP1解发生变化；③安全约束在某些时段发生作用，且 SP1 方案在某些时段不可行，即式（3-50）中第二项不为 0，机组有功功率输出较 SP1 解也发生变化。

3.5.3.3 SP1 随 SP2 的演变形式及求解

1. SP1 随 SP2 的模型演变

前已述及，本节算法开始时，SP1 就是不考虑安全约束的机组组合问题，但当迭代进行时，SP1 将随 SP2 发生变化，以下就这一变化予以阐述。

显然，SP2 是对 SP1 的判别，针对 SP2 解中的后两种情况，SP1 必须有效反映并处理，这也是本节的关键点。由此 SP1 应在不考虑安全约束基础上，再补充对安全约束发生制约时所引起机组启停方式变化的牵制表达和修正方向。增加约束的目的，在于消除虚拟变量的存在。按直流潮流，用 $w_{m,t}$表示第 m 输电元件在 t 时段机组启停变量变化与虚拟变量间牵制关系，以作为消除虚拟变量的度量尺度，表达式为

$$w_{m,t} = s_{m,t} + \sum_{g \in N_g} \overset{*}{p}_g \Gamma_m^g (u_{g,t} - \overset{*}{u}_{g,t}) \tag{3-52}$$

式中 $\overset{*}{u}_{g,t}$——SP1 的解；

$\overset{*}{p}_g$——SP2 得到运行机组的有功功率输出，对 SP2 中停运机组，在式（3-52）中相应项以 $p_g^{\max}$ 代替，同时出现第 m 输电元件的虚拟变量 $s_{m,t}$；

Γ_m^g——机组 g 对应输电元件 m 的发电转移因子；

$u_{g,t}$——目前要决策的量。

式（3-52）的意义在于，当出现安全制约现象时，可基于此在 SP1 中加入有效约束。针对第 m 输电元件出现的虚拟变量 $s_{m,t}$，式（3-52）右端第二项表示机组启停状态变化对输电元件传输功率方向变化的作用。由于虚拟变量 $s_{m,t}$反映输电元件 m 传输功率对机组启停状态的制约程度，在 SP1 优化时，应据此对不可行机组启停方案进行修正，使虚拟变量 $s_{m,t}$消除，以满足安全约束。若能修正启停方案使 $w_{m,t} \leqslant 0$，问题则得以解决，这就是 SP1 应该补充的约束条件，即

$$s_{m,t} + \sum_{g \in N_g} \overset{*}{p}_g \Gamma_m^g (u_{g,t} - \overset{*}{u}_{g,t}) \leqslant 0 \tag{3-53}$$

对应在 SP2 中优化出现虚拟变量非 0 的输电元件，在 SP1 中补充式（3-53），能保证 SP1 在使虚拟变量 $s_{m,t}$趋于 0 的机组组合方案集合中寻优。

另外，即使虚拟变量 $s_{m,t}$为 0，并不意味着机组启停方案修正结束，这与机组容量利用效率有关，即应计及在安全约束下机组可提供的最大输出功率的改变对机组组合的影响。依据 SP2 结果，在进行 SP1 时，尚需补充如下条件

$$p_g^{\max} = \overset{*}{p}_g g \in \Omega \tag{3-54}$$

式中 Ω——SP2 解与 SP1 解相比较，有功功率输出减小的机组集合。

至此，随 SP2 解的变化，在 SP1 中补充式（3-53）和 式（3-54），就完成了

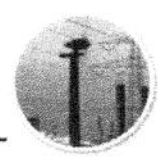

SP1 模型的演变过程。不断交替求解这一演变的模型，即可完成考虑安全约束的机组组合问题求解。

2. SP1 及其演变模型求解

当不存在补充式（3-53）和式（3-54）时，SP1 就是一般的无安全约束的机组组合问题，可借助 UD 方法进行求解；当存在补充的式（3-53）和式（3-54）时，可继续使用这一方法，只是依据式（3-54）重新确定机组在各时段中的最大输出功率且在单机动态规划过程中增加对约束式（3-53）的检验。由此，在机组组合受安全制约不突出的情况下，该方法是简捷有效的，这也符合电力系统的实际情况。

3.5.3.4　算法的启动及收敛准则

1. 算法的启动

算法开始时，由于无式（3-53）和式（3-54）的补充约束，就是无安全约束的机组组合问题，直接用 UD 方法就可完成算法的启动。实际电力系统中，往往仅需要这一步工作就可满足要求。

2. 算法的收敛准则

由于 SP1 与 SP2 的优化目标一致，随着交替求解的进行，二者解出的机组有功功率输出差别将不断减小，因此，当机组组合结果满足安全约束的限制时，即 SP2 中的虚拟变量均为 0，若两子优化问题所对应的机组有功功率输出偏差绝对值的最大值小于事先规定的阈值，则算法结束。实际中，为增强算法的鲁棒性和快速性，收敛条件也可取 SP2 解的目标函数值不再减小或两子优化问题交替次数达到事先规定的最大数。

3.5.4　算法流程

依据上述，本节考虑安全约束机组组合算法的计算机求解流程如图 3-10 所示。

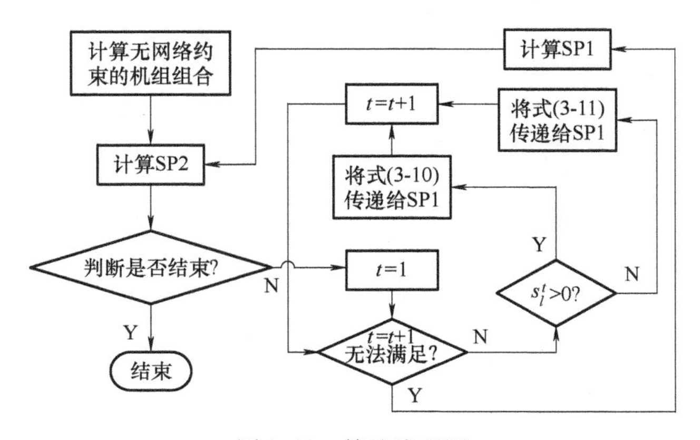

图 3-10　算法流程图

3.5.5　算例及其分析

本节以 24 节点、34 个输电元件及 26 台机组构成的电力系统为例阐明本节算法的效能，如图 3-11 所示。该系统发电机、网络及 24 时段的负荷参数见本章附录中表 3A-3、表 3A-8 ~ 表 3A-10。

对这一算例，以下对无安全制约和有安全制约发生时的两种情况进行分析。本节算法在 C ++ 环境中实现，针对情况 1 和情况 2 在 Pentium 4 2.8GHz 计算机上的运行时间分别为 11.2s 及 22.6s。

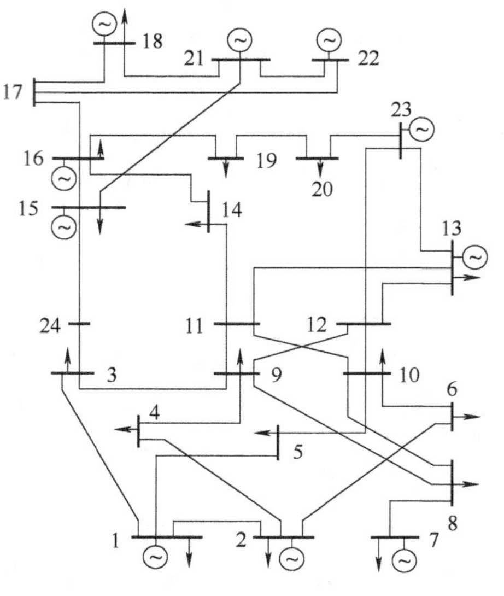

图 3-11　IEEE 24 节点系统

1. 情况 1

在本章附录中表 3A-8 给定的输电元件传输容量限值下，第一次迭代计算中 SP1 与 SP2 便获得了相同的机组输出有功功率，且 SP2 中虚拟变量的值为 0，说明安全约束对机组间功率的经济分配没有产生制约，因而无安全约束的机组组合结果便是要寻找的最优解，此时系统的运行费用为 $740296，相应的机组组合方案如表 3-19 所示。

表 3-19　机组组合结果

机组	时段（1 ~ 24）																							
1	0	0	0	0	0	0	0	0	0	0	1	0	0	0	0	0	0	0	0	0	0	0	0	0
2 ~ 5	0	0	0	0	0	0	0	0	0	0	0	0	0	0	0	0	0	0	0	0	0	0	0	0
6	1	1	1	1	1	1	1	1	1	1	1	1	1	1	1	1	1	1	1	1	1	1	1	1
7, 8	0	0	0	0	0	0	0	0	0	0	0	0	0	0	0	0	0	0	0	0	0	0	0	0
9	1	1	1	1	1	1	1	1	1	1	1	1	1	1	1	1	1	1	1	1	1	1	1	1
10	1	1	1	0	0	0	1	1	1	1	1	1	1	1	1	1	1	1	1	1	1	1	1	1
11, 12	0	0	0	0	0	0	0	0	0	0	0	0	0	0	0	0	0	0	0	0	0	0	0	0
13	1	1	1	0	0	0	0	1	1	1	1	1	1	1	1	1	1	1	1	1	1	1	1	1
14	1	1	1	0	0	0	0	0	1	1	1	1	1	1	1	1	1	1	1	1	1	1	1	1
15	1	1	1	1	0	0	0	0	1	1	1	1	1	1	1	1	1	1	1	1	1	1	1	1
16	0	0	0	0	0	0	0	0	1	1	1	1	1	1	1	1	1	1	1	1	1	1	1	1
17	0	0	0	0	0	0	0	0	1	1	1	1	1	0	0	0	1	1	1	1	1	1	1	1
18 ~ 21	1	1	1	1	1	1	1	1	1	1	1	1	1	1	1	1	1	1	1	1	1	1	1	1
22	0	0	0	0	0	0	0	0	0	1	1	1	1	1	1	1	1	1	1	1	1	1	1	0
23	0	0	0	0	0	0	0	0	0	0	0	1	1	1	1	1	1	1	1	0	0	0	0	0
24	0	0	0	0	0	0	0	0	0	0	0	0	0	0	0	0	0	1	1	1	1	1	0	0
25, 26	1	1	1	1	1	1	1	1	1	1	1	1	1	1	1	1	1	1	1	1	1	1	1	1

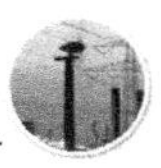

2. 情况2

假设本节图3-11系统中，第26条支路（首节点15、末节点24）开断或处于检修状态使其退出运行，针对这种情况进行机组组合计算。

首先由无安全约束的情况启动，获得了表3-19所示的机组组合结果，在针对此机组组合方案的SP2计算中，得出第19条支路（首节点11、末节点14）和第21条支路（首节点12、末节点23）在时段4～时段8中发生了传输功率越限情况，相应的支路潮流及虚拟变量值如表3-20所示。

表3-20 支路潮流及虚拟变量值 （单位：MW）

时段		4	5	6	7	8
支路19	传输功率	-286.14	-303.49	-303.8	-291.66	-272.73
	虚拟变量	0	3.49	3.8	0	0
支路21	传输功率	-302.78	-322.01	-322.14	-312.42	-305.79
	虚拟变量	2.78	22.01	22.14	12.42	5.79

依据表3-20中的非0虚拟变量、机组启停状态、SP2给出的机组输出功率以及表3-21中给出的发电机节点针对支路19和支路21的发电转移因子，可获得在第二次迭代计算中SP1补充约束条件。发电转移因子的值如表3-21所示。

表3-21 发电转移因子的值

节点	1	2	7	13	15	16	18	21	23
支路19	0.36	0.37	0.40	0.40	0.01	-0.01	0.005	0	0.24
支路21	0.17	0.17	0.18	0.12	0.01	-0.01	0.002	0	-0.18

第二次迭代中由SP1获得了更新后的机组组合结果，与上面结果相比较，机组10、机组13与机组14的启停状态在时段4～时段8中的部分或全部时段内发生变化，其运行状态如表3-22所示。

表3-22 机组10、13和14的运行状态

机组	时段（4～8）				
10	1	1	1	1	1
13	1	1	1	1	1
14	0	0	0	0	1

针对更新后的机组运行状态再解SP2，可知虚拟变量为0，说明新的机组组合结果对于安全约束无制约发生，但与SP1给出的机组输出功率相比较，机组19～机组21在时段3～时段8间有不同程度的减少，说明安全约束对这些时段内机组间功率的经济分配产生了制约影响，因此在此6个时段内用SP2给出的机组输出功

率对机组的有功输出功率最大值进行修正，进入第三次迭代计算。机组 19 ~ 机组 21 修正后最大输出功率值如表 3-23 所示。

表 3-23　机组 19 ~ 机组 21 输出有功功率的最大值　（单位：MW）

机　组	时段（3 ~ 8）					
19	139.7	135.5	123.6	123.7	135.5	148.3
20	135.8	131.6	119.9	119.9	131.6	144.3
21	350	350	347.8	348.0	350	350

第三次迭代中，SP1 获得了与前次迭代中相同的机组组合结果，且 SP1 与 SP2 决策的机组输出有功功率相同，计算结束。由此也可以看出，在这一情况下，安全约束对机组输出有功功率的影响，并不足以改变前次迭代中获得的机组组合结果。

通过以上获得的机组组合结果可知，在负荷低谷时段（时段 4 ~ 时段 8），由于投运的机组数量相对较少，当支路 26 停运后，在有限的传输容量下，导致了考虑安全约束获得的机组组合方案无法满足节点 1 ~ 节点 10 上的负荷需求。针对这种情况，基于本节算法，在这些时段增加了节点 1 和节点 2 上的投运机组，从而解除了安全约束产生的阻塞现象，系统的运行费用相应由无安全约束的 $740296 增至 $741004。

3.5.6　小结

从目前实际机组组合问题看，安全制约往往是限制了机组的发电能力，影响机组启停状态的制约则很少；另外就是安全水平的把握，如针对预想事件的发生，可能造成机组启停状态的不合理性。这样，考虑安全约束机组组合问题无非是后者与前者间矛盾的处理问题。在此背景下，本节将计及安全约束机组组合问题分解为两个子优化问题：无安全约束的机组组合问题和计及安全约束的优化潮流问题。通过在后者中引入虚拟变量来反映机组组合对电网输电元件安全的牵制及影响，并借用虚拟变量和发电转移因子，构建前者与后者间关联的补充约束条件，从而形成前者随后者变化的影响机制及优化方向的修正手段。本节方法对网络安全约束的处理直观、自然，两个子优化问题的决策充分兼容现有成型算法，当运行方式（发电、负荷、网络）发生变动或进行对机组组合预想事件的分析时，本节模型和算法有良好的适应性。

3.6　基于变量复制技术的改进算法

3.6.1　算法的基本思想

如下形式的优化问题

$$\begin{aligned}&\min_{x} f(\boldsymbol{x})\\ &\text{s.t. } \boldsymbol{g}_1(\boldsymbol{x})\leqslant 0\\ &\qquad \boldsymbol{g}_2(\boldsymbol{x})\leqslant 0\end{aligned}\tag{3-55}$$

可等价表示为

$$\begin{aligned}&\min_{x} f(\boldsymbol{x})-\boldsymbol{\delta}(\boldsymbol{x}'-\boldsymbol{x})\\&\text{s.t.}\ \ \boldsymbol{g}_1(\boldsymbol{x})\leqslant 0\end{aligned} \tag{3-56}$$

其中，$\boldsymbol{x}'$为子问题的解。

$$\begin{aligned}&\min_{x} f(\boldsymbol{x}')\\&\text{s.t.}\ \ \boldsymbol{g}_2(\boldsymbol{x}')\leqslant 0\end{aligned} \tag{3-57}$$

$$P'(x)=P(x)(1-\text{ORR}_g)+\text{ORR}_g P(x-c_g) \tag{3-58}$$

式中 $\boldsymbol{x}$——决策变量向量；

f和$\boldsymbol{g}$——相应目标函数和约束函数向量；

$\boldsymbol{\delta}$——拉格朗日乘子。

这种等价变换的意义在于，应同时满足$\boldsymbol{g}_1$、$\boldsymbol{g}_2$两个约束的优化问题，在用变量$\boldsymbol{x}'$复制$\boldsymbol{x}$后，约束之一$\boldsymbol{g}_2$可作为子问题处理，问题简化为求解满足单一约束$\boldsymbol{g}_1$的优化问题，同时通过嵌入$\boldsymbol{x}=\boldsymbol{x}'$的协调机制保证约束$\boldsymbol{g}_2$满足。

在机组组合问题中，由上面构成的SCUC模型，其拉格朗日对偶函数为

$$\mathcal{L}=\min\sum_{t=1}^{T}\sum_{i=1}^{N}\{C_i[P_i(t)]+S_i(t)\}U_i(t)-\sum_{t=1}^{T}\lambda(t)\left[\sum_{i\in N}P_i(t)\cdot U_i(t)-D(t)\right] \tag{3-59}$$

当给定乘子$\lambda(t)$时，该问题难以分解为单机子问题，因此传统方式下的拉格朗日松弛法无法有效地直接使用。然而，引入变量复制技术后，式（3-59）可变为

$$\begin{aligned}\mathcal{L}_i'=&\min_{U_i,P_i}\sum_{t=1}^{T}\{F_i[P_i(t)]+S_i(t)\}U_i(t)-\sum_{t=i}^{T}\lambda(t)\left(\sum_{i=1}^{N}P_i(t)-D(t)\right)\pm\\&\sum_{t=1}^{T}\sum_{i=1}^{N}\delta_i(t)[P_i(t)-\widetilde{P}_i(t)]\end{aligned} \tag{3-60}$$

式中的±在$P_i(t)<\widetilde{P}_i(t)$时取正，相反则取负。其中$\widetilde{P}_i(t)$为网络约束子问题的解，网络约束隐含地由$\widetilde{P}_i(t)$计入。这样，对应给定的乘子$\lambda(t)$和$\delta_i(t)$，该问题可分解为$N$个单机子问题，即

$$\begin{aligned}\mathcal{L}_i'=&\min_{U_i,P_i}\sum_{t=1}^{T}\{C_i[P_i(t)]+S_i(t)\}U_i(t)-\sum_{t=i}^{T}\lambda(t)P_i(t)\pm\\&\sum_{t=1}^{T}\delta_i(t)P_i(t)+\sum_{t=1}^{T}\lambda(t)D(t)\mp\sum_{t=1}^{T}\delta_i(t)\widetilde{P}_i(t)\end{aligned} \tag{3-61}$$

上述是构成本方法的核心思想。

3.6.2 算法的基本流程

该算法的流程图如图3-12所示。以下对其几个关键环节的处理予以阐述。

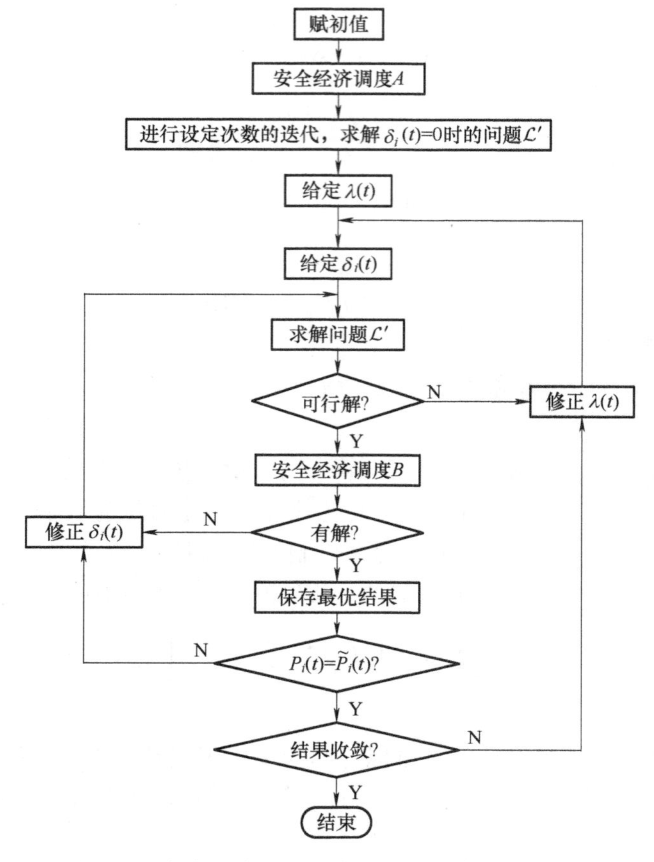

图 3-12　考虑网络安全约束机组组合算法的流程图

1）该方法在基本拉格朗日松弛法中增加了一重关于罚因子 $\delta_i(t)$ 的循环。这相当于首先进行无网络约束的机组组合，再根据网络安全约束进行调整。虽然拉格朗日乘子增多了，但因为需要调整的机组并不多，且各乘子的调整相对独立，因此不会影响算法的收敛。为了加快收敛速度，根据拉格朗日松弛法可快速收敛到可行解但振荡收敛到最优解的特点[13]，先根据系统规模进行设定次数的不考虑网络约束的机组组合，在此基础上再寻找最优解。

2）安全经济调度可求得满足网络安全约束的发电机出力，其本质是最优潮流。根据最优潮流中考虑的安全约束的不同，可求解计及不同安全约束的机组组合问题。为避免出现无解的情况，在安全经济调度 A 中松弛了机组最小出力约束。若某机组在安全经济调度 A 中出力为零，则通过 $P_i(t)=\widetilde{P}_i(t)$ 的协调作用，该机组最终将停机，保证了投入运行的机组满足网络约束的最小集合。而安全经济调度 B 严格满足机组最小出力约束，它用于检验机组组合的结果在网络约束下是否可行。

3）本节的收敛条件以目标函数不再进一步降低为准。

4）拉格朗日乘子的修正采用次梯度法

$$\lambda^{\text{iter}+1}(t)=\lambda^{\text{iter}}(t)+\frac{1}{\sigma+\mu\cdot\text{iter}}\cdot\text{gen\_deficit}(t) \tag{3-62}$$

$$\delta_i^{\text{iter}+1}(t)=\delta_i^{\text{iter}}(t)+\nu[\widetilde{P}_i(t)-P_i(t)] \tag{3-63}$$

式中　gen_deficit——有功不平衡量，当网络约束起作用时，它来自最优潮流中的松弛变量；

参数 σ、μ、ν——常数；

iter——迭代次数；

λ 的修正与迭代次数相关，以保证在接近最优解时减少步长，有利于逼近最优解。

3.6.3　算法的特点分析

考虑网络安全约束的机组组合，约束发生作用时表现为成本高机组与成本低机组间的置换。因此，如何使这一置换过程更有效是区别于其他方法的一个明显特点。由库恩-图克条件可知，拉格朗日松弛法中某时段机组的最优出力 $P_i(t)$ 决定于

$$\frac{\partial\mathcal{L}_i}{\partial P_i}=0 \tag{3-64}$$

对于直接嵌入法[9]，其单机对偶函数为

$$\begin{aligned}\mathcal{L}_{Ai}=&\min_{U_i,P_i}\sum_{t=1}^{T}\{C_i[P_i(t)]+S_i(t)\}U_i(t)-\sum_{t=i}^{T}\lambda(t)P_i(t)+\\&\sum_{t=1}^{T}\sum_{m=1}^{M}\gamma_m^+(t)k_{i,m}P_i(t)-\sum_{t=1}^{T}\sum_{m=1}^{M}\gamma_m^-(t)k_{i,m}P_i(t)+\sum_{t=i}^{T}\lambda(t)D(t)-\\&\sum_{t=1}^{T}\sum_{m=1}^{M}\gamma_m^+(t)\overline{P}_m(t)+\sum_{t=1}^{T}\sum_{m=1}^{M}\gamma_m^-(t)\underline{P}_m(t)\end{aligned} \tag{3-65}$$

式中　$k_{i,m}$——第 i 机组对第 m 条线路潮流的灵敏度因子；

γ_m^+、γ_m^-——线路约束的拉格朗日乘子。

则

$$\frac{\partial\mathcal{L}_i}{\partial P_i}=\frac{\partial C_i(P_i)}{\partial P_i}-\lambda+\sum_{m=1}^{M}\gamma_m^+k_{i,m}-\sum_{m=1}^{M}\gamma_m^-k_{i,m}=0 \tag{3-66}$$

即 γ_m^+、γ_m^- 可起到限制引起线路过负荷的机组进入组合的作用。由于 γ_m^+、γ_m^- 反映的是进入组合的机组引起潮流越限的情况，对没有进入组合的机组不起作用，因此无法提示哪些机组应该逆序开机。

对于变量复制方法，其单机对偶函数为

$$\mathcal{L}_{Bi}=\min_{U_i,P_i}\sum_{t=1}^{T}\{C_i[P_i(t)]+S_i(t)\}U_i(t)-\sum_{t=i}^{T}\lambda_i(t)P_i(t)+\sum_{t=1}^{T}\lambda_i(t)\widetilde{P}_i(t) \tag{3-67}$$

则

$$\frac{\partial \mathcal{L}_{Bi}}{\partial P_i} = \frac{\partial C_i(P_i)}{\partial P_i} - \lambda_i = 0 \tag{3-68}$$

$\lambda_i(t)$ 反映的是静态安全经济调度结果 $\widetilde{P}_i(t)$ 的要求，而安全经济调度的目标是系统运行的可变成本最小，没有考虑包括启动费用等在内的固定成本，更没有考虑时间约束的影响，因此该方法得不到系统运行总成本最小的结果，即得不出最优的机组组合。在网络约束或机组的时间约束发生作用时，$P_i(t) = \widetilde{P}_i(t)$ 无法保证。

可得到求解 $P_i(t)$ 最优的条件

$$\frac{\partial \mathcal{L}'}{\partial P_i} = \frac{\partial C_i(P_i)}{\partial P_i} - \lambda \pm \delta_i = 0 \tag{3-69}$$

就是说，最优机组的选择既从全系统的角度，即由乘子 $\lambda(t)$ 保证系统运行总成本最小，又在此基础上根据网络约束情况进行调整，即由乘子 $\delta_i(t)$ 计入网络约束对每个机组的影响，起到筛选受限机组并提示符合网络要求的逆序开机机组的作用。因此，本算法可取得更优的结果。

根据实时电价理论，在网络约束不发生作用时，系统各处的电价是相同的，均等于系统的边际电价。而当网络约束出现越限情况时，系统中各节点的电价将不再相同，称为节点电价。如果说基本拉格朗日松弛法正好是在网络无约束条件下以系统边际电价确定组合机组的，那么，本节算法就反映了网络约束条件下，组合机组的确定应以节点电价为依据的思想，因此其在市场条件下具有特殊的意义。

3.6.4 算例及其分析

本算例取自文献［2］并稍加修改，系统接线图如图 3-13 所示，发电机和线路的参数如表 3-24 和表 3-25 所示，表 3-25 同时给出了各节点负荷占总负荷的比例。本仿真计算研究了算法对网络安全约束以及时间相关约束的处理能力，同时，对直接嵌入法和变量复制方法也作了对比分析计算。仿真计算的结果如表 3-26 所示。

1）情况 1：某时段的总负荷为 1100MW，线路均不越限。此时三种方法的结果是一样的，因为网络约束没有越限，因此三种方法的目标函数一致，结果亦相同。

2）情况 2：负荷情况同上，但线路 3～6 的最大传输容量降到 260MW，线路 1～5 的最大传输容量降到 152MW。这种情况下，因为直接嵌入法只能阻止破坏网络约束的机组开机，而不能优选最适宜网络的机组开机，所以导致五台机组全部开机，加大了系统运行成本。相反，因为变量复制方法和本算法充分考虑了网络的优化利用，所以可求得更优的结果。

3）情况 3：在情况 2 的基础上，将线路 3～6 的最大传输容量降到 255MW，

用机组 G5 * 取代机组 G5，同时考虑机组 G5 * 有 50$ 的启动费用。由于 G5 * 的边际成本较 G4 稍低，因此变量复制方法在不能全面考虑启动费用的情况下，优先选择机组 G5 * 开机；而该方法始终考虑系统总运行成本的最优，所以可得到更优的结果。

4）情况 4：仿真考察算法对时间约束的处理能力。与情况 3 采用同样的机组集合，但考虑两个时段，总负荷分别为 1260MW 和 1220MW，线路均无约束，且机组 4 的最小开机时间为两个时段。在安全经济调度的结果 $\widetilde{P}_i(t)$ 无法反映时间相关约束的情况下，可正确求得满足该约束的解。需要指出，当采用变量复制方法求解时，各机组的开机决策取决于各自独立的 $\lambda_i(t)$ 乘子，由于其修正过程不保证机组的开机次序，因此，它虽然可以处理时间相关约束，但存在过度组合的可能，难以找到最优解。

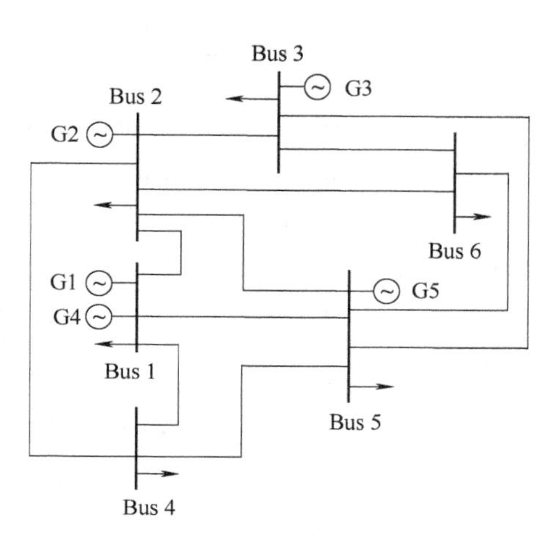

图 3-13　6 节点仿真系统接线图

表 3-24　机组参数

机　组	$a/(\$/MW^2)$	$b/(\$/MW)$	$c/\$$	P_{min}/MW	P_{max}/MW
G1	0.005	6.0	100.0	50	200
G2	0.0025	8.0	300.0	100	400
G3	0.002	10.0	500.0	100	600
G4	0.007	14.5	60.0	12	40
G5	0.038	26.8	34.64	8.4	52
G5 *	0.0011	13.4	80.0	10	40

表 3-25　线路及负荷分布参数

线路名称	X (pu)	最大传输容量 /MW	线路名称	X (pu)	最大传输容量 /MW	节点	负荷百分比 (%)
1-2	0.24	150	2-6	0.20	200	1	0
1-4	0.40	150	3-5	0.34	260	2	10
1-5	0.26	160	3-6	0.10	280	3	0
2-3	0.25	150	4-5	0.40	100	4	15
2-4	0.20	240	5-6	0.20	240	5	60
2-5	0.30	150				6	15

表 3-26　各仿真情况下机组的出力及总购电成本结果

机组号	情况 1	情况 2		情况 3		情况 4			
	三方法相同的结果	直接嵌入法	变量复制法与本节算法相同的结果	变量复制法	本节算法	$\widetilde{P}_i(t)$		本节算法的组合结果	
						时段 1	时段 2	时段 1	时段 2
G1/MW	200	191.7	200	200	200	200	200	200	200
G2/MW	400	400	400	400	400	400	400	400	400
G3/MW	500	484.1	484.2	472.5	471.8	600	600	600	600
G4/MW	0	12	0	0	28.2	20	0	20	20
G5(G5*)/MW	0	12.2	15.8	27.5	0	40	20	40	0
总成本/$	11410.0	11678.0	11574.9	11614.7	11543.2			26663.4	

3.6.5　小结

考虑网络安全约束机组组合的求解难点，在于有效地筛选满足网络约束的开机机组。机组组合给定下的安全经济调度和安全约束下的机组组合是不同性质的两个问题，前者是决策机组输出功率的大小，后者是决策机组的启停。本节的研究表明，要体现网络安全约束对机组启停状态的制约，必须在组合求解中有机计及网络约束的影响。所提出的算法在拉格朗日函数对偶分解的基础上结合变量复制技术，在单机子问题中有机计及网络约束的影响，实现真正意义上的安全约束下的机组组合。理论和算例分析表明，这一算法克服了考虑网络安全约束机组组合采用直接嵌入法和变量复制法所存在的使上述两个问题含混不清的弊端，体现了机组组合概念与安全经济调度概念间的差异和联系，恰当地解决了网络制约对机组启停决策的影响问题，挖掘了网络安全约束下机组组合的本质。

3.7　机组组合问题中电压无功约束的处理

3.7.1　引言

前面给出了一种考虑安全约束机组组合问题的计算方法，但针对仅以有功功率表征的直流潮流为基础而建立的模型进行决策，有可能出现无法满足电网电压水平支撑的要求。因此，机组组合问题中计及电压、无功约束势必成为必然。

从机组组合的角度看，如何鉴别由于电压、无功制约而使机组启停行为改变是计及电压无功约束机组组合问题的本质所在。这一本质无非体现在两个方面：一是需要机组以进相运行为目的的启停决策；二是需要以电压无功支撑水平均匀为目的的启停决策。不管如何，计及电压无功约束机组组合问题与机组启停方式给定下的无功优化既有区别，又有联系。前者是关于电压无功初步的布局问题，带有粗放性决策的性质（资源配置）；后者是无功资源关于一定有功方式下的细微安排问题，带有精细性决策的性质（资源优化）。然而，它们的数学模型形式上类

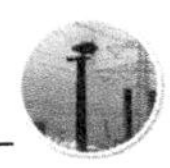

同，前者应该包括后者，只是地域与时域上的约束尺度有差异。

计及电压无功约束的机组组合问题似乎更全面，更接近电力系统运行的物理规律。电压无功约束的引入，使机组组合在原有基础上决策难度又进一步增加，如电压无功特有的非线性和分散性，直接求解有十分的难度。对此，就像有功安全约束机组组合问题一样，必须寻求分解协调的优化机制来解决这一问题。如变量复制技术，将该问题分解为单母线模型的机组组合问题和计及有功无功耦合的最优潮流问题，但由于问题规模的剧增，寻求分解后两问题间的协调规律和牵制约束表达极其困难，有理论意义但缺乏工程应用价值。再就是根据奔德斯分解的基本思想，采用主从优化的两层决策，通过从优化问题不断向主优化问题反馈的奔德斯割，推演关键的输电元件安全约束、节点电压无功约束等与机组启停间的制约或牵制关系表达，以缩小问题解决的复杂度，这至少是一种快速寻找可行解的方法，不仅有理论意义，也有工程实用的背景。然而，仅仅基于理想的线性规划模型的从决策问题需要不断地进行迭代，计算效率受步长等因素限制过多，效果并不理想。

综上，考虑电压无功约束的机组组合问题，能否在现有有功安全约束机组组合研究成果基础上，充分吸收问题的特点及有功和无功间的弱耦合特性，寻求奔德斯分解基本思想下更简洁实用的计算方法，进一步缩减解决问题的复杂度，是解决该问题的出发点和落脚点。因此，本节以奔德斯分解思想为指导，根据电压无功对机组启停决策影响弱的实际，将原问题分解为以有功安全约束机组组合为主问题，以机组启停方式给定下的无功优化为从问题的两个决策问题。主问题以直流潮流为基础的考虑输电元件安全约束的机组组合问题，可借用前面的方法予以解决；从问题为有功模式给定下的一系列的无功优化子问题，对这些子问题，依据主问题中机组的启停状态与输出的有功功率即可进行交流潮流计算，以判断电压无功是否在允许范围内，并以此确定主问题的决策方案是否可行，同时间接以不断反馈奔德斯割的形式对主问题优化的约束域予以修正。从而，主从问题可实现交替求解，直至获得满足电压无功约束的机组组合方案。图3-14为主从决策交替求解的优化机制示意图。

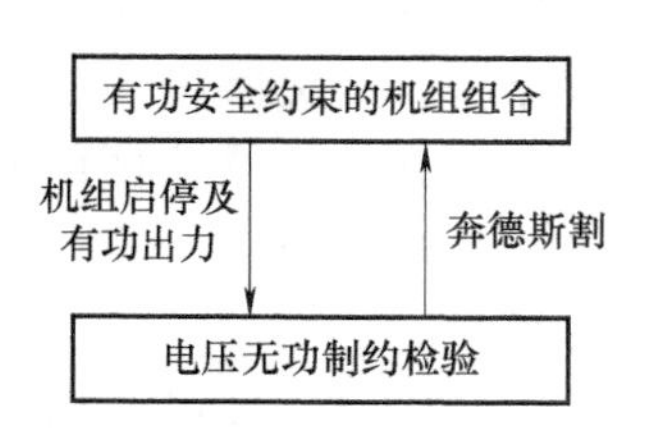

图3-14　主从决策交替求解的优化机制

3.7.2　考虑无功电压约束机组组合问题的描述

考虑无功电压约束的机组组合问题，其数学模型在优化问题模型的基础上增加了节点电压及机组无功功率技术限制约束，具体可表达如下：

目标

$$\min F = \sum_{t=1}^{T}\sum_{g=1}^{N_g}\left[C_g(p_{g,t})u_{g,t} + S_{g,t}(x_{g,t-1},u_{g,t},u_{g,t-1})\right] \tag{3-70}$$

发电与负荷平衡

$$\sum_{g=1}^{N_g} p_{g,t}u_{g,t} = D_t \quad t = 1,2,\cdots,T \tag{3-71}$$

备用需求

$$\sum_{g=1}^{N_g} p_g^{\max}u_{g,t} \geqslant D_t + R_t \quad t = 1,2,\cdots,T \tag{3-72}$$

输电元件传输有功功率约束

$$f_{m,t} \leqslant f_m^{\max} \quad m=1,2,\cdots,L \quad t=1,2,\cdots,T \tag{3-73}$$

机组有功功率技术限制

$$u_{g,t}p_g^{\min} \leqslant p_{g,t} \leqslant u_{g,t}p_g^{\max} \quad g=1,2,\cdots,N_g \quad t=1,2,\cdots,T \tag{3-74}$$

机组最小运行、最小停运时间限制

$$u_{g,t}=\begin{cases}1 & 1 \leqslant x_{g,t-1} < T_g^{\text{on}} \\ 0 & -1 \geqslant x_{g,t-1} > -T_g^{\text{off}} \\ 0 \text{ 或 } 1 & \text{其他}\end{cases} \quad g=1,2,\cdots,N_g \quad t=1,2,\cdots,T \tag{3-75}$$

节点电压及机组无功功率技术限制

$$v_i^{\min} \leqslant v_i^t \leqslant v_i^{\max} \quad i=1,2,\cdots,N \quad t=1,2,\cdots,T \tag{3-76}$$

$$u_{g,t}q_g^{\min} \leqslant q_{g,t} \leqslant u_{g,t}q_g^{\max} \quad g=1,2,\cdots,N_g \quad t=1,2,\cdots,T \tag{3-77}$$

3.7.3 对应原问题的主从决策

由式（3-70）~式（3-75）构成的优化模型为一般意义上考虑安全约束的机组组合问题（Security Constrained Unit Commitment，SCUC），所谓安全，主要是输电元件的有功传输功率在允许的范围之内。同时，SCUC 决策的有功调度模式应满足给定的节点电压安全及机组无功出力限制，即需要考虑式（3-76）和式（3-77）表示的约束条件，这无疑进一步增加了问题的复杂程度，难以找到统一的优化方法进行求解。由此，本节依据系统无功、电压与有功功率分布弱耦合的特性，将有功调度与无功电压调度分离进行，并借助奔德斯分解思想，形成二者相互衔接协调的优化机制。

3.7.3.1 基于奔德斯分解思想的优化机制

为叙述基本思想，式（3-70）~式（3-77）可抽象表达为如下形式

$$\min \quad f(x) \tag{3-78}$$

$$\text{s.t.} \quad g(x) \geqslant b \tag{3-79}$$

$$e(x,y) \geqslant h \tag{3-80}$$

式中 x——机组的启停状态变量 u 及输出的有功功率 P；

y——系统的节点电压 V、节点相角 δ、机组输出的无功功率 Q 及变压器电压比 K 等；

$f(x)$——式（3-70）的抽象表达。

式（3-79）为式（3-70）至式（3-75）表示的约束集合；式（3-80）为约束集合。根据奔德斯分解思想，首先求解将约束（3－80）松弛掉的优化问题

$$\begin{aligned} &\min \quad f(x) \\ &\text{s.t.} \quad g(x) \geqslant b \end{aligned} \tag{3-81}$$

为了检验以上优化问题获得的优化结果 $\hat{x}$ 是否可满足式（3-80）表示的约束条件，引入元素非负的虚拟变量矢量 $\boldsymbol{s}$，从而形成对应原优化问题的从决策，即

$$\begin{aligned} &\min w(\hat{x}) = \boldsymbol{\alpha}^{\mathrm{T}} \cdot \boldsymbol{s} \\ &\text{s.t.} \quad e(\hat{x}, y) + s \geqslant h \end{aligned} \tag{3-82}$$

式中　$\boldsymbol{\alpha}$——虚拟变量的系数列向量。

式（3-82）引入虚拟变量 $\boldsymbol{s}$ 的作用在于针对给定的 $\hat{x}$，当式（3-80）表示的约束条件无法满足时，以虚拟变量暂时缓解这一现象，使式（3-82）表示的优化问题有解。当式（3-82）的目标函数 $w(\hat{x}) > 0$ 时，意味着对应主决策给定的优化结果 $\hat{x}$ 可以找到满足约束式（3-80）的一组 y；否则，原问题不可行。为了消除非零的虚拟变量，主决策在下次迭代中需要增加的约束条件（即奔德斯割）为

$$w(x) = w(\hat{x}) - \boldsymbol{\pi}^{\mathrm{T}}(x - \hat{x}) \tag{3-83}$$

式中，$\boldsymbol{\pi}$ 为对应式（3-82）中不等式约束的拉格朗日乘子，表示从决策取得最优解时，目标函数值对应 x 变化的灵敏度。式（3-81）及式（3-83）则构成了原优化问题的主决策。

主从决策交替求解，直到获得满足约束式（3-79）、式（3-80）的优化结果。

3.7.3.2　从决策的优化模型及求解

在给定系统的有功调度模式（启停状态及有功输出功率）后，在交流潮流模型下依据式（3-82），以时段 t 为例，考虑电压无功约束的机组组合问题的从决策表达如下：

目标为最小化电压约束中的虚拟变量，即

$$\min w(\hat{u}, \hat{p}) = \boldsymbol{\alpha}^{\mathrm{T}}(\boldsymbol{s}_a + \boldsymbol{s}_b) \tag{3-84}$$

等式约束主要是节点（不包含平衡节点）有功功率平衡约束和节点（不包含无功电源节点）无功功率平衡约束，即

$$P_i^s - V_i \sum_{j \in i} V_j (G_{ij}\cos\theta_{ij} + B_{ij}\sin\theta_{ij}) = 0 \quad i = 1,2,\cdots,N \text{ 且 } i \neq \mathrm{NS} \tag{3-85}$$

$$Q_i^s - V_i \sum_{j \in i} V_j (G_{ij}\sin\theta_{ij} - B_{ij}\cos\theta_{ij}) = 0 \quad i = 1,2,\cdots,N \text{ 且 } i \notin R^m \tag{3-86}$$

$$\theta_{\mathrm{NS}} = 0 \tag{3-87}$$

各无功电源无功功率的上下限约束

$$Q_i^{\min} \leqslant V_i \sum_{j \in i} V_j (G_{ij}\sin\theta_{ij} - B_{ij}\cos\theta_{ij}) \leqslant Q_i^{\max} \quad i \in R^m \tag{3-88}$$

节点电压幅值、变压器电压比及虚拟变量非负约束

$$V_i - s_a^i \leqslant V_i^{\max}$$
$$V_i + s_b^i \geqslant V_i^{\min} \quad i = 1,2,\cdots,N \tag{3-89}$$
$$s_a^i > 0,\ s_b^i > 0$$

$$K_i^{\min} \leqslant K_i \leqslant K_i^{\max} \quad i = 1,2,\cdots,\mathrm{NT} \tag{3-90}$$

式中　$\hat{u}$、$\hat{p}$——主决策给定的机组启停状态及输出的有功功率；
$\boldsymbol{s}_a$、$\boldsymbol{s}_b$——电压约束中引入的虚拟变量列向量，其中的元素分别用 s_a^i 和 s_b^i 来表示；
G_{ij}、B_{ij}——节点导纳矩阵元素 Y_{ij}的实部和虚部（其中含电压比参数的影响）；
V_i——节点 i 的电压幅值；
θ_{ij}——节点 i 与节点 j 之间的电压相位差；
$j \in i$——节点 j 必须与节点 i 相连，并包括 $j = i$ 的情况；
K_i——第 i 个可调变压器的电压比；
P_i^s、Q_i^s——节点 i 的有功功率和无功功率注入；
$K_i^{\max}$、$K_i^{\min}$——电压比 K_i 的上、下限；
R^m——无功电源所在节点的集合；
NT——系统可调变压器电压比的总数；
NS——平衡节点号；
θ_{NS}——平衡节点的电压相位。

式（3-84）~式（3-90）表示的优化问题中，由于在式（3-89）中引入虚拟变量 $\boldsymbol{s}_a$、$\boldsymbol{s}_b$，节点电压 V 可以在更大范围内取值，与此相应的是若目标函数的值为正，说明在上层决策的机组启停状态及机组间分配的有功功率输出无法使系统达到给定的电压安全水平，若目标函数值为 0，说明上层决策可行。以上的优化问题由于是决策在有功模式给定下的无功资源配置，对应各约束的拉格朗日乘子中起显著作用的是相应式（3-86）及式（3-88）的拉格朗日乘子。用原对偶内点算法对以上优化问题求解时，若对应式（3-86）与式（3-88）中发电机发出无功功率小于上限约束的拉格朗日乘子分别为 y_a 和 y_b，针对从决策目标函数值 $w(\hat{u},\hat{p})$ 为正的情况，根据式（3-83），反馈到主决策的奔德斯割可表达如下

$$w(u,p) = w(\hat{u},\hat{p}) - \sum_{g=1}^{N_g} [y_g \hat{q}_g (u_g - \hat{u}_g)] \leqslant 0 \tag{3-91}$$

式中，y 由 y_a 和 y_b 组成；y_g 为 y 中对应发电机 g 的元素，可看作从决策在最优条件下注入发电机 g 所在节点的无功功率发生单位变化所引起目标函数值的变化量。相应于机组的运行状态变化（$u_g - \hat{u}_g$），对于已决策运行的机组，$\hat{q}_g$ 为上层决策与下层决策确定的机组输出的无功功率值；对于决策为停运的机组，若 y_g 为正，$\hat{q}_g$ 取其输出无功率上限值，若为负，取其功率下限值，以计及机组启停状态发生变化时为使 $w(\hat{u},\hat{p})$ 趋于 0 所能产生的最大作用。实际上，由于机组输出的无功功率

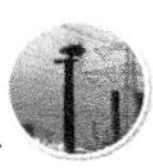

位于上下限值之间时 y_g 的值总为0，因此若 y_g 非负，$\hat{q}_g$ 可直接取机组 g 输出无功率的上限值，否则可直接取下限值。式（3-91）中的 $-\sum_{g=1}^{N_g}[y_g\hat{q}_g(u_g-\hat{u}_g)]$，表示机组状态变化对消除非零虚拟变量的作用，$w(u,p)$ 则表征当机组启停状态为 u 时虚拟变量的严重程度，因此通过在主决策中不断增加由式（3-91）表示的约束条件 $w(u,p)\leqslant 0$，保证主决策在使虚拟变量不断减小的机组组合方案集合中寻优，从而通过对 $\hat{u}$ 不断进行修正，最终获得满足给定电压安全约束的机组组合结果。

3.7.3.3 主决策的优化模型及求解

主决策是由式（3-70）~式（3-75）及不断由从决策反馈的由式（3-91）表示的约束集合构成的。由于式（3-91）仅是机组启停状态量的函数，上层优化仍然可以采用UD方法进行求解，但不同的是需要在单机动态规划过程中增加对从决策反馈约束的可行性检验。

3.7.3.4 算法流程

综上所述，求解考虑电压、无功约束的机组组合问题的算法流程如图3-15所示。

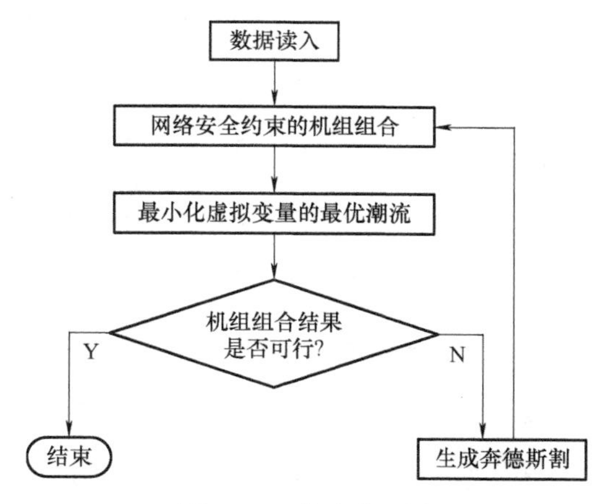

图3-15 算法流程图

3.7.4 算例分析

以24节点系统为例阐明算法的效能。发电机、网络及有功负荷的相关参数同本节算例，各负荷节点的无功负荷取有功负荷的20%，各节点电压上下限分别取标幺值1.05及0.95。

根据本节算例中的计算结果，表3-27给出了系统正常运行时，考虑输电元件传输功率限制约束的机组的有功调度方案。

依照上述方法，首先按表3-16进行式（3-84）~式（3-90）表示的从决策的优化计算。根据从决策的计算结果，表3-28和表3-29给出了不可行时段的从决策目标函数值及以相应各时段中对应发电机节点的 y 的值。

表 3-27 不考虑电压安全约束的机组有功调度 （单位：MW）

机组	1~24时段输出的有功功率																							
1	0	0	0	0	0	0	0	0	0	0	12	0	0	0	0	0	0	0	0	0	0	0	0	0
2~5	0	0	0	0	0	0	0	0	0	0	0	0	0	0	0	0	0	0	0	0	0	0	0	0
6	155	155	155	155	155	155	155	155	155	155	155	155	155	155	155	155	155	155	155	155	155	155	155	155
7, 8	0	0	0	0	0	0	0	0	0	0	0	0	0	0	0	0	0	0	0	0	0	0	0	0
9	76	68.46	39.09	76	54.01	55.01	71.51	76	76	76	76	76	76	76	76	76	76	76	76	76	76	76	76	76
10	76	65.52	36.77	0	0	0	68.5	75.86	76	76	76	76	76	76	76	76	76	76	76	76	76	76	76	76
11, 12	0	0	0	0	0	0	0	0	0	0	0	0	0	0	0	0	0	0	0	0	0	0	0	0
13	76	62.97	34.7	0	0	0	0	73.15	76	76	76	76	76	76	76	76	76	76	76	76	76	76	76	76
14	76	60.05	32.44	0	0	0	0	0	76	76	76	76	76	76	76	76	76	76	76	76	76	76	76	76
15	79.01	25	25	64.01	0	0	0	0	75.46	100	100	100	100	100	100	100	100	100	100	100	100	100	100	84.77
16	0	0	0	0	0	0	0	0	68.65	100	100	100	100	100	100	100	100	100	100	100	100	100	100	78.13
17	0	0	0	0	0	0	0	0	61.89	100	100	100	100	0	0	0	100	100	100	100	100	100	100	71.6
18~20	155	155	155	155	155	155	155	155	155	155	155	155	155	155	155	155	155	155	155	155	155	155	155	155
21	350	350	350	350	350	350	350	350	350	350	350	350	350	350	350	350	350	350	350	350	350	350	350	350
22	0	0	0	0	0	0	0	0	0	134	197	119.6	114.3	126.9	112.6	112.6	119.6	181.9	169.3	197	172.8	144.1	105.5	0
23	0	0	0	0	0	0	0	0	0	0	0	99.9	94.66	107.1	92.92	92.92	99.9	162	149.4	0	0	0	0	0
24	0	0	0	0	0	0	0	0	0	0	0	0	0	0	0	0	0	141.1	128.7	193.5	132.2	103.9	0	0
25, 26	400	400	400	400	400	400	400	400	400	400	400	400	400	400	400	400	400	400	400	400	400	400	400	400

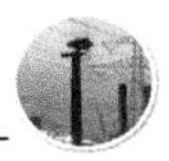

表3-28　从决策的目标函数值

时　　段	5	6	7	8
目标函数值	0.1523	0.1525	0.1676	0.1840

表3-29　第5~8时段中对应发电机节点的乘子值

节　　点		1	2	7	13	15	16	18	21	23
乘子值	5时段	0	-0.0026	0.3349	0.0180	0.0059	0.0053	0	0	0
	6时段	0	-0.0026	0.3349	0.0180	0.0059	0.0053	0	0	0
	7时段	0	-0.0027	0.3430	0.0182	0.0059	0.0053	0	0	0
	8时段	0	-0.0027	0.3522	0.0184	0.0053	0.0048	0	0	0

计算发现，在表3-28中4个时段内产生的大于0的目标函数值，是由于在给定的有功调度模式下，节点7和节点8的电压无法达到系统最低要求引起的，其所能达到的电压上限值由表3-30所示。由表3-29可以看出，增加除节点1、节点18、节点21和节点23外其余发电机节点上的无功注入，可提高节点7和节点8上的电压值，但对应节点7效果最明显。

根据表3-28和表3-29中的计算结果，对应时段5~时段8，4个以式（3-91）表示的约束条件将被引入到主决策中进行下一次优化决策。在第二次迭代计算中，主决策得到的机组组合结果与表3-27相比较，机组9、机组10、机组13与机组15在时段5~时段8中的运行状态有所改变，结果如表3-31所示。

表3-30　节点7和节点8的电压上限值

节　　点	电压上限值			
节点7	0.8601	0.86	0.8516	0.8425
节点8	0.8876	0.8875	0.8808	0.8735

表3-31　机组9、10、13、15的启停状态

机　　组	时段（5~8）			
9	0	0	1	1
10，13	0	0	0	1
15	1	1	1	1

根据由表3-31给出的主决策修正后的机组组合结果，从决策中各时段优化问题的目标函数值均为0，说明此时的机组组合及相应的有功调度方案能满足系统给定的电压限值约束，相应的运行费用由仅考虑输电元件传输功率安全约束的$740296增加为$741915。

由以上的分析可知，对应时段5~时段8轻负荷的时段，由于运行的发电机数

量相对较少，导致无功源可向系统内提供的无功功率不足，无法使系统维持在需要的电压水平范围内。本节算法中，通过启动机组 15，增加了在电压相对较低区域的无功功率补偿容量，从而使系统节点电压可维持在要求范围之内。

3.7.5 小结

本节在上述对包含有功安全约束机组组合问题进行了分析的基础上，为了进一步考虑电压无功约束对机组组合问题的影响，构建了较全面的机组组合数学模型。本节依据奔德斯分解原理，将计及电压无功约束的机组组合问题分解为主从两层及层间联系的表达。其中，主决策是以直流潮流模型为基础的安全约束机组组合，从决策为给定有功模式下的系列无功优化，通过从决策引导的奔德斯割形成了主从关联的附加约束，且两层的优化决策可充分兼容各种优秀的成形方法。由于现实电网中，机组组合与电压、无功制约的矛盾并不是十分突出，本节方法既具有直接的作用，同时兼有检验性的作用，因而符合电网运行实际。至此，基于上几节的内容，形成了从无网络制约的机组组合，到仅考虑有功安全约束的机组组合，再到考虑电压无功制约的机组组合的灵活决策机制，适合大规模电网的计算。

3.8 结论

本章以电力系统的机组组合问题为核心，给出机组组合问题较全面数学模型的描述与分析。在此基础上，以单母线形式对优先级表法、动态规划法、拉格朗日松弛法等传统方法及改进的新方法予以分析，并提出了基于变量赋值技术的改进算法、考虑安全约束及电压无功约束机组组合问题的分解协调原则，进而就机组组合方案给定下，有功优化调度及电压无功支撑特性等问题进行了深入探索。

第 3 章附录　第 3 章算例数据

表 3A-1　第 3 章算例中 20 机系统发电机参数

机组	p_g^{max} /MW	p_g^{min} /MW	a_g /(\$/MW^2)	b_g /(\$/MW)	c_g /\$	初始运行时间/h	T_g^{on} /h	T_g^{off} /h	α_g /\$	β_g /\$	τ_g /h	是否可用
1	130	20	0.00211	16.51	702.7	50	24	24	200	2000	24	是
2	130	20	0.00211	16.51	702.7	50	24	24	200	2000	24	是
3	460	100	0.00063	21.05	1313.6	50	24	24	500	20000	24	是
4	465	100	0.00078	21.04	1168.1	50	24	24	500	20000	24	是
5	160	100	0.00254	22.68	372.2	45	24	24	200	3000	24	是
6	455	100	0.00048	16.19	1078.8	100	24	24	500	19000	24	是
7	455	100	0.00031	17.26	969.8	100	24	24	500	19000	24	是
8	470	100	0.00043	21.6	958.2	50	24	24	500	20000	24	是
9	80	20	0.00712	22.26	371	−5	4	4	100	700	5	是

（续）

机组	p_g^{max} /MW	p_g^{min} /MW	a_g /(\$/MW^2)	b_g /(\$/MW)	c_g /\$	初始运行时间/h	T_g^{on} /h	T_g^{off} /h	α_g /\$	β_g /\$	τ_g /h	是否可用
10	80	20	0.10908	19.58	455.6	-5	4	4	100	700	5	是
11	85	25	0.00079	27.74	476.6	-20	4	4	100	1000	5	是
12	300	60	0.0007	23.9	471.6	50	10	10	300	10000	12	是
13	162	25	0.00171	23.71	367.5	-20	10	10	250	3000	12	是
14	162	25	0.00398	19.7	445.4	-50	10	10	250	3000	12	是
15	55	55	0.00413	25.92	660.8	40	2	2	44	100	5	是
16	55	55	0.00951	22.54	692.4	40	2	2	44	100	5	是
17	55	55	0.00173	27.79	644.5	40	2	2	44	100	5	是
18	55	55	0.00214	27.91	661.2	40	2	2	44	100	5	是
19	55	55	0.00209	28.12	650.7	40	2	2	44	100	5	是
20	55	55	0.00222	27.27	665.8	40	2	2	44	100	5	否

表 3A-2　第 3 章算例中 20 机系统负荷参数

时段	负荷/MW											
1~12	3200	3200	3100	3100	3200	3200	3400	3600	3600	3600	3500	3300
13~24	3200	3200	3300	3400	3600	3600	3600	3600	3500	3300	3300	3100

表 3A-3　第 3 章算例中 26 机系统发电机参数

机组	p_g^{max} /MW	p_g^{min} /MW	a_g /(\$/MW^2)	b_g /(\$/MW)	c_g /\$	初始运行时间/h	T_g^{on} /h	T_g^{off} /h	α_g /\$	β_g /\$	τ_g /h	所在节点
1	12	2.4	0.02533	25.5472	24.3891	-1	1	1	0	0	1	15
2	12	2.4	0.02649	25.6753	24.411	-1	1	1	0	0	1	15
3	12	2.4	0.02801	25.8027	24.6382	-1	1	1	0	0	1	15
4	12	2.4	0.02842	25.9318	24.7605	-1	1	1	0	0	1	15
5	12	2.4	0.02855	26.0611	24.8882	-1	1	1	0	0	1	15
6	155	54.25	0.00463	10.694	142.7348	5	5	3	150	150	6	15
7	20	4	0.01199	37.551	117.7551	-1	1	1	20	20	2	1
8	20	4	0.01261	37.6637	118.1083	-1	1	1	20	20	2	1
9	76	15.2	0.00876	13.3272	81.1364	-3	3	2	50	50	3	1
10	76	15.2	0.00895	13.3538	81.298	-3	3	2	50	50	3	1
11	20	4	0.01359	37.777	118.4576	-1	1	1	20	20	2	2
12	20	4	0.01433	37.8896	118.8206	-1	1	1	20	20	2	2
13	76	15.2	0.0091	13.3805	81.4641	-3	3	2	50	50	3	2

（续）

机组	p_g^{max} /MW	p_g^{min} /MW	a_g /(\$/MW²)	b_g /(\$/MW)	c_g /\$	初始运行时间/h	T_g^{on} /h	T_g^{off} /h	α_g /\$	β_g /\$	τ_g /h	所在节点
14	76	15.2	0.00932	13.4073	81.6259	-3	3	2	50	50	3	2
15	100	25	0.00623	18	217.8952	-3	4	2	70	70	4	7
16	100	25	0.00612	18.1	218.335	-3	4	2	70	70	4	7
17	100	25	0.00598	18.2	218.7752	-3	4	2	70	70	4	7
18	155	54.25	0.00473	10.7154	143.0288	5	5	3	150	150	6	16
19	155	54.25	0.00481	10.7367	143.3179	5	5	3	150	150	6	23
20	155	54.25	0.00487	10.7583	143.5972	5	5	3	150	150	6	23
21	350	140	0.00153	10.8616	177.0575	10	8	5	300	200	8	23
22	197	68.95	0.00259	23	259.131	-4	5	4	200	200	8	13
23	197	68.95	0.0026	23.1	259.649	-4	5	4	200	200	8	13
24	197	68.95	0.00263	23.2	260.176	-4	5	4	200	200	8	13
25	400	100	0.00194	7.4921	310.0021	10	8	5	500	500	10	18
26	400	100	0.00195	7.5031	311.9102	10	8	5	500	500	10	21

表 3A-4　第 3 章算例中 26 机系统负荷参数

时段	负荷/MW											
1～12	1700	1730	1690	1700	1750	1850	2000	2430	2540	2600	2670	2590
13～24	2590	2550	2620	2650	2550	2530	2500	2550	2600	2480	2200	1840

表 3A-5　第 3 章算例中 110 机系统发电机参数

机组	p_g^{max} /MW	p_g^{min} /MW	a_g /(\$/MW²)	b_g /(\$/MW)	c_g /\$	初始运行时间/h	T_g^{on} /h	T_g^{off} /h	α_g /\$	β_g /\$	τ_g /h	停运费用/\$
1	12	2.4	0.0253	25.547	24.39	-1	1	1	0	0	1	0
2	12	2.4	0.0265	25.675	24.41	-1	1	1	0	0	1	0
3	12	2.4	0.028	25.803	24.64	-1	1	1	0	0	1	0
4	12	2.4	0.0284	25.932	24.76	-1	1	1	0	0	1	0
5	12	2.4	0.0286	26.061	24.89	-1	1	1	0	0	1	0
6	15	3.6	0.0353	26.547	26.39	-1	1	1	0	0	1	0
7	15	3.6	0.0365	26.675	25.41	-1	1	1	0	0	1	0
8	20	5	0.005	13.5	50	-2	1	1	10	15	1	0
9	20	4	0.012	37.551	117.8	-1	1	1	20	20	2	0
10	20	4	0.0126	37.664	118.1	-1	1	1	20	20	2	0
11	20	4	0.0136	37.777	118.5	-1	1	1	20	20	2	0

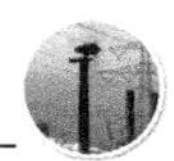

（续）

机组	p_g^{max} /MW	p_g^{min} /MW	a_g /(\$/MW^2)	b_g /(\$/MW)	c_g /\$	初始运行时间/h	T_g^{on} /h	T_g^{off} /h	α_g /\$	β_g /\$	τ_g /h	停运费用/\$
12	20	4	0.0143	37.89	118.8	-1	1	1	20	20	2	0
13	22	4.4	0.038	26.803	25.64	-1	1	1	0	0	1	0
14	22	4.4	0.0384	26.932	25.76	-1	1	1	0	0	1	0
15	32	5.4	0.0353	26.547	34.39	-1	1	1	0	0	1	0
16	32	5.4	0.0365	26.675	34.41	-1	1	1	0	0	1	0
17	35	10	0.0021	14.4	90	-1	1	1	20	30	1	0
18	40	10	0.0011	13.4	80	-1	1	1	10	20	1	0
19	40	12	0.007	14.5	60	-2	1	1	40	25	1	0
20	50	12	0.0051	23	60	-1	1	1	68	30	2	0
21	50	10	0.0031	9.407	23.63	-3	2	1	25	10	1	0
22	52	8.4	0.038	26.803	34.64	-1	1	1	0	0	1	0
23	52	8.4	0.0384	26.932	34.76	-1	1	1	0	0	1	0
24	52	8.4	0.0386	17.061	34.89	-1	1	1	0	0	1	0
25	55	20	0.0061	24	70	-2	1	1	60	400	1	0
26	55	10	0.0033	14.3	80	-3	1	1	35	20	1	0
27	60	10	0.021	15.3	65	-1	1	3	20	85	5	15
28	60	12	0.032	38.551	127.8	-1	1	2	30	30	2	0
29	60	12	0.0326	36.664	128.1	-1	1	2	30	30	2	0
30	60	12	0.0236	38.777	128.5	-1	1	2	30	30	2	0
31	60	12	0.0243	38.89	128.8	-1	1	2	30	30	2	0
32	70	20	0.0023	13.3	70	-2	1	1	50	300	1	0
33	76	15.2	0.0088	13.327	81.14	3	2	3	50	50	3	0
34	76	15.2	0.0089	13.354	81.3	3	2	3	50	50	3	0
35	76	15.2	0.0091	13.08	81.46	3	2	3	50	50	3	0
36	76	15.2	0.0093	13.407	81.63	3	2	3	50	50	3	0
37	80	20	0.0078	13.2	200	-4	2	3	40	30	2	0
38	80	20	0.0088	14.2	210	-4	2	2	50	40	2	0
39	80	10	0.023	16	82	-1	1	3	20	101	5	25
40	90	30	0.0099	11.38	32.46	-1	2	2	60	90	2	0
41	96	25.2	0.0098	14.327	82.14	3	2	3	60	60	3	0
42	96	25.2	0.0099	14.354	82.3	3	2	3	60	60	3	0
43	100	25	0.0062	18	217.9	-2	3	2	10	60	2	0
44	100	25	0.0061	18.1	218.3	-1	2	2	10	150	2	0

（续）

机组	p_g^{max} /MW	p_g^{min} /MW	a_g /($/MW²)	b_g /($/MW)	c_g /$	初始运行时间/h	T_g^{on} /h	T_g^{off} /h	α_g /$	β_g /$	τ_g /h	停运费用/$
45	100	40	0.006	18.2	218.8	-1	3	2	160	40	3	0
46	100	20	0.0039	12.5	220	-1	3	2	20	160	2	0
47	100	35	0.0034	12.9	115	3	3	3	60	60	3	0
48	100	35	0.0092	14.38	82.46	3	3	3	60	60	3	0
49	100	25	0.0094	14.407	82.63	-3	2	4	70	70	4	0
50	100	25	0.0034	13.9	125	-3	2	4	70	70	4	0
51	100	25	0.0043	13.6	400	-3	2	4	70	70	4	0
52	100	20	0.024	20.2	86	1	2	4	22	114	5	40
53	120	20	0.0067	12.8	150	-3	2	4	15	120	3	0
54	120	20	0.0072	19	218.9	-2	3	3	20	70	2	0
55	120	45	0.0071	19.1	219.3	-3	3	4	80	80	4	0
56	120	45	0.007	19.2	219.8	-3	3	4	80	80	4	0
57	120	45	0.0049	13.5	230	-3	3	4	80	80	4	0
58	120	20	0.035	20.2	84	5	2	4	10	84	5	32
59	140	30	0.0066	13.7	50	-4	3	3	60	90	3	0
60	150	30	0.034	25.6	75	3	2	4	45	282	11	29
61	150	40	0.035	26	68	-7	3	5	18	113	5	49
62	155	54.3	0.0046	10.694	142.7	5	3	5	150	150	6	0
63	155	54.3	0.0047	10.715	143	5	3	5	150	150	6	0
64	155	54.3	0.0048	10.737	143.3	5	3	5	150	150	6	0
65	155	54.3	0.0049	10.758	143.6	5	3	5	150	150	6	0
66	180	40	0.0056	12.7	40	-5	3	4	50	80	3	0
67	185	54.3	0.0066	11.694	143.7	5	4	5	160	160	6	0
68	185	54.3	0.0057	11.715	144	5	4	5	160	160	6	0
69	185	54.3	0.0058	11.737	144.3	5	4	5	160	160	6	0
70	185	54.3	0.0059	11.758	144.6	5	4	5	160	160	6	0
71	197	68.9	0.0026	23	259.1	-4	4	5	200	200	8	0
72	197	68.9	0.0026	23.1	259.6	-4	4	5	200	200	8	0
73	197	68.9	0.0026	23.2	260.2	-4	4	5	200	200	8	0
74	197	70	0.0036	24	269.1	-4	4	5	210	210	8	0
75	197	70	0.0036	24.1	269.6	-4	4	5	210	210	8	0
76	197	70	0.0036	24.2	270.2	-4	4	5	210	210	8	0
77	200	50	0.0026	12.2	240	1	4	4	40	300	3	62

（续）

机组	p_g^{max} /MW	p_g^{min} /MW	a_g /(\$/MW^2)	b_g /(\$/MW)	c_g /\$	初始运行时间/h	T_g^{on} /h	T_g^{off} /h	α_g /\$	β_g /\$	τ_g /h	停运费用/\$
78	200	50	0.0036	13.2	250	1	4	4	60	30	3	0
79	200	50	0.0022	13.4	150	1	4	4	50	400	3	0
80	200	20	0.026	27	72	-3	5	5	26	227	9	0
81	220	50	0.0023	12.6	300	-1	4	5	150	50	3	0
82	220	40	0.0037	13.8	160	-3	2	3	25	130	3	0
83	250	75	0.0012	12.4	140	-1	4	4	50	20	3	0
84	250	50	0.0055	12.354	42.3	-1	3	3	65	70	2	0
85	280	40	0.037	30.5	56	3	2	5	27	176	6	42
86	300	60	0.0054	13.327	52.14	-1	4	4	40	60	3	0
87	320	40	0.028	25.8	69	-6	5	5	38	187	7	70
88	325	80	0.0048	11.3	130	-2	4	4	300	45	4	0
89	350	140	0.0015	10.862	177.1	10	5	8	300	200	8	0
90	360	110	0.0038	10.3	120	-2	4	5	200	35	4	0
91	360	150	0.0025	11.862	187.1	10	5	8	210	210	8	0
92	400	100	0.0019	7.492	210	10	5	8	500	500	10	0
93	400	100	0.0019	7.503	211.9	10	5	8	500	500	10	0
94	400	160	0.0043	9.9	90	9	6	8	510	510	10	0
95	400	160	0.0029	8.492	320	9	6	8	510	510	10	0
96	400	130	0.003	8.503	321.9	3	8	8	400	30	5	0
97	440	120	0.0012	7.4	250	2	8	7	450	30	4	0
98	440	100	0.0053	8.9	80	2	6	6	460	40	4	0
99	440	120	0.0022	8.4	260	3	5	6	500	40	5	0
100	450	160	0.0024	14	220	5	5	6	600	900	4	0
101	500	100	0.0014	12	210	-6	8	8	310	55	5	0
102	500	140	0.0013	12.1	180	5	5	8	500	800	4	0
103	500	140	0.0055	7.6	110	-2	7	8	250	800	4	0
104	520	50	0.039	32.5	67	-5	7	7	34	267	11	75
105	560	160	0.0045	6.6	100	-6	8	8	300	45	5	0
106	600	100	0.0023	13.1	190	4	9	8	410	60	6	0
107	600	150	0.0032	7.5	170	-2	7	8	350	900	4	0
108	660	150	0.0022	6.5	160	4	9	9	400	50	6	0
109	700	200	0.0067	6.2	130	4	12	12	650	70	8	0
110	700	200	0.0077	7.2	140	4	12	12	660	80	8	0

表 3A-6　第 3 章算例中 110 机系统负荷参数

时段	负荷/MW											
1～12	11600	10900	9500	9300	10500	11200	12500	12900	13500	14500	14600	14000
13～24	13200	13000	14500	14600	14000	14700	15600	16200	16500	15000	14300	13500

表 3A-7　第 3 章算例中负荷参数

时段	负荷/MW											
1～12	1100	1130	1090	1100	1150	1250	1400	1830	1940	2000	2070	1990
13～24	1990	1950	2020	2050	1950	1930	1900	1950	2000	1880	1600	1240

表 3A-8　第 3 章、第 5 章算例中 33 节点系统网络参数

支路	首节点	末节点	电阻 R	电抗 X	电纳（$B/2$）	传输容量/MW
1	1	2	0.0026	0.014	0.231	250
2	1	3	0.0546	0.211	0.029	250
3	1	5	0.0218	0.085	0.011	250
4	2	4	0.0328	0.127	0.017	250
5	2	6	0.0497	0.192	0.027	250
6	3	9	0.0308	0.119	0.016	250
7	3	24	0.0023	0.084	0	250
8	4	9	0.0268	0.104	0.014	250
9	5	10	0.0228	0.088	0.001	250
10	6	10	0.0139	0.061	1.23	250
11	7	8	0.0159	0.061	0.008	250
12	8	9	0.0427	0.165	0.022	250
13	8	10	0.0427	0.165	0.022	250
14	9	11	0.0023	0.084	0	400
15	9	12	0.0023	0.084	0	400
16	10	11	0.0023	0.084	0	400
17	10	12	0.0023	0.084	0	400
18	11	13	0.0061	0.048	0.05	300
19	11	14	0.0054	0.042	0.044	300
20	12	13	0.0061	0.048	0.05	300
21	12	23	0.0124	0.097	0.102	300
22	13	23	0.0111	0.087	0.091	500
23	14	16	0.005	0.059	0.082	500
24	15	16	0.0022	0.017	0.018	500

（续）

支路	首节点	末节点	电阻 R	电抗 X	电纳（$B/2$）	传输容量/MW
25	15	21	0.00315	0.049	0.103	500
26	16	17	0.0033	0.026	0.027	500
27	16	19	0.003	0.023	0.024	500
28	17	18	0.0018	0.014	0.015	500
29	17	22	0.0135	0.105	0.111	500
30	18	21	0.00165	0.026	0.055	500
31	19	20	0.00255	0.04	0.083	500
32	20	23	0.0014	0.022	0.046	500
33	21	22	0.0087	0.068	0.071	500

注：直流模型中，忽略电阻及电纳。

表3A-9　第3章、第5章算例中负荷参数

时段	负荷/MW											
1～12	2153	2052	1938	1910	1824	1825	1910	1995	2280	2508	2583	2593.5
13～24	2583	2508	2479.5	2479.5	2593.5	2859	2821.5	2764.5	2679	2622	2479.5	2308.5

表3A-10　第3章、第5章算例中24节点系统节点负荷占总负荷的比例

负荷节点	1	2	3	4	5	6	7	8	9	10	13	14	15	16	18	19	20
百分比（%）	3.8	3.4	6.3	2.6	2.5	4.8	4.4	6	6.1	6.8	9.3	6.8	11.1	3.5	11.7	6.4	4.5

第4章

电网与潮流问题

4.1 引言

潮流计算是电力系统分析、规划、调度的基础，是电网运行与控制领域关键而基础的问题。因此，潮流计算一直是电力系统领域内研究与实践的热点问题之一，围绕其计算速度、内存需求、收敛可靠性及调整灵活性，已取得大量相对成熟的研究成果。本章围绕这一基础而关键的问题，结合前人研究的成果，对交流、交直流混合以及柔性交直流混合的电网潮流问题，进行了阶段性研究进展的总结。主要体现在以下四个方面：

1）以交流输电元件为基元，给出极坐标下牛顿潮流计算过程、节点编号、稀疏存储结构相关联的封闭格式潮流算法。该算法中，输电元件直接关联雅可比矩阵，通过输电支路节点号直接定位元素位置；节点编号的同时，以拓扑形式的变化显现因子表结构变动，预先定位注入元；采用三角检索存储格式，使前代自动定位，回代自动释放，免去了繁琐信息检索[14]。

2）把直流输电支路视为一类基元，并针对直流输电支路控制方式的多样性，引入直流输电支路等效基元的概念，依据其不同运行模式在数学上的相通性，将不同的运行模式统一转化为一种易于处理的等效基元，该基元的添加不会对已有交流潮流算法的存储方法和计算格式造成影响，在保证收敛性的基础上使算法实现了统一且固定的规律，从而实现了直流输电支路基元与封闭格式潮流算法的有效融合。

3）针对交直流强耦合情况，给出保留直流输电单元直流电流变量的交直流潮流统一计算方法，用直流输电单元的直流电流变量间接表达触发角、熄弧角等直流单元的运行参量，从而构成以交流端电压和直流电流表征直流输电单元特性的最小状态，使其嵌入交流的雅可比矩阵之中，维数增加量与直流输电单元数相同，是最小交直流关联的计算格式[15]。

4）考虑包含电压源型换流器（Voltage Source Converter，VSC）的直流网络，以交流网络和直流网络的节点电压为最小状态量集合，推导换流站仅关联该状态的功率方程，并通过对直流网络节点分类，在不同的控制方式下演绎相关节点的潮流方程，实现对其用牛顿-拉夫逊方法的求解。其中修正方程中雅可比矩阵的稀

疏规律与纯交流电网完全一致，使稀疏技术得以沿用，适宜于对交直流电网性能深层次的分析和研究[16]。

4.2　交流电网潮流计算方法

4.2.1　支路元件及其微增的模型

在交流电网潮流分析中，接地支路可视为节点上的元件，易直接处理，不影响计算性能，这里仅考虑交流输电线路、变压器为代表的交流输电支路元件，其模型可进行转化后统一处理。图4-1为交流输电支路元件的等效电路，其中，j、k分别为支路首、末两端的节点号；G_{jk}为支路电导；B_{jk}为支路电纳的绝对值；B_{j0}、B_{k0}分别为支路首、末两端对地电纳；G_{j0}、G_{k0}分别为支路首、末两端对地电导。

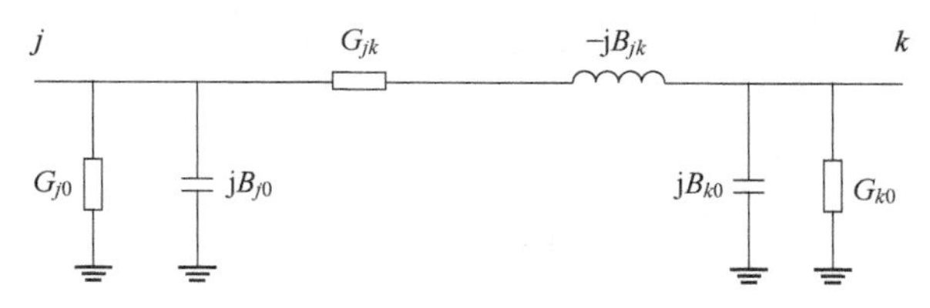

图4-1　支路等效电路

根据电路理论，图4-1中支路首节点j处的支路有功功率、无功功率为

$$\begin{cases}P_{jk}=V_j^2(G_{jk}+G_{j0})-V_jV_k(G_{jk}\cos\theta_{jk}-B_{jk}\sin\theta_{jk})\\Q_{jk}=V_j^2(B_{jk}-B_{j0})-V_jV_k(G_{jk}\sin\theta_{jk}+B_{jk}\cos\theta_{jk})\end{cases}\tag{4-1}$$

式中　V_j、V_k——节点j、节点k的电压幅值；

θ_{jk}——节点j和节点k间的相位差；

P_{jk}、Q_{jk}——节点j到k的支路有功功率、无功功率。

为分析方便，设

$$\begin{cases}\bar{p}_{jk}=V_jV_k(G_{jk}\cos\theta_{jk}-B_{jk}\sin\theta_{jk})\\\bar{q}_{jk}=V_jV_k(G_{jk}\sin\theta_{jk}+B_{jk}\cos\theta_{jk})\end{cases}\tag{4-2}$$

则式（4-1）可表达为

$$\begin{cases}P_{jk}=V_j^2(G_{jk}+G_{j0})-\bar{p}_{jk}\\Q_{jk}=V_j^2(B_{jk}-B_{j0})-\bar{q}_{jk}\end{cases}\tag{4-3}$$

同理，支路末节点k处的支路有功功率、无功功率为

$$\begin{cases}P_{kj}=V_k^2(G_{jk}+G_{k0})-\bar{p}_{kj}\\Q_{kj}=V_k^2(B_{jk}-B_{k0})-\bar{q}_{kj}\end{cases}\tag{4-4}$$

在式（4-3）中，支路端点状态量的微小变化会造成支路首节点处支路功率的变化，用线性关系近似表达，构成支路潮流线性微增模型如下

$$\begin{bmatrix}\Delta P_{jk}\\ \Delta Q_{jk}\end{bmatrix}=\begin{bmatrix}\bar{q}_{jk} & 2P_{jk}+\bar{p}_{jk}\\ -\bar{p}_{jk} & 2Q_{jk}+\bar{q}_{jk}\end{bmatrix}\begin{bmatrix}\Delta\theta_j\\ \Delta V_j/V_j\end{bmatrix}+\begin{bmatrix}-\bar{q}_{jk} & -\bar{p}_{jk}\\ \bar{p}_{jk} & -\bar{q}_{jk}\end{bmatrix}\begin{bmatrix}\Delta\theta_k\\ \Delta V_k/V_k\end{bmatrix} \tag{4-5}$$

式中　ΔP_{jk}、ΔQ_{jk}——节点 j 到 k 的支路有功功率、无功功率的微增量；

$\Delta\theta_j$、$\Delta\theta_k$——节点 j、节点 k 的相角微增量；

ΔV_j、ΔV_k——节点 j、节点 k 电压幅值的微增量。

同理对式（4-4），有端点状态变量与节点 j 处支路功率的线性微增模型

$$\begin{bmatrix}\Delta P_{kj}\\ \Delta Q_{kj}\end{bmatrix}=\begin{bmatrix}\bar{q}_{kj} & 2P_{kj}+\bar{p}_{kj}\\ -\bar{p}_{kj} & 2Q_{kj}+\bar{q}_{kj}\end{bmatrix}\begin{bmatrix}\Delta\theta_k\\ \Delta V_k/V_k\end{bmatrix}+\begin{bmatrix}-\bar{q}_{kj} & -\bar{p}_{kj}\\ \bar{p}_{kj} & -\bar{q}_{kj}\end{bmatrix}\begin{bmatrix}\Delta\theta_j\\ \Delta V_j/V_j\end{bmatrix} \tag{4-6}$$

将式（4-5）、式（4-6）统一，可构成支路 i-j 的支路潮流修正方程

$$\begin{bmatrix}\Delta \boldsymbol{S}_{jk}\\ \Delta \boldsymbol{S}_{kj}\end{bmatrix}=\begin{bmatrix}\boldsymbol{A}_{l,jj} & \boldsymbol{A}_{l,jk}\\ \boldsymbol{A}_{l,kj} & \boldsymbol{A}_{l,kk}\end{bmatrix}\begin{bmatrix}\Delta \boldsymbol{V}_j\\ \Delta \boldsymbol{V}_k\end{bmatrix} \tag{4-7}$$

其中，l 为当前支路号；$\Delta\boldsymbol{V}_j$、$\Delta\boldsymbol{V}_k$ 为支路端点电压的微增量，如 $\Delta\boldsymbol{V}_j=[\Delta\theta_j,\Delta V_j/V_j]^{\mathrm{T}}$；$\Delta\boldsymbol{S}_{jk}$、$\Delta\boldsymbol{S}_{kj}$为支路首末端支路功率的微增量，如 $\Delta\boldsymbol{S}_{jk}=[\Delta P_{jk},\Delta Q_{jk}]^{\mathrm{T}}$；雅可比矩阵表示支路功率向量与节点电压向量间的灵敏度关系，4 个子矩阵的具体形式与式（4-5）、式（4-6）中的元素相对应。

4.2.2　支路追加形式的雅可比矩阵

设电网的总节点数为 n，各节点注入功率的变化量可表示为与该节点相连支路的支路功率变化量之和，即

$$\Delta\boldsymbol{S}_i=\sum_{r\in i}\Delta\boldsymbol{S}_{ir}\quad i=1,2,\cdots,n \tag{4-8}$$

式中　i、r——节点号，$r\in i$ 表示节点 r 与 i 间通过交流输电支路直接相连；

$\Delta\boldsymbol{S}_i$——节点 i 注入功率的微增量，$\Delta\boldsymbol{S}_i=[\Delta P_i,\Delta Q_i]^{\mathrm{T}}$；

$\Delta\boldsymbol{S}_{ir}$——支路 i-r 在节点 i 处的支路功率的微增量，$\Delta\boldsymbol{S}_{ir}=[\Delta P_{ir},\Delta Q_{ir}]^{\mathrm{T}}$。

由式（4-7）可知，对任意一条交流等效支路 l，其首节点 j 电压变化一个单位，引起两端支路功率的变化分别为 $\boldsymbol{A}_{l,jj}$、$\boldsymbol{A}_{l,kj}$；同理，末节点 k 电压变化一个单位，首、末支路功率的变化分别为 $\boldsymbol{A}_{l,jk}$、$\boldsymbol{A}_{l,kk}$。因此，结合式（4-7）和式（4-8）可得到节点电压与节点功率间的线性关系为

$$\Delta\boldsymbol{S}=\boldsymbol{J}\cdot\Delta\boldsymbol{V} \tag{4-9}$$

式中　$\Delta\boldsymbol{S}$——各节点功率微增量列向量，$\Delta\boldsymbol{S}=[\Delta S_1,\Delta S_2,\cdots,\Delta S_n]^{\mathrm{T}}$；

$\Delta\boldsymbol{V}$——各节点电压微增量列向量，$\Delta\boldsymbol{V}=[\Delta V_1,\Delta V_2,\cdots,\Delta V_n]^{\mathrm{T}}$；

矩阵 $\boldsymbol{J}$——电网修正方程的雅可比矩阵，可表示为支路修正方程中雅可比矩阵的累加

$$\boldsymbol{J}=\sum_{l=1}^{\mathrm{nl}'}\begin{pmatrix}\mathbf{A}_{l,jj} & \mathbf{A}_{l,jk}\\ \mathbf{A}_{l,kj} & \mathbf{A}_{l,kk}\end{pmatrix}\begin{matrix}j\\ k\end{matrix} \quad (\text{列 } j,\ k) \tag{4-10}$$

式中，nl′为待追加的总交流输电支路数；4 个子阵分别为支路 l 的雅可比矩阵对矩阵 $\boldsymbol{J}$ 的贡献。

由式（4-7）及式（4-8）可知，电网中某节点电压变化，仅能直接影响与其相连支路的支路功率以及该节点及其相邻节点的节点注入功率，即节点电压变化所能直接影响到的范围相当有限，因此灵敏度矩阵 $\boldsymbol{J}$ 是稀疏矩阵，且稀疏结构同电网的拓扑结构直接关联。由式（4-10）可知，灵敏度矩阵 $\boldsymbol{J}$ 可认为是对各支路修正方程中雅可比矩阵各元素的累加，且各元素的追加位置同支路节点号直接相关，与导纳阵的形成过程十分相似，由此也可看出，该矩阵 $\boldsymbol{J}$ 具有同导纳阵相同的稀疏性及结构对称性。此外，当计算支路修正方程中的雅可比矩阵时，只需支路参数及支路两端节点电压即可，故采用该支路追加法形成雅可比矩阵，无需形成导纳阵，可以节省部分内存和计算消耗。上述即由交流输电支路元件微增模型构成了牛顿潮流修正模型，它同常规牛顿潮流修正模型完全相同，矩阵 $\boldsymbol{J}$ 即潮流修正方程的雅可比矩阵。

4.2.3　因子表结构的确定

4.2.3.1　注入元与拓扑结构的关联

求解式（4-9）时，由于因子分解过程中产生了注入元，致使因子表结构与雅可比矩阵结构不同，因子表拓扑结构也不同于实际电网拓扑结构。在数组存储结构下，注入元插入操作比较复杂，若仍维持检索方式不变，就必须对元素进行重新排列并更新检索信息；若直接将注入元追加至数组末尾，就会导致检索格式不统一，同时导致注入元查找、定位方式繁琐。对此，本节利用节点编号过程与数值计算中三角分解间的关联性，在节点优化编号的同时追踪拓扑变化，直接确定因子表结构，在数值计算前即为注入元预留存储空间，形成求解修正方程所需的全部存储框架和统一的检索信息。

以图 4-2 为例，解释节点编号与数值计算过程的关联，以及如何借助网络拓扑表达注入元的产生。其中，“×”表示非零元素，“⊗”表示非零注入。图 4-2b 中，消去 i 节点前，节点 c、a 及节点 c、b 之间无直接联系，a、b 之间有支路连接，对应图 4-2a 中，$\boldsymbol{J}_{ac}$、$\boldsymbol{J}_{ca}$、$\boldsymbol{J}_{cb}$、$\boldsymbol{J}_{bc}$ 为零阵，$\boldsymbol{J}_{ab}$、$\boldsymbol{J}_{ba}$ 为非零阵。消去 i 节点后，在 $\boldsymbol{J}_{ac}$、$\boldsymbol{J}_{ca}$、$\boldsymbol{J}_{cb}$、$\boldsymbol{J}_{bc}$ 位置上产生非零注入，相应地，可在拓扑图上添加新支路 c-b、c-a，显现非零注入元，本书称此类新支路为虚拟支路，添加虚拟支路后形成的网络称为虚拟网络。可见，因子分解中以某节点所在的行列为轴线进行消去运算，对应拓扑图上消去该节点：与待消去节点直接相连的所有未消去节点中，如其中两个节点无直接联系，消去操作会在该两节点间产生虚拟支路，该虚拟支路首末节点号即可标识

$$\begin{bmatrix} J_{ii} & J_{ia} & J_{ib} & J_{ic} \\ J_{ai} & \times & \times & \otimes \\ J_{bi} & \times & \times & \otimes \\ J_{ci} & \otimes & \otimes & \times \end{bmatrix}$$

a) 以 i 为轴线的消去运算

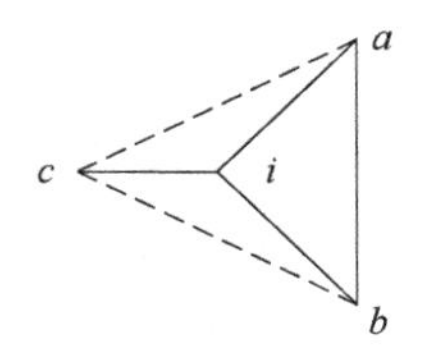

b) 消去 i 节点的拓扑变化

图 4-2　因子分解同拓扑结构的关联

注入元在因子表中的位置。

使用以下数组对交流电网的拓扑信息进行描述。各数组的初始数值根据实际交流电网拓扑结构确定，在编号过程中不断更新数组数值以跟踪虚拟电网拓扑变化并最终形成因子表拓扑结构。

A：$n \times m$ 维数组，A[i][t] 存放第 t 个同节点 i 相连节点的节点号，m 依据电网中可能的最大节点关联度确定。

ND：n 维数组，ND[i] 存放所有与 i 节点相连的节点数，即数组 A 第 i 行储存节点的个数。

ED：n 维节点关联度数组，ED[i] 存放未消去节点中与 i 节点相连的节点数。

在节点消去过程中，每消去一个节点，通过更新数组 A、ND、ED 的值即可反映虚拟电网拓扑结构的变化：

1）消去节点 i 后，ED[i] =0，与 i 节点相连的所有未消去节点的关联度减 1。

2）每产生一条虚拟支路 j-k，记录支路的首末节点号，同时计入该虚拟支路对当前网络拓扑的影响，即为节点 j 添加一个相邻节点 k：ED[j] = ED[j] + 1，ND[j] = ND[j] +1，A[j][ND[j]] = k；同样，需为节点 k 添加相邻节点 j。

4.2.3.2 动态节点优化编号

采用动态节点优化编号，在拓扑分析过程中记录虚拟支路的首末节点号和注入元位置，从而确定因子表的整体结构。具体算法如下：

1）消去关联度为 1 的节点不产生注入元，因此优先对其编号并进行消元。

2）通过拓扑分析选择消去后不增加虚拟支路的节点优先编号，进行消元，当步骤 1)、2）无法进行时则转步骤 3)；否则转步骤 1)。

3）通过拓扑分析选择消去后增加虚拟支路最少且关联度最大的节点优先编号，进行消元，每消去一节点返回步骤 2)。

以上步骤中每消去一个节点，更新数组 ED、ND、A，跟踪网络拓扑变化，直到消去最后一个节点，节点编号过程结束，数组更新亦结束，此时，电网原支路节点号标识雅可比矩阵的非零非对角元位置，虚拟支路节点号标识当前编号方案下注入元产生的位置，两者共同确定因子表结构。通过拓扑分析确定消去节点 i 产生注入元数量的具体操作如图 4-3 所示。图中，count 为消去 i 节点产生的注入元数；p、q 为临时指针变量。

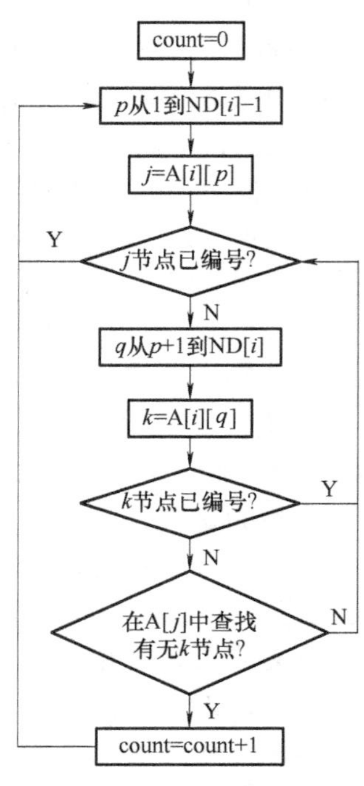

图 4-3　注入元数量的确定

4.2.3.3　封闭存储框架的形成

使用三角检索存储格式对因子表进行存储，按行（列）存储上（下）三角部分，依据因子表结构的对称性，两部分可共享检索信息，有利于节省内存。nl′为考虑虚拟支路后的总支路数，各存储数组含义如下：

AD：n 维数组，顺序存储对角子块。

AU：nl′维数组，按行存储上三角元素。

AL：nl′维数组，按列存储下三角元素，其元素与 AU 中元素形成对称关系。

W：n 维数组，存储框架形成过程中，对因子表上（下）三角部分而言，W[i+1] 指向当前因子表第 i 行（列）最后添加的位置；存储框架形成之后，对因子表上（下）三角元部分而言，W[i]+1 指向第 i 行（列）非零元在 AU（AL）中的起始位置。

RC：nl′维数组，RC[i] 存储 AU（AL）第 i 个单元元素在因子表中的列（行）号。

Nd：n 维辅助数组，用于初始化 W 数组，Nd[i] 表示因子表上（下）三角部分 i 行（列）的非零元个数，由虚拟电网拓扑得到。

上述存储框架在初次构造雅可比矩阵的同时形成，由于节点编号时已形成了实际支路与虚拟支路的综合信息，对此虚拟网络采用追加法形成雅可比矩阵，实际上同时考虑了雅可比矩阵非零元及前代回代过程中的注入元，即在数值计算前为因子表的所有元素分配了内存空间，并形成了统一的检索信息。

在构造雅可比矩阵的同时，确定因子表存储框架的过程如图 4-4 所示，其中，j、k 为支路 l 的首、末节点号，且 $j<k$（该条件可以在节点编号过程中对支路进行统一处理）；p_t 为临时指针变量。

采用上述处理方法的优点体现在以下几个方面：

1）在构造雅可比矩阵前即形成由数组 Nd 和 W 表达的存储框架，可随时添加、删减任意支路，支路追加灵活方便。

2）存储框架确定后，数值计算过程中不再发生变化，产生注入元时只需在预留位置更新数值即可，检索信息在计算过程中也无须改变。

3）在该存储框架下进行前代回代计算时，沿数组 AU、AL 顺序执行即可实现前代自动定位、回代自动释放，减少了部分元素检索操作。

4）在消去过程中，通过数组 W 和 RC 对待更新的非对角元素检索迅速，以检索上三角阵中第 i 行第 j 列元素 J_{ij} 为例，在数组 RC 的 W[i]+1 到 W[i+1] 范围内查找内容为 j 的存储单元，该单元的检索号为 J_{ij} 在 AU 中的位置，仅须对每行

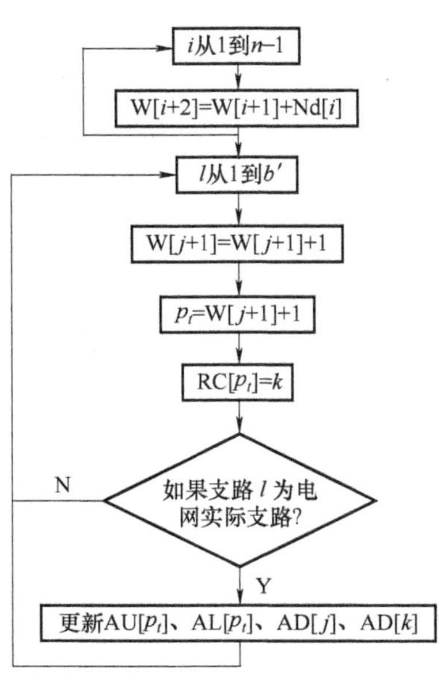

图 4-4　雅可比矩阵及因子表存储框架形成

非零元搜索，检索操作消耗少，而且由其对称性可知，该检索号亦是 J_{ji} 在 AL 中的位置，进一步节省了检索消耗。

4.2.4 算例分析

4.2.4.1 简单系统存储框架的形成

以图 4-5 的简单 6 节点系统为例，说明本节节点优化编号方法、雅可比矩阵的形成及稀疏存储框架的确定，简单 6 节点系统支路信息如表 4-1 所示。其动态节点编号过程如图 4-6 所示，其中，无括号的数字为原始节点号，括号中的数字为新编节点号，虚线为已消去支路，实线为待消去支路。编号过程如下：①6 号节点关联度为 1，优先编号，新编号为 1，消去 5-6 支路；②消去 3 号节点不产生注入元，3 号节点新编号为 2，消去 2-3、3-5 支路；③消去 1、2、4、5 都会产生注入元，此处消去 1 节点，其新编号为 3，消去 1-2、1-4 支路，并在 2、4 节点间产生虚拟支路；④消去 2、4、5 都不会产生注入元，消去 2 节点以及 2-5、4-5 支路；⑤对 2 节点重新编号为 4。

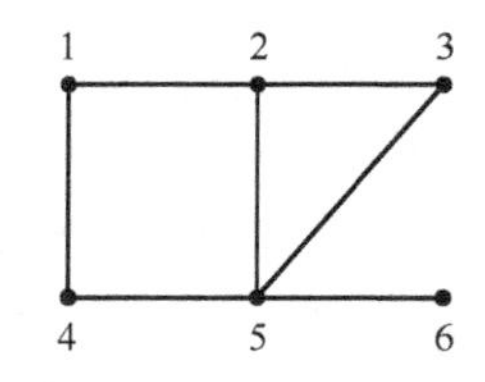

图 4-5 简单 6 节点系统

表 4-1 简单 6 节点系统支路信息

支路号	1	2	3	4	5	6	7
首节点号	1	1	2	2	3	4	5
末节点号	4	2	3	5	5	5	6

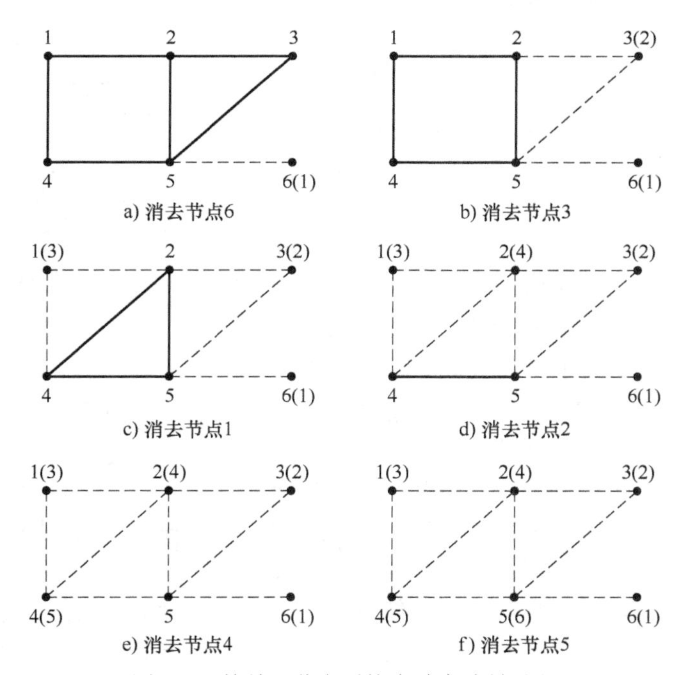

图 4-6 简单 6 节点系统全动态编号过程

节点编号后，得到新节点编号下网络的支路拓扑信息如表4-2所示。其中前7条支路为新节点号标记下的实际支路，第8条支路为编号过程中产生的虚拟支路。表4-2包含了确定因子表结构所需的全部信息，如第1条支路的首末节点号分别为3和5，说明在因子表上（下）三角的第3行（列）第5列（行）有非零元，通过支路信息即可确定因子表结构。由表4-2确定的因子表结构如图4-7所示，表4-3为数组Nd统计的因子表上（下）三角阵中每行（列）非零元个数。

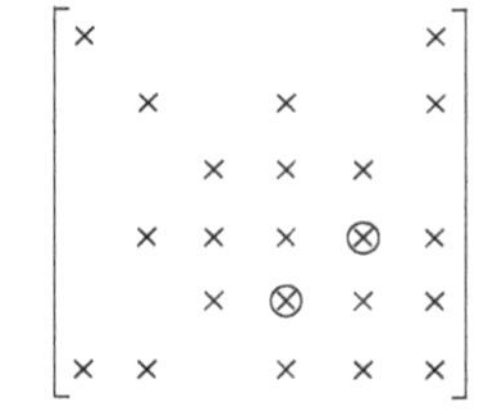

图4-7　简单6节点系统因子表结构

表4-2　节点编号后简单6节点系统总支路拓扑信息

支路号	1	2	3	4	5	6	7	8
首节点号	3	3	2	4	2	5	1	4
末节点号	5	4	4	6	6	6	6	5

表4-3　数组Nd的存储内容

序号	1	2	3	4	5	6
值	1	2	2	2	1	0

按表4-2的支路顺序，用支路追加法形成雅可比矩阵及存储框架如表4-4所示。从表4-4中可以看出，每行非对角元在AU中的存储顺序仅与支路添加的顺序有关，同列号无关，如第2行中，先存$\boldsymbol{J}_{24}$后存$\boldsymbol{J}_{26}$，而第3行中，先存$\boldsymbol{J}_{35}$后存$\boldsymbol{J}_{34}$；同理，每列非对角元在AL中的存储顺序仅与支路添加的顺序有关，同行号无关。

表4-4　简单6节点系统的雅可比矩阵及存储框架

序号	1	2	3	4	5	6	7	8
AD	$\boldsymbol{J}_{11}$	$\boldsymbol{J}_{22}$	$\boldsymbol{J}_{33}$	$\boldsymbol{J}_{44}$	$\boldsymbol{J}_{55}$	$\boldsymbol{J}_{66}$	—	—
W	0	1	3	5	7	8	—	—
AU	$\boldsymbol{J}_{16}$	$\boldsymbol{J}_{24}$	$\boldsymbol{J}_{26}$	$\boldsymbol{J}_{35}$	$\boldsymbol{J}_{34}$	$\boldsymbol{J}_{46}$	—	$\boldsymbol{J}_{56}$
AL	$\boldsymbol{J}_{61}$	$\boldsymbol{J}_{42}$	$\boldsymbol{J}_{62}$	$\boldsymbol{J}_{53}$	$\boldsymbol{J}_{43}$	$\boldsymbol{J}_{64}$	—	$\boldsymbol{J}_{65}$
RC	6	4	6	5	4	6	5	6

表4-4中，AD、W分别有6个存储单元，AU、AL、RC分别有8个存储单元。AU、AL的第7个存储空间中的“—”表示为注入元预留的空间，在形成雅可比矩阵时不赋值，产生注入元时，更新该处值即可。因此计算中更新数组AD、AU、AL中对应元素的值，所有运算均在表4-4的存储结构中即可完成。

4.2.4.2 不同电网下的计算效率的验证

采用 VC ++6.0 编制程序，选取 IEEE 43、IEEE 57、IEEE 118 和 IEEE 300 四个标准算例系统，用上述方法与文献［17］方法进行对比测试，结果如表 4-5 所示。

表 4-5 标准系统算例测试结果

算　例	IEEE 43	IEEE 57	IEEE 118	IEEE 300
实际支路数	42	80	186	411
注入元数	0	59	85	247
因子表占用内存/KB	2.032	5.36	10.56	25.856
本节节省导纳阵内存/KB	0.68	1.096	2.432	5.688
本节方法耗时/ms	3.28	3.62	7.03	22.66
其他方法耗时/ms	8.95	25.73	38.29	99.31

表 4-5 中，实际支路数对应雅可比矩阵上（下）三角阵中的子阵数，在动态节点编号中，通过拓扑分析得到因子分解注入元数后，即可确定存储因子表须开辟内存的大小。在计算内存方面，由于此方法中无须形成导纳阵，系统存储导纳阵所需空间即方法能节省的内存空间。在收敛性方面，由于方法最终的数学表达同常规牛顿法是一致的，因此具有同常规牛顿法潮流相同的收敛速度和收敛准确度。表 4-5 中列出了本节方法与文献［17］方法在各算例下达到收敛所需时间，可以看出，在文献［17］方法中随着电网规模的扩大及注入元数目的增加，计算耗时增加明显，这是由于其在处理注入元时，采用的是开辟临时数组的方法，须对所处理行进行重新排序，因此注入元的出现会引起较多的赋值、排序操作，计算效率较低，而用介绍的方法计算耗时增加明显减少，说明方法在元素检索及注入元的处理上效率更高。本节所述潮流算法已应用于山东电网线损理论计算并取得了很好的效果。

4.2.4.3 对配电网的适应性

传统配电网是被动性的，其潮流往往是直观的，通常采用简单便捷的前推回推法进行潮流计算。然而，在分布式电源增多使配电网显现主动性背景下，配电网潮流发生了质的变化。首先，大量分布式电源接入配电网后，其无功调节作用能有效改善配电网自身电压水平，有一定自我调节的能力；其次，分布式电源打破了配电网开环运行的格局，运行模式亦时常发生变化。由此，使前推回推算法处理起来异常复杂，能否将牛顿法继续延伸到配电网潮流计算值得思考。按这一思路，采用本节提出的算法，对含分布式电源的配电网潮流计算进行了实践，尽管在理论上无法证明配电潮流究竟能否应用牛顿法，但实践中该方法有良好的适应性。

以文献［18］中的30节点配电网算例进行分析，在该配电网中，由于负荷较重，在无分布式电源接入的情况下，配电网节点电压水平较低，很多节点电压达到了0.91～0.92（pu），严重偏离了初始值。采用本节方法进行计算，数据类型采用Float类型，须迭代15次才能收敛，说明牛顿法也可行；分别在节点3、节点6、节点14、节点22和节点28上添加分布式电源并进行计算，其有功输出为0.6（pu），电压定值为1.0（pu），在此作用下，各节点电压基本都能维持在1.0（pu）附近，迭代8次即可收敛，同样准确度下，明显提高收敛性。可见，分布式电源改善了配电网电压水平，提高了牛顿法对配电网潮流的适应性；若采用Double类型对其进行计算，则3次即可收敛。

以其他几个典型配电网为基础，分别接入分布式电源，继续用本章方法进行计算，结果如表4-6所示。其中改进67节点、90节点算例不收敛的主要原因是支路参数差距较大，因此接入分布式电源后计算效率并未得到改进，但提高数据准确度后即可快速收敛。此外，对该种情况亦可对小支路采取简化处理，从实际应用来说不会影响分析效果。实际上，在本节方法的实践计算中，大多数情况下无须附加处理，均可实现配电网潮流计算快速收敛。

研究与实践表明，未来含分布式电源的主动型配电网使传统配电潮流计算方法越来越复杂，而按牛顿法统一简便的计算格式或许是一个发展方向，当然这其中有许多问题值得继续思考和深入探究。

表4-6　含分布式电源配电网算例测试结果

配电网算例	修改的30节点[18]		修改的IEEE 33节点		修改的67节点[19]		修改的90节点[20]	
数据类型	Float	Double	Float	Double	Float	Double	Float	Double
迭代次数	8	3	4	4	不收敛	4	不收敛	4

4.2.5　小结

本节提出以交流输电支路为基元的封闭格式潮流计算方法，融合了节点编号、数值计算及稀疏存储之间的相互关联，是对前人潮流计算方法的总结和进一步提升，主要结论如下：

1）采用支路为基元，以追加形式形成雅可比矩阵能避开节点导纳阵。节点导纳阵与潮流计算中的雅可比矩阵在性质上是一致的，节点导纳阵可按支路追加形成，雅可比矩阵也可追加形成。

2）修正方程求解过程中的消去运算实际上对应于网络中的星网变换，而节点编号的关键就是星网变换，考虑数值计算与网络拓扑间的关联性，通过拓扑分析显现潮流计算格式，使动态节点编号具有前瞻性，预知未来拓扑结构。

3）将前代、回代对应的星网正向与反向变换有机统一，形成封闭计算格式，考虑稀疏存储与数值计算间的关联性，形成考虑虚拟支路的拓扑自动计算且带有检索性质的三元实现，即行（列）指针、行（列）首元指针，以及某一元对应的位置指针。

4）分布式电源改善了配电网的潮流分布和电压水平，虽然牛顿法对此类主动性配电网潮流计算的收敛性有待于进一步研究，但实践计算表明，本节方法对主动性配电网潮流亦具有较好的适应性。

4.3 直流输电支路等效基元交直流电网的潮流算法

4.3.1 直流输电支路元件及其控制方式

目前的直流输电工程大多仍属于双端直流系统，因此本节仅考虑双端直流输电的情况。为便于陈述，将每条直流输电线路连同其两端所连接的整流器和逆变器一起，统称为一个完整的直流输电支路元件。

根据直流导线的正负极性，直流输电支路一般可分为单极系统、双极系统和同极系统，此外，换流器也有单桥、多桥之分。在潮流计算中，以上不同结构都可通过简单转化表达为单极单桥的形式，因此本节仅讨论单极单桥双端直流输电支路的情况，其简化示意图如图 4-8 所示。

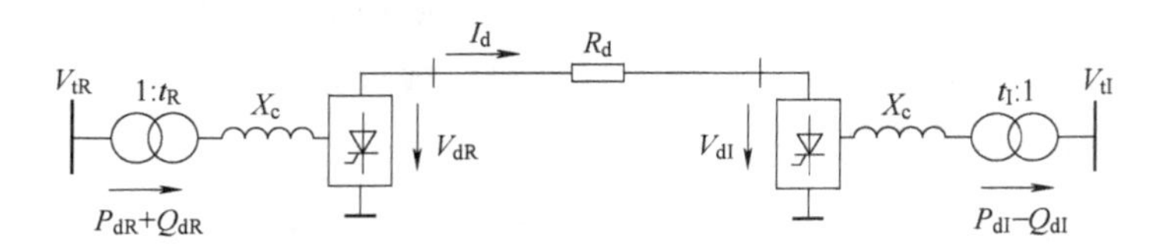

图 4-8　双端直流输电支路示意图

图 4-8 中，R_d 为直流输电线路电阻；X_c 为换流变压器漏抗；t 为换流变压器电压比；V_d 为换流器节点直流电压；I_d 为直流电流；V_t 为换流变压器交流侧电压幅值；P_d、Q_d、S_d 分别为换流变压器交流侧有功功率、无功功率、视在功率；α 为触发角；δ 为熄弧角；下标 R 表示整流器，I 表示逆变器。

根据换流器基本原理，双端直流输电支路元件的数学方程如下

$$V_{dR} = 3\sqrt{2}t_R V_{tR}\cos\alpha_R/\pi - 3X_c I_d/\pi \tag{4-11}$$

$$V_{dI} = 3\sqrt{2}t_I V_{tI}\cos\delta_I/\pi - 3X_c I_d/\pi \tag{4-12}$$

$$V_{dR} = V_{dI} + R_d I_d \tag{4-13}$$

$$P_{dR} = V_{dR} I_d \tag{4-14}$$

$$P_{dI} = V_{dI} I_d \tag{4-15}$$

$$S_{dR} = 3\sqrt{2}k t_R V_{tR} I_d/\pi \tag{4-16}$$

$$S_{dI} = 3\sqrt{2}k t_I V_{tI} I_d/\pi \tag{4-17}$$

$$Q_{dR} = \sqrt{S_{dR}^2 - P_{dR}^2} \tag{4-18}$$

$$Q_{\mathrm{dI}} = \sqrt{S_{\mathrm{dI}}^2 - P_{\mathrm{dI}}^2} \tag{4-19}$$

式中　k——计及换相重叠角的影响引入系数，在本节中取值为0.995。

由式（4-11）~式（4-19）的直流输电支路数学方程可知，每个直流输电支路共含15个变量，需用9个方程描述变量间关系。在直流输电支路两端交流母线电压幅值给定的前提下，为确定直流输电支路的运行状态，还须根据换流器控制方式给定4个控制变量。

对单个换流器i而言，有5个变量：I_{id}、V_{id}、P_{id}、θ_{id}、t_{id}，其中θ_{id}为控制角，对整流器而言为α_{id}，对逆变器而言为δ_{id}。实际运行中，换流器采用的四种控制方式如下。

1）定电流控制（CC）：控制换流器直流电流I_{id}于整定值，此种控制方式下，已知量为I_{id}、θ_{id}或t_{id}。

2）定电压控制（CV）：维持换流器直流电压V_{id}不变，此种控制方式下，已知量为V_{id}、θ_{id}或t_{id}。

3）定功率控制（CP）：维持换流器传输的有功功率为定值，此种控制方式下，已知量为P_{id}、θ_{id}或t_{id}。

4）定角度控制（CA）：维持控制角在限值上，对整流器而言，是为保证阀上正向电压不会过低；对逆变器而言，为防止换相失败，此种控制方式下，已知量为α_{id}或δ_{id}、t_{id}。

整流器与逆变器的控制方式共同构成了直流输电支路的运行模式。一般而言，双端支路输电支路常用的运行方式为“整流侧定电流，逆变侧定电压”或“整流侧定电流，逆变侧定熄弧角”；当整流侧交流电压降低较多或逆变侧交流电压升高较多时，运行方式为“整流侧定最小触发角，逆变侧定直流电流”；当变压器分接头或控制角达到限值时，控制方式也会发生相应的转化。

4.3.2　直流输电支路运行模式及其转换

在不同运行模式下，直流输电支路含有不同的已知量和未知量，交直流混合电网潮流计算的求解格式会发生相应的变化，若在潮流计算中建立对应所有运行模式的求解格式和算法必将导致算法十分繁琐。

由直流输电支路数学方程可知，在交流侧母线电压幅值已知的条件下，通过整流侧和逆变侧的运行模式及其给定值即可确定直流输电支路的所有变量，表征其运行状态。从数学方程的角度来讲，取该状态下任何控制变量的组合作为给定值都能求得相同的运行状态，即直流输电支路的同一种运行状态可通过多种运行模式及其相应的定值来表征，不同运行模式间具有相通性和等效性。基于该相通性，可将运行模式转换为同一种运行模式，使潮流算法能以统一的直流输电支路基元接纳不同运行模式的直流输电支路。

本节取“整流侧定电流、逆变侧定电压”作为直流输电支路的等效运行模式，一方面，由于该运行模式是直流输电最常用的控制模式；另一方面，该运行模式下，直流输电支路等效基元的添加对交流潮流算法的稀疏计算格式没有任何影响，处理方便。其他运行模式向等效运行模式转化的计算公式如表4-7所示。

表4-7 不同运行模式向等效运行模式的转化

运行模式	给定值				等效运行模式			
					I_d^{eq}	t_R^{eq} 或 $\cos\alpha_R^{eq}$	V_{dI}^{eq}	t_I^{eq} 或 $\cos\delta_I^{eq}$
A	I_d	t_R	V_{dI}	t_I	I_d	t_R	V_{dI}	t_I
B	P_{dR}	$\cos\alpha_R$	V_{dI}	$\cos\delta_I$	$\dfrac{-V_{dI}+\sqrt{V_{dI}^2+4R_dP_{dR}}}{2R_d}$	$\cos\alpha_R$	V_{dI}	$\cos\delta_I$
C	P_{dR}	t_R	$\cos\delta_I$	t_I	$\dfrac{-a+\sqrt{a^2+4P_{dR}b}}{2b}$	t_R	$a-3X_cI_d^{eq}/\pi$	t_I
D	P_{dR}	$\cos\alpha_R$	$\cos\delta_I$	t_I	$\dfrac{-a+\sqrt{a^2+4P_{dR}b}}{2b}$	$\cos\alpha_R$	$a-3X_cI_d^{eq}/\pi$	t_I
E	I_d	t_R	$\cos\delta_I$	t_I	I_d	t_R	$a-3X_cI_d/\pi$	t_I
F	I_d	$\cos\alpha_R$	$\cos\delta_I$	t_I	I_d	$\cos\alpha_R$	$a-3X_cI_d/\pi$	t_I

注：$a=3\sqrt{2}t_IV_{tI}\cos\delta_I/\pi$，$b=R_d-3X_c/\pi$。

由表4-7可知，若直流输电支路两端都不采用定角度控制，等效运行模式的参数将不受交流侧母线电压幅值的影响，直流输电线路中的状态量将保持不变，这是由于对换流变压器电压比或控制角的控制行为跟踪了母线电压的变化，交流侧电压幅值的变化不会反映到直流线路中，此时等效运行模式的参数定值不会改变；若直流输电支路的某端换流器采用定角度控制，即换流变压器电压比和控制角都保持不变，实际上该换流器已失去控制功能，直流输电支路的状态将随该换流器交流母线电压幅值的变化而变化，其等效运行模式的参数定值也随之改变，这种情况下需在计算过程中及时更新等效基元的参数定值。

在直流输电支路运行中，要求控制角和变压器分接头都必须在其允许范围以内。如对50Hz的交流系统，通常要求触发角最小约为5°，为留有裕度，一般取触发角在15°～20°；熄弧角最小为15°，以保证有充足的时间完成换相；而换相变压器分接头也有各自的调节范围。

模式转化之后，直流输电支路中未知变量（如运行模式A中的触发角、逆变角）在迭代过程中不能直接体现，相关约束也无法直接表达，因此，可将此类约束等效转化为对交流侧母线电压幅值的约束来进行间接表达。

依据式（4-11）和式（4-12），将直流输电支路中控制变量的约束转化为对交流侧母线电压幅值的约束，如表4-8所示。以运行模式A为例，整流侧及逆变侧的换流变压器电压比已经确定，需考虑触发角相关约束，对应交流侧电压幅值只需满足表4-8中的1号、2号转化约束即可满足触发角约束；对于运行模式D，交

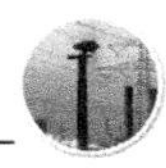

流侧电压幅值则需同时满足1号、5号、6号转化约束；其他运行模式以此类推。

表4-8 运行约束转换

序 号	原 约 束	转 化 约 束
1	$\alpha_R \geqslant \alpha_{Rmin}$	$V_{tR} \geqslant (\pi(V_{dI}^{eq}+RI_d^{eq})+3X_cI_d^{eq})/(3\sqrt{2}t_R^{eq}\cos\alpha_{Rmin})$
2	$\delta_I \geqslant \delta_{Imin}$	$V_{tI} \geqslant (\pi V_{dI}^{eq}+3X_cI_d^{eq})/(3\sqrt{2}t_R^{eq}\cos\delta_{Imin})$
3	$t_R \geqslant t_{Rmin}$	$V_{tR} \leqslant (\pi(V_{dI}^{eq}+RI_d^{eq})+3X_cI_d^{eq})/(3\sqrt{2}t_{Rmin}\cos\alpha_R^{eq})$
4	$t_R \leqslant t_{Rmax}$	$V_{tR} \geqslant (\pi(V_{dI}^{eq}+RI_d^{eq})+3X_cI_d^{eq})/(3\sqrt{2}t_{Rmax}\cos\alpha_R^{eq})$
5	$t_I \geqslant t_{Imin}$	$V_{tI} \leqslant (\pi V_{dI}^{eq}+3X_cI_d^{eq})/(3\sqrt{2}t_{Imin}\cos\delta_R^{eq})$
6	$t_I \leqslant t_{Imax}$	$V_{tI} \geqslant (\pi V_{dI}^{eq}+3X_cI_d^{eq})/(3\sqrt{2}t_{Imax}\cos\delta_R^{eq})$

计算结束后，若交流侧母线电压幅值不能够满足相应的转化约束，说明给定的运行方式会造成相关控制变量越限，不可行。

4.3.3 交直流电网的潮流算法

4.3.3.1 直流输电支路等效基元

直流输电支路等效基元在整流侧和逆变侧的有功功率分别为

$$P_{dR} = (V_{dR}^{eq} + I_d^{eq}R_d)I_d^{eq} \tag{4-20}$$

$$P_{dI} = V_{dI}^{eq}I_d^{eq} \tag{4-21}$$

直流输电支路吸收无功功率表达式与换流器控制量有关，若换流器给定值中有换流变压器电压比，其无功功率表达中将包含交流网络电压幅值，整流侧和逆变侧的无功功率分别为

$$Q_{dR} = \sqrt{(3\sqrt{2}kt_R^{eq}V_{tR}I_d^{eq}/\pi)^2 - P_{dR}^2} \tag{4-22}$$

$$Q_{dI} = \sqrt{(3\sqrt{2}kt_I^{eq}V_{tI}I_d^{eq}/\pi)^2 - P_{dI}^2} \tag{4-23}$$

若换流器给定值中无换流变压器电压比，其无功功率的表达中将不含有交流网络电压幅值，整流侧和逆变侧无功功率分别为

$$Q_{dR} = \sqrt{k^2I_d^{eq2}(V_{dI}^{eq} + I_d^{eq}R_d + 3X_cI_d^{eq}/\pi)^2/\cos^2\alpha_R - P_{dR}^2} \tag{4-24}$$

$$Q_{dI} = \sqrt{k^2I_d^{eq2}(V_{dI}^{eq} + 3X_cI_d^{eq}/\pi)^2/\cos^2\delta_I - P_{dI}^2} \tag{4-25}$$

4.3.3.2 直流输电支路等效基元的追加

交直流混合电网的节点功率方程需要在原交流电网节点功率方程的基础上附加直流输电支路功率

$$\begin{cases} P_i^{sp} - \sum\limits_{j\in i} P_{ij}(V_i, V_j, \theta_{ij}) - P_{idc} = 0 \\ Q_i^{sp} - \sum\limits_{j\in i} Q_{ij}(V_i, V_j, \theta_{ij}) - Q_{idc} = 0 \end{cases} \tag{4-26}$$

式中 i、j——电网节点；

P_i^{sp}、Q_i^{sp}——第 i 节点给定的有功、无功功率注入；

P_{ij}、Q_{ij}——节点 i 到 j 的交流支路有功功率、无功功率；

$P_{i\mathrm{dc}}$、$Q_{i\mathrm{dc}}$——直流输电支路吸收的有功功率、无功功率，由式（4-20）~式（4-25）求得，当节点 i 不连接直流输电支路时，$P_{i\mathrm{dc}}$和 $Q_{i\mathrm{dc}}$为零。

对式（4-26）线性化，得到交直流混合电网潮流方程的修正方程为

$$\begin{bmatrix} \Delta \boldsymbol{P} - \boldsymbol{P}_{\mathrm{dc}} \\ \Delta \boldsymbol{Q} - \boldsymbol{Q}_{\mathrm{dc}} \end{bmatrix} = \begin{bmatrix} \boldsymbol{H} & \boldsymbol{N} \\ \boldsymbol{J} & \boldsymbol{L} + \boldsymbol{L}_{\mathrm{dc}} \end{bmatrix} \begin{bmatrix} \Delta \boldsymbol{\theta} \\ \Delta \boldsymbol{V} \end{bmatrix} \tag{4-27}$$

式中 $\Delta \boldsymbol{P}$、$\Delta \boldsymbol{Q}$——仅计及交流支路功率和节点功率注入时节点有功、无功功率不平衡量列向量；

$\boldsymbol{H}$、$\boldsymbol{N}$、$\boldsymbol{J}$、$\boldsymbol{L}$——对应交流网络雅可比矩阵；

$\Delta \boldsymbol{\theta}$、$\Delta \boldsymbol{V}$——节点电压相角、幅值修正量列向量；

$\boldsymbol{P}_{\mathrm{dc}}$、$\boldsymbol{Q}_{\mathrm{dc}}$——计入直流输电支路时对节点有功功率、无功功率的修正项；

$\boldsymbol{L}_{\mathrm{dc}}$——直流输电支路对雅可比矩阵修正项。

由式（4-27）可知，除与直流输电支路相关的变量 $\boldsymbol{P}_{\mathrm{dc}}$、$\boldsymbol{Q}_{\mathrm{dc}}$、$\boldsymbol{L}_{\mathrm{dc}}$之外，该修正方程的所有其他变量构成的即为纯交流电网潮流计算的修正方程。将直流输电支路转化为等效基元后，计及直流输电支路元件时，只需在第二节算法的基础上，对稀疏存储框架中相应值进行修正即可。下面以追加支路号为 l 的直流输电支路为例，说明直流输电支路基元的追加过程，其整流侧连接的交流母线号为 m，逆变侧连接的交流母线号为 n。

（1）功率不平衡量的修正

追加直流输电支路基元时，功率不平衡量的修正如下

$$\Delta P_{\mathrm{m}} = \Delta P_{\mathrm{m}} - P_{l,\mathrm{dR}} \tag{4-28}$$

$$\Delta Q_{\mathrm{m}} = \Delta Q_{\mathrm{m}} - Q_{l,\mathrm{dR}} \tag{4-29}$$

$$\Delta P_{\mathrm{n}} = \Delta P_{\mathrm{n}} + P_{l,\mathrm{dI}} \tag{4-30}$$

$$\Delta Q_{\mathrm{n}} = \Delta Q_{\mathrm{n}} - Q_{l,\mathrm{dI}} \tag{4-31}$$

（2）雅可比矩阵的修正

直流输电支路等效基元的有功功率为定值，无功功率根据给定变量的不同与交流电压有不同的关系。相应地，追加直流输电支路微增模型时需根据给定变量的不同对子阵 $\boldsymbol{L}$ 进行修正。

若没有给定换流变压器电压比，由式（4-24）和式（4-25）可知，换流器无功功率为定值，无须修正；若给定值为换流变压器电压比，由式（4-22）和式（4-23）可知，无功功率与交流侧母线电压幅值有关，须对雅可比矩阵进行修正，修正公式分别为

$$L_{\mathrm{mm}} = L_{\mathrm{mm}} + (3\sqrt{2}kt_{l,\mathrm{R}}^{\mathrm{eq}} V_{\mathrm{m}} I_{l,\mathrm{dI}}^{\mathrm{eq}} / \pi)^2 / Q_{l,\mathrm{dR}} \tag{4-32}$$

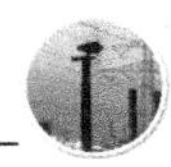

$$L_{nn} = L_{nn} + (3\sqrt{2}kt_{l,\mathrm{I}}^{eq} V_n I_{l,\mathrm{dI}}^{eq} / \pi)^2 / Q_{l,\mathrm{dI}} \tag{4-33}$$

式（4-28）～式（4-33）即构成了直流输电支路基元对雅可比矩阵的修正，可见，将各运行模式转化为等效基元后，直流输电支路基元微增模型的追加将遵循统一的格式。每追加一个直流输电支路，只需对交流潮流计算修正方程中4～6项的已有元素修正即可，雅可比矩阵稀疏对称结构得以完全保留，稀疏计算格式也可以完全继承，使第二节所述的交流潮流计算方法有很好的兼容性。依据上述，交直流电网潮流计算迭代过程流程图如图4-9所示。

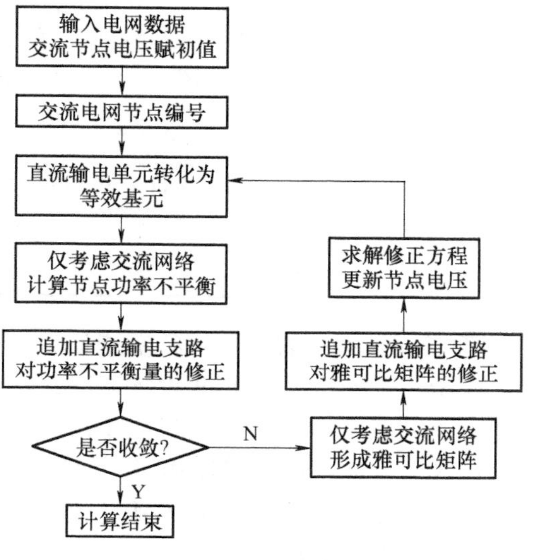

图4-9　迭代过程流程图

4.3.4　算例分析

采用VC++6.0编制程序，变量采用Float类型，收敛条件为节点功率不平衡量及等效基元参数的变化量都小于1.0×10^{-4}。直流输电支路相关变量的标幺值计算方法参考文献[21]。

4.3.4.1　算例1

该算例的构造方法同文献[21]，在图4-10的基础上，拆除节点11和节点12的并联电抗，用直流输电支路连接节点11与节点12，替代原有的交流支路，构成交直流混联电力网络。直流输电支路接线及参数如图4-11所示，图中数据均为标幺值。

采用表4-7中的运行模式B进行潮流计算，给定值取表4-9中的相应数据，得到潮流结果与文献[21]相同，直流输电支路结果如表4-9所示。

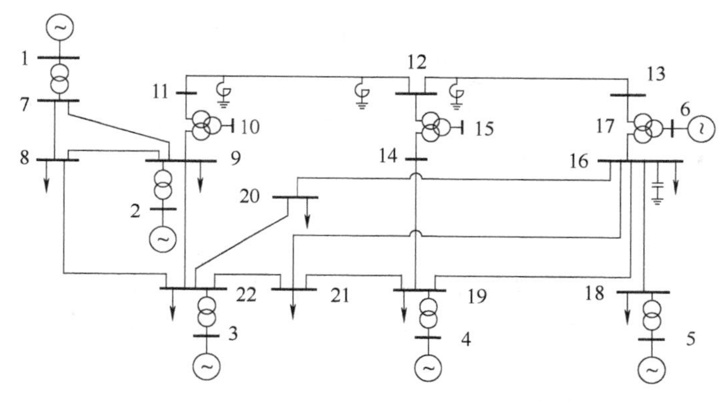

图4-10　中国电力科学研究院22节点系统

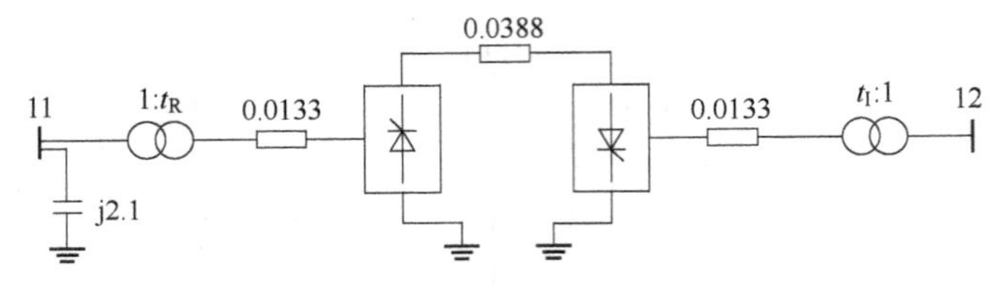

图 4-11　直流输电支路接线及参数

表 4-9　直流输电支路计算结果

换流器	电压比（pu）	控制角（°）	直流电压（pu）	有功（pu）	无功（pu）	电流（pu）
整流侧	1.0755	24.076	0.9968	1.5	0.7268	1.5048
逆变侧	0.9688	23.922	0.9384	1.4142	0.6798	

取不同运行模式分别进行潮流计算，各运行模式下的给定值依据表 4-9 数据给定。当运行模式不含有定角度控制时，迭代计算 4 ~ 5 次即可收敛；当运行模式中含有定角度控制时，在迭代过程中须对等效运行模式定值进行修正，迭代计算 6 ~ 8 次可收敛。在不同运行模式下，都能够计算得到表 4-9 所示的同一种直流输电支路运行状态，验证了将运行模式转化为同一种等效基元的合理性和可行性。

4.3.4.2　算例 2

该算例构造方法同文献 [22]，仍以中国电力科学研究院 22 节点交流电力网络为基础，用直流输电支路代替 11 - 12 和 22 - 20 两条交流支路，直流输电支路参数取自葛南直流输电线路，撤去 11 节点、12 节点的并联电抗器，分别在 20 节点、22 节点、11 节点加装标幺值为 1.0、1.0、1.5 的电容器。11-12 直流输电支路按模式 B 运行，22-20 直流输电支路按模式 D 运行。分别采用交替迭代计算和上述方法进行计算。

采用交替迭代计算不能收敛。原因是第 2 次迭代中，计算直流输电支路 22-20 整流侧无功功率时，出现了根号下为负数的情况，由于实际运行中，直流输电支路交流侧需要吸收大量无功，所以除非计算极不协调的情况，才有可能在迭代过程中出现视在功率小于有功功率的情况。由此说明，交直流相互独立的分离计算时，交流量和直流量的不协调导致收敛性变差。

采用本节方法迭代 9 次即可收敛，说明本节方法在计算过程中计及了交直流网络之间的耦合关系，使迭代过程交流量与直流量的修正能够相互协调，验证了本节方法的收敛性比交替迭代收敛性好。

4.3.5　小结

本节在 4.2 节交流支路为基元潮流算法的基础上，针对直流输电支路多变量、多运行模式的特点，基于其运行模式间的相通性，提出了基于直流输电支路等效基元的交直流电网潮流计算方法，主要结论如下：

1）在交直流混合电网潮流计算中，对直流输电支路，取与交流潮流计算衔接

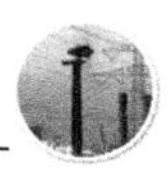

方便的运行模式作为等效运行模式，形成统一的直流输电支路等效基元，消除了直流输电支路多种运行模式导致的潮流计算算法的复杂性。

2）在交流电网修正方程的基础上，依据直流输电支路等效基元以及变量间的转换关系，建立直流输电支路基元的微增模型，使计及直流输电支路的修正方程修改简单，实现方便。

3）在交流电网占主导情况下，本节方法在计及直流输电支路时，不改变交流电网潮流修正方程的计算格式，使交流电网潮流算法得以继承与兼容，也为交直流电网优化与控制研究带来方便。

4.4　交直流潮流统一算法

4.4.1　直流单元数学模型

4.4.1.1　直流输电单元的基本方程

图4-12为双端直流输电系统中的一个换流器数学模型。直流输电系统换流器特性数学模型如下[21]

$$U_{d0}=3\sqrt{2}tn_tU_t/\pi \tag{4-34}$$

$$U_d=U_{d0}\cos\theta-3n_tX_cI_d/\pi \tag{4-35}$$

$$P_d=U_dI_d \tag{4-36}$$

$$S_d=kU_{d0}I_d \tag{4-37}$$

$$Q_d=\sqrt{S_d^2-P_d^2} \tag{4-38}$$

式中　U_{d0}——换流器节点直流空载电压；

t——换流器的变压器电压比；

n_t——换流器的桥数；

U_t——换流器的变压器交流电压有效值；

X_c——换流器变压器漏抗；

I_d——直流电流；

U_d——换流器直流电压；

P_d——换流器与系统交换的有功功率，对于整流器，P_d 为换流器从交流侧吸收的有功功率，对于逆变器，P_d 为换流器输入交流侧的有功功率，均为正；

Q_d、S_d——换流器从交流侧吸收的无功功率和视在功率；

k——考虑换相重叠等影响引入的系数，本节中忽略换相重叠角引起的误差，取 $k=1$。

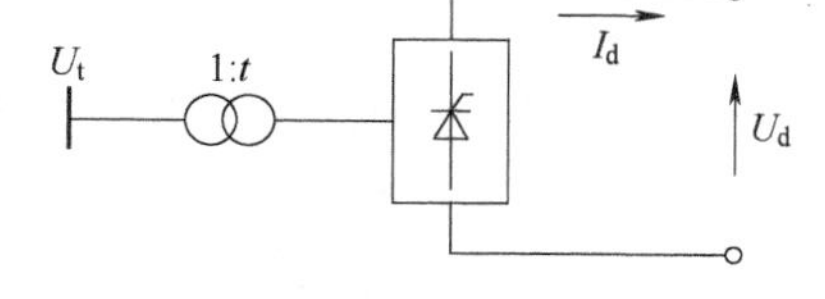

图4-12　直流输电系统模型

单条直流输电线路稳态方程如下

$$U_{dR}=U_{dI}+I_dR \tag{4-39}$$

式中，R 为直流输电线路电阻；下标 R 表示整流器，下标 I 表示逆变器，下同。

由式（4-34）~式（4-39）可见，描述直流输电单元的数学模型中共有 17 个变量，分别是 U_{d0R}、U_{d0I}、t_R、t_I、U_{tR}、U_{tI}、U_{dR}、U_{dI}、J_{PU}、$J_{Q\delta}$、P_{dR}、P_{dI}、S_{dR}、S_{dI}、Q_{dR}、Q_{dI}和 I_d，在给定直流输电单元两端交流电压有效值的前提下，还需根据换流器的控制方式确定 4 个变量。一般运行情况下，变压器的抽头是固定的，只有在控制角达到极限时，抽头位置才会发生变化，因此本节假定在潮流计算中变压器电压比是定值，即 t_R 和 t_I 是恒定量。

直流输电系统的控制方式有多种，主要有定电压、定电流、定功率和定触发角（或定熄弧角）控制。对于每个换流器，常用的控制方程如下所示。

1）定电流控制

$$I_d = I_{ds} \tag{4-40}$$

式中 I_{ds}——电流定值。

2）定功率控制

$$P_d = P_{ds} \tag{4-41}$$

式中 P_{ds}——有功功率定值。

3）定电压控制

$$U_d = U_{ds} \tag{4-42}$$

式中 U_{ds}——电压定值。

4）定触发角或定熄弧角控制

$$\alpha = \alpha_s \tag{4-43a}$$

$$\gamma = \gamma_s \tag{4-43b}$$

式中 α_s、γ_s——触发角定值、熄弧角定值。

一般情况下，整流器工作在定电流（定功率）或定触发角方式下，逆变器工作在定电压或定熄弧角方式下。本节中，直流输电单元工作方式主要有五种，表 4-10 给出了直流输电系统不同的控制方式，在保留直流电流的基础上，借助交流侧的端电压给出了控制角的表达式。

表 4-10 不同运行模式下触发角、熄弧角的表达

	I_d	$\cos\alpha_{eq}$	$\cos\gamma_{eq}$
定电流定电压	I_{ds}	$(U_{dIs}+3n_tX_cI_{ds}/\pi+I_{ds}R)/U_{d0R}$	$(U_{dIs}+3n_tX_cI_{ds}/\pi)/U_{d0I}$
定电流定熄弧角	I_{ds}	$(U_{d0I}\cos\gamma_s+I_{ds}R)/U_{d0R}$	$\cos\gamma_s$
定功率定电压	$(-U_{dIs}+\sqrt{U_{dIs}^2+4RP_{dRs}})/2R$	$(U_{dIs}+3n_tX_cI_{ds}/\pi+I_{ds}R)/U_{d0R}$	$(U_{dIs}+3n_tX_cI_{ds}/\pi)/U_{d0I}$
定功率定熄弧角	I_d	$(P_{dRs}/I_d+3n_tX_cI_{ds}/\pi)/U_{d0R}$	$\cos\gamma_s$
定触发角定电流	I_d	$\cos\alpha_s$	$(U_{d0R}\cos\alpha_s-I_{ds}R)/U_{d0I}$

4.4.1.2 不同控制方式下的直流功率表达

通过观察式（4-34）~式（4-38）可以发现，直流输电单元的状态取决于交流电压、直流电流以及控制角，而不同的运行模式下，未知变量是变化的。针对这一问题，本节在形成雅可比矩阵之前，针对不同的控制方式，消除直流输电中的控制角等变量，而保留直流输电中的直流电流变量，以最少变量表达直流输电单元状态来实现交直流的关联。

直流输送功率表达式按照式（4-34）~式（4-43）计算，其中触发角、熄弧角的表达形式如表4-10所示。这样功率表达式中将消除触发角和熄弧角。为研究方便，下面的论述中直接用 $J_{P\delta}J_{QU}-J_{PU}J_{Q\delta}+J_{Q\delta}S_{PU}-J_{P\delta}S_{QU}>0$ 和 $\mathrm{d}P_{\mathrm{d}}/\mathrm{d}I_{\mathrm{d}}$ 代替控制角的间接表达式。

整流器侧的有功功率、无功功率分别为

$$P_{\mathrm{dR}}=(U_{\mathrm{d0R}}\cos\alpha_{\mathrm{eq}}-3n_{\mathrm{t}}X_{\mathrm{c}}I_{\mathrm{d}}/\pi)I_{\mathrm{d}} \tag{4-44}$$

$$Q_{\mathrm{dR}}=\sqrt{(U_{\mathrm{d0R}}I_{\mathrm{d}})^2-P_{\mathrm{dR}}^2} \tag{4-45}$$

逆变器侧的有功功率、无功功率分别为

$$P_{\mathrm{dI}}=(U_{\mathrm{d0I}}\cos\gamma_{\mathrm{eq}}-3n_{\mathrm{t}}X_{\mathrm{c}}I_{\mathrm{d}}/\pi)I_{\mathrm{d}} \tag{4-46}$$

$$Q_{\mathrm{dI}}=\sqrt{(U_{\mathrm{d0I}}I_{\mathrm{d}})^2-P_{\mathrm{dI}}^2} \tag{4-47}$$

为了保证直流输电单元设备的安全性和运行的可靠性，整流器触发角、逆变器熄弧角必须控制在一定的范围内，约束方程为

$$\begin{cases}\cos\alpha_{\min}\geqslant\cos\alpha_{\mathrm{eq}}\\ \cos\gamma_{\min}\geqslant\cos\gamma_{\mathrm{eq}}\end{cases} \tag{4-48}$$

计算过程中，若控制角不能满足式（4-48），并且式（4-45）或式（4-47）开方无效时，通过限制迭代步长可以保证迭代收敛。交直流系统潮流计算是否收敛，其必要且充分的条件就像交流潮流计算一样，至今也没有得到研究与证明。

4.4.2 交直流潮流方程及雅可比矩阵结构

4.4.2.1 交直流潮流方程

考虑直流输电系统的加入，传统的交流输电系统的潮流方程需要变换为[23]

$$P_i^{\mathrm{s}}-\sum_{j\in i}P_{ij}(U_i,U_j,\theta_i,\theta_j)+aP_{\mathrm{d}i}=0 \tag{4-49}$$

$$Q_i^{\mathrm{s}}-\sum_{j\in i}Q_{ij}(U_i,U_j,\theta_i,\theta_j)-Q_{\mathrm{d}i}=0 \tag{4-50}$$

式中 P_i^{s}、Q_i^{s}——注入节点的有功功率、无功功率；

P_{ij}、Q_{ij}——流出节点 i 的有功功率、无功功率；

U_i、θ_i——节点 i 的电压幅值、电压相角；

U_j、θ_j——节点 j 的电压幅值、电压相角；

a——接入整流器或逆变器的信号变量，当节点 i 接整流器时，a 取 -1，接逆变器时，a 取1。

直流输电线路的约束方程如式（4-39）所示，为了与交流系统的潮流计算统一，将式（4-39）两边同乘以电流 I_d 然后移项，得到直流输电单元的潮流方程表达为

$$P_{dR} - P_{dI} - I_d^2 R = 0 \tag{4-51}$$

根据式（4-49）~式（4-51）得出交直流混合系统潮流的修正方程为

$$\begin{bmatrix} \Delta \boldsymbol{P}_d \\ \Delta \boldsymbol{P} \\ \Delta \boldsymbol{Q} \end{bmatrix} = \begin{bmatrix} \frac{\partial \boldsymbol{P}_d}{\partial \boldsymbol{I}_d} & \frac{\partial \boldsymbol{P}_d}{\partial \boldsymbol{U}}\boldsymbol{U} & \boldsymbol{0} \\ \frac{\partial \boldsymbol{P}}{\partial \boldsymbol{I}_d} & \boldsymbol{H} + \boldsymbol{H}_{dc} & \boldsymbol{N} \\ \frac{\partial \boldsymbol{Q}}{\partial \boldsymbol{I}_d} & \boldsymbol{M} + \boldsymbol{M}_{dc} & \boldsymbol{L} \end{bmatrix} \begin{bmatrix} \Delta \boldsymbol{I}_d \\ \frac{\Delta \boldsymbol{U}}{\boldsymbol{U}} \\ \Delta \boldsymbol{\theta} \end{bmatrix} \tag{4-52}$$

式中　$\Delta \boldsymbol{P}_d$——直流输电单元中直流有功功率不平衡列向量；

$\Delta \boldsymbol{P}$、$\Delta \boldsymbol{Q}$——计及交流和直流的节点有功功率、无功功率不平衡列向量；

$\Delta \boldsymbol{I}_d$——直流输电单元直流电流修正量列向量；

$\Delta \boldsymbol{U}$、$\Delta \boldsymbol{\theta}$——节点电压幅值、相角的修正量列向量；

$\boldsymbol{H}$、$\boldsymbol{N}$——交流电网中交流有功功率对电压幅值、相角的偏导数；

$\boldsymbol{M}$、$\boldsymbol{L}$——交流电网中交流无功功率对电压幅值、相角的偏导数；

$\boldsymbol{H}_{dc}$、$\boldsymbol{M}_{dc}$——直流有功功率、无功功率对节点电压幅值的偏导数。

4.4.2.2　雅可比矩阵的结构

结合表4-10以及式（4-51）可以得出，当以电流为变量时，即采用定功率定熄弧角控制时，式（4-51）转化为

$$P_{ds} - U_{dI} I_d - I_d^2 R = 0 \tag{4-53}$$

式中，状态变量为逆变器交流侧电压幅值和直流联络线电流；当电流为恒定量时，即控制方式为定电流定电压、定电流定熄弧角、定电流定熄弧角或定触发角定电流方式时，式（4-51）转化成恒等于0的等式。为了保持雅可比矩阵结构的统一性，将电流设为一状态变量，根据不同控制方式确定相应导数项是否用0来代替。为了清楚地了解雅可比矩阵的结构变化，以一条直流输电线路为例，推导出不同控制方式下雅可比矩阵增量元素的表达式。

表4-11给出了直流输电不同控制方式下雅可比矩阵结构的元素，其中整流器节点为 i，逆变器节点为 k。

表4-11中，H_{dcii}、H_{dcik} 分别为整流器有功功率对节点 i 和 k 节点电压幅值的偏导数与其节点电压幅值的乘积；M_{dcii}、M_{dcik} 为整流器无功功率对节点电压 i、k 的偏导数与其节点电压幅值的乘积；H_{dcki}、H_{dckk} 分别为逆变器有功功率对节点 i、k 节点电压幅值的偏导数与其节点电压幅值的乘积；M_{dcki}、M_{dckk} 为逆变器无功功率对节点电压 i 和 k 的偏导数与其节点电压幅值的乘积；$\partial P_{di}/\partial I_d$ 为整流器输送有功功率对电流的偏导数；$U_i \partial P_{di}/\partial U_i$、$U_k \partial P_{di}/\partial U_k$ 分别为整流器输送有功功率对节点

i、k 节点电压幅值的偏导数与其节点电压幅值的乘积；$\partial P_i/\partial I_{\mathrm{d}}$、$\partial Q_i/\partial I_{\mathrm{d}}$ 分别为整流侧节点 i 的有功功率、无功功率对电流的偏导数；$\partial P_k/\partial I_{\mathrm{d}}$、$\partial Q_k/\partial I_{\mathrm{d}}$ 分别为节点 k 的有功功率、无功功率对电流的偏导数。

表 4-11　不同运行模式下雅可比矩阵的增量

	定电流 定电压	定电流 定熄弧角	定功率 定电压	定功率 定熄弧角	定触发角 定电流
$H_{\mathrm{dc}ii}$	0	0	0	0	$U_{\mathrm{d0R}}\cos\alpha_{\mathrm{s}}I_{\mathrm{ds}}$
$H_{\mathrm{dc}ik}$	0	$U_{\mathrm{d0I}}\cos\gamma_{\mathrm{s}}I_{\mathrm{ds}}$	0	0	0
$M_{\mathrm{dc}ii}$	$S_{\mathrm{dR}}^2/Q_{\mathrm{dR}}$	$S_{\mathrm{dR}}^2/Q_{\mathrm{dR}}$	$S_{\mathrm{dR}}^2/Q_{\mathrm{dR}}$	$S_{\mathrm{dR}}^2/Q_{\mathrm{dR}}$	$\dfrac{S_{\mathrm{dR}}^2-P_{\mathrm{dR}}U_{\mathrm{d0R}}I_{\mathrm{ds}}\cos\alpha_{\mathrm{s}}}{Q_{\mathrm{dR}}}$
$M_{\mathrm{dc}ik}$	0	$\dfrac{-P_{\mathrm{dR}}U_{\mathrm{d0I}}\cos\gamma_{\mathrm{s}}I_{\mathrm{ds}}}{Q_{\mathrm{dR}}}$	0	0	0
$H_{\mathrm{dc}ki}$	0	0	0	0	$-U_{\mathrm{d0R}}I_{\mathrm{d}}\cos\alpha_{\mathrm{s}}$
$H_{\mathrm{dc}kk}$	0	$-U_{\mathrm{d0I}}\cos\gamma_{\mathrm{s}}I_{\mathrm{ds}}$	0	$-U_{\mathrm{d0I}}\cos\gamma_{\mathrm{s}}I_{\mathrm{d}}$	0
$M_{\mathrm{dc}ki}$	0	0	0	0	$\dfrac{-P_{\mathrm{dI}}U_{\mathrm{d0R}}I_{\mathrm{d}}\cos\alpha_{\mathrm{s}}}{Q_{\mathrm{dI}}}$
$M_{\mathrm{dc}kk}$	$S_{\mathrm{dI}}^2/Q_{\mathrm{dI}}$	$\dfrac{S_{\mathrm{dI}}^2-P_{\mathrm{dI}}U_{\mathrm{d0I}}\cos\gamma_{\mathrm{s}}I_{\mathrm{d}}}{Q_{\mathrm{dI}}}$	$S_{\mathrm{dI}}^2/Q_{\mathrm{dI}}$	$\dfrac{S_{\mathrm{dI}}^2-P_{\mathrm{dI}}U_{\mathrm{d0I}}\cos\gamma_{\mathrm{s}}I_{\mathrm{d}}}{Q_{\mathrm{dI}}}$	$S_{\mathrm{dI}}^2/Q_{\mathrm{dI}}$
$\dfrac{\partial P_{\mathrm{d}i}}{\partial I_{\mathrm{d}}}$				$U_{\mathrm{d0I}}\cos\gamma_{\mathrm{s}}+2I_{\mathrm{d}}\left(R_{\mathrm{d}}-\dfrac{3n_{\mathrm{t}}X_{\mathrm{c}}}{\pi}\right)$	
$\dfrac{U_i\partial P_{\mathrm{d}i}}{\partial U_i}$				0	
$\dfrac{U_k\partial P_{\mathrm{d}i}}{\partial U_k}$				$U_{\mathrm{d0I}}I_{\mathrm{d}}\cos\gamma_{\mathrm{s}}$	
$\dfrac{\partial P_i}{\partial I_{\mathrm{d}}}$				0	
$\dfrac{\partial Q_i}{\partial I_{\mathrm{d}}}$				$S_{\mathrm{dR}}U_{\mathrm{d0R}}/Q_{\mathrm{dR}}$	
$\dfrac{\partial P_k}{\partial I_{\mathrm{d}}}$				$-(U_{\mathrm{d0I}}\cos\gamma_{\mathrm{s}}-6/\pi n_{\mathrm{t}}I_{\mathrm{d}}X_{\mathrm{c}})$	
$\dfrac{\partial Q_k}{\partial I_{\mathrm{d}}}$				$S_{\mathrm{dI}}U_{\mathrm{d0I}}-P_{\mathrm{dI}}\partial P_{\mathrm{dI}}/\partial I_{\mathrm{d}}$	

选择保留直流输电单元中的直流电流，该雅可比矩阵结构利于分析交直流系统的电压稳定性。若直流电流为变量时，雅可比矩阵形如式（4-52）所示，假设直流输电线路的交流节点没有有功功率和无功功率变化，即 $\boldsymbol{\Delta P}=0$，$\boldsymbol{\Delta Q}=0$，可以

简化为

$$\Delta \boldsymbol{P}_{\mathrm{d}} = \boldsymbol{J}_{\mathrm{dc}} \Delta \boldsymbol{I}_{\mathrm{d}} \tag{4-54}$$

$$\boldsymbol{J}_{\mathrm{dc}} = \frac{\partial \boldsymbol{P}_{\mathrm{d}}}{\partial \boldsymbol{I}_{\mathrm{d}}} - \left[U \frac{\partial \boldsymbol{P}_{\mathrm{d}}}{\partial \boldsymbol{U}}, \boldsymbol{0} \right] \begin{bmatrix} \boldsymbol{H} + \boldsymbol{H}_{\mathrm{dc}} & \boldsymbol{N} \\ \boldsymbol{M} + \boldsymbol{M}_{\mathrm{dc}} & \boldsymbol{L} \end{bmatrix}^{-1} \begin{bmatrix} \dfrac{\partial \boldsymbol{P}}{\partial \boldsymbol{I}_{\mathrm{d}}} \\ \dfrac{\partial \boldsymbol{Q}}{\partial \boldsymbol{I}_{\mathrm{d}}} \end{bmatrix} \tag{4-55}$$

式中 $\boldsymbol{J}_{\mathrm{dc}}$——化简后直流输电有功功率对输电电流的偏导数。

这种结构反映了直流输电中电流与输电功率的关系，也是衡量交直流系统输电能力的一个重要的灵敏度指标，可见本节方法可直接得到分析电网性能的辅助量。

4.4.3 算法

4.4.3.1 稀疏技术

交流潮流部分以支路潮流微增量为基元，使支路与雅可比矩阵直接关联；采用三角检索存储格式，存储框架不改变，只在预留的位置添加注入元，避免了繁琐的信息检索。

相对于消除全部直流变量方法来说，保留直流电流变量的交直流潮流计算方法中虽增加了雅可比矩阵的维数，但关于状态变量直流电流的导数项多数为0，矩阵的稀疏度依然较高。为了与交流潮流部分的存储技术相容，按照不同的控制方式，将直流输电线路等效成相应的节点与线路，在相应的存储数组上作相应的变化。

依据文献［14］，为了说明直流输电单元的加入对存储检索技术的影响，依据文献［24］，以一条直流输电线路为例，整流器节点为 i，逆变器节点 k，分析在不同控制方式下的影响。n 为电网总节点数，b'为考虑虚拟支路的总支路数，直流输电单元个数分别为 a，临时指针 p_t，各存储数组定义如下。

AD：$n+a$ 维数组，顺序存储对角子块。

AU：$b'+2a$ 维数组，按行存储上三角矩阵。

AL：$b'+2a$ 维数组，按行存储下三角矩阵。

W：存储框架形成过程中，W[$i+1$] 为当前因子表最后添加的位置；框架形成后 W[i] +1 为因子表 AU 和 AL 的起始位置。

RC：AU 和 AL 中第 i 个单元中在因子表中的列数。

Nd：因子表中 i 行非零元素的个数。

（1）定电流定电压或定功率定电压控制方式

直流输电单元等效为对地支路，只需要在 AD[i] 和 AD[k] 上对应位置添加元素 M_{dc}，具体数值见表 4-10 和表 4-11。

（2）定电流定熄弧角控制方式

直流输电单元等效为一条线路和对地支路。整流器节点 i 的 Nd[i] 加 1，在形成因子表存储到直流输电单元时，临时指针指向 W[$i+1$]，即 p_t = W[$i+1$]，RC[p_t] $=k$；因子表中 AU、AL 均增加 1 维，但是增加的元素不相同；AD[i]、

$AD[k]$ 上对应位置添加元素 M_{dc} 和 H_{dc}，具体见表4-10和表4-11。

（3）定功率定熄弧角控制方式

直流输电单元等效为三条线路、一个节点以及对地支路。根据整流器节点 i、逆变器节点 k 的编号，若节点 i 编号在前，则整流器节点 i 的 $Nd[i]$ 加1，即添加一条线路，在形成因子表存储到直流输电单元时，临时指针指向 $W[i+1]$，即 $p_t=W[i+1]$，同时 $RC[p_t]=k$，因子表中AU和AL均增加1维，但是增加的元素不相同；反之，逆变器节点 k 的 $Nd[k]$ 加1对应的因子表做相应的变化。

根据式（4-52），电网的节点数加1，新增节点编号为 $n+1$，电流 I_d 看作交流节点的相角，节点类型为PV节点。逆变器节点 k 的 $Nd[k]$ 加1，即添加一条线路，存储直流输电单元形成因子表时，临时指针指向 $W[k+1]$，即 $p_t=W[k+1]$，$RC[p_t]=(n+1)$，因子表中AU和AL的维数均增加，但是增加的元素不相同。

AD数组上维数加1，$AD[n+1]$ 相应元素为直流输电单元有功功率对电流的导数；$AD[i]$ 和 $AD[k]$ 相应位置添加元素 M_{dc} 和 H_{dc}，具体见表4-10和表4-11。

（4）定触发角定电流控制方式

直流输电单元等效为一条线路和对地支路。根据整流器节点 i、逆变器节点 k 的编号，若节点 i 编号在前，则整流器节点 i 的 $Nd[i]$ 加1，即添加一条线路，在形成因子表存储到直流输电单元时，临时指针指向 $W[i+1]$，即 $p_t=W[i+1]$，同时 $RC[p_t]=k$，因子表中AU和AL均增加1维，但是增加的元素不相同；反之，逆变器节点 k 的 $Nd[k]$ 加1，对应的因子表做相应的变化。$AD[i]$ 和 $AD[k]$ 上对应位置添加元素 M_{dc} 和 H_{dc}，具体见表4-10和表4-11。

4.4.3.2　牛顿-拉夫逊法和PQ分解法流程

牛顿-拉夫逊方法中的雅可比矩阵结构如第4.4.2.2节和第4.4.3.1等节所述，算法流程如图4-13所示。

对于PQ分解法，直流输电系统引入后，交流部分 P-θ 迭代的修正矩阵 $\boldsymbol{B}'$ 未发生改变，考虑到 $\boldsymbol{I}_d$ 状态量的引入，$\boldsymbol{B}'$ 维数增加，新增行列的对角线位置添加元素，即 $\partial\boldsymbol{P}_d/\partial\boldsymbol{I}_d$，因交流部分 $\boldsymbol{B}'$ 为一对称常数矩阵，将 $\partial\boldsymbol{P}_d/\partial\boldsymbol{I}_d$ 中交流电压设为1，并根据式（4-53）求得直流电流 $\boldsymbol{I}_d$，将其作为常量代入矩阵 $\boldsymbol{B}'$；$\boldsymbol{Q}$-$\boldsymbol{U}$ 的迭代矩阵 $\boldsymbol{B}''$ 维数并未发生改变，但 $\boldsymbol{B}'$ 相应元素追加直流输电单元对应的增量，忽略本侧换流站无功功率与对侧换流站交流电压的耦合关系，只考虑与本侧换流站交流电压的偏导数，故 $\boldsymbol{B}''$ 也为对称常数矩阵。

4.4.4　算例分析

针对本节算法，构造交直流输电系统的算例如图4-14所示，算例参考文献[22]中给出的电力系统潮流、短路电流和动态稳定应用程序约定考核题II型，对原交流系统作出以下改变：节点11与节点12间的交流线路变为直流线路，并且去掉这两个节点上的并联电抗器而改装电抗为1.5pu的电容器；节点22与节点20的交流线路变为直流线路，并在两节点上分别安装电抗为1.0pu的电容器。

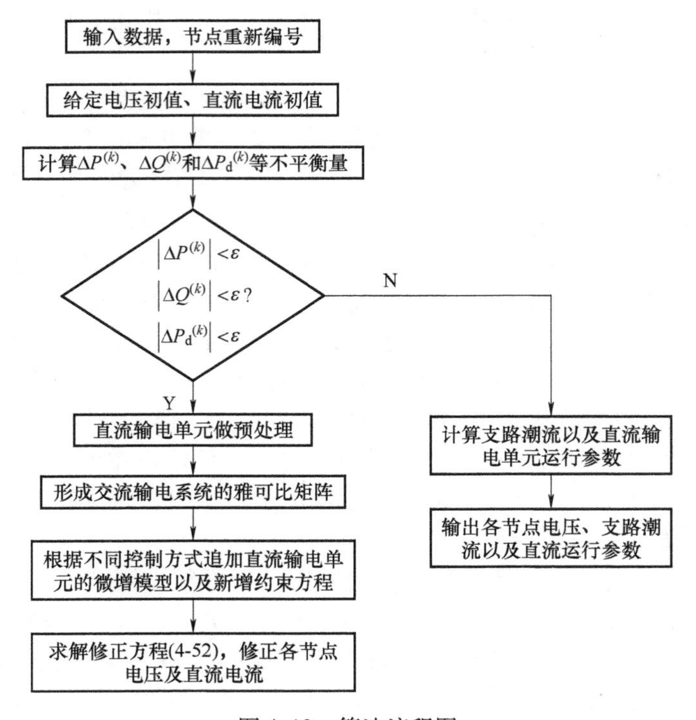

图 4-13　算法流程图

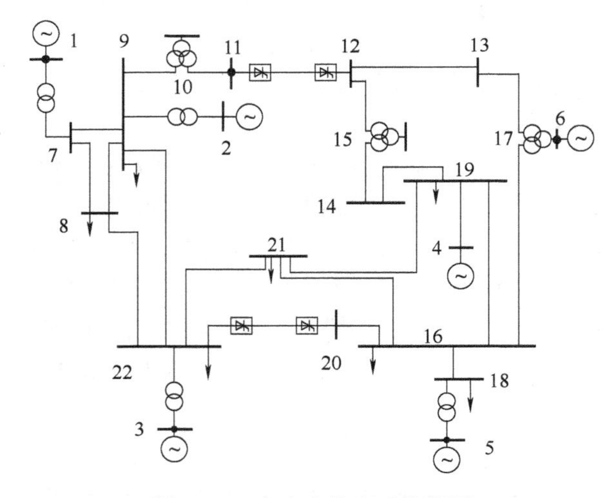

图 4-14　交直流输电系统算例

算例中，交流系统的参数全部已归算为标幺值，其中交流系统的基准功率为 $S_{acB}=100\text{MW}$；对于直流输电系统，其基准功率 $S_{dcB}=100\text{MW}$，基准电压 $U_{dcB}=500\text{kV}$。

4.4.4.1　算例情景1

上述中提及添加的两条直流联络线结构参数是一样的，换流变压器额定电压比为230kV/198kV，换相电抗为17.82Ω，直流线路的电阻为25.37Ω。直流系统的控制方式如下：11-12直流联络线控制方式为整流器定功率，逆变器为定电压控制，其中直流输电线路整流器功率整定值$P_{dRs}=360\text{MW}$，逆变器电压整定值$U_{dIs}=480\text{kV}$；22-20直流联络线控制方式为整流器定功率，逆变器为定熄弧角控制，其中直流输电线路整流器功率整定值$P_{dRs}=200\text{MW}$，逆变器熄弧角整定值$\gamma=20°$。

首先，为验证算法的有效性，本节中用VC++6.0编写程序，收敛条件为节点功率不平衡量以及直流输送有功功率的不平衡量小于1.0×10^{-4}，其中定义交流系统向直流系统注入功率为正。两条直流联络线的运行状态如表4-12和表4-13所示，其运行结果与文献[24，25]中提及的方法运行结果基本一致。具体内容如表4-15~表4-18所示，说明该算法的正确性。

表4-12　11-12直流线路潮流数据

换流器类型	控制角（°）	电压/kV	有功功率/MW	无功功率/Mvar
整流器	5.8	498.33	360	120.75
逆变器	19.86	480	-346.76	173.12

表4-13　22-20直流线路潮流数据

换流器类型	控制角（°）	电压/kV	有功功率/MW	无功功率/Mvar
整流器	19.82	503.25	199.99	87.51
逆变器	20	493.17	-195.99	84.44

经过潮流计算，22-20直流线路在定功率定熄弧角的控制方式下，通过式（4-55）得到，$J_{dc}=0.89>0$，说明其输送的有功功率未达到最大功率点，工作点处于位于最大功率点的左侧[26]。

其次，为了观察保留直流电流变量的交直流潮流计算方法的性能（记牛顿法为方法A，PQ法为方法B），针对文中算例，对比文献[24]中保留全部直流变量的交直流潮流计算方法（记为方法C）以及文献[25]消除全部直流变量的交直流潮流计算方法（记为方法D），表4-14中列出各种方法运行的次数以及运行时间。

表4-14　四种方法的性能比较

性　能	A	B	C	D
迭代次数	17	22	4	16
时间/ms	93	87	231	151

根据表 4-14 可知，本节提出的保留直流电流变量的交直流潮流计算方法，虽然迭代次数多，但计算时间少，全部消除直流变量法预处理的时间较多；保留全部直流变量的方法，形成雅可比矩阵的维数较大，计算时间也会增多。

当 11-12 直流线路控制方式为整流器定功率、逆变器定电压时，运用文献［24］中提及的方法，直流线路的潮流结果如表 4-15 和表 4-16 所示。

表 4-15　采用文献［24］中所提方法得到的 11-12 直流线路潮流数据

换流器	控制角（°）	电压/kV	有功功率/MW	无功功率/Mvar
整流侧	5.95	498.33	360	121.06
逆变侧	19.82	480	-346.75	172.89

表 4-16　采用文献［24］中所提方法得到的 22-20 直流线路潮流数据

换流器	控制角（°）	电压/kV	有功功率/MW	无功功率/Mvar
整流侧	19.85	503.15	200	87.62
逆变侧	20	493.07	-195.99	84.65

运用文献［25］中提及的方法，直流线路的潮流结果如表 4-17 和表 4-18 所示。

表 4-17　采用文献［25］中所提方法得到的 11-12 直流线路潮流数据

换流器	控制角（°）	电压/kV	有功功率/MW	无功功率/Mvar
整流侧	5.81	498.33	359.99	120.75
逆变侧	19.86	480	-346.75	173.12

表 4-18　采用文献［25］中所提方法得到的 22-20 直流线路潮流数据

换流器	控制角（°）	电压/kV	有功功率/MW	无功功率/Mvar
整流侧	19.81	503.25	200	87.51
逆变侧	20	493.17	-195.99	84.44

4.4.4.2　算例情景 2

为检验算法的收敛性，修改直流线路的运行条件，将 11-12 直流线路控制方式改为整流器定功率、逆变器定熄弧角控制方式，其中 $P_{dRs}=360\text{MW}$，$\gamma=20°$。这条直流线路的触发角偏小，对本节提出算法的收敛性有影响。与上例相比，其他条件不变。电流初值由输送有功功率式（4-51）计算得到，程序运行第 2 次时，式（4-45）中 I_d 导致潮流不收敛。这是因为交流潮流部分初始值是平启动，而直流部分近乎是真值启动，迭代初始时，波动较大，导致潮流不收敛，因此在迭代过程中，对步长进行了修正，取 P_d 时，计算便收敛，其结果如表 4-19 所示。

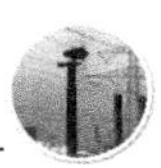

表4-19　修正步长后得到11-12直流线路潮流数据

换流器类型	控制角（°）	电压/kV	有功功率/MW	无功功率/Mvar
整流器	4.03	500.58	360	117.01
逆变器	20	482.34	-346.88	169.86

与表4-12相比，表4-19中直流线路的潮流结果有变化，触发角以及无功功率略微偏小，可见不同的控制方式对直流线路的潮流是有些影响的。

4.4.5　小结

随着直流输电规模及数量的增加，交直流输电系统的潮流方程必须有机统一，分离交替的处理方式将面临挑战，表现在不仅计算方法难以奏效，同时也无法考虑二者有机衔接与牵制的规律，影响电力系统统一有效的控制。针对此情况，本节提出的基于最小雅可比矩阵结构的交直流潮流计算，主要结论如下：

1）将触发角、熄弧角用交流端的电压以及直流电流代替，减少了直流输电单元状态变量的数目，便于计算；同时保留电流变量，可直接观察直流输电单元运行状态。

2）保留直流电流的交直流潮流算法，一定程度上保持了纯交流电网的迭代格式。因功率平衡方程中新增直流输电单元的约束方程所形成的雅可比矩阵，既能清晰地反映电网结构，也能实现交直流的有机关联。

4.5　柔性交直流电网潮流模型与算法

4.5.1　直流电网拓扑结构

4.5.1.1　多端直流输电技术

多端直流输电是直流电网发展的初级阶段，是由3个以上换流站通过串联、并联或混联方式连接起来的输电系统，能够实现多电源供电和多落点受电。图4-15为多端直流输电的串联、混联、放射式并联和环网式并联的拓扑结构。

并联式的换流站之间以同等级直流电压运行，功率分配通过改变各换流站的电流来实现。串联式的换流站之间以同等级直流电流运行，功率分配通过改变直流电压来实现。既有并联又有串联的混合式，则增加了多端直流接线方式的灵活性。与串联式相比，并联式具有更小的线路损耗，更大的调节范围，更易实现的绝缘配合，更灵活的扩建方式以及较好的经济性能，因此目前已运行的多端直流输电工程均采用并联式接线方式。

由于VSC-HVDC技术具有潮流翻转时不改变电压极性的优越性能，因此更适合于构成多端直流系统。随着可关断器件、直流电缆制造水平的不断提高，VSC-HVDC将在高压大容量电能输送方面成为多端直流输电及直流电网中最主要的输电方式。作为交直流混合电网的雏形，柔性多端直流输电较成熟的理论与大量投运的输电工程为交直流混合电网的研究提供了大量的理论依据与现实基础。

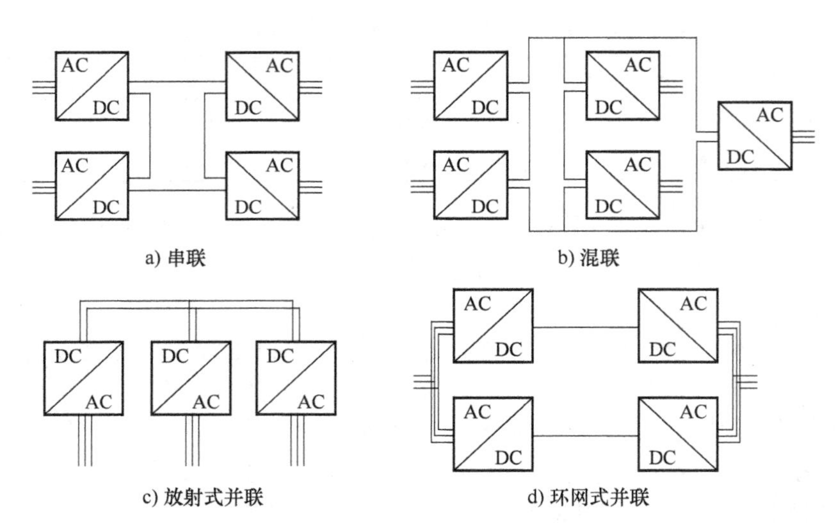

图 4-15　多端直流输电拓扑结构

4.5.1.2　直流电网

多端直流输电可以看作是直流电网最简单的实现形式，从交流电网引出多个换流站，通过多组点对点直流连接不同的交流系统。多端直流输电未来发展可能的拓扑结构如图 4-16a 所示。

将直流传输线在直流侧互联并接入直流电源及负荷，形成“一点对多点”、“多点对一点”的形式，即可组成直流电网，拓扑结构如图 4-16b 所示。

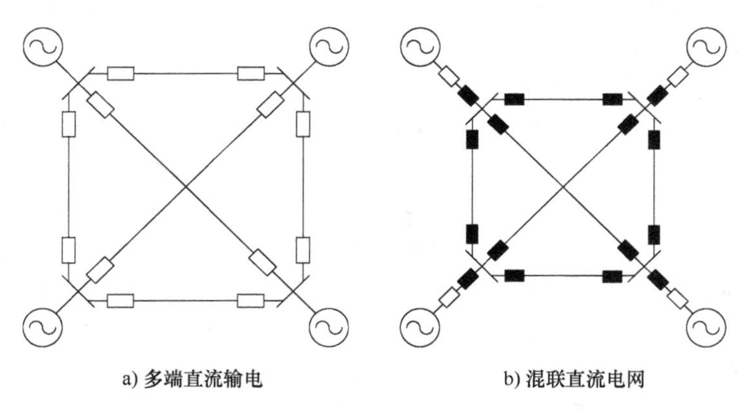

图 4-16　多端直流输电和直流电网拓扑结构

4.5.2　交流牵连直流节点电压的换流站等效

换流站作为交直流混合电网的接口，是实现电力转换的重要设备，在构建交直流混合电网数学模型中发挥着关键性的作用。当电力系统处于稳态运行时，分析换流器的运行状况，为简化问题分析，提出以下几条假设：

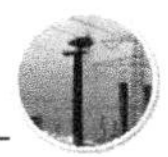

1）假设导线中三相交流电是完全对称的，为标准的正弦波。

2）交流滤波设备可以去除掉在换流过程中引入的全部高次谐波。

3）直流网络节点电压和电流是平直的。

4.5.2.1 VSC 的稳态特性

图 4-17 给出了基于 VSC 的交直流混合电网中的第 k 个换流站的交直流连接示意图。

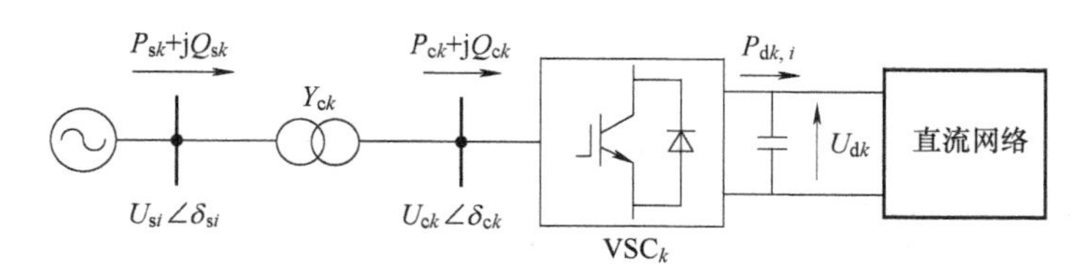

图 4-17 交直流电网连接示意图

图中，为方便起见，换流站的编号设定为与所连接的直流节点的编号一致；U_{si}、δ_{si}为换流站公共连接点（Point of Common Coupling，PCC）母线电压幅值和相角；U_{ck}、δ_{ck}为 VSC 交流侧的电压幅值和相角；U_{dk}为 VSC 所连接的直流节点的电压幅值；P_{sk}和 Q_{sk}分别为 PCC 母线向换流站注入的有功功率、无功功率；P_{ck}和 Q_{ck}分别为换流站交流侧注入 VSC 的有功功率、无功功率；$P_{dk,i}$为换流站向直流电网注入的有功功率；$Y_{ck}=G_{ck}+jB_{ck}$表示换流变压器的导纳，其中若 VSC 采用 MMC 结构，Y_{ck}还包含 MMC 桥臂电纳值的 1/2；VSC$_k$ 为理想开关器件。

根据 VSC 的电力电子工作原理，忽略 VSC 与变压器损耗及谐波分量，可得换流站交流侧流入 VSC 的有功功率和无功功率分别为

$$P_{ck,i}=\frac{U_{si}U_{ck}}{X_{ck}}\sin\delta \tag{4-56}$$

$$Q_{ck}=\frac{U_{si}}{X_{ck}}(U_{si}-U_{ck}\cos\delta) \tag{4-57}$$

式中，$\delta=\delta_{si}-\delta_{ck}$；$X_{ck}$为换流变压器的电抗，$X_{ck}=1/B_{ck}$。

一般情况下，VSC 采用脉冲宽度调制（Pulse Width Modulation，PWM）技术控制，则 VSC 两侧电压关系为

$$U_{ck}=\frac{\mu}{\sqrt{2}}M_kU_{dk} \tag{4-58}$$

式中 M_k——VSC 的脉宽调制比；

μ——PWM 的直流电压利用率，$0\leqslant\mu\leqslant1$，本节为方便起见，取 $\mu=\sqrt{3}/2$。

VSC 有两个控制量 M_k 和 δ，通过式（4-56）~式（4-58）可知，VSC 通过控制 M_k 和 δ 可以单独控制有功功率和无功功率。

4.5.2.2 换流站处的功率等效模型

将换流站等效为阻抗和 VSC_k 理想器件的组合后，可以得到换流站功率流动的等效模型，如图4-18所示。

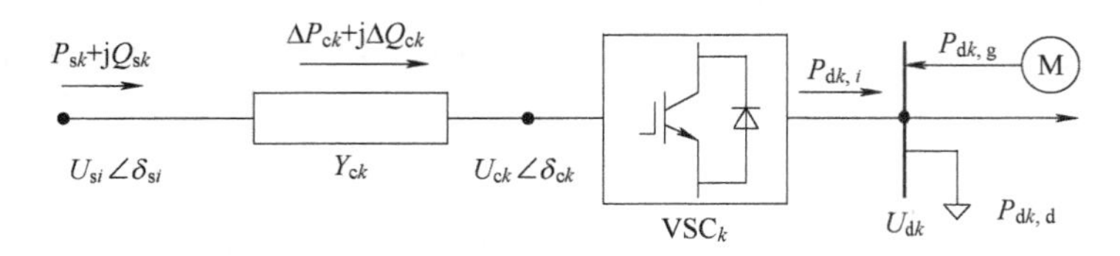

图4-18 换流站等效模型

根据图4-18，PCC母线注入换流站的功率表达式为

$$\begin{cases}P_{sk}=U_{si}^2G_{ck}-U_{si}U_{ck}[B_{ck}\cos(\delta_{si}-\delta_{ck})+B_{ck}\sin(\delta_{si}-\delta_{ck})]\\Q_{sk}=-U_{si}^2G_{ck}-U_{si}U_{ck}[B_{ck}\sin(\delta_{si}-\delta_{ck})-B_{ck}\cos(\delta_{si}-\delta_{ck})]\end{cases}\tag{4-59}$$

换流阀交流侧母线的功率表达式为

$$\begin{cases}P_{ck}=-U_{ck}^2G_{ck}+U_{si}U_{ck}[B_{ck}\cos(\delta_{si}-\delta_{ck})-B_{ck}\sin(\delta_{si}-\delta_{ck})]\\Q_{ck}=U_{ck}^2G_{ck}-U_{si}U_{ck}[B_{ck}\sin(\delta_{si}-\delta_{ck})-B_{ck}\cos(\delta_{si}-\delta_{ck})]\end{cases}\tag{4-60}$$

由于换流站最终注入直流侧的能量中仅含有有功量，而且 VSC_k 为理想器件，换流站与直流子系统间功率流动存在以下关系

$$P_{ck}=P_{dk,i}\tag{4-61}$$

根据式（4-61），换流站注入 VSC_k 交流侧有功功率与 VSC_k 注入直流节点的有功功率一致，则换流站内部消耗的功率可以等效为电力线路传输功率时产生的功率损耗。因此，图中换流站内部消耗的有功功率、无功功率可分别利用线路首端功率和电压，即PCC母线处注入换流站的有功功率、无功功率和电压，表达式为

$$\Delta P_{ck}=\frac{P_{sk}^2+Q_{sk}^2}{U_{si}^2}R_{ck}\tag{4-62}$$

$$\Delta Q_{ck}=\frac{P_{sk}^2+Q_{sk}^2}{U_{si}^2}X_{ck}\tag{4-63}$$

综合式（4-61）和式（4-62），交流节点注入换流站的有功功率 P_{sk} 可以表示为换流站消耗的功率 ΔP_{ck} 与换流站注入直流节点的功率 $P_{dk,i}$ 之和，即

$$P_{sk}=\frac{P_{sk}^2+Q_{sk}^2}{U_{si}^2}R_{ck}+P_{dk,i}\tag{4-64}$$

由于最终注入直流子系统的能量中只存在有功量，故式（4-64）即为交直流子系统之间能量交换的表达。

式（4-64）间接消去了换流站的相关变量，直接通过换流站两侧交流节点和直流节点的电压变量给出了换流站作为能量接口的数学表达。该表达直接且有效

地耦合了交直流节点间的电压变量，可以进一步地应用，以期交直流混合电网潮流问题和稳态分析得到统一的处理。

4.5.3　换流站的控制方式

4.5.3.1　概述

由于VSC所用器件是双向可控的，所以VSC有两个控制度，交直流电网中的每一个VSC必须在有功功率类物理量和无功功率类物理量中各挑选一个物理量进行控制，同时每个直流系统中必须有一端控制直流电压，充当直流电网的有功平衡换流器以保证直流系统的功率平衡。其中，有功功率类物理量包括交流侧或直流侧有功功率、直流电压和交流系统频率等；无功功率类物理量包括交流侧无功功率、交流电压等。交直流电网存在多种控制变量的组合，常用的控制方式组合如表4-20所示，其中上标ref表示此参数为换流站的控制设定的参考值。根据有功类控制方式的不同将换流站分为功率站和电压站两种类型。

表4-20　换流站控制方式及潮流计算中等效方式

方　式	有功类控制	无功类控制	分　类
1	定 P_{sk}^{ref}	定 Q_{sk}^{ref}	功率站
2	定 P_{sk}^{ref}	定 U_{si}^{ref}	
3	定 U_{dk}^{ref}	定 Q_{sk}^{ref}	电压站
4	定 U_{dk}^{ref}	定 U_{si}^{ref}	

4.5.3.2　不同控制方式下的等效模型

式（4-64）为换流站基于PCC母线注入功率和电压的数学模型。因此，在换流站不同的控制方式下，根据式（4-64）可以推导得出PCC注入换流站的有功功率P_{sk}及换流站注入直流节点的有功功率$P_{dk,i}$。

在换流站为功率站类型时，相应功率的等效表达式为

$$\begin{cases} P_{sk}=P_{sk}^{\text{ref}} \\ P_{dk,i}=P_{sk}^{\text{ref}}-\dfrac{(P_{sk}^{\text{ref}})^2+Q_{sk}^2}{U_{si}^2}R_{ck} \end{cases} \tag{4-65}$$

在换流站为电压站类型时，相应功率的等效表达式为

$$P_{sk}=\begin{cases} \dfrac{U_{si}^2-\sqrt{U_{si}^4-4R_{ck}P_{dk,i}U_{si}^2-4R_{ck}^2Q_{sk}^2}}{2R_{ck}} & R_{ck}\neq 0 \\ P_{dk,i},R_{ck}=0 \end{cases} \tag{4-66}$$

换流站采用不同的无功类物理量进行控制时，式（4-65）和式（4-66）中交流节点注入换流站的无功功率Q_{sk}的取值不同。换流站控制交流侧无功功率Q_{sk}^{ref}给定（控制方式1或控制方式3）时，Q_{sk}取该给定值，即

$$Q_{sk}=Q_{sk}^{\text{ref}} \tag{4-67}$$

换流站控制交流电压幅值 U_{si}^{ref} 给定（控制方式 2 或控制方式 4）时，Q_{sk} 取交流侧节点从交流网络中流出的无功功率的总和，即

$$Q_{sk}=Q_{si}-U_{si}\sum_{j=1}^{n_s}U_{sj}(G_{ij}\sin\delta_{ij}-B_{ij}\cos\delta_{ij}) \tag{4-68}$$

4.5.4 柔性交直流电网潮流算法

4.5.4.1 直流节点分类

在对交直流混合电网进行分析计算时，同传统纯交流电网的情况相同，系统中的静止元件（如变压器、输电线、并联电容器和电抗器等）可以用 R、L、C 所组成的等效电路来模拟。图 4-19 为一个简单直流子系统的接线图。

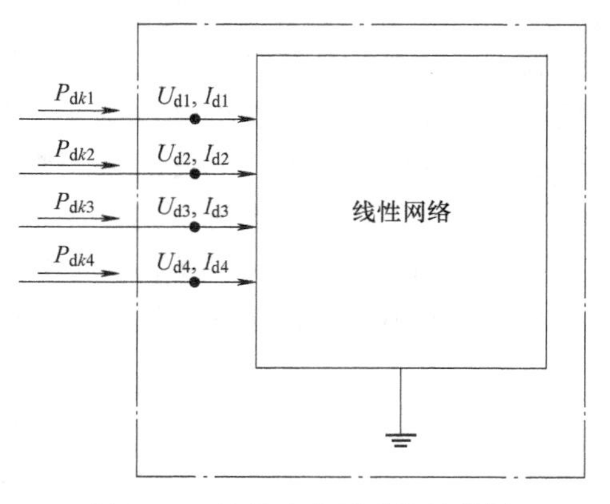

图 4-19 简单直流子系统接线图

在图 4-19 点画线所包括的直流电网部分，其节点电流与电压之间的关系可以通过节点方程式来描述

$$I_{dk}=\sum_{j=1}^{n_{dc}}G_{kj}U_{dj}\quad(k=1,2,\cdots,n_{dc}) \tag{4-69}$$

式中，I_{dk} 和 U_{dj} 分别为直流节点 k 的注入电流以及直流节点 j 的电压；由于直流系统内部不存在电纳，G_{kj} 为电导矩阵元素；n_{dc} 为直流子系统节点数。

为求解潮流问题，需要利用节点功率与电流之间的关系

$$I_{dk}=\frac{P_{dk}}{U_{dk}}\quad(k=1,2,\cdots,n_{dc}) \tag{4-70}$$

将式（4-70）代入式（4-69），可得到

$$\frac{P_{dk}}{U_{dk}}=\sum_{j=1}^{n_{dc}}G_{kj}U_{dj}\quad(k=1,2,\cdots,n_{dc}) \tag{4-71}$$

式（4-71）中含有 n_{dc} 个非线性方程，即为直流子系统潮流计算的基本方程。

在纯交流系统中，表征各节点运行状态的量是该点的电压向量及复功率，即每个节点有 4 个表征节点运行状态的量：U_s，δ_s，P_s，Q_s，因此，在 n_s 个节点交流系统中共有 $4n_s$ 个运行量。相应地，在交直流系统中，表征各节点运行状态的量则需要添加直流节点的电压 U_d 和功率 P_d，因此在有 n_s 个交流节点、n_{dc} 个直流节点的交直流系统中共有（$4n_s+2n_{dc}$）个运行量。

在传统纯交流系统潮流计算时，对每个节点往往给出两个运行量作为已知条件，而另外两个则作为待求量。并且根据原始数据给出的方式将系统中的交流节点分为：PQ 节点、PV 节点以及平衡节点。在进行交直流电网潮流计算时，交流子

系统仍然为以上情况，直流子系统中某些节点给定注入功率 P_{d}，留下电压变量 U_{d} 待求；也有给定某些节点电压 U_{d} 而留下功率变量 P_{d} 待求。同样根据直流子系统中原始数据给出的情况，将直流节点分为两类。

第一类称为 P 节点。对这类节点，给出的参数是该点的注入有功功率（P_{d}），待求量为该点的电压大小（U_{d}）。当某些直流电源的出力 P_{d} 给定时，也作为 P 节点。直流子系统的大部分节点属于这类节点。

第二类称为 V 节点。对这类节点，给出的量是该点的电压大小（U_{d}），待求量为该点的有功功率（P_{d}）。这类节点是直流子系统中可以调节电压的母线。

以上两类节点的给定量和待求量不同，在潮流计算中处理的方法也不一样。

4.5.4.2　直流电网功率方程

上小节已经提到，在对直流子系统进行潮流计算时，可以归结为由系统给定功率求解各节点电压的问题。因此，首先推导直流电网节点功率的方程。

由式（4-71）可知，直流电网中节点功率可以表示为

$$P_{\mathrm{d}k} = U_{\mathrm{d}k}\sum_{j=1}^{n_{\mathrm{dc}}} G_{kj}U_{\mathrm{d}j}\quad (k = 1,2,\cdots,n_{\mathrm{dc}}) \tag{4-72}$$

各节点注入的有功功率 $P_{\mathrm{d}k}$ 通常是已知的，即

$$P_{\mathrm{d}k} = P_{\mathrm{d}k,\mathrm{g}} - P_{\mathrm{d}k,\mathrm{L}}\quad (k = 1,2,\cdots,n_{\mathrm{dc}}) \tag{4-73}$$

式中　$P_{\mathrm{d}k,\mathrm{g}}$——第 k 个直流节点处直流电源的有功功率注入量；

$P_{\mathrm{d}k,\mathrm{L}}$——第 k 个直流节点处的负荷有功功率。

当计及换流站注入直流节点的功率 $P_{\mathrm{d}k,i}$ 时，结合式（4-72）和式（4-73），在潮流问题中，往往将功率平衡方程写成以下的形式

$$\Delta P_{\mathrm{d}} = P_{\mathrm{d}i} + P_{\mathrm{d}k,i} - U_{\mathrm{d}k}\sum_{j=1}^{n_{\mathrm{dc}}} G_{kj}U_{\mathrm{d}j} = 0\quad (k = 1,2,\cdots,n_{\mathrm{dc}}) \tag{4-74}$$

式中，节点 k 与换流站相连接时，$P_{\mathrm{d}k,i}$ 等效表达如式（4-65）所示；节点 k 为独立的直流时，$P_{\mathrm{d}k,i}$ 为零。

4.5.4.3　交直流电网潮流算法

1. 标幺制系统

对交直流电网进行潮流计算时，同样采取标幺制系统。为便于表述，用变量顶标“^”标识有名值。根据式（4-58），换流站处基于 VSC 的电力电子电路的有名值表达式为

$$\hat{U}_{\mathrm{c}k} = \frac{\sqrt{3}M_k}{2\sqrt{2}}\hat{U}_{\mathrm{d}k} \tag{4-75}$$

根据式（4-75）可以得到换流站中 VSC 两侧的功率有名值表达式为

$$\begin{cases}\hat{P}_{\mathrm{d}k,i} = \hat{U}_{\mathrm{d}k}\hat{I}_{\mathrm{d}k}\\ \hat{P}_{\mathrm{c}k} = \dfrac{3M_k}{2\sqrt{2}}\hat{U}_{\mathrm{d}k}\hat{I}_{\mathrm{c}k}\cos\varphi\end{cases} \tag{4-76}$$

式中　φ——VSC 交流侧节点电流滞后电压的角度。

本节忽略 VSC 的损耗，即 $\hat{P}_{dk,i}=\hat{P}_{ck}$，则 VSC 交流电流和直流电流幅值之间的关系可以表述为

$$\hat{I}_{dk}=\frac{3M_k\cos\varphi}{2\sqrt{2}}\hat{I}_{ck} \tag{4-77}$$

基于交流电网基准值，根据式（4-75）与式（4-76）中 VSC 两侧交直流之间的关系，得到直流电网基准值如下

$$\begin{cases}P_{\text{dc-Base}}=S_{\text{ac-Base}}\\ U_{\text{dc-Base}}=\dfrac{2\sqrt{2}}{\sqrt{3}}U_{\text{ac-Base}}\end{cases} \tag{4-78}$$

因此，直流电网的电流基准值和电阻基准值的选取可以通过计算自动得到。

在此基准值设定下，通过计算可以得到交直流变量耦合的标幺值表达式为

$$\begin{cases}U_{ck}=M_kU_{dk}\\ I_{ck}=\dfrac{1}{M_k\cos\varphi}I_{dk}\end{cases} \tag{4-79}$$

2. 潮流方程

对于交直流电网内部的交流节点而言，需考虑直流电网的加入，对交流节点在传统纯交流系统潮流计算时的潮流方程进行修正，可表示为

$$\begin{cases}\Delta P_s=P_{si}-P_{sk}-U_{si}\sum\limits_{j=1}^{n_s}U_{sj}(G_{ij}\cos\delta_{ij}+B_{ij}\sin\delta_{ij})=0\\ \Delta Q_s=Q_{si}-Q_{sk}-U_{si}\sum\limits_{j=1}^{n_s}U_{sj}(G_{ij}\sin\delta_{ij}-B_{ij}\cos\delta_{ij})=0\end{cases} \tag{4-80}$$

式中，节点 i 为 PCC 时，P_{sk}和 Q_{sk}由式（4-65）~式（4-67）求得；节点 i 不为 PCC 时，P_{sk}和 Q_{sk}为零。

对于直流节点而言，上小节中已经介绍到交直流电网中直流节点的潮流方程为式（4-74）。

根据表 4-20，换流站类型为电压站时，其直流侧母线节点为 V 节点，由于 V 节点处母线电压已给定为 U_{dk}^{ref}，则不需要添加相应行和列的修正方程。图 4-20 给出了含 n_s 个节点的交流系统与含 n_{dc}个节点的 x 个直流系统的交直流电网示意图，假设其中交流电网

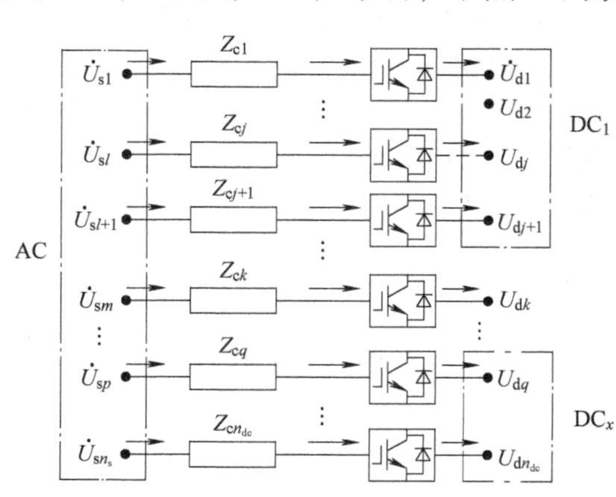

图 4-20　交直流电网连接示意图

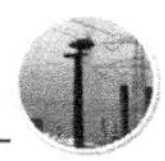

中有 m 个 PV 节点，直流电网中有 l 个 V 节点，则最终组成方程组的方程个数为 $(2\times n_s+n_{dc}-m-2-l)$。综合式（4-74）和式（4-80）得到交直流电网潮流的修正方程式的矩阵形式为

$$\begin{bmatrix}\Delta\boldsymbol{P}_s\\ \Delta\boldsymbol{Q}_s\\ \Delta\boldsymbol{P}_d\end{bmatrix}=\begin{bmatrix}\boldsymbol{H} & \boldsymbol{N}+\boldsymbol{N}_V & \boldsymbol{M}_P\\ \boldsymbol{J} & \boldsymbol{L} & \boldsymbol{M}_Q\\ \boldsymbol{R}_\delta & \boldsymbol{R}_V & \boldsymbol{X}\end{bmatrix}\begin{bmatrix}\Delta\boldsymbol{\delta}_s\\ \Delta\boldsymbol{U}_s/\boldsymbol{U}_s\\ \Delta\boldsymbol{U}_d/\boldsymbol{U}_d\end{bmatrix} \tag{4-81}$$

式中，$\boldsymbol{N}_V$、$\boldsymbol{M}_P$、$\boldsymbol{M}_Q$、$\boldsymbol{R}_\delta$ 及 $\boldsymbol{R}_V$ 为交直流电网耦合部分对节点有功功率、无功功率的修正项（即 $\boldsymbol{P}_{sk}$、$\boldsymbol{Q}_{sk}$和 $\boldsymbol{P}_{dk,i}$）对雅可比矩阵的贡献，后四者体现了交直流电网间的耦合关系，其在换流站不同控制方式下的表达式具体如表4-21所示。

表4-21　不同控制方式下雅可比矩阵的修正

	控制方式1	控制方式2	控制方式3	控制方式4
$\boldsymbol{M}_P$	$-2U_{dk}G_{dkk}+\sum_{j=1}^{n_{dc}}U_{dj}G_{dkj}$	$-2U_{dk}G_{dkk}+\sum_{j=1}^{n_{dc}}U_{dj}G_{dkj}$	—	—
$\boldsymbol{M}_Q$	0	—	—	—
$\boldsymbol{R}_\delta$	0	0	—	—
$\boldsymbol{R}_V$	$2\dfrac{P_{sk}^2+Q_{sk}^2}{U_{si}^3}R_{ck}$	—	—	—

注："—"表示元素不存在。

从表4-21中可以看出，雅可比矩阵子阵 $\boldsymbol{R}_\delta$ 为零阵，但为了采用稀疏技术，依然保留非对称部分的零元以构建对称的雅可比矩阵结构。

3. 稀疏技术与算法流程

对于交直流电网而言，修正方程式组阶数相对较高，直接进行计算机计算无法充分发挥计算效率。因此，与传统交流潮流算法一致，需在潮流算法中采用稀疏技术。

潮流部分采用支路潮流微增量为基元，使得支路与雅可比矩阵直接关联，本节算法中交直流电网潮流修正方程的雅可比矩阵维持了良好的稀疏对称结构，计算交直流电网潮流时可以与传统潮流算法的稀疏技术相通。

首先针对本节算法调整交直流网络整体的节点导纳矩阵：对于换流站两侧的PCC和直流节点，$-Y_{ck}$作为PCC以及直流节点连接的标志，以互导纳的形式加入矩阵中，但 Y_{ck}不计入两端节点的自导纳，以避免支路潮流重复计算。本节算法采用三角检索存储格式，存储框架不改变，只在预留的位置添加注入元，仅在搜索到含换流站的支路时对功率和雅可比矩阵元素进行修正，避免繁琐的信息检索。节点编号优化方面，采用全动态节点编号优化的方式，以达到减少计算内存占用量、适用于大规模电力系统潮流计算的目的。

基于以上技术，利用牛顿-拉夫逊法求解交直流电网潮流算法流程如图 4-21 所示，图中，t 为迭代次数。

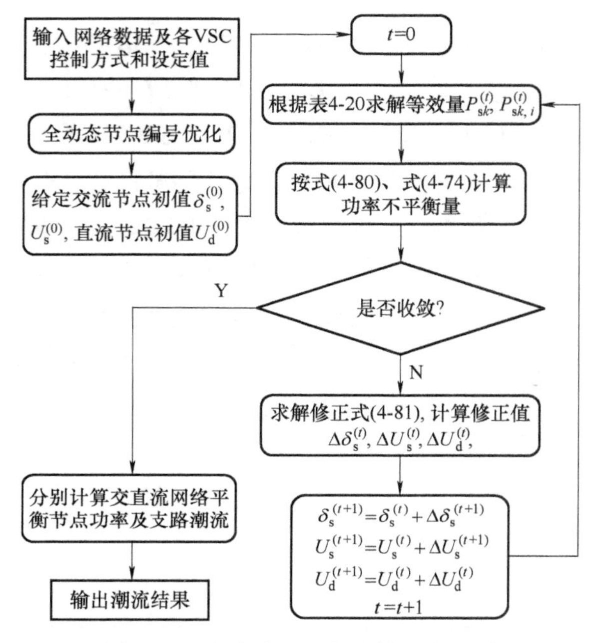

图 4-21　交直流电网潮流算法流程图

系统在正常运行情况下，交流子系统各节点运行在额定电压附近，电压相位差不大，直流网络各节点运行在所处第 x 个直流网络中电压站给定的直流电压值 U_{dx}^{ref} 附近，初值采用“平启动”方式，即

$$\delta_{si}^{(0)}=0.0, U_{si}^{(0)}=1.0, U_{dk}^{(0)}=U_{dx}^{ref} \tag{4-82}$$

牛顿-拉夫逊法可以收敛得到有效的结果。

潮流计算完成后，若仍希望得到换流站内部相关运行量，可以通过如下算式进行计算

$$\begin{cases} U_{ck}=\sqrt{(U_{si}-\Delta U_k)^2+(\delta U_k)^2} \\ \delta_{ck}=\delta_{si}-\arctan\dfrac{-\delta U_k}{U_{si}-\Delta U_k} \\ P_{ck}=P_{dk,i} \\ Q_{ck}=Q_{sk}-\Delta Q_{ck} \\ M_{ck}=\dfrac{\sqrt{2}\mu_{ck}U_{ck}}{U_{dk}} \end{cases} \tag{4-83}$$

式中，电压降落纵分量为 $\Delta U_k = \dfrac{P_{sk}R_{ck} + Q_{sk}X_{ck}}{U_{si}}$；横分量为 $\delta U_k = \dfrac{P_{sk}X_{ck} - Q_{sk}R_{ck}}{U_{si}}$。

4.5.4.4　算例分析

1. 算例情景 1

为验证本节提出的节点电压关联的交直流电网潮流算法的正确性及通用性，参考文献［27］在 IEEE 57 节点系统中增加一个电压等级为 ±200kV 的七端 VSC 直流电网，使用 C++语言编程仿真计算，收敛条件为功率不平衡量小于 1.0×10^{-4} (pu)，其中交流网络向直流网络注入功率方向为正。对七端 VSC 直流网络中直流节点分别编号 58～64，具体拓扑结构如图 4-22 所示。

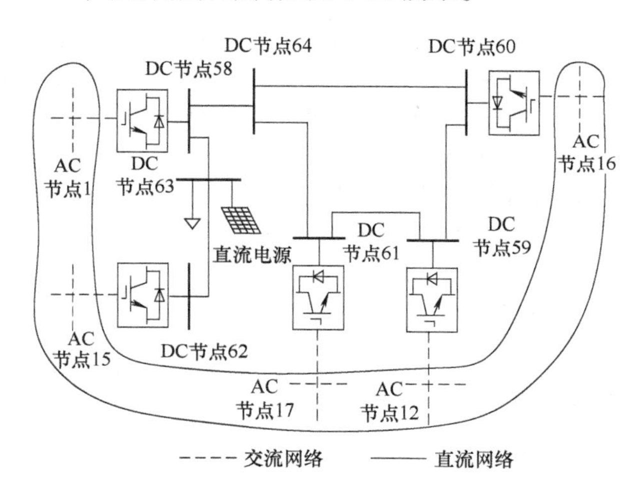

图 4-22　含七端 VSC 直流网络的 IEEE 57 节点交直流网络

算例中，根据式（4-68），交直流网络的基准容量统一为 100MV·A，直流网络基准电压为 $400\sqrt{6}/3$kV。换流站中 VSC 均使用 MMC 结构。为方便起见，换流站以直接相连的直流节点编号进行表示，换流站参数及 VSC 控制给定值如表 4-22 所示；七端直流网络线路参数如表 4-23 所示。此外，节点 63 及节点 64 为孤立节点，且节点 63 上带有 0.1（pu）的直流负荷和 0.3（pu）的直流光伏电源。

表 4-22　换流站参数及 VSC 控制给定值　（单位：pu）

换流站	阻抗 Z_c	P_{sk}^{ref}	U_{dk}^{ref}	Q_{sk}^{ref}	U_{si}^{ref}
58	0.001 + j0.083		0.5960	0	
59	0.0015 + j0.20	−0.5		0	
60	0.003 + j0.25	−0.4		−0.1	
61	0.003 + j0.25	−0.6		−0.48	
62	0.003 + j0.175	−0.5			0.99

表 4-23　七端直流网络线路参数

编　　号	起始节点	终止节点	线路电阻（pu）
1	58	63	0.00375
2	58	64	0.001875
3	59	60	0.005625
4	59	61	0.005625
5	60	64	0.00375
6	61	64	0.005625
7	62	63	0.005625

采用本节算法进行计算，迭代初值按照前述方法选取。运行 0.3973s，迭代 3 次得到最终结果，且潮流结果合理，其中，直流电网详细潮流分布如图 4-23 所示。将算法结果与文献［27］采用交替算法计算得到的潮流结果进行比较，如表 4-24 所示，二者结果基本一致。模拟文献［27］中算法进行计算，计算该算例运行 0.5068s，经过 4 次全局迭代，且每次全局迭代中，交流电网迭代 3 次，直流电网迭代 2 次。相较之下，本算法在计算效率上占优。

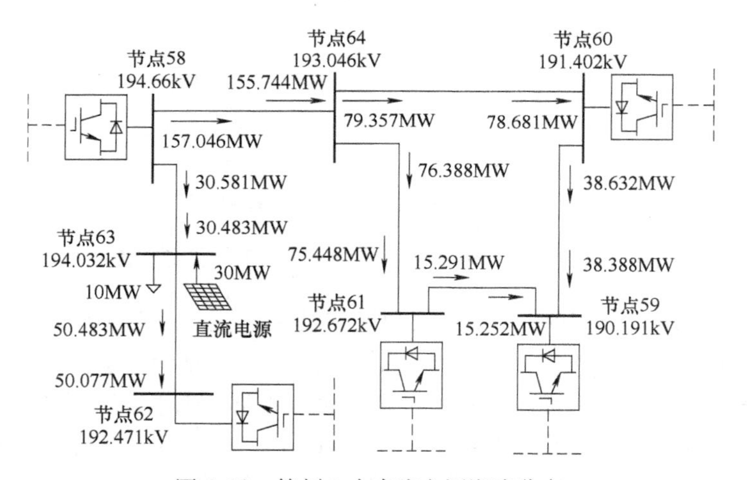

图 4-23　算例 1 中直流电网潮流分布

表 4-24　统一算法与交替算法的算例结果对比

变　　量	节点号	统一法结果	交替法结果
U_{si}（pu）	17	1.0602	1.0602
δ_{si}（pu）	17	-0.0294	-0.0293
U_{ck}（pu）	61	1.1834	1.1834
δ_{ck}（pu）	58	-0.1459	-0.1464
U_{dk}/kV	59	190.19	190.24

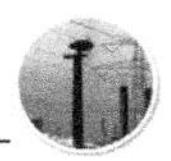

2. 算例情景 2

在算例 1 的基础上，对 IEEE 57 节点系统再次进行修改：在节点 4 及节点 6 处设置换流站，节点 4、节点 5 与节点 6 相互间的交流线路变为直流线路，新加入直流节点分别编号 65、66，且原系统中节点 6 处负荷改至直流节点 66 处，构成了含有两个直流网络的交直流电网，具体结构如图 4-24 所示。

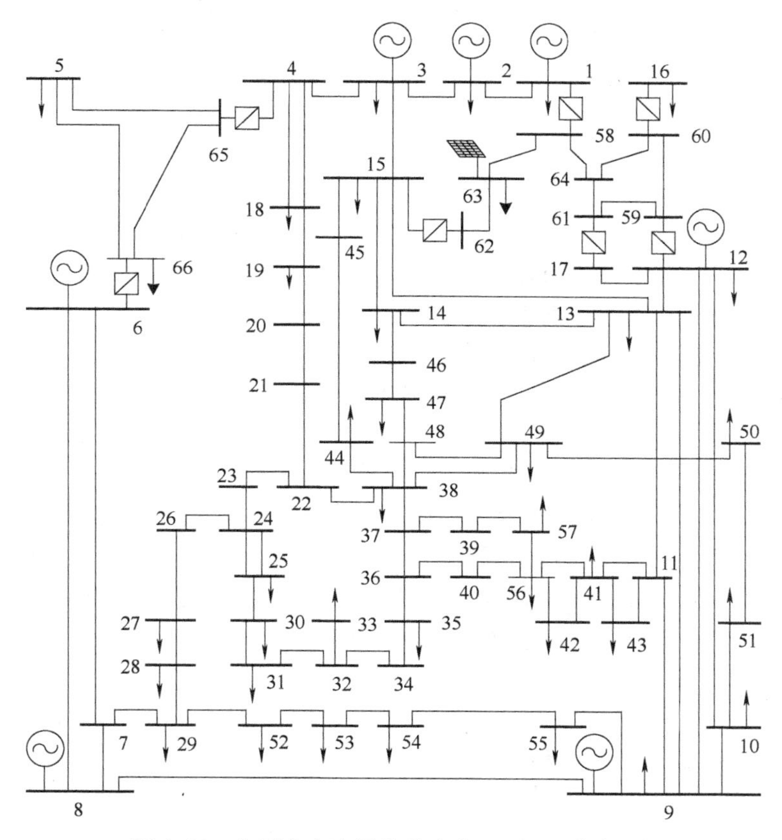

图 4-24　含两个直流网络的改进 IEEE 57 节点系统

换流站中 VSC 均使用 MMC 结构。节点 4 处换流站控制方式定直流电压值和交流侧无功功率：$U_{dk}^{ref}=0.6\text{pu}$，$Q_{sk}^{ref}=-0.085\text{pu}$，换流站阻抗值为 0.001125 + j0.0345pu；节点 6 处换流站控制方式定交流侧有功功率和无功功率：$P_{sk}^{ref}=0.65\text{pu}$，$Q_{sk}^{ref}=0.06\text{pu}$，换流站阻抗值为 0.001125 + j0.04875pu；节点 5 与节点 65、节点 5 与节点 66 及节点 65 与节点 66 间的直流线路阻抗分别为 0.0075pu、0.005625pu 及 0.005625pu。收敛条件为功率不平衡量小于 1.0×10^{-4}，采用本算法对该含有两个直流电网的交直流电网进行计算。迭代 5 次得到潮流结果，交流电网和直流电网的电压、电流和功率均处于合理范围内，图 4-25 为新嵌入的三端直

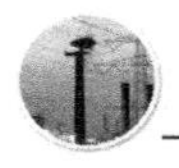

流网络潮流结果，说明本算法对含有多个直流网络的交直流电网仍然有效。

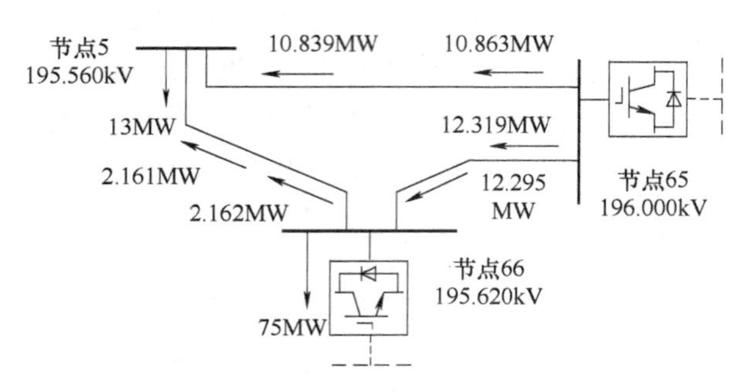

图 4-25　算例 2 中三端直流网络潮流分布

4.5.5　小结

本节提出了一种以节点电压为状态变量的交直流电网潮流算法，并通过算例验证了所提方法的有效性，主要结论如下：

1）在交直流电网的潮流计算中，以交流网络和直流网络的节点电压为状态变量，可消除换流站相关变量导致的统一潮流算法复杂性，实现交直流电网有机关联；

2）根据不同控制方式和换流站处功率平衡对直流输电的中间变量进行等效计算，建立直流网络及换流站的等效修正模型，使算法统一且有固定的规律；

3）在交流电网占主导的情况下，交直流电网的修正方程组仍维持稀疏对称的雅可比矩阵结构，能够实现传统方法和稀疏技术的继承与兼容，解决修正方程组阶数较高的问题，提高交直流电网潮流的计算效率。

4.6　结论

由于潮流计算是比较传统的研究领域，有较成熟的理论体系。本章在这些成果的基础上，没有对潮流理论体系进行完整的总结，只是着重就交流潮流、交直流潮流、柔性交直流潮流的模型和算法，结合本书作者团队研究的阶段性进展，给出不同情景下 4 种改进的模型和算法的详尽阐述，这些对推进潮流计算与分析的实用化有着积极的作用。

第5章

静态安全约束的优化潮流问题

5.1 引言

潮流是一个广义的概念，涉及我们身边的方方面面。如，运输流问题（交通、自来水流、煤气等，都属于运输流问题）；网络流问题（是一类运输流问题提升的理论问题，图理论中有一个很重要的方向就是网络流理论，最短路径最大流问题，最小费用最大流问题）。电力网络的最优潮流于1962年由法国学者Carpentier提出，类似于网络流问题，但由于同时要满足KCL和KVL，所以与网络流又有本质区别，是电网分析中重要的一部分内容，如今最优潮流概念已非常广泛地用于电力系统分析，已超越电网物理流的概念。电的网流具有自动优化的功能（欧姆定律）。设想电源、负荷、网络给定方式下，无论是交流还是直流电，形成发电与负荷、损耗平衡的过程是自动的，而且是损耗最小的。顾名思义，最优潮流（OPF）就是一种潮流，广义地讲就是研究控制变量和状态变量间满足一种意愿（平衡需求，追求某一指标）的一种潮流。狭义的OPF就是网络结构不变的情况；广义的OPF就是计及网络结构变化的情况；OPF也有时间无关联（静态OPF）和时间有关联（动态OPF）等两个方面，与微分或积分式调度相接轨。

优化潮流已有很长时间的研究历史，本章围绕这个主题，只探讨如下三个以优化潮流为核心的问题，主要体现在：

1）以满足输电元件最大允许长期载流约束为前提，所谓电网可用输电能力（ATC）就是在给定系统运行模式（发电、网络结构、负荷）下，在允许的约束集内，对指定源、受点集合（点或区域）间在现存运行状态基础上，还能够传输的最大功率。这是安全经济调度的基础。本章在确定的系统状态下，分别给出了针对简化直流潮流和交流潮流下的可用输电能力计算方法[28]。

2）就静态安全经济调度问题，即计及静态安全约束的优化潮流（Static Security Constrained Optimal Power Flow，SCOPF）也称计及静态安全约束的经济调度（Static Security Constrained Economic Dispatch，SCED）问题，给出了具有校正控制的安全约束的优化潮流（Corrective Security Constrained Optimal Power Flow，CSCOPF）的奔德斯分解优化方法。

3）在此基础上，在机组启停状态给定情景下，基于超短期负荷预测，给出了考虑机组输出功率速率约束下的动态安全经济调度（Dynamic Security Constrained Economic Dispatch，DSCED）的优化方法。

本章给出的问题是解决超前调度、静态安全分析与决策的基础。

5.2 可用输电能力的计算

5.2.1 直流潮流下的 ATC 计算方法

本节以简化直流潮流为基础给出输电元件热载荷约束下的 ATC 计算方法，形成了一系列适应系统输电能力快速分析要求的实用计算方法。

5.2.1.1 基于分布因子的直接计算方法

基于直流潮流下分布因子的计算方法，在仅考虑输电元件热载荷约束下，使输电能力的计算快捷且鲁棒性好，能很好地满足在线计算的速度要求。由于该方法在某些情况下显得准确度相对较低，由此本节在假设电网电压近似保持不变的情况下，对输电元件有功热载荷限值在考虑无功潮流后进行修正，在保持原有方法计算速度优势的同时，又显著地提高了计算准确度，从而更加适合大电力系统输电能力快速计算的需求。

1. 元件有功热载荷限值的修正

支路（包括输电线路和变压器支路）模型 π 形等效电路如图 5-1 所示（本节以下同）。图中，$p_{jk}+\mathrm{j}q_{jk}$、$p_{kj}+\mathrm{j}q_{kj}$分别为节点 j、k 两侧有功、无功功率；$g_{jk}-\mathrm{j}b_{jk}$（阻抗的倒数）为支路 j-k 串联导纳；$\mathrm{j}c_{j0}$和 $\mathrm{j}c_{k0}$为支路两侧对地等效电纳，对输电线路有 $c_{j0}=c_{k0}$；对变压器支路仅考虑其绕组电阻和漏抗，非标准电压比近似为 1。

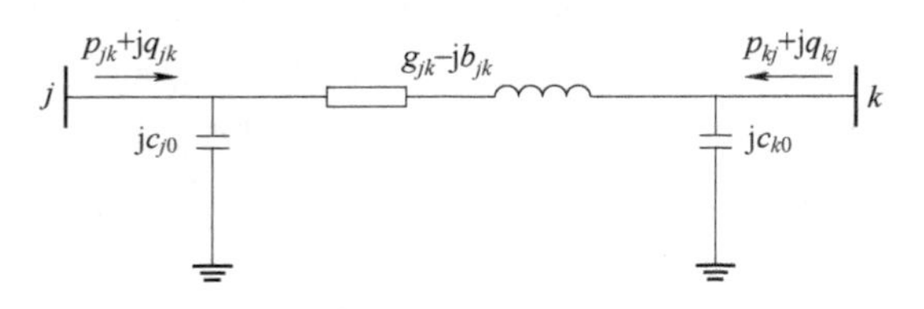

图 5-1 支路模型 π 形等效电路

根据电工原理可得支路有功和无功功率的表达式，由节点 j 至 k 方向为

$$p_{jk}=v_j^2 g_{jk}-v_j v_k(g_{jk}\cos\theta_{jk}-b_{jk}\sin\theta_{jk}) \tag{5-1}$$

$$q_{jk}=v_j^2(b_{jk}-c_{j0})-v_j v_k(g_{jk}\sin\theta_{jk}+b_{jk}\cos\theta_{jk}) \tag{5-2}$$

由节点 k 至 j 方向为

$$p_{kj}=v_k^2 g_{jk}-v_k v_j(g_{jk}\cos\theta_{kj}-b_{jk}\sin\theta_{kj}) \tag{5-3}$$

$$q_{kj}=v_k^2(b_{jk}-c_{k0})-v_k v_j(g_{jk}\sin\theta_{kj}+b_{jk}\cos\theta_{kj}) \tag{5-4}$$

式中 v_j、v_k——节点 j 和 k 电压的幅值；

θ_j、θ_k——节点 j 和节点 k 的相位角，$\theta_{jk}=\theta_j-\theta_k$。

将式（5-1）和式（5-2）移项后两边分别二次方相加有

$$(p_{jk}-v_j^2g_{jk})^2+[q_{jk}-v_j^2(b_{jk}-c_{j0})]^2=v_j^2v_k^2(g_{jk}^2+b_{jk}^2) \tag{5-5}$$

同理，式（5-3）和式（5-4）两边移项后分别二次方相加有

$$(p_{kj}-v_k^2g_{jk})^2+[q_{kj}-v_k^2(b_{jk}-c_{k0})]^2=v_j^2v_k^2(g_{jk}^2+b_{jk}^2) \tag{5-6}$$

式（5-5）和式（5-6）表示的是两个圆的方程，圆心分别为（p_{jk*}，q_{jk*}），（p_{kj*}，q_{kj*}），其中

$$p_{jk*}=v_j^2g_{jk},\ q_{jk*}=v_j^2(b_{jk}-c_{j0}) \tag{5-7}$$

$$p_{kj*}=v_k^2g_{jk},\ q_{kj*}=v_k^2(b_{jk}-c_{k0}) \tag{5-8}$$

这两个圆的半径是相同的，都为 $s_{jkR}=v_jv_k\sqrt{g_{jk}^2+b_{jk}^2}$。当 $v_j=v_k$ 时，两个圆的圆心相同；若 $v_j\neq v_k$，视支路两端节点电压不等的程度，圆心的差异程度不同。将圆心和半径的表达式代入式（5-5）和式（5-6）得

$$(p_{jk}-p_{jk*})^2+(q_{jk}-q_{jk*})^2=s_{jkR}^2 \tag{5-9}$$

$$(p_{kj}-p_{kj*})^2+(q_{kj}-q_{kj*})^2=s_{kjR}^2 \tag{5-10}$$

式（5-9）和式（5-10）是输电元件实际运行的功率圆表达式，不管功率传输如何变化，元件上有功和无功功率必须满足此运行功率圆，即始终取此圆上的点。同时，输电元件有功功率和无功功率还应在其热载荷容量制约的功率圆内，即

$$p_{jk}^2+q_{jk}^2=(s_{jk}^{\max})^2 \tag{5-11}$$

$$p_{kj}^2+q_{kj}^2=(s_{jk}^{\max})^2 \tag{5-12}$$

式中　$s_{jk}^{\max}$——元件的最大热载荷容量，MV · A。

式（5-9）和式（5-11）所示两圆的交点即为使 p_{jk} 达到最大值的点，也即输电元件的有功热载荷限值。因此由这两式联立求解，经整理后可得

$$q_{jk}=Bp_{jk}+C \tag{5-13}$$

$$ap_{jk}^2+bp_{jk}+c=0 \tag{5-14}$$

其中

$$B=-\frac{p_{jk*}}{q_{jk*}},\ C=\frac{1}{2q_{jk*}}[(s_{jk}^{\max})^2+p_{jk*}^2+q_{jk*}^2-s_{jkR}^2] \tag{5-15}$$

$$a=1+B^2,\ b=2BC,\ c=C^2-(s_{jk}^{\max})^2 \tag{5-16}$$

同理，由式（5-10）和式（5-12）联合整理可得

$$q_{kj}=Bp_{kj}+C \tag{5-17}$$

$$ap_{kj}^2+bp_{kj}+c=0 \tag{5-18}$$

其中

$$B=-\frac{p_{kj*}}{q_{kj*}},\ C=\frac{1}{2q_{kj*}}[(s_{jk}^{\max})^2+p_{kj*}^2+q_{kj*}^2-s_{kjR}^2] \tag{5-19}$$

$$a=1+B^2,\ b=2BC,\ c=C^2-(s_{jk}^{\max})^2 \tag{5-20}$$

分别解由式（5-13）、式（5-14）和式（5-17）、式（5-18）构成的方程组，

就可以确定针对给定电压下的支路有功功率的限值。当两端电压不同时，输电元件有功功率限值应取小者。

基于直流潮流分布因子的方法直接以 $s_{jk}^{\max}$ 为参考给出输电元件有功热载荷限值，而本方法则以考虑无功修正后的输电元件有功限值取代之，相对以往近似给定有较好的准确度。

2. 直流潮流

当电网各处电压水平保持在额定值附近时，针对高压和超高压电网，输电元件的支路潮流模型可描述为如下形式

$$p_{jk} = \frac{\theta_j - \theta_k}{x_{jk}} \tag{5-21}$$

每一节点的功率注入（流向节点为正、离开节点为负）相当于理想电流源，由此将支路有功流看作电流，将支路电抗看作电阻，将节点相位角看作直流电压，直流潮流分析便归结为一般直流电路的分析，线性电路的原理可以直接使用，简单、快捷，而且便于形成用线性规划求解的优化模型，适应高压电网输电能力的快速分析和决策。

建立节点方程要设置参考节点，对含有 N 个节点的电网，节点方程的阶数是 $N-1$，方程的一般形式可表示为

$$\boldsymbol{B\theta} = \boldsymbol{p} \tag{5-22a}$$

也可以表示为

$$\boldsymbol{Xp} = \boldsymbol{\theta} \tag{5-22b}$$

式中，$\boldsymbol{B}$ 为划去参考点的 $N-1$ 阶导纳阵（就是纯电纳阵）；$\boldsymbol{\theta}$ 为参考点电位为 0 的各节点电压相位角列向量；$\boldsymbol{p}$ 为不包括参考点的各节点有功注入列向量；$\boldsymbol{X}=\boldsymbol{B}^{-1}$，称为节点阻抗阵（纯电抗阵），由于 $\boldsymbol{B}$ 是稀疏矩阵，一般方程表示成式（5-22）的形式，需要时通过稀疏技术求解。

由式（5-22）可将式（5-21）改写成

$$\boldsymbol{p}_{jk} = \frac{1}{\boldsymbol{x}_{jk}}\boldsymbol{a}^{(j,k)}\boldsymbol{B}^{-1}\boldsymbol{p} \tag{5-23}$$

式中，$\boldsymbol{a}^{(j,k)}$ 为对应 jk 的支路节点关联行向量，该向量仅在第 j 位置为 1，在第 k 位置为 -1，其余位置元素均为 0。式（5-23）是基于直流潮流推导各种分布因子的基础。

3. 各种分布因子的定义和计算

（1）发电转移因子（GSF）

GSF 可以描述为

$$a_{jk,i} = \frac{\Delta p_{jk}}{\Delta p_i} \tag{5-24}$$

式中　Δp_{jk}——第 jk 支路在节点 i 发电功率变化为 Δp_i 时支路潮流的变化。

根据定义式（5-24），令式（5-23）中的向量 $\boldsymbol{p}$ 仅在第 i 个位置为1，其余为0，则

$$a_{jk,i}=\frac{1}{x_{jk}}(X_{ji}-X_{ki}) \tag{5-25}$$

式中　X_{ji}、X_{ki}——节点电抗阵中 i 行（或列）的第 j 和第 k 个元素。

当第 i 节点发电机由输出功率为 p_i^0 转为开断时，则有

$$\Delta p_i=-p_i^0 \tag{5-26}$$

根据式（5-24），支路 jk 由原来的支路潮流 p_{jk}^0 变为发电机开断后的 p'_{jk}，可表示为

$$p'_{jk}=p_{jk}^0+a_{jk,i}\Delta p_i \tag{5-27}$$

式中，发电机开断引起支路潮流变化的同时，第 i 节点发电机组的输出功率 p_i^0 应转移到其他发电机组上，式（5-27）表示这一功率完全转移到平衡节点。若其他发电机组承担此转移的分摊系数为 γ_{mi} 时，则式（5-27）可以改写为

$$p'_{jk}=p_{jk}^0+a_{jk,i}\Delta p_i-\sum_{m\neq i}(a_{jk,m}\gamma_{mi}\Delta p_i) \tag{5-28}$$

依据机组可调节能力或经济调度计算该分摊系数。

（2）线路开断分布因子（LODF）

LODF 可以定义为

$$d_{jk,mn}=\frac{\Delta p_{jk}}{p_{mn}^0} \tag{5-29}$$

式中　mn——由节点 m 到节点 n 的开断支路；

p_{mn}^0——该支路开断前的潮流。

根据式（5-29）的定义，线路开断分布因子可以通过如下等效注入法求出。

支路 mn 开断等效注入表示为

$$\Delta p_m=p_{mn}^0+\Delta p_{mn} \tag{5-30}$$

$$\Delta p_n=p_{nm}^0+\Delta p_{nm} \tag{5-31}$$

式中　Δp_m 和 Δp_n——节点等效注入；

Δp_{mn}和 Δp_{nm}——节点注入引起支路潮流的变化。

由此支路电压变化为

$$\Delta\theta_{mn}=\mathrm{X}_{mn,m}\Delta p_m+\mathrm{X}_{mn,n}\Delta p_n \tag{5-32}$$

$$\Delta\theta_{nm}=\mathrm{X}_{nm,m}\Delta p_m+\mathrm{X}_{nm,n}\Delta p_n \tag{5-33}$$

式中　$\mathrm{X}_{mn,m}$——仅在 m 节点注入单位电流引起支路电压变化的贡献系数，该系数来自节点电抗阵的相关元素。

同时，支路潮流变化可以表示为

$$\Delta p_{mn}=\frac{\Delta\theta_{mn}}{x_{mn}} \tag{5-34}$$

$$\Delta p_{nm}=\frac{\Delta\theta_{nm}}{x_{mn}} \tag{5-35}$$

将式（5-32）和式（5-33）分别代入式（5-34）和式（5-35）得

$$\begin{bmatrix}\Delta p_{mn}\\ \Delta p_{nm}\end{bmatrix}=\begin{bmatrix}\dfrac{X_{mn,m}}{x_{mn}} & \dfrac{X_{mn,n}}{x_{mn}}\\ \dfrac{X_{nm,m}}{x_{mn}} & \dfrac{X_{nm,n}}{x_{mn}}\end{bmatrix}\begin{bmatrix}\Delta p_m\\ \Delta p_n\end{bmatrix} \tag{5-36}$$

结合式（5-30）和式（5-31），有

$$\begin{bmatrix}\Delta p_m\\ \Delta p_n\end{bmatrix}=\begin{bmatrix}\dfrac{1-X_{mn,m}}{x_{mn}} & -\dfrac{X_{mn,n}}{x_{mn}}\\ -\dfrac{X_{nm,m}}{x_{mn}} & \dfrac{1-X_{nm,n}}{x_{mn}}\end{bmatrix}^{-1}\begin{bmatrix}p_{mn}^0\\ p_{nm}^0\end{bmatrix} \tag{5-37}$$

由式（5-37）等效注入代入式（5-22）可求出各节点的电压变化，从而求出支路潮流的变化，与开断前迭加即可求出开断后各支路潮流的值，同时根据式（5-29）可以求出 LODF。本节在 ATC 计算时未涉及 LODF，因多支路同时开断，LODF 求取麻烦，且总在变化。

（3）功率传输分布因子（PTDF）

PTDF 可以描述为支路有功潮流变化对节点功率注入变化的灵敏度，即

$$t_{jk,(S\to R)}=\frac{\Delta p_{jk}}{\Delta p_S}=-\frac{\Delta p_{jk}}{\Delta p_R} \tag{5-38}$$

式中 S——电力转送源点的集合，该集合各源点发出功率比例系数的和保持为 1；

R——受点的集合，该集合各受点接受功率比例系数的和保持为 -1。

按此构成向量 $\boldsymbol{p}$ 解直流潮流节点功率方程（5-22）后再利用支路功率方程（5-23）求支路潮流变化量，进而可求 PTDF。

4. 最大 ATC 的快速计算

（1）不考虑开断

在求得支路 jk 初始潮流 p_{jk}^0 后，设已知支路 jk 的最大热载荷容量为 $s_{jk}^{\max}$，在给定电压水平下，由本节方法可求得支路 jk 的有功功率限值为 $p_{jk}^{\max}$。按由节点 j 到节点 k 表示支路潮流的正方向，在此背景下，由 PTDF 可得支路 jk 所限定的传输能力为

$$\Delta p_{jk}^{\max}=\begin{cases}\dfrac{p_{jk}^{\max}-p_{jk}^0}{t_{jk,(S\to R)}} & t_{jk,(S\to R)}>0\\ \dfrac{p_{jk}^0-p_{jk}^{\max}}{t_{jk,(S\to R)}} & t_{jk,(S\to R)}<0\end{cases} \tag{5-39}$$

对所有支路应用式（5-39）进行计算，所有支路所限定的传输能力值中的最

小者就是电网在指定条件下的最大 ATC 值，表示为

$$\mathrm{ATC}_{S\rightarrow R}=\min\{\Delta p_{jk}^{\max},jk\in L\} \tag{5-40}$$

（2）考虑开断

在考虑机组开断和线路开断下计算 ATC 主要有两个问题必须解决：一是元件（机组、线路）开断后支路潮流的变化计算，再迭加在原支路潮流上而得到新的 p_{jk}^{0}；二是对原 PTDF 进行开断后的修正，就是在 $S\rightarrow R$ 源（受）点集合基础上应考虑开断引起节点电抗阵结构的变化，进而得到新的 $t_{jk,(S\rightarrow R)}$。上述修正完成后仍用式（5-39）和式（5-40）对 ATC 进行计算，从而达到考虑元件开断的目的。

机组开断只引起支路潮流的变化，而 PTDF 不变；线路开断不仅支路潮流要变化，PTDF 也要变化。本节均采用等效注入原理来解决这两者的问题，适应多条支路同时开断的处理，免去利用 LODF 的繁琐性。

5.2.1.2　基于线性规划的优化计算方法

ATC 基于分布因子的直接计算，原理及算法实现起来简单，计算速度快，但在求 ATC 过程中，由于该方法难以对源（受）点集间的功率分配进行优化，也难以考虑输电控制措施（如移相器）对 ATC 的影响，因而其应用范围受到了限制。一个典型的情况就是，当源（受）点集合中包含不止一个节点时，上述方法需要事先指定各源（受）点功率分配系数，因而对应不同的分配系数就有不同的 ATC 结果。采用最优化方法构建 ATC 计算的优化模型，并借助数学上相应的算法求解可以有效解决上述问题。由此，本节提出一种基于直流潮流的 ATC 线性规划模型，并采用初始点不可行的原对偶内点法进行求解，取得较好效果。

1. 数学模型

在直流潮流基础上，ATC 计算问题可通过构造如下优化模型来解决

$$\max\ 1/2\left[\sum_{i\in\alpha_{\mathrm{s}}}(p_i-p_i^0)+\sum_{j\in\beta_{\mathrm{r}}}(d_j-d_j^0)\right] \tag{5-41}$$

$$\text{s.t.}\quad \boldsymbol{A}_{\mathrm{G}}\boldsymbol{p}-\boldsymbol{A}_{\mathrm{L}}\boldsymbol{f}=\boldsymbol{d} \tag{5-42}$$

$$\boldsymbol{A}_{\mathrm{C}}\boldsymbol{X}\boldsymbol{f}=0 \tag{5-43}$$

$$\boldsymbol{p}^{\min}\leqslant\boldsymbol{p}\leqslant\boldsymbol{p}^{\max} \tag{5-44}$$

$$\boldsymbol{d}^{\min}\leqslant\boldsymbol{d}\leqslant\boldsymbol{d}^{\max} \tag{5-45}$$

$$-\boldsymbol{f}^{\max}\leqslant\boldsymbol{f}\leqslant\boldsymbol{f}^{\max} \tag{5-46}$$

上述目标函数式（5-41）中，α_{s} 为指定源点的集合；β_{r} 为指定受点的集合；p_i、p_i^0 分别为源点 i 注入有功功率及其初始值；d_j、d_j^0 分别为受点 j 接受的有功功率及其初始值。

等式约束式（5-42）和式（5-43）为潮流方程约束，分别对应直流潮流模型下的基尔霍夫电流定律和电压定律。$\boldsymbol{A}_{\mathrm{G}}$ 为节点与机组间的关联矩阵；$\boldsymbol{p}$ 为对应系统各节点机组输出有功功率构成的列向量；$\boldsymbol{A}_{\mathrm{L}}$ 为节点与支路间的关联矩阵；$\boldsymbol{f}$ 为

对应系统输电元件有功潮流构成的列向量；$\boldsymbol{d}$ 为各节点有功负荷构成的列向量；$\boldsymbol{A}_C$ 为电网络独立闭合回路与支路间的关联矩阵；$\boldsymbol{X}$ 为对应系统所有输电元件电抗构成的对角阵。

式（5-44）和式（5-45）为源（受）点注入功率约束，$\boldsymbol{p}^{\min}$ 和 $\boldsymbol{p}^{\max}$ 分别对应源点注入有功功率的最小值和最大值构成的列向量；$\boldsymbol{d}^{\min}$ 和 $\boldsymbol{d}^{\max}$ 分别对应受点接受有功功率最小值和最大值构成的列向量。

式（5-46）为输电元件热载荷约束，$\boldsymbol{f}^{\max}$ 为输电元件热载荷限值构成的列向量。

需要说明的是，上述约束的表达中对非源点集合 α 和非受点集合 β 的节点，在约束式（5-42）、式（5-43）中直接以初始值 p^0 和 d^0 代替 p 和 d，在式（5-44）和式（5-45）中则去掉相应限值约束，这样约束条件仅对应指定源点和受点集合；同时可见，当释放约束式（5-44）和式（5-45），即使其对优化无制约影响时，最大 ATC 仅对输电网络而言。

2. 求解方法

上述模型中决策量为 $p_i(i \in \alpha)$、$d_j(j \in \beta)$ 以及 $\boldsymbol{f}$。除 $\boldsymbol{f}$ 外，其余均为非负量，目标函数是关于决策量的线性函数。由此对支路量经非负处理后，对不等式约束通过引入松弛量可得标准的线性规划模型

$$\min \boldsymbol{c}^{\mathrm{T}} \boldsymbol{x} \mid \boldsymbol{A}\boldsymbol{x} = \boldsymbol{b}, \boldsymbol{x} \geqslant 0 \tag{5-47}$$

由此，本节基于线性规划初始点不可行的原对偶内点法进行求解[29,30]，有关该方法的详细阐述见本章附录 5A。

5.2.1.3 计及移相器控制的 ATC 计算

对给定电力系统而言，其输电元件的参数是固定不变的。在对输电网络没有任何调控手段情况下，电力系统在运行中只能通过发电机组有功功率和无功功率的调控来解决电力系统运行中功率流的控制问题。因此，当电力系统中所有负荷功率及发电机组输出功率确定后，电力系统潮流分布由基尔霍夫电流（KCL）和电压定律（KVL）即可确定。这种潮流分布往往不是技术经济指标最好的，例如电力系统存在的并行流中，由于潮流是按阻抗成反比分布，这样会发生某一输电元件已达到其热载荷限值，而其他输电元件并未充分得到利用的情况。另外，电力系统运营的市场竞争环境使得运行方式更加复杂多变，为尽可能地满足市场参与者各方面的要求，输电网络应该具有自身的调控能力，这无论对拥挤电网的合理利用还是适应市场环境都是有利的。

机械式移相器控制输电线路潮流的技术早在 20 世纪 30 年代就被提出并得到工程实践，在国外得到广泛应用。随着柔性交流输电系统（FACTS）的发展和成熟，统一潮流控制器（UPFC）必将在电网控制中发挥积极的作用。因此，本节仅从控制电网有功功率流（横向控制）的角度，以移相器为例，研究电网具有横向控制

设施下的 ATC 计算方法，并对其在提高系统 ATC 方面的作用进行了分析。

1. 移相器的基本原理

移相器控制输电线路有功潮流的原理如图 5-2 所示，相当于在输电线路上串联一个垂直于输电线路电压的电动势，达到在不改变电压幅值的同时改变输电线路始末端电压相位差的目的，从而实现输电线路有功功率的改变。图 5-3 为相应的输电线路始末端电压相量关系示意图。

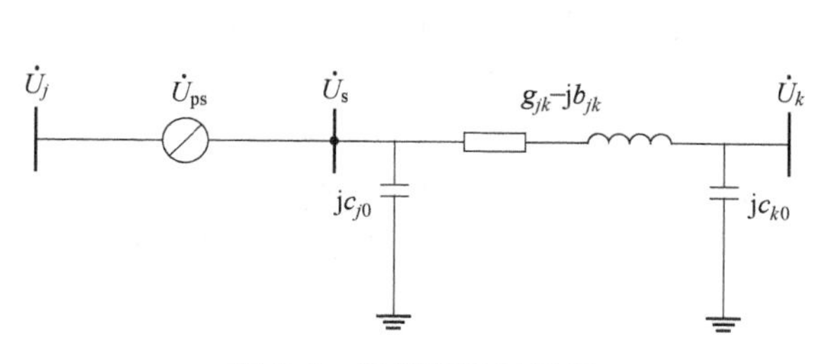

图 5-2 移相器控制原理

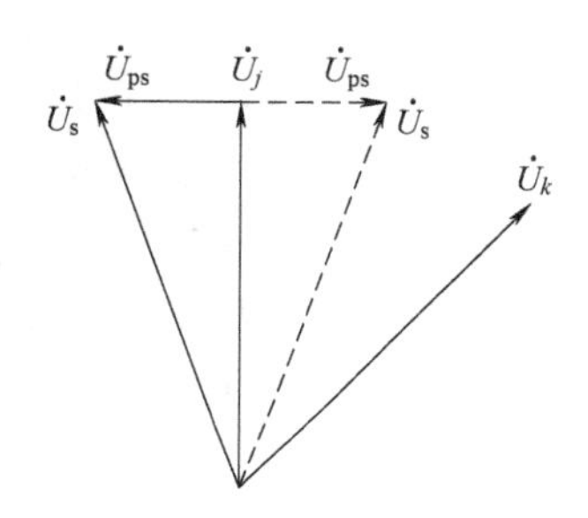

图 5-3 移相器控制的电压相量图

在图 5-2 输电线路 jk 的始端 j 加入移相器，$\dot{U}_{ps}$ 即为移相器的等效串联电压相量，它与 j 端电压相量 $\dot{U}_j$ 垂直，从而使得移相后的电压相量 $\dot{U}_s$ 较 $\dot{U}_j$ 改变了角度 φ，达到了调节线路两端相位差的目的。

2. 考虑移相器时 ATC 优化的修正

由前述可知，移相器改变了输电元件两侧电压的相位，因而其电压比是一个复数，这使得含有移相器的电力网络节点导纳矩阵是不对称的。解决该问题的方法是将移相器看作一般的输电线路，而将移相器效果用其所在支路两端节点分别注入附加功率来表示，移相器的控制方程与潮流计算方程之间采用交替迭代，从而可以计及移相器的作用，并且不改变原潮流解算中的导纳矩阵是对称阵的特性。

本节在这一思想基础上，对移相器引入受控节点 s，如图 5-4 所示。控制节点 j 与 s 之间满足如下约束

$$\underline{\varphi} \leqslant \theta_s - \theta_j \leqslant \overline{\varphi} \tag{5-48}$$

式中 $(\underline{\varphi},\overline{\varphi})$——移相器移相角 φ 允许的上下限值。

由此可采用 5.2.1.2 节所述方法，在移相角 φ 取 $(\underline{\varphi},\overline{\varphi})$ 范围内任意值时进行 ATC 计算，并求得最大 ATC 值及所对应的移相角大小。注意优化过程中要确保从节点 j 而来的移相器功率 S_{ps} 注入节点 s，且 S_{ps} 的大小应满足输电线路热载荷限制约束。

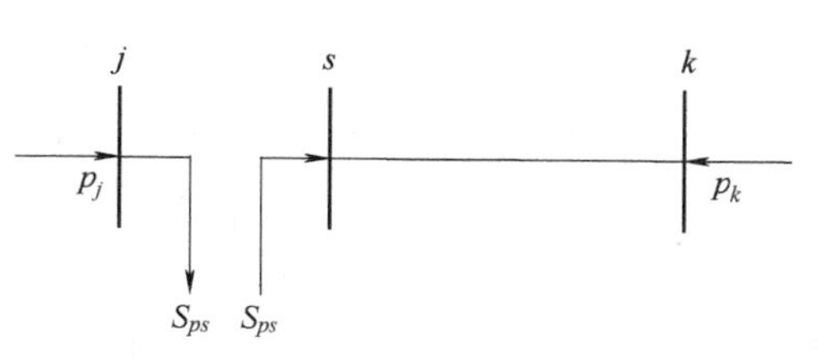

图 5-4 等效移相器模型

5.2.2 交流潮流下的 ATC 计算方法

前述基于简化直流潮流的 ATC 计算方法分析速度快，且当系统有足够的电压、无功支撑能力时，对高压、超高压电网来说有较好的准确度，适宜进行 ATC 的快速分析与决策。然而，由于基于直流潮流类方法难以充分考虑系统电压、无功的影响，因此为获得更为准确的 ATC 计算，采用完整的交流潮流更符合工程实际。

本节在同时考虑源（受）点集间注入功率约束、输电元件热载荷限制约束、节点电压约束以及各类无功资源约束等条件下，研究交流潮流下的 ATC 计算方法，以适应对准确度要求更高的场合。

5.2.2.1 基于反复潮流的直接计算方法

反复潮流法（RPF）的基本思想是以一定的步长逐渐增加受点集的负荷以及源点集的发电机组输出功率，不断进行潮流计算，直到某一约束生效为止，即可求得最大 ATC 值。

1. 数学模型

$$\max \quad \lambda \tag{5-49}$$

$$\text{s.t.}\ p_{Gi} - p_{Li} - v_i \sum_{j \in i} v_j (G_{ij}\cos\theta_{ij} + B_{ij}\sin\theta_{ij}) = 0 \ (i = 1,2,\cdots,N, 且\ i \neq \mathrm{NS}) \tag{5-50}$$

$$q_{Gi} - q_{Li} - v_i \sum_{j \in i} v_j (G_{ij}\sin\theta_{ij} - B_{ij}\cos\theta_{ij}) = 0 \ (i = 1,2,\cdots,N, 且\ i \notin R^m) \tag{5-51}$$

$$v_i^{\min} \leqslant v_i \leqslant v_i^{\max} (i = 1,2,\cdots,N, 且\ i \neq \mathrm{NS}) \tag{5-52}$$

$$-s_{ij}^{\max} \leqslant s_{ij} \leqslant s_{ij}^{\max} (ij \in L) \tag{5-53}$$

$$p_{Gi}^{\min} \leqslant p_{Gi} \leqslant p_{Gi}^{\max} (i \in \alpha_s) \tag{5-54}$$

$$p_{Li}^{\min} \leqslant p_{Li} \leqslant p_{Li}^{\max} (i \in \beta_r) \tag{5-55}$$

$$q_{Ri}^{\min} \leqslant q_{Ri} \leqslant q_{Ri}^{\max} (i \in R^m) \tag{5-56}$$

式中，标量 λ 表征源点发电和受点负荷的增量，$\lambda = 0$ 代表 ATC 为 0（基态潮流状态），$\lambda = \lambda_{\max}$ 代表 ATC 达到最大；p_{Gi} 和 q_{Gi} 为母线 i 的有功和无功发电功率；p_{Li} 和 q_{Li} 为母线 i 的有功和无功负荷功率；v_i 和 v_j 为母线 i、j 的电压幅值；θ_{ij} 为母线 i、j 电压相位差，满足 $\theta_{ij} = \theta_i - \theta_j$；$G_{ij}$ 和 B_{ij} 为节点导纳矩阵元素的实部和虚部；$v_i^{\max}$ 和 $v_i^{\min}$ 为母线 i 电压上下限；s_{ij} 和 $s_{ij}^{\max}$ 为支路潮流以及视在功率限值，$p_{Gi}^{\max}$ 和 $p_{Gi}^{\min}$ 为源点发电机组输出功率上下限，$p_{Li}^{\max}$ 和 $p_{Li}^{\min}$ 为受点负荷功率上下限；q_{Ri} 为电源节点无功功率；$q_{Ri}^{\max}$ 和 $q_{Ri}^{\min}$ 为电源节点无功功率上下限值；N 为系统节点数；NS 为平衡节点号；L 为输电元件数；α_s 为源点集合；β_r 为受点集合；R^m 为无功电源集合。

上述模型中，发电机组所在节点按 PV 处理，源点发电机组有功功率 p_{Gi}、受

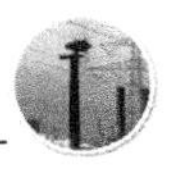

点负荷有功功率 p_{Li} 和无功功率 q_{Li} 与标量 λ 的关系如下

$$p_{Gi} = p_{Gi}^0(1 + \lambda k_{Gi}) \tag{5-57}$$

$$p_{Li} = p_{Li}^0(1 + \lambda k_{Li}) \tag{5-58}$$

$$q_{Li} = q_{Li}^0(1 + \lambda k_{Li}) \tag{5-59}$$

式中　p_{Gi}^0——基态下源点发电机组有功输出功率；

p_{Li}^0 和 q_{Li}^0——基态下受点负荷有功和无功功率；

k_{Gi} 和 k_{Li}——控制发电机组和负荷功率增量大小的比例系数。

由此，在正常系统状态以及 $N-1$ 预想事故状态下，利用 RPF 方法得到的 ATC 值可表示如下

$$\mathrm{ATC} = \sum_{i \in \beta} p_{Di}(\lambda_{\max}) - \sum_{i \in \beta} p_{Di}^0 \tag{5-60}$$

2. 反复潮流 ATC 的计算流程

基于 RPF 方法计算 ATC 时，可按如下步骤进行：

1）给定基态情况（正常或 $N-1$ 预想事故状态）。

2）确定基态下的电力系统潮流（ATC = 0，$\lambda = 0$），并根据式（5-52）~式（5-56）校验约束是否违限；如无，进入步骤3）；否则，认为待求 ATC 值为0，计算结束。

3）根据式（5-57）~式（5-59），以 $\lambda = \lambda + \Delta\lambda$ 增加源（受）点的功率。

4）当 $\Delta\lambda$ 小于某一预先设定的小量 ε 时，转入步骤6）。

5）计算电力系统潮流，并校验约束是否违限；若无，转入步骤3）；否则，$\Delta\lambda$ 减半，转入步骤3）。

6）根据式（5-60）计算 λ 下的 ATC 值，计算结束。

5.2.2.2　基于分解最优潮流的优化计算方法

目前已有的 ATC 计算方法可归为两类：一类是基于潮流理论（如上节的 RPF 和 CPF）的方法，这类方法主要依据电力系统潮流的分布规律来研究 ATC，方法简捷，概念清楚，但在某种程度上缺乏一定的灵活性，如对于多源点和多受点的情况，该类方法难以寻求理论上的最优输电能力，也不能实质性地解决电压、无功对输电能力的影响，往往受人为的干预；另一类是基于最优潮流的方法，将 ATC 问题采用优化模型来描述，并借助于各种有效的优化算法（如序列二次规划、Benders 分解、内点法和各种现代智能类算法等）来加以求解。但该类方法往往过于依赖优化本身而忽视对所研究问题物理规律的利用，从而使问题复杂化。从电力系统的物理本质来看，ATC 贯穿电力网络的是有功功率，伴随有功会产生损耗，包括 ATC 自身引起的损耗以及无功分布引起的损耗；但损耗总量与 ATC 相比是很小的，而损耗可以减小的部分主要取决于无功的分布。

由此，本节将 ATC 计算分成两个子问题：①增量 ATC 预测，将其简化为无损的线性等效电路进行计算；②随着 ATC 的不断变化，建立一定运行模式下损耗最

小的非线性优化模型，以修正无功分布对 ATC 的影响。由此形成两个子问题交替计算的算法，通过合理的步长控制，最终实现与完整优化一样的效果。

1. 理论分析

仍以图 5-1 为例，对变压器支路以 j 侧为标准，其非标准电压比隐含于图中所示参数之中。设源点是节点 j，受点是节点 k，由 j 到 k 在现有潮流基础上的最大有功传输即为要计算的 ATC 值。将式（5-1）和式（5-3）重新写为式（5-61）和式（5-62），可得网络由 j 到 k 和由 k 到 j 的功率为

$$p_{jk}=v_j^2 g_{jk}-v_j v_k(g_{jk}\cos\theta_{jk}-b_{jk}\sin\theta_{jk}) \tag{5-61}$$

$$p_{kj}=v_k^2 g_{jk}-v_k v_j(g_{jk}\cos\theta_{kj}-b_{jk}\sin\theta_{kj}) \tag{5-62}$$

由此可得该网络的平均有功流和损耗流分别为

$$p_{jk(a)}=\frac{p_{jk}-p_{kj}}{2}=\frac{v_j^2-v_k^2}{2}g_{jk}+v_j v_k b_{jk}\sin\theta_{jk} \tag{5-63}$$

$$p_{jk(l)}=p_{jk}+p_{kj}=(v_j^2+v_k^2)g_{jk}-2v_j v_k g_{jk}\cos\theta_{jk} \tag{5-64}$$

式（5-63）和式（5-64）与式（5-61）和式（5-62）之间的关系可以表达为

$$p_{jk}=p_{jk(a)}+\frac{p_{jk(l)}}{2} \tag{5-65}$$

$$p_{kj}=-p_{jk(a)}+\frac{p_{jk(l)}}{2} \tag{5-66}$$

由式（5-65）和式（5-66）可见，优化网络的输电能力，等效于优化平均输电能力以及该能力下的损耗。损耗由两部分组成：①增大有功输电能力带来的损耗；②无功分布引起的损耗。前者不可避免，后者通过无功、电压分布的改善可以尽可能地减少。可见，在输电能力优化中有减少损耗的作用，这样才可使净输电能力增加。

从优化的角度看，节点电压水平高且尽量保持幅值一致是优化的理想条件（电压幅值相等且达到理想条件的上限）。假使这一理想条件能够成立，由式（5-63）和式（5-64）可知，平均输电能力与相位差成单调函数关系（$-\pi/2\leq\theta_{jk}\leq\pi/2$），而损耗 $v_j^2 g_{jk}(1-\cos\theta_{jk})$ 却是输电能力优化无法避免的。

若在某一水平下，不考虑电压幅值变化的影响，或者电压水平变化向理想条件逼近而对输电能力优化产生的影响很小，给予 $\Delta\theta_{jk}$ 增量，则式（5-63）和式（5-64）的增量可近似变为

$$\Delta p_{jk(a)}=(v_j v_k b_{jk}\cos\theta_{jk})\Delta\theta_{jk} \tag{5-67}$$

$$\Delta p_{jk(l)}=2(v_j v_k g_{jk}\sin\theta_{jk})\Delta\theta_{jk} \tag{5-68}$$

式（5-68）表示的是损耗，是无效的输电能力，根据高压电网的特点，在优化输电能力增量时，忽略损耗项不会产生显著影响。而当以平均有功流表征的输电能力增量预测值确定后，构成了一个新的运行模式，对应该模式，实施以损耗最小的优化与上述输电能力最大化趋向一致；且电压水平差异对输电能力的影响，

在运行模式给定的前提下，最小化损耗会自动使其与理想条件下的差距尽可能小。这就是本节最大 ATC 计算方法的基本思想，与其他 ATC 计算方法比较可得如下结论：

1）与完整的 ATC 优化模型相比，本方法为 ATC 增量的预测和校正两个子优化问题的交替求解。在构建预测模型时基于无损的线性流可等效为直流电路模型，因而计算简单快速；在校正环节虽仍采用非线性模型，但约束数目已大为减少，算法执行效率得以提高。

2）与预测-校正的连续型方法相比，本方法由于在 ATC 增量的预测和校正环节均采用优化模型，因而避免了计算结果的保守性，可称之为一种优化的连续型方法。

3）本方法将输电能力分为两个协调的子问题，验证了子问题的目标与输电能力的目标是相一致的，更进一步揭示了输电能力与电压相位之间的关系。

2. ATC 增量的线性规划模型

对于复杂电力网络，由式（5-67）可演绎第 r 次以平均有功增量流表示的 ATC 增量预测模型，即

$$\max \quad 1/2\left[\sum_{j\in S}\Delta p_j^{(r)}+\sum_{k\in R}\Delta d_k^{(r)}\right] \tag{5-69}$$

$$\text{s.t.}\quad \boldsymbol{A}_{\mathrm{G}}\Delta\boldsymbol{p}^{(r)}-\boldsymbol{A}_{\mathrm{L}}\Delta\boldsymbol{P}_f^{(r)}=\Delta\boldsymbol{d}^{(r)} \tag{5-70}$$

$$\boldsymbol{A}_{\mathrm{C}}\boldsymbol{W}^{(r)}\Delta\boldsymbol{p}_f^{(r)}=0 \tag{5-71}$$

$$(\boldsymbol{p}^{\min}-\boldsymbol{p}^{(r-1)})\leqslant\Delta\boldsymbol{p}^{(r)}\leqslant(\boldsymbol{p}^{\max}-\boldsymbol{p}^{(r-1)}) \tag{5-72}$$

$$(\boldsymbol{d}^{\min}-\boldsymbol{d}^{(r-1)})\leqslant\Delta\boldsymbol{d}^{(r)}\leqslant(\boldsymbol{d}^{\max}-\boldsymbol{d}^{(r-1)}) \tag{5-73}$$

$$-(\boldsymbol{p}_f^{\max}-\boldsymbol{p}_f^{(r-1)})\leqslant\Delta\boldsymbol{p}_f^{(r)}\leqslant(\boldsymbol{p}_f^{\max}-\boldsymbol{p}_f^{(r-1)}) \tag{5-74}$$

相比式（5-41）~式（5-46），式（5-69）~式（5-74）是采用增量的形式。目标函数式（5-69）中，$\Delta p_j^{(r)}$ 为源点 j 注入的有功功率增量；$\Delta d_k^{(r)}$ 为受点 k 接受的有功功率增量。该目标函数的最大值即为第 r 次在电压水平给定条件下忽略损耗影响的最大 ATC 增量预测值。

潮流方程约束式（5-70）和式（5-71）中，$\Delta\boldsymbol{p}^{(r)}$、$\Delta\boldsymbol{p}_f^{(r)}$ 和 $\Delta\boldsymbol{d}^{(r)}$ 分别为各源点输出有功功率、各支路有功功率和各受点接受有功功率增量构成的列向量；$\boldsymbol{W}^{(r)}$ 为所有支路微增等效电阻，即 $\dfrac{1}{\boldsymbol{v}_j^{(r-1)}\boldsymbol{v}_k^{(r-1)}b_{jk}\cos\theta_{jk}}$ 构成的对角阵。

式（5-72）和式（5-73）分别为源点注入和受点接受有功功率增量约束，其中 $\boldsymbol{p}^{(r-1)}$ 和 $\boldsymbol{d}^{(r-1)}$ 分别对应第 $r-1$ 次源点和受点注入功率；$\boldsymbol{p}^{\min}$、$\boldsymbol{p}^{\max}$、$\boldsymbol{d}^{\min}$、$\boldsymbol{d}^{\max}$ 含义同式（5-44）和式（5-45）。

式（5-74）为支路热载荷增量约束，$\boldsymbol{p}_f^{\max}$ 为支路有功热载荷限值构成的列向量；$\boldsymbol{p}_f^{(r-1)}$ 为对应支路的第 $r-1$ 次有功潮流列向量。

3. 损耗最小的非线性优化模型

由前文分析可知，减少损耗等效于提高净输电能力。考虑成非线性模型的原

因为：①电压变化与 ATC 是复杂的非线性关系，难以发现其规律；②在增量 ATC 计算中，忽略相位变化引起的损耗又与电压水平构成复杂的非线性关系；③由每次 ATC 增量结果构建的运行模式使全系统的状态都发生变化。

本节构建的损耗最小模型是在增量 ATC 确定的运行模式基础上，以各节点的电压幅值、相角和可调变压器的电压比作为决策变量组，其余所有决策量均可表示为该决策变量组的函数。

以全网的有功网损最小作为目标函数，即

$$\min \quad P_{L_t} = \sum_{j,k \in L_t} - G_{jk}(v_j^2 + v_k^2 - 2v_j v_k \cos\theta_{jk}) \tag{5-75}$$

等式约束主要包含节点有功功率平衡（不含平衡节点）和节点无功功率平衡（不含无功电源节点及平衡节点），可表示如下

$$p_{j,s} - v_j \sum_{k \in j} v_k (G_{jk}\cos\theta_{jk} + B_{jk}\sin\theta_{jk}) = 0 \quad (j = 1,2,\cdots,N,\ 且\ j \neq \mathrm{NS}) \tag{5-76}$$

$$q_{j,s} - v_j \sum_{k \in j} v_k (G_{jk}\sin\theta_{jk} - B_{jk}\cos\theta_{jk}) = 0 \quad (j = 1,2,\cdots,N,\ 且\ j \notin R^m) \tag{5-77}$$

不等式约束条件有各无功电源节点无功功率的上下限约束、节点电压幅值和变压器电压比的上下限约束，分别表示为

$$q_{R_j}^{\min} \leqslant v_j \sum_{k \in j} v_k (G_{jk}\sin\theta_{jk} - B_{jk}\cos\theta_{jk}) \leqslant q_{R_j}^{\max} \quad j \in R^m \tag{5-78}$$

$$v_j^{\min} \leqslant v_j \leqslant v_j^{\max} \quad (j = 1,2,\cdots,N) \tag{5-79}$$

$$b_t^{\min} \leqslant b_t \leqslant b_t^{\max} \quad (t = 1,2,\cdots,\mathrm{NT}) \tag{5-80}$$

式中 G_{jk}、B_{jk}——节点导纳矩阵元素的实部和虚部（含电压比参数的影响）；

θ_{jk}——节点 j 与节点 k 之间的电压相位差；

v_j、v_k——节点 j、k 的电压幅值；

b_t——第 t 个可调变压器的电压比；

$p_{j,s}$、$q_{j,s}$——节点 j 的有功功率和无功功率注入；

$q_{R_j}^{\max}$、$q_{R_j}^{\min}$——节点 j 上无功电源输出无功功率的上、下限；

$v_j^{\max}$、$v_j^{\min}$——节点 j 电压幅值的上、下限；

$b_t^{\max}$、$b_t^{\min}$——电压比 b_t 的上、下限；

L_t——所有输电线路（包括变压器支路）的集合；

R^m——无功电源所在节点的集合，其维数为 m；

N 和 NT——系统节点和可调变压器电压比的总数；

NS——平衡节点号。

4. 算法实现

（1）模型求解

对由式（5-69）~式（5-74）构成的线性规划模型，所求变量为 $\Delta p_j^{(r)}(j \in S)$、$\Delta d_k^{(r)}(k \in R)$ 以及 $\Delta p_f^{(r)}$，采用与 5.2.1.2 节同样的方法进行求解。

对由式（5-75）~式（5-80）构成的非线性优化模型，本节采用直接非线性原对偶内点法进行求解[31]，有关该方法的详细内容见本章附录5B。在此基础上，在由K-K-T（Karush-Kuhn-Tucker）条件构成的非线性方程组的牛顿法求解过程中，结合数值计算规律和该非线性无功优化的特点，使迭代的核心过程为由电力系统状态变量（电压幅值、相角）和等式约束（有功、无功）对应的乘子组成的线性求解结构，该结构类似牛顿法极坐标形式的潮流计算格式，间接地将不等式约束转化到等式约束中，对求解问题的规模及实时性有良好的适应能力[32]。

（2）交替逼近过程

在未进行ATC求解时，系统的初始状态是已知的，本节约定在初始状态所有支路潮流均未越限。在正常状态下支路潮流越限往往是由有功调度方式决定的，若有越限，说明方式不合理，需要调整有功调度方式。这样在进行损耗最小模型求解时不必考虑支路潮流约束，且仅靠无功调节来校正支路潮流限制其作用是微弱的，但在确定支路潮流不越限的条件下，损耗最小不会破坏这一约束，这是由损耗最小的特点决定的。

由于在交替逼近过程中，损耗对ATC有一定的影响，由ATC带来的损耗应归结为由源点来分摊，可将平衡节点指定为源点集合中的一个，也可按参与因子在源点集合中分摊。此外，交替过程中各受点有功和无功负荷的增加按照保持不变的功率因数来进行。

在上述基础上，对系统初始方式首先进行非线性优化求解，可以确定系统的状态。在该状态下建立ATC增量线性规划的预测模型并加以求解，求出的ATC增量应受一定步长的限制，以此修正源点和受点的功率注入，构建系统新的运行模式，进而转入非线性优化对ATC增量予以校正。在交替逼近过程中，最大ATC的确定取决于两种情况：①系统的无功有充足的支撑能力，当ATC增量达到设定的收敛标准时，迭代过程结束；②如果在ATC增量到达上述阈值以前，伴随着ATC总量的不断增加，出现无功支撑能力不足时，则需要减小ATC步长以满足无功支撑能力的要求，直到ATC增量满足收敛标准为止，此时无功支撑能力的不足使潜在的输电能力（热载荷能力）没有得到充分发挥。步长控制、步长选择是本节算法中的一个关键问题，步长选择的有效性体现在如下两个方面：①减少子优化问题交替计算的次数，迅速逼近最优点；②避免在最优点附近因步长不合理而导致算法中的非线性优化反复执行，从而提高算法的效率。

经过对现有方式的非线性优化，进而通过线性规划对增量ATC进行预测，可得ΔATC。如前所述，该增量是在不考虑网损以及电压变化时的值，如果直接使用该增量修正运行模式，可能会出现冒进的结果，造成非线性优化无解或支路潮流的越限，因而需要不断调试该增量，使计算工作量加大。因此，考虑引入步长限制因子α_{sl}，以获得有效ATC增量。

由前所述，ΔATC是以平均有功流$p_{jk(\alpha_{sl})}$来表征的，而实际上，在考虑损耗影响下，图 5-1 中由源点 j 到受点 k 的 ATC 应以 $p_{jk(\alpha_{sl})}-\frac{p_{jk(l)}}{2}$来表征。按本节思想，在预测增量 ATC 过程中，可以比较容易地确定制约 ATC 增量的瓶颈支路，此处称为关键支路。在得到 ATC 增量后，对应关键支路，计及损耗的影响，由式（5-67）和式（5-68）可得步长 γ，如式（5-81）所示。若以此作为步长限制因子 α_{sl}，在支路两端电压水平保持时，恰可对应关键支路首先达到其热载荷限值。当计及电压水平变化等因素时，该步长应乘以小于 1 的系数 β_{sl}（后文算例取 0.9），以确保步长因子 α_{sl}的有效性，如式（5-82）所示。

$$\gamma = 1 - |g_{jk}\tan\theta_{jk}/b_{jk}| \tag{5-81}$$

$$\alpha_{sl} = \beta_{sl}\gamma \tag{5-82}$$

5. 计算流程

本节所述基于分解最优潮流的 ATC 计算方法的流程如图 5-5 所示。图中，s、t、u、v 分别为流程跳转判断条件、子问题交替迭代次数、无功支撑不足时非线性优化的执行次数以及支路功率越限后重新进行非线性校正的次数。

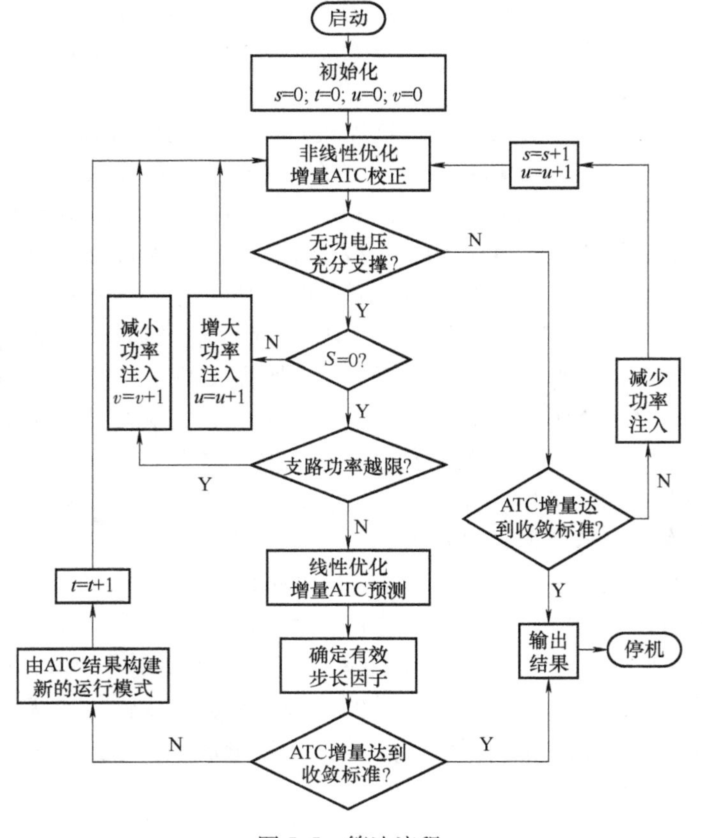

图 5-5　算法流程

5.2.3 算例分析

对本节所述各种 ATC 计算方法，均采用 Fortran 和 C ++ 语言混合编制了详细的计算程序，并针对多个系统进行了测试。以若干典型系统为例，验证本节所述各种计算方法的有效性。

5.2.3.1 直接计算方法的比较

对 5.2.1.1 节和 5.2.2.1 节所述 ATC 直接计算方法约定如下。

1）方法 1：以元件容量作为有功限值的直流潮流分布因子方法。

2）方法 2：考虑无功修正后的直流潮流分布因子方法。

3）方法 3：基于交流 RPF 的方法。

图 5-6 为 3 节点简单电力系统（数据参见本章附录 5C），以此为分析对象，分别按上述三种方法进行所有单一节点对间的 ATC 计算，并比较其计算结果的准确度。

考虑到 ATC 计算的复杂性主要在电力网络约束，而源（受）点功率约束可以很容易地加以考虑。为更有效进行方法的对比，下述计算均只针对网络输电元件热载荷约束进行，假定交流 RPF 方法中节点电压和无功不受制约。表 5-1、表 5-2 分别给出了系统在有载和空载情况下考虑电阻和不考虑电阻时所得 ATC 值及约束支路信息。计算采用标幺制（以下同），基准功率 100MVA，交流 RPF 方法计算准确度取 1.0×10^{-4}。

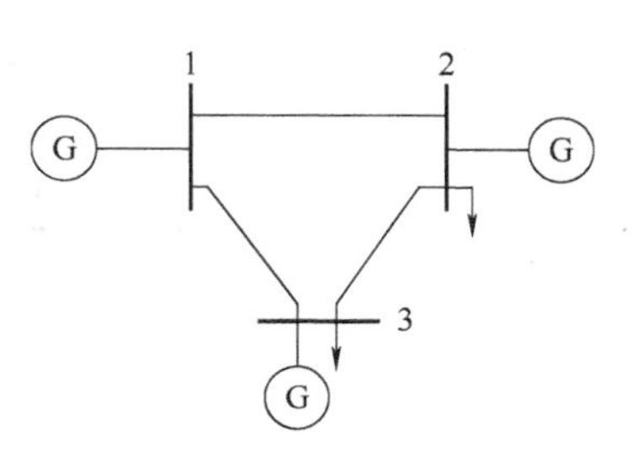

图 5-6 3 节点系统图

表 5-1 有载情况下计算结果比较

类 别	考虑电阻/不考虑电阻					
源（受）点	1→2	2→1	1→3	3→1	2→3	3→2
方法 1	1.290 1.290	1.982 1.982	0.984 0.984	2.431 2.431	1.405 1.405	2.013 2.013
方法 2	1.169 1.206	1.877 1.912	0.892 0.920	2.339 2.367	1.330 1.355	1.938 1.963
方法 3	1.095 1.140	1.837 1.835	0.867 0.898	2.368 2.342	1.327 1.335	1.919 1.923
约束支路	1-3	2-3	1-3	1-3	2-3	2-3

分析表 5-1 和表 5-2 计算结果可得以下结论：

1）方法 2 由于考虑了系统无功的影响，所得输电元件有功限值肯定比方法 1 中采用的元件容量小，因而其计算所得 ATC 值在各种情况下都小于方法 1。以方法

3 所得结果作为精确解，方法 1 在大多数情况下都过高估计了 ATC 值，而方法 2 则减小了直流潮流方法的计算误差。图 5-7 直观显示出了对应表 5-1 中各源（受）点对，方法 1 和方法 2 的计算误差情况，由表 5-2 可得到类似的结果。该图横坐标为计算序号，纵坐标为计算所得 ATC 值。由该图可知，基于直流潮流分布因子方法进行 ATC 计算一般会得出冒进的结果，尤其在缺乏有效电压支撑和无功控制的系统中，误差较大；而考虑无功修正后则可以有效降低线性近似所带来的误差。

表 5-2　空载情况下计算结果比较

类　别	考虑电阻/不考虑电阻					
源（受）点	1→2	2→1	1→3	3→1	2→3	3→2
方法 1	2. 239 2. 239	2. 239 2. 239	1. 708 1. 708	1. 708 1. 708	1. 709 1. 709	1. 709 1. 709
方法 2	2. 065 2. 129	2. 065 2. 129	1. 616 1. 643	1. 616 1. 643	1. 634 1. 659	1. 634 1. 659
方法 3	1. 957 2. 030	2. 102 2. 030	1. 590 1. 621	1. 646 1. 621	1. 629 1. 633	1. 633 1. 633
约束支路	1-3（1-2）	1-3（1-2）	1-3	1-3	2-3	2-3

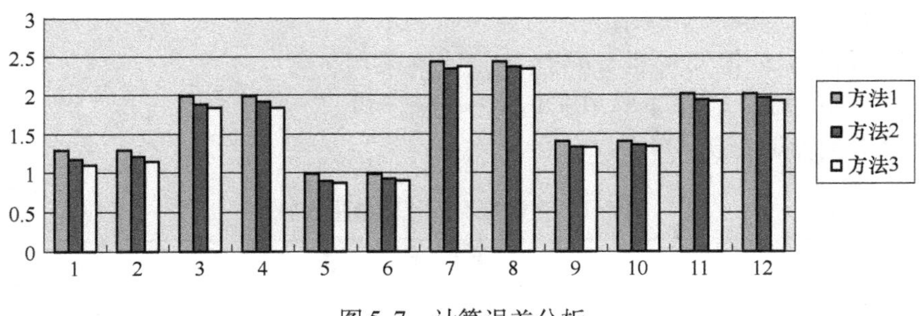

图 5-7　计算误差分析

2）相对不考虑电阻的情况，考虑电阻影响后，方法 1 计算结果保持不变，方法 2 和方法 3 所得 ATC 值大多略有下降，但计算方法本质没变。

3）三种方法计算所得约束支路信息基本一致，只是在空载情况下进行 1-2 和 2-1 间 ATC 计算时，由于方法 2 对各支路元件有功限值的修正程度不一样，导致约束支路由 1-3 变成 1-2。

4）由于受潮流分布的影响，空载和有载情况下同一节点对间的 ATC 值不相同，而且有载情况下 ATC 值并不一定比空载时小。另外，源（受）点互换后的两个 ATC 值也不尽相同，这说明 ATC 计算应考虑方向性。

5. 2. 3. 2　直接计算方法与优化方法的比较

以文献［33］提供的 5 节点系统（图 5-8）为例，同时采用基于直流潮流的直

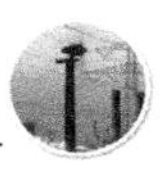

接计算方法以及优化方法进行计算，表 5-3 给出了对应不同源（受）点对下的 ATC 计算结果。

表 5-3　直接方法和优化方法计算结果比较

源受点（功率分配系数）		直接方法	优化方法
4→1		1.1	1.1
5→1		3.8	3.8
4，5→1	4（0.2），5（0.8）	4.122	4.354
	4（0.5），5（0.5）	2.2	
	4（0.6），5（0.4）	1.833	
4→1，3	1（0.3），3（0.7）	1.059	1.1
	1（0.5），3（0.5）	1.066	
	1（0.9），3（0.1）	1.08	

由表 5-3 可见，对应单一源（受）点对的 ATC 计算，应用直接方法和优化方法所得结果一致；而当源和（或）受点集合中包含不止一个节点时，应用直接方法需要事先指定多源（受）点的功率分配系数，且在不同分配系数下会得到不同的 ATC 结果。而优化方法则以 ATC 最大为目标，将注入功率在各源（受）点间进行了最优分配，因而可获得 ATC 的最优值。

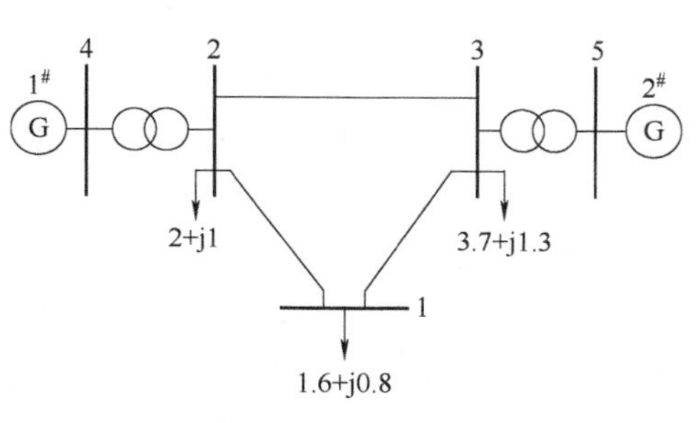

图 5-8　5 节点系统图

5.2.3.3　移相器提高 ATC 的作用分析

本节以本章附录 5D 所示 30 节点系统为例，分析移相器在提高系统 ATC 方面所起的作用。

设待求 ATC 的源点为发电机组节点 1 和节点 2，受点为负荷节点 21，首先在无移相器的情况下进行 ATC 计算，所得 ATC 值为 0.265，对应 ATC 达到时各支路的潮流（支路潮流 1）以及相应的热载荷分布情况如图 5-9 所示。图中，横坐标为各支路元件的编号；纵坐标为对应的潮流及热载荷限值的大小。

由图 5-9 可见，编号为 27 的支路（首末节点 10－21）率先达到其热载荷限值，因而成为制约 ATC 增长的瓶颈元件，而此时网络中其他支路潮流距其热载荷限值都还有一定的空间。考虑在该瓶颈支路（10-21）上配置可控移相器，并重新进行 ATC 计算，所得 ATC 值为 0.394（对应的支路潮流见图 5-9 中支路潮流 2）。安装移相器后，原来的瓶颈支路 10-21 上的潮流得以转移，大多数支路的传输容量得到了进一步的利用，系统 ATC 值也因此有所增加。

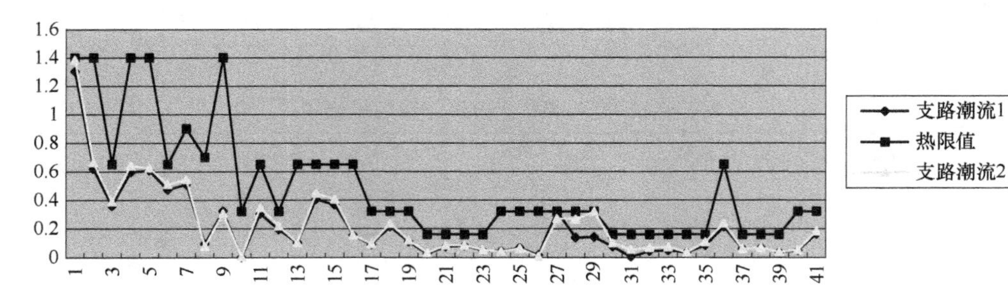

图 5-9　支路潮流和热限值分布

本例分析表明，在输电网络潮流还有较大调节裕度的条件下，利用移相器可调节系统潮流分布，从而使得现有网络的输电容量得以充分利用，是一种提高系统 ATC 值的有效手段。

5.2.3.4　分解最优潮流方法分析

对 5.2.2.2 节所述基于分解最优潮流的 ATC 计算方法，本节分别针对 5、30、118、300 节点系统以及一个实际系统进行了数值计算。计算中设定各节点电压以及可调变压器电压比上下限值取为 1.05pu 和 0.95pu，ATC 增量收敛标准 $\varepsilon = 1.0 \times 10^{-4}$。

（1）步长处理的有效性

以本章附录5D 中 30 节点系统所有发电机节点到负荷节点 ATC 计算为例，采用 5.2.2.2 节所述步长处理方法，经过两次交替迭代，ATC 增量即可达到收敛标准，且迭代过程中无因支路有功越限而需要重新进行非线性校正的情况发生，收敛性能良好。为进一步校验本节步长处理的有效性，将同一问题对应步长限制因子 α_{sl}分别按连续小步长（本节取 0.2）以及 1.0 取值，对应三种情况下的分析结果如表 5-4 所示。其中 t 和 v 含义见 5.2.2.2 节。

表 5-4　不同步长下的 ATC 计算结果

步　长	ATC	t	v	计算耗时/s
0.2	0.5338	20	0	7.431
1.0	0.5338	11	11	7.525
有效步长	0.5338	2	0	1.126

由表 5-4 可见，虽然不同步长下的 ATC 计算结果一致，但各自的收敛性能差别很大。连续小步长处理对应着子问题的反复交替迭代，算法执行效率较低；而步长按 1.0 取值则导致了冒进情况的发生，每一次计算的 ATC 增量使得非线性优化后出现了支路功率越限情况，因而必须缩减步长后重新进行非线性校正，同样加大了计算工作量。由计算耗时可知，本节的步长处理是有效的。需要说明的是，

本例由于系统的无功支撑能力较强，因而各种情况下的 u 均为0，表5-4中未列出。

（2）计算结果及计算速度分析

表5-5给出了30节点系统指定区域间ATC计算的结果。其中，t_{LP}为每次子问题交替迭代过程中ATC增量预测的线性优化平均计算时间；t_{STEP}为非线性优化单步平均计算时间；n_{STEP}为非线性优化平均执行步数；n_{DO}为子问题交迭次数；t_{ATC}为ATC计算总时间。

表5-5 ATC值及计算时间

t_{LP}/s	t_{STEP}/s	n_{STEP}	n_{DO}	t_{ATC}/s	ATC
0.05	0.024	13	3	1.086	0.650

同一问题若采用完整OPF模型，并基于非线性原对偶内点法求解，所得ATC值为0.649，非线性优化迭代需要17步收敛，单步执行平均时间约0.14s，ATC计算总时间为2.36s。可见，应用本节算法所得ATC值和基于完整OPF模型的基本一致，但就计算速度而言，由于本节方法在模型处理上的特点和优势，计算耗时减少，计算效率更高。

（3）对系统规模的适应性

为考察算法对大规模系统的处理能力，针对118、300节点系统以及中国山东省电网2006年夏季方式数据进行了计算，系统规模情况以及相应的计算时间如表5-6所示。

表5-6 系统规模和计算时间分析

算例系统	节点数	支路数	计算平均时间/s
IEEE 118	118	186	15.94
IEEE 300	300	411	50.05
山东电网	547	891	86.56

由表5-6可见，对于离线ATC分析而言，本节算法对网络规模的适应能力、计算的速度都是可以接受的。在进行实际大规模系统的ATC计算时，适当降低计算收敛准确度，可以在不影响ATC计算结果的前提下进一步提高计算收敛速度，因而可更好地满足工程应用需求。该算法已在山东电网输电能力综合评价系统中试用，效果良好。

（4）无功电压对ATC的影响分析

以图5-8所示的5节点系统为例，本例重点分析ATC受无功电压影响的情况，并给出相应的提高能力的措施。

设节点5为源点，节点2为受点，分别在不同的电压上下限范围内进行ATC

计算，结果如表 5-7 所示。

表 5-7　不同电压水平下的 ATC 计算结果

电压限值	ATC	系统网损	起作用的约束
[0.95，1.05]	3.159	0.541	支路 2-3 热载荷
[0.95，1.07]	3.182	0.518	支路 2-3 热载荷
[0.98，1.05]	3.131	0.533	节点 1 电压

表 5-7 中，电压范围取（0.95～1.05）时（表中第一行所示），在 ATC 增加过程中，系统的无功支撑能力始终可以确保各节点电压在容许范围内，系统 ATC 值受限于支路元件热载荷约束。提高电压约束上限（表中第二行所示）后，一方面，由于电压容许空间的增大，系统的无功优化负担得以降低，继续保持充足的无功支撑能力；另一方面，网损随全网电压水平的提高而减小，其减小的部分正对应着 ATC 值的增加，表中第一、二两行数据有效验证了此点。

在初始电压范围基础上提高电压约束下限（表中第三行所示），此时由于电压容许范围缩小，在有功 ATC 收敛标准达到前，尽管无功功率的分布已经充分利用了电压约束的上下限所容许的空间，但仍然不能满足功率传输进一步增长的要求，因此出现了系统无功支撑能力限制 ATC 增长的情况。

由上述分析可知，系统功率传输能否达到元件热载荷限值受无功支撑能力的影响。本例中节点 1 所需无功负荷较多地经由网络传输，这是造成系统电压质量下降的主要因素。因此，考虑在节点 1 增设与支路 1-3 对地容纳同样大小的无功电源，在电压范围取（0.98～1.05）时重新进行计算，所得 ATC 值提高为 3.169，系统网损降为 0.530。可见，随着无功支撑能力的增强，系统运行在更高的电压水平上，有功传输通道更加畅通，潜在的输电能力得以发挥。

5.2.4　小结

本节在确定的系统状态下，分别基于简化直流潮流和交流潮流进行 ATC 计算方法的深入研究，形成了适应不同计算需求的系列 ATC 计算方法。研究成果既可以独立用于系统 ATC 计算，同时也为 ATC 分析与决策奠定了基础。具体可总结如下：

1）计及无功潮流影响对输电元件有功热载荷限值进行修正，并基于直流潮流分布因子进行 ATC 计算，既可以保持直流潮流方法的计算速度优势，同时有效降低了计算误差。在电压水平较高的高压和超高压电网输电能力在线分析时，应用该方法可取得较好效果。

2）基于交流潮流的 RPF 方法可以全面考虑系统有功、无功等各种约束影响，计算结果较为准确，且算法原理简单、可操作性强，因而是实际系统分析时较为常用的一种方法。

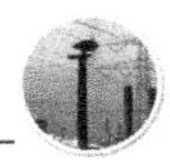

3）基于OPF模型的ATC计算方法解决了直接计算方法难以对功率分配进行优化的问题，同时可有效考虑如移相器等各种控制措施的影响。基于直流潮流构造线性规划模型，并采用原对偶内点法进行系统ATC求解，在计算问题的规模以及解算速度上均有良好的适应性。

4）将ATC问题物理规律同优化手段有机结合，提出一种基于分解最优潮流的ATC优化计算方法。该方法充分利用输电能力与电压相位角间的关系，以及能力最大与网损最小目标的一致性，构造线性规划模型进行ATC增量预测，并采用非线性无功优化模型对之进行校正，二者交替求解可达到与完整优化一样的计算准确度，且算法执行效率更高。

5）在静态安全约束下，系统ATC值主要受节点电压约束和线路热载荷约束的制约。对于由节点电压约束制约ATC容量的问题，可以考虑在受点区域增加无功电源的容量和配置无功补偿装置等，使无功尽量就地平衡。对于由线路热载荷约束制约ATC容量的问题，在不架设新的输电线路的情况下，从网络调控的角度配置可控移相器等FACTS装置是一种较好的选择。

5.3 计及校正控制的安全约束最优潮流的奔德斯分解算法

5.3.1 问题的数学描述

本节基于直流潮流，计及正常状态与预想事件状态下的发电与负荷平衡、正常状态与预想事件状态的牵连以及各状态下静态安全等各类约束，以电网运行成本最小为目标，建立CSCOPF数学模型[34]。

（1）目标

假设发电机组成本特性是线性的（非线性特性可通过分段来处理，如下描述中不考虑无负荷成本），目标函数可表述为

$$f = \min \sum_{i \in N_g} \alpha_g P_{g(0)} \tag{5-83}$$

式中 N_g——发电机组集合；

α_g——第g发电机组的成本特性系数；

$P_{g(0)}$——在正常状态下且满足预想事件要求的第g台发电机组的输出功率。

（2）正常事件与预想事件对应的约束

正常事件和预想事件状态下的等式与不等式约束可统一描述为

$$\sum_{i \in N_g} \boldsymbol{P}_{g(k)} - \sum_{i \in N_L} \boldsymbol{P}_{mg} = 0 \tag{5-84}$$

$$\boldsymbol{T}_{m(k)} = \boldsymbol{M}_{(k)}(\boldsymbol{P}_{g(k)} - \boldsymbol{P}_L) \tag{5-85}$$

$$|\boldsymbol{T}_{m(k)}| \leqslant \boldsymbol{T}_m^{\max} \tag{5-86}$$

$$\boldsymbol{P}_g^{\min} \leqslant \boldsymbol{P}_{g(k)} \leqslant \boldsymbol{P}_g^{\max} \tag{5-87}$$

式中，NC为考虑的事件集合，$k \in \text{NC}$，$k=0$表示正常事件，$k \neq 0$表示预想事件；

式（5-84）为各事件下发电与负荷的平衡；式（5-85）、式（5-86）表示各事件下输电元件有功功率传输能力约束；式（5-87）为各事件下发电机组有功输出功率限制约束；$\boldsymbol{T}_{\mathrm{m}(k)}$ 为输电元件有功功率传输矢量；$\boldsymbol{M}_{(k)}$ 为节点注入的有功功率和输电元件传输的有功功率间的关联矩阵；$\boldsymbol{P}_{g(k)}$ 为发电机组有功功率输出矢量；$\boldsymbol{P}_L$ 为电网负荷节点有功功率矢量；$\boldsymbol{P}_g^{\max}$、$\boldsymbol{P}_g^{\min}$ 为发电机组有功功率输出上下限矢量；$\boldsymbol{T}_m^{\max}$ 为输电元件有功功率传输限值矢量。

（3）正常事件与预想事件间的牵连

预想事件一旦发生，正常事件状态对应的决策必须调整，二者间必然存在关联。

$$|\boldsymbol{P}_{g(k)}-\boldsymbol{P}_{g(0)}|\leqslant \boldsymbol{s}\Delta T,\quad k\in \mathrm{NC} \tag{5-88}$$

式中　$\boldsymbol{s}$——发电机组有功功率输出的上下允许调整速率矢量；

ΔT——电网在预想事件发生后做出紧急调整的允许时间。

由式（5-83）~式（5-88）构成的模型即为 CSCOPF 模型。可见，该模型规模与机组数、输电元件数和预想事件数有着非线性的增长关系，其求解若不采取有效措施，对于复杂大电网它是难以进行的。

5.3.2　奔德斯分解方法

奔德斯分解方法主要包括主、子问题的建立以及主、子问题间牵连的判别。

在 CSCOPF 模型中，$k=0$ 对应的问题就是主问题。如果 $k\neq 0$ 对应的子问题解与主问题解间不冲突，则主问题的解就是 CSCOPF 模型的解；如果有冲突，则通过形成奔德斯割附着在主问题中，以牵制主问题的解。

（1）主问题

在 $k=0$ 下，由式（5-83）~式（5-87），再补充奔德斯割约束（见式（5-91），对应起作用预想事件的子问题集，表示为 $k\in \mathrm{NC_b}$），即构成主问题。

（2）子问题

本节针对有效预想事件形成子问题，为确保子问题有解，同时为主问题提供有效信息，在式（5-88）中引入虚拟变量，因此，在正常（0）状态发电机组输出功率给定情况下，针对任一 $k(k\neq 0)$ 事件，由式（5-84）~式（5-87）及补充的式（5-89）即构成子问题。

$$\begin{cases}\min \quad \boldsymbol{e}^{\mathrm{T}}\boldsymbol{z}_{(k)}\\ |\boldsymbol{P}_{g(k)}-\boldsymbol{P}_{g(*)}|-\boldsymbol{z}_{(k)}\leqslant \boldsymbol{r}\Delta T,\quad \boldsymbol{z}_{(k)}\geqslant \boldsymbol{0}\end{cases} \tag{5-89}$$

式中，$\boldsymbol{z}_{(k)}$ 为引入的虚拟变量，其作用在于当牵连约束起作用时，以其暂时缓解这一约束，保证子问题有解，同时有与主问题衔接与牵制的关联作用；$\boldsymbol{P}_{g(*)}$ 为牵连变量，来自主问题，在子问题处理过程中保持不变。

（3）奔德斯割

主问题与子问题间的牵连是通过奔德斯割实现的，通过子问题目标函数值和

其约束对应乘子，可形成各子问题的奔德斯割约束，用以修正主问题的优化空间，即主问题约束的补充，可表达为

$$f_{B(k)}(\boldsymbol{P}_{g(0)})=\boldsymbol{e}^{T}\boldsymbol{z}_{(k)}+\boldsymbol{\lambda}_{(k)}^{T}(\boldsymbol{P}_{g(0)}-\boldsymbol{P}_{g(*)})\leqslant 0 \tag{5-90}$$

式中，$f_{B(k)}(\cdot)$ 为子问题对应的奔德斯割约束函数；$\boldsymbol{\lambda}_{(k)}^{T}$ 为子问题中的牵连约束所对应的乘子矢量；$\boldsymbol{P}_{g(0)}$ 为主问题的决策矢量，子问题中的 $\boldsymbol{P}_{g(*)}$ 也来自于此。

所谓奔德斯割约束，就是在 $\boldsymbol{P}_{g(*)}$ 基础上对电网运行方式进行微调，从而使子问题可行。

（4）解算流程

本节算法整体解算流程可总结为：①求解主问题，确定初始电网运行模式；②根据各事件状态下的潮流分布确定越限事件集，记为 NC_c；③筛选出有效预想事件，形成子问题集，记为 NC_s；④求解子问题，确定起作用事件集，记为 NC_b；⑤修正主问题并更新解，使 NC_b 中的事件约束得到满足；返回②。

为节省循环中的计算量，第一次迭代后，步骤④中并不需要求解全部子问题，而是先将修正后的 $\boldsymbol{P}_{g(0)}$ 与前一次迭代中获得的 $\boldsymbol{P}_{g(k)}$（$k\in NC_s$）进行比较，若满足式（5-88），则不需要进行子优化问题的求解。直至所有预想事件约束均得到满足才结束计算，可见事件状态下潮流计算、事件筛选、有效事件处理及优化算法是完成上述过程的几个关键环节。

5.3.3　几个关键问题的处理

5.3.3.1　预想事件状态下的潮流

在求解 CSCOPF 过程中，需要获得各预想事件状态下的潮流分布以判断其状态。因此，预想事件下的潮流计算影响整体计算效率。本节基于矩阵求逆辅助定理，在正常状态潮流下快速寻求断线元件上潮流转移到其他元件的分布规律[16]，进而快速获得各预想事件下潮流分布。

5.3.3.2　子问题集的缩减

在 CSCOPF 的众多预想事件中，如果针对每一个预想事件均形成子问题，会增加计算量，而且，针对每一个子问题均形成奔德斯割约束附着到主问题中，会使主问题的寻优空间复杂，影响数值计算的鲁棒性。实际中，起作用的预想事件（可信的、可行的）并不多，由此，本节借鉴基于主导事件的思想，对预想事件进行筛选，以缩减子问题集，其理论依据见本章附录5E。

设预想事件 k 下输电元件 r 的越限度量指标为

$$h_{(k)r}(\boldsymbol{P}_{g(0)})=\max\{0,\ |T_{m(k)r}|-T_{mr}^{\max}\} \tag{5-91}$$

所谓“预想事件 j 主导预想事件 k”是指事件 j 的输电元件越限量均大于或等于相对应的事件 k 的输电元件越限量，即

$$h_{(j)r}(\boldsymbol{P}_{g(0)})\geqslant h_{(k)r}(\boldsymbol{P}_{g(0)}),\quad r=1,2,\cdots,n \tag{5-92}$$

若预想事件相对应的输电元件越限量相等，则称这两个预想事件相互主导

（实际系统中这种情况很少出现），通过预想事件相互比较，剔除被主导预想事件，可得处于主导地位的预想事件集，具体过程如下：

1）电网当前运行模式下，计算各预想事件潮流分布，确定存在越限情况预想事件集 NC_c，得各预想事件下输电元件越限度量指标。

2）对 NC_c 中预想事件进行比较，得被主导预想事件集 NC_d。

3）得 NC_s、NC_c 和 NC_d，即处于主导地位的预想事件集，就是子问题集。

5.3.3.3 优化问题的求解

在整个算法中，需要反复求解主、子问题对应的线性优化问题。因此，可通过基于电网关键输电元件构成最小约束集的思想予以解决。

主、子问题优化模型中均包含大量的输电元件限值约束，实际上，真正起作用的并不多，而运行模式一旦确定，各输电元件负载率之间保持既定的关系不变，关键输电元件也随之确定。变动运行模式下，对运行模式进行微调，多数情况下也不会引起关键输电元件的改变。具体流程如下：

1）求解松弛式（5-85）、式（5-86）后的主、子问题优化模型，确定一个初始的解。

2）在该解下寻求关键输电元件。

3）若关键输电元件无越限，则计算结束；否则针对关键输电元件形成约束，并对原解进行修正，返回步骤2）。

上述尽管需要循环计算，但每次仅需对一个关键输电元件的约束进行处理，提高了求解速度。另外，对这些优化问题，本节均采用初始点不可行的原对偶路径跟踪内点法求解[35,36]，采用稀疏等技术[37]处理后有较好的计算性能。

5.3.3.4 奔德斯割的处理

由于乘子具有边际的含义，奔德斯割约束并不能代表子问题的全部信息，因此满足割约束并不意味着一定满足相对应的预想事件约束，求得新的电网运行方式后需要对生成奔德斯割的预想事件再次判断，这是一个迭代过程。因此，为了加快计算速度，本节在奔德斯割约束中引入加速因子 $\eta \in (0,1)$，本节取 0.8，带有加速因子的奔德斯割约束为

$$f_{B(k)}(\boldsymbol{P}_{g(0)}) = \boldsymbol{e}^{T}\boldsymbol{z}_{(k)} + \eta\boldsymbol{\lambda}_{(k)}^{T}(\boldsymbol{P}_{g(0)} - \boldsymbol{P}_{g(*)}) \leqslant 0 \tag{5-93}$$

5.3.4 算例分析

5.3.4.1 算例概述

由本节算法，基于 Visual C ++6.0 编制计算程序，计算机环境为 Pentium（*R*）4CPU 2.80GHz 512MB 的内存。通过 IEEE 30 节点标准系统和山东电网 445 节点实际系统说明本节算法的有效性和实用性，算例中预想事件仅考虑支路事件。

5.3.4.2 IEEE 30 节点标准系统

IEEE 30 节点系统包含 30 个节点、6 个发电机组、41 条支路和 21 个负荷，该系统的 CSCOPF 模型将包含 2000 多个约束。发电机数据如表 5-8 所示。

表 5-8　发电数据

发电机节点号	最大允许功率	最小允许功率	机组边际成本	有功功率调整量限值
1	2.00	0.50	0.200	0.50
2	0.80	0.20	0.175	0.30
5	0.50	0.15	0.100	0.15
8	0.35	0.10	0.325	0.15
11	0.30	0.10	0.300	0.15
13	0.40	0.12	0.300	0.15

（1）情况 1：支路 1-2 的潮流限值取 1.4（pu）

此情况下处于正常（0）状态的优化运行模式如表 5-9 所示。

表 5-9　情况 1 下正常状态的 OPF 结果

发电机节点号	1	2	5	8	11	13
发电机出力（正常状态）（pu）	1.214	0.800	0.500	0.100	0.100	0.120

在该最优运行模式下，对预想事件进行筛选并通过奔德斯子问题判断，得各预想事件集如表 5-10 所示。

表 5-10　情况 1 下的预想事件集

预想事件集合	NC_c	NC_s	NC_b
事件号	5，7，10	7，10	—
（对应支路序号）	36，41	36，41	—

由表 5-10 可知，NC_b 为空集，没有起作用的事件，即该运行模式下各预想事件约束均可满足，其中 NC_c 中的 5 个事件导致支路越限，这些事件发生时需要对该运行模式进行调整，而其余事件发生沿用该运行模式即可。

可见，判断 NC_b 为空集即可结束计算，这种情况下无须迭代。

（2）情况 2：支路 1-2 的潮流限值取 0.7（pu）

该情况处于正常（0）状态下的各发电机组输出功率优化结果如表 5-11 所示。

表 5-11　情况 2 下正常状态的 OPF 结果

发电机节点号	1	2	5	8	11	13
发电机出力（正常状态）（pu）	1.1643	0.8000	0.5000	0.1000	0.1497	0.1200

对比表 5-9、表 5-11 可见，支路 1－2 约束改变使得正常状态下最优运行模式

发生了偏移，情况 2 中各预想事件集如表 5-12 所示。

表 5-12　情况 2 下的预想事件集

预想事件集合	NC_c	NC_s	NC_b
事件号（对应支路序号）	2，4，5，7，9，10，15，17，18，19，20，21，22，23，29，30，32，36，41	2，7，10，36，41	2

对比表 5-12 中越限事件集 NC_c 和处于主导地位的预想事件集 NC_s 可知，此算例中基于主导事件的预想事件筛选方法滤去了 $19-5=14$ 个预想事件，效果明显。

用奔德斯子问题对集 NC_s 中的预想事件加以判断，得到约束作用的预想事件集 NC_b 为 $\{2\}$，此结果说明在当前运行模式下，只有预想事件 2 的越限不能通过事件发生后发电的再调整来消除。因此需要根据事件 2 对当前运行模式进行调整。

形成并求解包含正常（0）状态约束、预想事件两状态所对应的奔德斯割约束的奔德斯主问题，得到新最优运行模式，如表 5-13 所示。

表 5-13　奔德斯主问题模型结果

发电机节点号	1	2	5	8	11	13
发电机出力（正常状态）（pu）	1.1464	0.8000	0.5000	0.1000	0.1390	0.1486

由此可见，节点 1、11 和 13 上的发电机组输出功率都发生了变化，在新运行模式下对预想事件进行再判断，得到各事件集，如表 5-14 所示。

表 5-14　情况 2 下的预想事件集

预想事件集合	NC_c	NC_s	NC_b
事件号（对应支路序号）	2，4，5，7，9，10，15，36，41	2，7，10，36，41	

由表 5-14 可知，新运行模式下越限事件明显减少，其中处于主导地位的事件集并未变化，但其越限均可通过事件后发电的再调整来消除。针对集合 NC_s，将新运行模式和前一次迭代中事件状态的运行模式相比较，事件 7、10、41 均满足式（5-88），仅需对事件 2、36 求解奔德斯子问题即可。

5.3.4.3　山东电网 445 节点实际系统

本节采用的山东电网算例是 220kV 及以上电压等级电网的等效模型，包含 445 个节点、693 条支路、48 个等效发电机组和 194 个负荷。可见，$N-1$ 假设下，此算例将考虑 693 个预想事件，而每个预想事件约包含 700 个约束，最终山东电网的 CSCOPF 模型将包含 490000 多个约束。

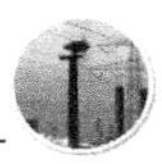

本节算法在正常（0）状态获得的运行模式下对预想事件集进行分析，确定存在越限情况的预想事件集 NC_c 包含 90 个预想事件；对 NC_c 中的预想事件进行筛选，确定处于主导地位的预想事件集 NC_s 包含 36 个预想事件，被覆盖掉的预想事件为 $90-36=54$ 个；对 NC_s 中的预想事件采用奔德斯子问题进行判断，确定起约束作用的预想事件集 NC_b 包含 6 个预想事件，可见，需要返回主问题的奔德斯割约束的个数为 6 个。

此算例中被覆盖掉的预想事件为 54 个，进一步证明了该方法对大型复杂电网的适应性。此算例采用事件筛选环节和不采用该环节的计算时间如表 5-15 所示。

表 5-15　计算时间比较　（单位：s）

包含事件筛选环节	不含事件筛选环节
177.16	265.28

最终起约束作用的 6 个预想事件序号及其名称如表 5-16 所示。

表 5-16　预想事件集合 NC_b

预想事件号（对应支路序号）	支路名称
48	淄博变电站 2#变压器
77	华滨线
246	邹泰线
247	邹鲁线
515	蓬沈 1 线
516	蓬沈 2 线

由表 5-16 可知，在考虑 $N-1$ 安全性的调度中，正是由于此 6 个事件的制约而使山东电网无法在正常（0）状态下采用最经济的运行模式，获得 $N-1$ 安全性的同时牺牲了一定的经济性。

对山东电网，本节算法全部求解过程用时为 177.16s，可应用于电力系统规划和检修决策等方面的计算与分析，目前距在线应用尚有一定距离。

5.3.5　小结

本节提出一种求解校正控制安全约束最优潮流的奔德斯分解方法，为复杂大电网调度、规划、检修决策和风险评估等需要求解该问题提供了一种有效工具，总结如下：

1）采用奔德斯分解思想处理正常状态和有效预想事件状态之间的耦联，通过奔德斯割约束传递有效事件信息，将 CSCOPF 模型进行分解与协调。

2）采用基于选取关键输电元件的方法求解主问题及子问题，避开了大量冗余约束，提高了求解效率。

3）采用基于选取主导事件的筛选方法进行预想事件筛选，避开无效预想事件约束，缩减了子问题集的规模。

5.4 安全经济调度中时间关联约束的处理

5.4.1 DSED 问题的数学描述

最小化的目标函数

$$C_T = \sum_{t=1}^{T}\sum_{g=1}^{N_g} C_g(p_g^t) \tag{5-94}$$

追求式（5-94）最小应满足如下约束条件：

1）发电与负荷的平衡

$$\sum_{g=1}^{N_g} p_g^t = L^t \quad t = 1,2,\cdots,T \tag{5-95}$$

2）机组输出功率上下限约束

$$p_g^{\min} \leqslant p_g^t \leqslant p_g^{\max} \quad g = 1,2,\cdots,N_g \quad t = 1,2,\cdots,T \tag{5-96}$$

3）输电元件最大传输功率约束

$$\begin{gathered} -f_m^{\max} \leqslant f_m^t(\boldsymbol{P}^t) \leqslant f_m^{\max} \\ t = 1,2,\cdots,T \quad m = 1,2,\cdots,M \end{gathered} \tag{5-97}$$

式中，$f_m^t(\boldsymbol{P}^t)$ 依据直流潮流，可转换为仅与机组功率相关的线性表达；$\boldsymbol{P}^t$ 为 t 时段机组输出功率列向量。

4）机组输出功率速率约束

$$\begin{gathered} -d_r^g \Delta t \leqslant p_g^{t+1} - p_g^t \leqslant u_r^g \Delta t \\ t = 1,2,\cdots,T \quad g = 1,2,\cdots,N_g \end{gathered} \tag{5-98}$$

由式（5-94）~式（5-98）构成的数学模型就是一般意义下的 DSED 模型。该模型在针对给定网络结构以及机组组合方式下，其优化决策的量仅为机组的有功输出功率。为使后文叙述清晰，可将该模型抽象表达如下

$$\min C_T = \sum_{t=1}^{T} F(P^t) \tag{5-99}$$

$$\text{s.t.} \quad G^t(P^t) \geqslant 0 \quad t = 1,2,\cdots,T \tag{5-100}$$

$$\sum_{t=1}^{T} \boldsymbol{H}^t \boldsymbol{P}^t \leqslant \boldsymbol{R} \tag{5-101}$$

式中，$F(P^t) = \sum_{g=1}^{N_g} C_g(p_g^t)$；$G^t(P^t)$ 为 t 时段对应式（5-95）~式（5-97）约束的抽象表达；式（5-101）为对应式（5-98）的矩阵表达；$\boldsymbol{R}$ 为对应式（5-98）中所有机组有功功率上升和下降速率允许值构成列向量；$\boldsymbol{H}^t = \begin{bmatrix} \overline{\boldsymbol{H}}^t \\ -\overline{\boldsymbol{H}}^t \end{bmatrix}$，$\overline{\boldsymbol{H}}^t$ 可看作 $T-1$

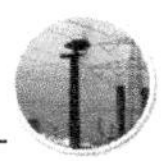

维列向量，向量中每个元素为 N_g 维方阵，其值由以下确定

$$\bar{h}_g^t = 0 \quad g \neq t, g \neq t-1 \tag{5-102}$$

$$\bar{h}_{t-1}^t = \boldsymbol{I}_{N_g} \quad t \neq 1 \tag{5-103}$$

$$\bar{h}_i^t = -\boldsymbol{I}_{N_g} \quad t \neq T \tag{5-104}$$

式中　$\bar{h}_i^t$——$\overline{\boldsymbol{H}}^t$ 中的第 i 个元素；

$\boldsymbol{I}_{N_g}$——N_g 维单位阵。

5.4.2　基本的求解思想

若由式（5-99）~式（5-101）构成的优化问题满足凸规划条件，且仅由静态约束构成的可行域由图5-10中的区域 A 示意，同时由静态约束和动态约束构成的可行域由图5-10中的区域 B 示意。由此，B 一定是 A 的子集，那么必有满足 B 的最优解一定是 A 中若干决策的线性组合。由此，对应区域 A 和区域 B 原优化问题可分解为两步决策：将动态约束进行拉格朗日松弛后，只考虑静态约束来决策 A 中调度方案的优化问题（从问题）与仅考虑动态约束来决策从问题解的组合权值的优化问题（主问题）。二者通过从问题的决策与主问题中动态约束相应的拉格朗日乘子相互协调求解，其迭代过程如图5-10所示。

在图5-10中，$P(1)$ ~ $P(4)$ 为迭代过程中由从问题依次获得的调度解，随着迭代次数的增加，主问题的解空间（阴影部分）将趋于包含原问题（区域 B）的最优决策，从而最终获得原问题的最优结果，这刚好符合DWD的计算机制。

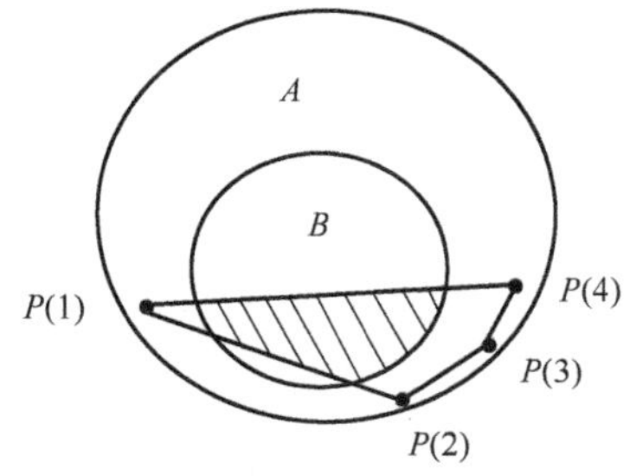

图5-10　基于DWD的迭代过程示意图

5.4.3　DWD解决DSED的机制

对式（5-99）~式（5-101）构成的问题，根据DWD，若将耦合约束（式（5-101））松弛，则可形成如下从问题（由 T 个并行的子问题组成）

$$\min \boldsymbol{F}(\boldsymbol{P}^t) + \boldsymbol{\alpha}_{\mathrm{L}} \cdot \boldsymbol{H}^t \boldsymbol{P}^t \tag{5-105}$$

$$\text{s.t.} \quad \boldsymbol{G}^t(\boldsymbol{P}^t) \geqslant 0 \quad t = 1, 2, \cdots, T \tag{5-106}$$

式中，$\boldsymbol{P}^t$ 为决策变量机组的有功输出功率；$\boldsymbol{\alpha}_{\mathrm{L}}$ 为来自式（5-101）耦联约束对应的拉格朗日乘子行向量。

定义从问题中第 t 子问题最优解集为 φ^t，则 φ^t 确定的空间中机组输出功率可表示为 $\sum\limits_{j \in \varphi^t} P_j^t \lambda_j^t$ 的形式，P_j^t 为 φ^t 中的第 j 个元素，λ_j^t 为相应的权值，且有 $\lambda_j^t \geqslant 0$、$\sum\limits_{j \in \varphi^t} \lambda_j^t = 1$ 的特点。因此，结合从问题的并行解，主问题可表示如下

$$\min C_T = \sum_{t=1}^{T} \sum_{j \in \varphi^t} F(P_j^t) \lambda_j^t \tag{5-107}$$

$$\text{s. t.} \quad \sum_{t=1}^{T}\sum_{j\in\varphi^t}\boldsymbol{H}^t\boldsymbol{P}_j^t\lambda_j^t \leqslant \boldsymbol{R} \tag{5-108}$$

$$\sum_{j\in\varphi^t}\lambda_j^t = 1 \quad t = 1,2,\cdots,T \tag{5-109}$$

$$\lambda_j^t \geqslant 0 \quad t=1,2,\cdots,T \quad j\in\varphi^t \tag{5-110}$$

其中的决策变量仅为 λ_j^t；式（5-108）对应原优化问题中的动态约束式（5-101）；式（5-109）被称为凸约束，是为了保证由主问题获得的机组调度结果在满足动态约束的同时，仍然满足从问题中的各种静态约束。需要说明的是，与原优化问题相比较，主问题是一个规模大幅度减小的线性规划问题，其约束方程的个数为常数（时间关联约束个数与凸约束个数之和），但其决策变量的个数随着迭代次数的增加相应有所变化。

上述便是主从问题的优化模型，主从问题必须存在衔接与协调的条件，才能通过交替迭代完成整体优化的目的。以下给出主从问题迭代求解并满足收敛条件的数学论证。

定义式（5-105）、式（5-106）描述的从问题中第 t 个子问题解的可行域为 $\Omega^t=\{P^t:G^t(P^t)\geqslant 0\}$；再定义集合 $Q^t=\{(P^t,v^t):F(P^t)-v^t\leqslant 0,P^t\in\Omega^t\}$。则由式（5-99）~式（5-101）描述的原优化问题又可表示为

$$C_T = \min\sum_{t=1}^{T}v^t \tag{5-111}$$

$$\text{s. t.} \quad \sum_{t=1}^{T}\boldsymbol{H}^t\boldsymbol{P}^t \leqslant \boldsymbol{R} \tag{5-112}$$

$$(P^t,v^t)\in Q^t \quad t=1,2,\cdots,T \tag{5-113}$$

对于式（5-113）中 Q^t，定义 S^t 为其边界点的集合，则 S^t 有如下表达

$$S^t=\{(P^t,v^t):F(P^t)=v^t,P^t\in\Omega^t\} \tag{5-114}$$

若 S^t 中的第 k 个元素表示为（P_k^t,v_k^t），则 Q^t 内的任意元素可表示为其集合中边界点线性组合的形式：$P^t=\sum_{k\in S^t}P_k^t\lambda_k^t$、$v^t=\sum_{k\in S^t}v_k^t\lambda_k^t$，且有 $\sum_{k\in S^t}\lambda_k^t=1$、$\lambda_k^t\geqslant 0$，其中 λ_k^t 为相应（P_k^t,v_k^t）的权重系数。若在 S^t 已知的情况下，将 P^t、v^t 的表达代入式（5-111）、式（5-112）中，则原优化问题进一步等价为仅对变量 λ_k^t 的优化问题，即

$$C_T = \min\sum_{t=1}^{T}\sum_{k\in S^t}v_k^t\lambda_k^t \tag{5-115}$$

$$\text{s. t.} \quad \sum_{t=1}^{T}\sum_{k\in S^t}\boldsymbol{H}^t\boldsymbol{P}_k^t\lambda_k^t \leqslant \boldsymbol{R} \tag{5-116}$$

$$\sum_{k\in S^t}\lambda_k^t = 1 \quad t = 1,2,\cdots,T \tag{5-117}$$

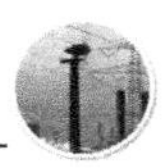

$$\lambda_k^t \geqslant 0 \quad t=1,2,\cdots,T \quad k \in S^t \tag{5-118}$$

由以上的表达式可以看出，式（5-107）~式（5-110）表示的主问题中，决策量的系数列向量集合为上述优化问题中决策量系数列向量集合的子集，因此对应主问题的优化结果，上述优化问题必存在相对应的一组决策（两优化模型中具有相同系数的决策量的值相等，其余的为零），若这组决策是其最优解，则由主问题确定的机组调度结果也必为原优化问题的最优解。由此，在对主问题与从问题优化决策后，对于从问题第 t 子问题的解 $(\widetilde{P}^t,F(\widetilde{P}^t))$ 及主问题中对应式（5-108）、式（5-109）的拉格朗日乘子 α 和 ρ，若满足

$$\begin{gathered} F(\widetilde{P}^t)+\alpha \cdot H^t\widetilde{P}^t \geqslant \rho^t \\ t=1,2,\cdots,T \end{gathered} \tag{5-119}$$

则说明从问题可行域内的机组调度方案都满足上式，因此，按线性规划的对偶原理及式（5-119）可知，由式（5-115）~式（5-118）描述的原优化问题与主问题相对应的解必满足其为最优解的条件

$$\begin{gathered} F(P_k^t)+\alpha \times H^t P_k^t \geqslant \rho^t \\ t=1,2,\cdots,T \quad k \in S^t \end{gathered} \tag{5-120}$$

式中　ρ^t——ρ 中的第 t 个元素。

由此，式（5-119）即为算法的收敛条件，本节计算中采用如下表达

$$\max_{t=1,2,\cdots,T}\{\,|F(\widetilde{P}^t)+\alpha \times H^t\widetilde{P}^t-\rho^t|\,\} \leqslant \varepsilon \tag{5-121}$$

式中　ε——事先给定小的阈值。

5.4.4　算法

5.4.4.1　主从迭代

由式（5-115）~式（5-118）表示的优化问题是在由 S^t 中的元素所围成的寻优空间中进行决策，但对于此优化问题寻找到 S^t 中所有元素是无法实现、也是没有必要的。由此，主问题决策空间的边界点集合 φ^t 与相应的目标函数值集合仅为 S^t 的子集，且 φ^t 内元素的增加可根据式（5-119）来进行：对于时段 t，若式（5-119）无法满足，说明在当前机组功率输出速率约束对应的拉格朗日乘子下，由从问题中第 t 子问题所决策的机组调度解 $\widetilde{P}^t$ 替代主问题的调度结果可最大限度地使主问题的目标函数值减小，因此，$\widetilde{P}^t$ 将作为 φ^t 中的新增元素，使主问题在新的寻优空间中获得改进的机组调度解。因此，DWD 方法需要在求解主问题与从问题之间反复进行，其中，主问题通过对 φ^t 内调度解权值的决策得到一组改进的调度解 $\sum\limits_{j\in\varphi^t} P_j^t\widetilde{\lambda}_j^t$，同时将相应机组输出功率速率约束对应的乘子的值传递给从问题，以形成从问题的新的目标函数。而从问题的求解是对主问题确定调度解的最优性检验，并同时向主问题提供下一次决策时新的参考方案。

5.4.4.2　主、从问题的解法

式（5-107）~式（5-110）描述的主问题为线性规划问题，式（5-105）、

式（5-106）描述的从优化问题为多个相互独立的二次规划问题。

算法流程如下：

1）输入原始数据，从问题中 α 初始值给零。

2）依次对从问题中的各子问题进行求解，将结果作为 φ^t 内的新增元素。

3）对主问题进行求解，若有可行解转步骤4)；若无可行解，修正 α，转步骤2)。

4）根据主问题获得的 α 和 ρ，对从问题中的子问题进行求解，并判断是否满足式（5-121）的收敛条件，若不满足，转步骤5)，否则计算结束。

5）根据从问题的解，将不满足式（5-119）的 $\widetilde{P}^t$ 作为 φ^t 的新增元素，对主问题进行求解，返回步骤4)。

5.4.4.3　算法中几个问题的特殊处理

当主问题获得可行解之后，主问题与从问题间的迭代求解便可自动进行，在此之前，本节根据文献［38］的思想，对步骤3）中 α 的修正采用基于次梯度的方法[39]。

在算法流程的步骤5）中，由于 φ^t 内的元素不断增加，因此，主问题中作为 φ^t 内元素权值的决策变量 λ_j^t 的数量及约束方程中系数矩阵的列数将相应增加，从而导致了主问题求解规模不断增大。但另一方面，由于主问题中时段 t 内机组的最优调度方案可以仅被 φ^t 中部分元素围成的寻优空间所包含，因此，伴随着子问题中新决策方案的产生，其决策方案集合 φ^t 内有可能会出现的冗余元素，表现为主问题中相应的决策变量 λ_j^t 的最优值为零。因此，步骤5）中主问题计算结束后，将集合 φ^t 中权值为零的决策方案剔除，可保证随迭代次数增加时主问题仍保持稳定的规模。

步骤2）与步骤4）中，当对应机组输出功率速度约束的乘子 α 内元素的值与前次迭代中相比较发生变化时仅改变了从问题内与之相关的相邻时段子问题的决策，相应地，在此两个步骤中，可只对目标函数发生变化的子问题进行优化计算，显然，目标函数未发生变化的子问题的决策方案与前次迭代中的决策方案相同。

5.4.5　算例分析

本节对三个算例进行了详细计算和分析。算例1为5机单母线系统，以第一台机组为例给出主从决策的迭代过程并验证本节方法可获得最优解；算例2为IEEE 24节点的可靠性分析试验系统，用来分析本节算法的计算特性；算例3为IEEE 118节点系统，用以说明本节算法对大系统的适应性。本节算法在Matlab环境中实现。

5.4.5.1　算例1

算例中发电机及负荷的参数见本章附录5F中表5F-1及表5F-2。本算例以单时段的SED计算结果启动，若机组的功率输出速率无限制，则由主问题获得的 α 为零，且 ρ 中各元素的值与单个子问题目标函数值相同，即式（5-121）左端项为零，第一次迭代计算便满足了收敛条件。当计及机组输出功率速率限制时，仅第一台机组违背了约束。以6、7、8时段为例，机组在此三个时段中初始调度方案

$P(0)$ 为405MW、255MW和455MW，显然，机组的输出功率速率变化大于其最大值60MW，主问题不可行，因此，以次梯度方法对机组在6-7时段功率下降速率约束的拉格朗日乘子 $\alpha_{6\text{-}7}$ 及7-8时段功率上升速率约束的拉格朗日乘子 $\alpha_{7\text{-}8}$ 进行修正，其值由零变为22.5及35，相应子系统决策的机组在此三时段内的调度方案 $P(1)$ 为50MW、345MW和50MW；第二次迭代中，主问题综合从问题提供的决策 $P(0)$ 和 $P(1)$ 得到了机组的可行调度方案395MW、335MW及395MW，并自动给出 $\alpha_{6\text{-}7}$ 及 $\alpha_{7\text{-}8}$ 分别为1.296和0.39，据此，相应子问题给出的参考调度结果 $P(2)$ 为50MW、255MW及50MW，由于此时未满足式（5-119），说明综合 $P(2)$ 可进一步获得更为经济的调度方案；在第三次迭代中，主问题在由 $P(0)$、$P(1)$ 及 $P(2)$ 围成的调度区域内获得了机组1在这三个时段的最终调度结果315MW、255MW及315MW。图5-11给出了本节方法获得的机组1在所有时段内的调度结果，经验证，与系统整体求解所获得的最优结果相一致。

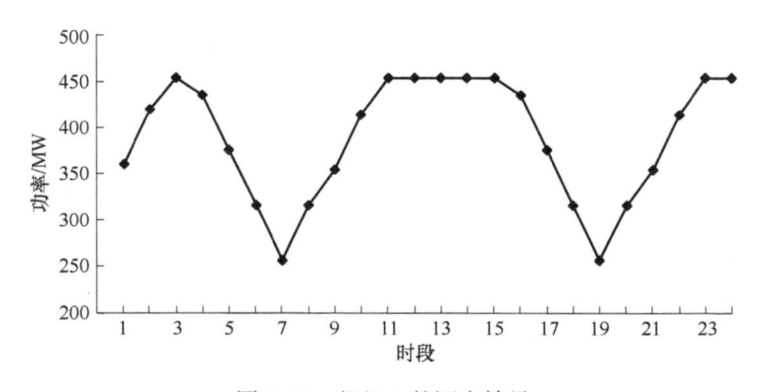

图5-11　机组1的调度结果

5.4.5.2　算例2

算例中的IEEE 24节点系统由24条母线、38条支路组成。系统等效后的14台发电机参数见本章附录5F中的表5F-3，网络参数见第3章附录中表3A-8。负荷以相对陡升和陡降的6时段情况为例，其中各时段内总负荷及其在相应负荷节点的分配因子见本章附录中表5F-4及第3章附录中的表3A-10。

本算例主问题目标函数值随迭代次数变化的情况如图5-12所示。

图5-12中，曲线A和B则分别代表应用拉格朗日松弛算法与本节算法的情况。图中曲线的起始点对应忽略了机组输出功率速率约束的情况，本节算法从第二次迭代计算开始，主问题不断获得使目标函数值单调递减的决策方案，算法收敛时同不考虑爬坡速率约束的情况相比，系统的运行费用由\$168626增至\$169277。由曲线B可以看出，基于次梯度方法的拉格朗日松弛算法是在振荡中趋于最优值的，且需要较多的迭代次数。图5-13给出收敛准确度随迭代次数的增加所对应的变化轨迹。

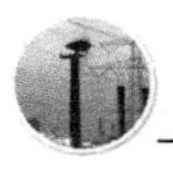

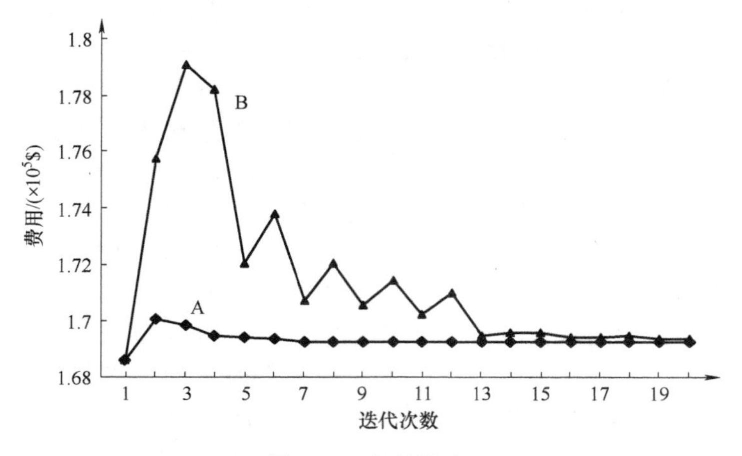

图 5-12　解的轨迹

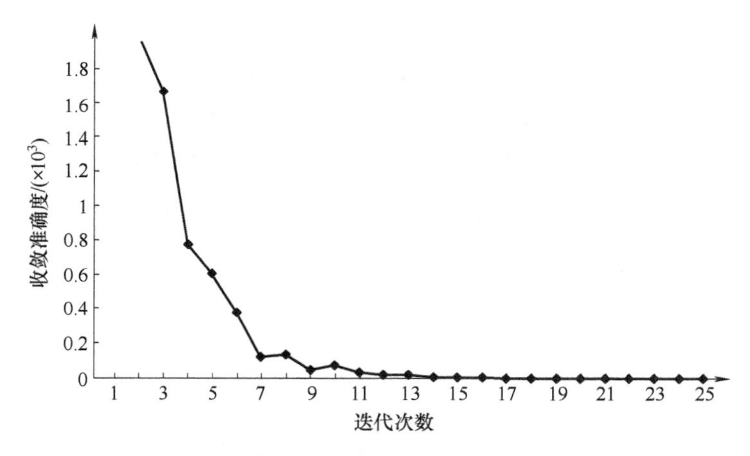

图 5-13　收敛准确度随迭代次数增加的变化轨迹

由图 5-13 可知，对于式（5-121）左边项所表示的收敛准确度在迭代计算的最初阶段急速下降，当接近于零时下降的速度相对缓慢。从图 5-12 与图 5-13 对比中发现，迭代次数达 9 次时，虽然对于图 5-13 中的收敛准确度尚不为零，但图 5-12 中相应目标函数已非常接近最优值，说明采用式（5-121）表示的算法中止条件可满足实际计算需要。

图 5-14 中曲线 B 与曲线 A 分别代表对主问题规模进行缩减前后决策变量随迭代次数变化情况。

由图 5-14 可见，采用本节缩减方法时，主问题决策变量个数在计算过程中基本趋于稳定，在采用对步骤 2）、步骤 4）中子问题缩减策略的同时，计算时间由原来的 8.24s 减少为 6.04s。

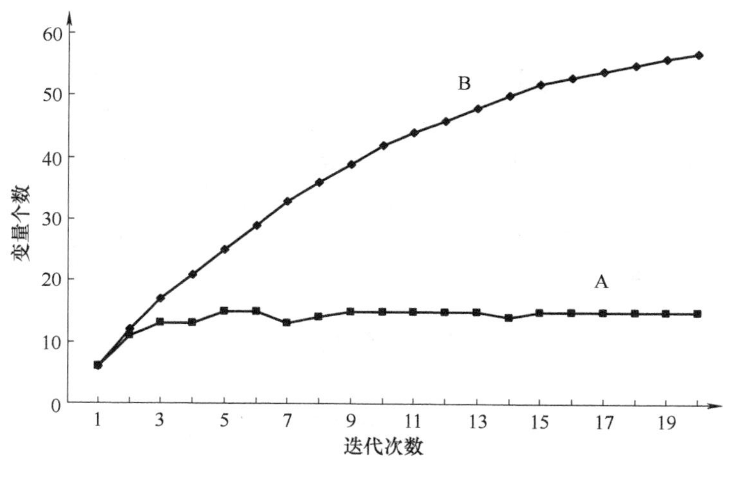

图 5-14　变量个数的轨迹

另外，输电元件可允许的最大传输功率直接影响到从问题中发电机的有效输出功率，从而对最终的动态调度结果产生影响。例如，若将输电元件的最大传输功率限值减少为给定值的 0.5 倍，则系统的运行费用将增至 $187842。

5.4.5.3　算例 3

本算例对算法的处理策略，从第 4 次迭代计算开始，子问题对时段 9-11、时段 13-14、时段 16-18 及时段 23-24 进行处理，随着迭代次数的增加，由主问题获得的机组功率速率约束的拉格朗日乘子值趋于稳定，当算法结束时，子问题仅对时段 16-18 进行了优化计算，得到系统的最终运行费用（忽略了机组的固定成本）为 $1282700，若不采用 4.4 节中对算法的处理策略，在相同收敛准确度下计算时间由 311s 增加为 454s。

5.4.6　小结

本节针对考虑机组输出功率速率约束的安全经济调度问题，建立了 Dantzig-Wolfe 分解的主从优化决策机制来迭代求解。其中，主问题是仅计及时间关联约束的优化问题，从问题是按研究期间所划分时段数构成若干静态子优化问题。主问题在由从问题确定的解空间内寻优；从问题依据主问题解所对应的拉格朗日乘子来修正其目标，以间接松弛时间关联约束。在给出主从问题交替求解的收敛条件及其论证的基础上，提出了详细的计算方法和特殊问题的处理手段。本节的主从优化决策机制，可以在安全经济调度算法的基础上，通过增加一个主问题来实现，进而将原有的大规模复杂的优化问题分解为规模相对较小、计算相对简单的一系列子优化问题，且对于主、子优化问题的求解方法可灵活选取。此方法同样能有效解决带有时间关联约束的一类安全经济调度问题，具有适合大规模系统实际应用的前景。

5.5 结论

本章在优化潮流理论与实践比较成熟的前提下，首先，就20世纪末、21世纪初围绕输电能力研究的热点，总结了输电能力计算与分析研究的新进展。其次，就大规模复杂电网的校正控制安全约束最优潮流问题给出了一种切实可行的方法，提供了用于解决复杂电网规划、检修、静态安全分析等问题决策的一种有效工具。最后，对带有时间关联约束的一类安全经济调度问题给出了改进的新方法，使动态安全经济调度在算法研究上取得一定的进展。

第5章附录

附录5A 线性规划原对偶内点算法

标准的线性规划模型为

$$\min:\ \boldsymbol{c}^{\mathrm{T}}\boldsymbol{x}\mid \boldsymbol{A}\boldsymbol{x}=\boldsymbol{b}\quad \boldsymbol{x}\geqslant 0 \tag{5A-1}$$

若式（5A-1）表示的问题为原问题，则对应的对偶问题为

$$\max:\ \boldsymbol{b}^{\mathrm{T}}\boldsymbol{\lambda}\mid \boldsymbol{A}^{\mathrm{T}}\boldsymbol{\lambda}+\boldsymbol{s}=\boldsymbol{c}\quad \boldsymbol{s}\geqslant 0 \tag{5A-2}$$

对原问题、对偶问题引入拉格朗日乘子及对数障碍因子$\boldsymbol{\mu}$，形成各自增广的拉格朗日函数

$$L_{\mathrm{P}}(\boldsymbol{x},\boldsymbol{\lambda})=\boldsymbol{c}^{\mathrm{T}}\boldsymbol{x}-\boldsymbol{\lambda}^{\mathrm{T}}(\boldsymbol{A}\boldsymbol{x}-\boldsymbol{b})-\boldsymbol{\mu}\sum_{j=1}^{n}\log(x_j) \tag{5A-3}$$

$$L_{\mathrm{D}}(\boldsymbol{x},\boldsymbol{\lambda},\boldsymbol{s})=\boldsymbol{b}^{\mathrm{T}}\boldsymbol{\lambda}-\boldsymbol{x}^{\mathrm{T}}(\boldsymbol{A}^{\mathrm{T}}\boldsymbol{\lambda}+\boldsymbol{s}-\boldsymbol{c})+\boldsymbol{\mu}\sum_{j=1}^{n}\log(s_j) \tag{5A-4}$$

由上两式对变量进行一阶偏导并令其为零，可得

$$\begin{gathered}\boldsymbol{A}\boldsymbol{x}=\boldsymbol{b}\\ \boldsymbol{A}^{\mathrm{T}}\boldsymbol{\lambda}+\boldsymbol{s}=\boldsymbol{c}\\ x_js_j=\boldsymbol{\mu}\quad j=1,\cdots,n\end{gathered} \tag{5A-5}$$

式（5A-5）即为线性规划原对偶内点法的K-T条件，对该式可由牛顿法直接求解。假定当前点为（x^k,λ^k,s^k），且满足$x^k>0$和$s^k>0$，定义

$$\boldsymbol{d}_{\mathrm{P}}=\boldsymbol{b}-\boldsymbol{A}x^k \tag{5A-6}$$

$$\boldsymbol{d}_{\mathrm{D}}=\boldsymbol{c}-s^k-\boldsymbol{A}^{\mathrm{T}}\lambda^k \tag{5A-7}$$

此时，用牛顿法求解如下迭代方程组即可

$$\begin{bmatrix}\boldsymbol{A} & \boldsymbol{0} & \boldsymbol{0}\\ \boldsymbol{0} & \boldsymbol{A}^{\mathrm{T}} & \boldsymbol{I}\\ \boldsymbol{s} & \boldsymbol{0} & \boldsymbol{x}\end{bmatrix}\begin{Bmatrix}\boldsymbol{\Delta x}\\ \boldsymbol{\Delta\lambda}\\ \boldsymbol{\Delta s}\end{Bmatrix}=\begin{Bmatrix}\boldsymbol{d}_{\mathrm{P}}\\ \boldsymbol{d}_{\mathrm{D}}\\ \boldsymbol{\mu e}-\boldsymbol{xse}\end{Bmatrix} \tag{5A-8}$$

式中，$\boldsymbol{x}$、$\boldsymbol{s}$分别为由x_j和s_j各元素所构成的对角阵；$\boldsymbol{e}$为元素全为1的向量。该式可分解为如下系列方程求解

$$(\boldsymbol{A}\boldsymbol{s}^{-1}\boldsymbol{x}\boldsymbol{A}^{\mathrm{T}})\Delta\boldsymbol{\lambda}=\boldsymbol{b}-\boldsymbol{\mu}\boldsymbol{A}\boldsymbol{s}^{-1}+\boldsymbol{A}\boldsymbol{s}^{-1}\boldsymbol{x}\boldsymbol{d}_{\mathrm{D}} \tag{5A-9}$$

$$\Delta\boldsymbol{s}=\boldsymbol{d}_{\mathrm{D}}\boldsymbol{A}^{\mathrm{T}}\Delta\boldsymbol{\lambda} \tag{5A-10}$$

$$\Delta\boldsymbol{x}=\boldsymbol{s}^{-1}(\boldsymbol{\mu}\boldsymbol{e}-\boldsymbol{x}\boldsymbol{s}\boldsymbol{e}-\boldsymbol{x}\Delta\boldsymbol{s}) \tag{5A-11}$$

该方法具体求解过程如下：

1）给定迭代次数 $k=0$，$x^0>0$，$s^0>0$，λ^0 任意值；给定准确度参数 ε。

2）若 $|d_{\mathrm{P}}|_{\max}\leqslant\varepsilon$、$|d_{\mathrm{D}}|_{\max}\leqslant\varepsilon$ 且 $\sum_{i=1}^{n}x_i s_i\leqslant\varepsilon$，则计算结束，否则去步骤3)。

3）计算 μ^k，解式（5A-9）~式（5A-11），得到 Δx^k、$\Delta\lambda^k$ 和 Δs^k。

4）$k=k+1$，按下式修正求解变量，且使步长保证 x^k、s^k 的非负性。

$$\begin{aligned}x^k&=x^{k-1}+\alpha_{\mathrm{P}}^{k-1}\Delta x^{k-1}\\ \lambda^k&=\lambda^{k-1}+\alpha_{\mathrm{D}}^{k-1}\Delta\lambda^{k-1}\\ s^k&=s^{k-1}+\alpha_{\mathrm{D}}^{k-1}\Delta s^{k-1}\end{aligned} \tag{5A-12}$$

上述求解过程中，有两个重要参数应慎重选择：一是障碍因子 μ^k；二是步长 α^k。建议对障碍因子取 $\mu=\dfrac{\boldsymbol{c}^{\mathrm{T}}x-\boldsymbol{b}^{\mathrm{T}}\lambda}{n^2}$；对步长分别取

$$\begin{aligned}\alpha_{\mathrm{P}}&=0.995\min_j\left\{\frac{-x_j}{\Delta x_j}\middle|\,\Delta x_j<0\right\}\\ \alpha_{\mathrm{D}}&=0.995\min_j\left\{\frac{-s_j}{\Delta s_j}\middle|\,\Delta s_j<0\right\}\end{aligned} \tag{5A-13}$$

附录5B　非线性原对偶内点算法

在本书讨论无功经济规律时，涉及非线性无功优化模型，其采用直接非线性原对偶内点算法进行求解。为叙述方便，首先将模型表示为

$$\begin{aligned}&\min\ f(\boldsymbol{x}_1,\boldsymbol{x}_2)\\ &\text{s.t.}\ g_1(\boldsymbol{x}_1,\boldsymbol{x}_2)=0\\ &\qquad g_2(\boldsymbol{x}_1,\boldsymbol{x}_2)=0\\ &\qquad \boldsymbol{h}_1\leqslant h(\boldsymbol{x}_1,\boldsymbol{x}_2)\leqslant\boldsymbol{h}_{\mathrm{u}}\\ &\qquad \boldsymbol{x}_1\leqslant\boldsymbol{x}_2\leqslant\boldsymbol{x}_{\mathrm{u}}\end{aligned} \tag{5B-1}$$

式中，$\boldsymbol{x}_1=[\theta_1,\cdots,\theta_i,\cdots,\theta_N]^{\mathrm{T}}$，$i\neq\mathrm{NS}$，$\boldsymbol{x}_2=[U_1,U_2,\cdots,U_N,b_1,\cdots,b_{\mathrm{NT}}]^{\mathrm{T}}$；$f(\boldsymbol{x}_1,\boldsymbol{x}_2)$ 为目标函数，即网损 $\boldsymbol{P}_{\mathrm{L}}$；$g_1(\boldsymbol{x}_1,\boldsymbol{x}_2)=0$ 为有功平衡方程，$N-1$ 维；$g_2(\boldsymbol{x}_1,\boldsymbol{x}_2)$为无功平衡方程，$N-m$ 维；$h(\boldsymbol{x}_1,\boldsymbol{x}_2)$ 为无功电源输出无功功率表达，m 维；$\boldsymbol{h}_{\mathrm{u}}$、$\boldsymbol{h}_1$ 为无功电源输出无功功率的上下限列向量；$\boldsymbol{x}_{\mathrm{u}}$、$\boldsymbol{x}_1$ 为变量 $\boldsymbol{x}_2$ 的上下限列向量，$N+\mathrm{NT}$ 维。

进一步，通过引入松弛变量（对应不等式约束），使问题（5B-1）等效变换为

问题（5B-2）

$$\begin{aligned} &\min f(\boldsymbol{x}_1,\boldsymbol{x}_2) \\ &\text{s. t. } g_1(\boldsymbol{x}_1,\boldsymbol{x}_2)=0 \\ &g_2(\boldsymbol{x}_1,\boldsymbol{x}_2)=0 \\ &h(\boldsymbol{x}_1,\boldsymbol{x}_2)+\boldsymbol{s}_{\mathrm{h}}=\boldsymbol{h}_{\mathrm{u}} \\ &\boldsymbol{s}_{\mathrm{h}}+\boldsymbol{s}_{\mathrm{sh}}=\boldsymbol{h}_{\mathrm{u}}-\boldsymbol{h}_{\mathrm{l}} \\ &\boldsymbol{x}_2+\boldsymbol{s}_{\mathrm{x}}=\boldsymbol{x}_{\mathrm{u}} \\ &\boldsymbol{x}_2-\boldsymbol{x}_1\geqslant 0,\boldsymbol{s}_{\mathrm{h}},\boldsymbol{s}_{\mathrm{sh}},\boldsymbol{s}_{\mathrm{x}}\geqslant 0 \end{aligned} \tag{5B-2}$$

将问题（5B-2）中的非负变量约束通过对数壁垒函数及对数壁垒因子叠加于目标函数中，构成如下等效的扩展目标函数

$$f=f(\boldsymbol{x}_1,\boldsymbol{x}_2)-\mu\sum_{j=1}^{n}\ln(\boldsymbol{s}_{\mathrm{x}})_j-\mu\sum_{j=1}^{n}\ln(\boldsymbol{x}_2-\boldsymbol{x}_1)_j-\mu\sum_{i=1}^{m}\ln(\boldsymbol{s}_{\mathrm{h}})_i-\mu\sum_{i=1}^{m}\ln(\boldsymbol{s}_{\mathrm{sh}})_i \tag{5B-3}$$

式中，$n=N+\mathrm{NT}$，对数壁垒参数μ是一个在迭代过程中逐渐趋于零的正数。

由此，由扩展的目标函数和引入松弛变量的处理，再引入拉格朗日乘子，得到如下增广的拉格朗日函数

$$\begin{aligned} L_\mu=&f(\boldsymbol{x}_1,\boldsymbol{x}_2)-\boldsymbol{y}_1^{\mathrm{T}}g_1(\boldsymbol{x}_1,\boldsymbol{x}_2)-\boldsymbol{y}_2^{\mathrm{T}}g_2(\boldsymbol{x}_1,\boldsymbol{x}_2)-\boldsymbol{y}_{\mathrm{h}}^{\mathrm{T}}[\boldsymbol{h}_{\mathrm{u}}-\boldsymbol{s}_{\mathrm{h}}-h(\boldsymbol{x}_1,\boldsymbol{x}_2)] \\ &-\boldsymbol{y}_{\mathrm{sh}}^{\mathrm{T}}(\boldsymbol{h}_{\mathrm{u}}-\boldsymbol{h}_{\mathrm{l}}-\boldsymbol{s}_{\mathrm{h}}-\boldsymbol{s}_{\mathrm{sh}})-\boldsymbol{y}_{\mathrm{x}}^{\mathrm{T}}(\boldsymbol{x}_{\mathrm{u}}-\boldsymbol{x}_2-\boldsymbol{s}_{\mathrm{x}})-\boldsymbol{\mu}\sum_{j=1}^{n}\ln(\boldsymbol{s}_{\mathrm{x}})_j \\ &-\boldsymbol{\mu}\sum_{j=1}^{n}\ln(\boldsymbol{x}_2-\boldsymbol{x}_1)_j-\boldsymbol{\mu}\sum_{i=1}^{m}\ln(\boldsymbol{s}_{\mathrm{h}})_i-\boldsymbol{\mu}\sum_{i=1}^{m}\ln(\boldsymbol{s}_{\mathrm{sh}})_i \end{aligned} \tag{5B-4}$$

式中，$\boldsymbol{y}_1$、$\boldsymbol{y}_2$、$\boldsymbol{y}_{\mathrm{h}}$、$\boldsymbol{y}_{\mathrm{sh}}$和$\boldsymbol{y}_{\mathrm{x}}$为拉格朗日乘子列向量，且$\boldsymbol{y}_{\mathrm{sh}}\geqslant 0$，$\boldsymbol{y}_{\mathrm{h}}+\boldsymbol{y}_{\mathrm{sh}}\geqslant 0$，$\boldsymbol{y}_{\mathrm{x}}\geqslant 0$。

对应增广拉格朗日函数的一阶 K-K-T 条件为

$$\begin{aligned} &\widetilde{N}_{\mathrm{x}_1}L_\mu=\widetilde{N}_{\mathrm{x}_1}\boldsymbol{f}-\widetilde{N}_{\mathrm{x}_1}\boldsymbol{g}_1^{\mathrm{T}}\boldsymbol{y}_1-\widetilde{N}_{\mathrm{x}_1}\boldsymbol{g}_2^{\mathrm{T}}\boldsymbol{y}_2+\widetilde{N}_{\mathrm{x}_1}\boldsymbol{h}^{\mathrm{T}}\boldsymbol{y}_{\mathrm{h}}=\boldsymbol{0} \\ &\widetilde{N}_{\mathrm{x}_2}\boldsymbol{L}_\mu=\widetilde{N}_{\mathrm{x}_2}\boldsymbol{f}-\widetilde{N}_{\mathrm{x}_2}\boldsymbol{g}_1^{\mathrm{T}}\boldsymbol{y}_1-\widetilde{N}_{\mathrm{x}_2}\boldsymbol{g}_2^{\mathrm{T}}\boldsymbol{y}_2+\widetilde{N}_{\mathrm{x}_2}\boldsymbol{h}^{\mathrm{T}}\boldsymbol{y}_{\mathrm{h}}+\boldsymbol{y}_{\mathrm{x}}-\boldsymbol{\mu}(\boldsymbol{X}_2-\boldsymbol{X}_1)^{-1}\boldsymbol{e}=\boldsymbol{0} \\ &\widetilde{\boldsymbol{N}}_{\mathrm{s_h}}\boldsymbol{L}_\mu=\boldsymbol{y}_{\mathrm{h}}+\boldsymbol{y}_{\mathrm{sh}}-\boldsymbol{\mu}\boldsymbol{S}_{\mathrm{h}}^{-1}\boldsymbol{e}=\boldsymbol{0} \\ &\widetilde{\boldsymbol{N}}_{\mathrm{s_{sh}}}\boldsymbol{L}_\mu=\boldsymbol{y}_{\mathrm{sh}}-\boldsymbol{\mu}\boldsymbol{S}_{\mathrm{sh}}^{-1}\boldsymbol{e}=\boldsymbol{0} \\ &\widetilde{\boldsymbol{N}}_{\mathrm{s_x}}\boldsymbol{L}_\mu=\boldsymbol{y}_{\mathrm{x}}-\boldsymbol{\mu}\boldsymbol{S}_{\mathrm{x}}^{-1}\boldsymbol{e}=\boldsymbol{0} \\ &\widetilde{\boldsymbol{N}}_{\mathrm{y_1}}\boldsymbol{L}_\mu=-\boldsymbol{g}_1(\boldsymbol{x}_1,\boldsymbol{x}_2)=\boldsymbol{0} \\ &\widetilde{\boldsymbol{N}}_{\mathrm{y_2}}\boldsymbol{L}_\mu=-\boldsymbol{g}_2(\boldsymbol{x}_1,\boldsymbol{x}_2)=\boldsymbol{0} \\ &\widetilde{\boldsymbol{N}}_{\mathrm{y_h}}\boldsymbol{L}_\mu=\boldsymbol{h}(\boldsymbol{x}_1,\boldsymbol{x}_2)+\boldsymbol{s}_{\mathrm{h}}-\boldsymbol{h}_{\mathrm{u}}=\boldsymbol{0} \\ &\widetilde{\boldsymbol{N}}_{\mathrm{y_{sh}}}\boldsymbol{L}_\mu=\boldsymbol{s}_{\mathrm{h}}+\boldsymbol{s}_{\mathrm{sh}}-\boldsymbol{h}_{\mathrm{u}}+\boldsymbol{h}_{\mathrm{l}}=\boldsymbol{0} \\ &\widetilde{\boldsymbol{N}}_{\mathrm{y_x}}\boldsymbol{L}_\mu=\boldsymbol{x}_2+\boldsymbol{s}_{\mathrm{x}}-\boldsymbol{x}_{\mathrm{u}}=\boldsymbol{0} \end{aligned} \tag{5B-5}$$

设 $z=\boldsymbol{\mu}(X_2-X_1)^{-1}\boldsymbol{e}$，并将其和式（5B-5）中的第 2 ~ 5 式重写为

$$
\begin{aligned}
\nabla_{x_2}\boldsymbol{f}-\nabla_{x_2}\boldsymbol{g}_1^{\mathrm{T}}\boldsymbol{y}_1-\nabla_{x_2}\boldsymbol{g}_2^{\mathrm{T}}\boldsymbol{y}_2+\nabla_{x_2}\boldsymbol{h}^{\mathrm{T}}\boldsymbol{y}_{\mathrm{h}}+\boldsymbol{y}_{\mathrm{x}}-z=0 \\
\boldsymbol{S}_{\mathrm{h}}(\boldsymbol{Y}_{\mathrm{h}}+\boldsymbol{Y}_{\mathrm{sh}})\boldsymbol{e}=\boldsymbol{\mu}\boldsymbol{e} \\
\boldsymbol{S}_{\mathrm{x}}\boldsymbol{Y}_{\mathrm{x}}\boldsymbol{e}=\boldsymbol{\mu}\boldsymbol{e} \\
(\boldsymbol{X}_2-\boldsymbol{X}_1)\boldsymbol{Z}\boldsymbol{e}=\boldsymbol{\mu}\boldsymbol{e} \\
\boldsymbol{S}_{\mathrm{sh}}\boldsymbol{Y}_{\mathrm{sh}}\boldsymbol{e}=\boldsymbol{\mu}\boldsymbol{e}
\end{aligned}
\tag{5B-6}
$$

式中，$\boldsymbol{e}$ 为单位向量；$\boldsymbol{Y}_{\mathrm{h}}$、$\boldsymbol{Y}_{\mathrm{sh}}$、$\boldsymbol{Y}_{\mathrm{x}}$、$\boldsymbol{Z}$、$\boldsymbol{S}_{\mathrm{h}}$、$\boldsymbol{S}_{\mathrm{sh}}$、$\boldsymbol{S}_{\mathrm{x}}$、$\boldsymbol{X}_2$ 和 $\boldsymbol{X}_1$ 分别是由 $\boldsymbol{y}_{\mathrm{h}}$、$\boldsymbol{y}_{\mathrm{sh}}$、$\boldsymbol{y}_{\mathrm{x}}$、$z$、$\boldsymbol{s}_{\mathrm{h}}$、$\boldsymbol{s}_{\mathrm{sh}}$、$\boldsymbol{s}_{\mathrm{x}}$、$\boldsymbol{x}_2$ 和 $\boldsymbol{x}_1$ 的元素构成的对角阵。

上述 K-K-T 条件构成的非线性方程组，一般用牛顿法求解，在给定初始值（或某一次迭代值）下的修正方程为

$$
\begin{bmatrix}
-\boldsymbol{Z}^{-1}(\boldsymbol{X}_2-\boldsymbol{X}_1) & \boldsymbol{0} & \boldsymbol{0} & \boldsymbol{0} & \boldsymbol{0} & \boldsymbol{0} & \boldsymbol{0} & \boldsymbol{0} & -\boldsymbol{I} & \boldsymbol{0} & \boldsymbol{0} \\
\boldsymbol{0} & \boldsymbol{S}_{\mathrm{h}}^{-1}(\boldsymbol{Y}_{\mathrm{h}}+\boldsymbol{Y}_{\mathrm{sh}}) & \boldsymbol{0} & \boldsymbol{0} & \boldsymbol{0} & \boldsymbol{I} & \boldsymbol{I} & \boldsymbol{0} & \boldsymbol{0} & \boldsymbol{0} & \boldsymbol{0} \\
\boldsymbol{0} & \boldsymbol{0} & \boldsymbol{S}_{\mathrm{x}}^{-1}\boldsymbol{Y}_{\mathrm{x}} & \boldsymbol{0} & \boldsymbol{I} & \boldsymbol{0} & \boldsymbol{0} & \boldsymbol{0} & \boldsymbol{0} & \boldsymbol{0} & \boldsymbol{0} \\
\boldsymbol{0} & \boldsymbol{0} & \boldsymbol{0} & \boldsymbol{S}_{\mathrm{sh}}^{-1}\boldsymbol{Y}_{\mathrm{sh}} & \boldsymbol{0} & \boldsymbol{I} & \boldsymbol{0} & \boldsymbol{0} & \boldsymbol{0} & \boldsymbol{0} & \boldsymbol{0} \\
\boldsymbol{0} & \boldsymbol{0} & \boldsymbol{I} & \boldsymbol{0} & \boldsymbol{0} & \boldsymbol{0} & \boldsymbol{0} & \boldsymbol{0} & \boldsymbol{I} & \boldsymbol{0} & \boldsymbol{0} \\
\boldsymbol{0} & \boldsymbol{I} & \boldsymbol{0} & \boldsymbol{I} & \boldsymbol{0} & \boldsymbol{0} & \boldsymbol{0} & \boldsymbol{0} & \boldsymbol{0} & \boldsymbol{0} & \boldsymbol{0} \\
\boldsymbol{0} & \boldsymbol{I} & \boldsymbol{0} & \boldsymbol{0} & \boldsymbol{0} & \boldsymbol{0} & \boldsymbol{0} & \widetilde{N}_1\boldsymbol{h} & \widetilde{N}_2\boldsymbol{h} & \boldsymbol{0} & \boldsymbol{0} \\
\boldsymbol{0} & \boldsymbol{0} & \boldsymbol{0} & \boldsymbol{0} & \boldsymbol{0} & \boldsymbol{0} & \widetilde{N}_1\boldsymbol{h}^{\mathrm{T}} & \boldsymbol{H}_{11} & \boldsymbol{H}_{12} & -\widetilde{N}_1\boldsymbol{g}_1^{\mathrm{T}} & -\widetilde{N}_1\boldsymbol{g}_2^{\mathrm{T}} \\
-\boldsymbol{I} & \boldsymbol{0} & \boldsymbol{0} & \boldsymbol{0} & \boldsymbol{I} & \boldsymbol{0} & \widetilde{N}_2\boldsymbol{h}^{\mathrm{T}} & \boldsymbol{H}_{21} & \boldsymbol{H}_{22} & -\widetilde{N}_2\boldsymbol{g}_1^{\mathrm{T}} & -\widetilde{N}_2\boldsymbol{g}_2^{\mathrm{T}} \\
\boldsymbol{0} & \boldsymbol{0} & \boldsymbol{0} & \boldsymbol{0} & \boldsymbol{0} & \boldsymbol{0} & \boldsymbol{0} & -\widetilde{N}_1\boldsymbol{g}_1 & -\widetilde{N}_2\boldsymbol{g}_1 & \boldsymbol{0} & \boldsymbol{0} \\
\boldsymbol{0} & \boldsymbol{0} & \boldsymbol{0} & \boldsymbol{0} & \boldsymbol{0} & \boldsymbol{0} & \boldsymbol{0} & -\widetilde{N}_1\boldsymbol{g}_1 & -\widetilde{N}_2\boldsymbol{g}_2 & \boldsymbol{0} & \boldsymbol{0}
\end{bmatrix}
$$

$$
\begin{bmatrix}
\Delta z \\ \Delta \boldsymbol{s}_{\mathrm{h}} \\ \Delta \boldsymbol{s}_{\mathrm{x}} \\ \Delta \boldsymbol{s}_{\mathrm{sh}} \\ \Delta \boldsymbol{y}_{\mathrm{x}} \\ \Delta \boldsymbol{y}_{\mathrm{sh}} \\ \Delta \boldsymbol{y}_{\mathrm{h}} \\ \Delta \boldsymbol{x}_1 \\ \Delta \boldsymbol{x}_2 \\ \Delta \boldsymbol{y}_1 \\ \Delta \boldsymbol{y}_2
\end{bmatrix}
=
\begin{bmatrix}
-\boldsymbol{\mu}\boldsymbol{Z}^{-1}\boldsymbol{e}+(\boldsymbol{X}_2-\boldsymbol{X}_1)\boldsymbol{e} \\
\boldsymbol{\mu}\boldsymbol{S}_{\mathrm{h}}^{-1}\boldsymbol{e}-(\boldsymbol{Y}_{\mathrm{sh}}+\boldsymbol{Y}_{\mathrm{h}})\boldsymbol{e} \\
\boldsymbol{\mu}\boldsymbol{S}_{\mathrm{x}}^{-1}\boldsymbol{e}-\boldsymbol{Y}_{\mathrm{x}}\boldsymbol{e} \\
\boldsymbol{\mu}\boldsymbol{S}_{\mathrm{sh}}^{-1}\boldsymbol{e}-\boldsymbol{Y}_{\mathrm{sh}}\boldsymbol{e} \\
-\boldsymbol{x}_2\boldsymbol{Z}-\boldsymbol{s}_{\mathrm{x}}+\boldsymbol{x}_{\mathrm{u}} \\
-\boldsymbol{s}_{\mathrm{h}}-\boldsymbol{s}_{\mathrm{sh}}+(\boldsymbol{h}_{\mathrm{u}}-\boldsymbol{h}_{\mathrm{l}}) \\
-\boldsymbol{h}(\boldsymbol{x}_1,\boldsymbol{x}_2)-\boldsymbol{s}_{\mathrm{h}}+\boldsymbol{h}_{\mathrm{u}} \\
-\widetilde{N}_{x_1}\boldsymbol{L}_{\mu} \\
-\widetilde{N}_{x_2}\boldsymbol{L}_{\mu} \\
\boldsymbol{g}_1(\boldsymbol{x}_1,\boldsymbol{x}_2) \\
\boldsymbol{g}_2(\boldsymbol{x}_1,\boldsymbol{x}_2)
\end{bmatrix}
\tag{5B-7}
$$

式中，

$$
\begin{aligned}
\boldsymbol{H}_{11} &= \nabla_{11}\boldsymbol{f}^2 + \nabla_1[-\nabla_1\boldsymbol{g}_1^{\mathrm{T}}\boldsymbol{y}_1 - \nabla_1\boldsymbol{g}_2^{\mathrm{T}}\boldsymbol{y}_2 + \nabla_1\boldsymbol{h}^{\mathrm{T}}\boldsymbol{y}_{\mathrm{h}}] \\
\boldsymbol{H}_{12} &= \nabla_{12}\boldsymbol{f}^2 + \nabla_2[-\nabla_1\boldsymbol{g}_1^{\mathrm{T}}\boldsymbol{y}_1 - \nabla_1\boldsymbol{g}_2^{\mathrm{T}}\boldsymbol{y}_2 + \nabla_1\boldsymbol{h}^{\mathrm{T}}\boldsymbol{y}_{\mathrm{h}}] \\
\boldsymbol{H}_{21} &= \nabla_{21}\boldsymbol{f}^2 + \nabla_1[-\nabla_2\boldsymbol{g}_1^{\mathrm{T}}\boldsymbol{y}_1 - \nabla_2\boldsymbol{g}_2^{\mathrm{T}}\boldsymbol{y}_2 + \nabla_2\boldsymbol{h}^{\mathrm{T}}\boldsymbol{y}_{\mathrm{h}}] \\
\boldsymbol{H}_{22} &= \nabla_{22}\boldsymbol{f}^2 + \nabla_2[-\nabla_2\boldsymbol{g}_1^{\mathrm{T}}\boldsymbol{y}_1 - \nabla_2\boldsymbol{g}_2^{\mathrm{T}}\boldsymbol{y}_2 + \nabla_1\boldsymbol{h}^{\mathrm{T}}\boldsymbol{y}_{\mathrm{h}}]
\end{aligned} \tag{5B-8}
$$

根据上述，应用直接非线性原对偶内点法求解无功优化问题的步骤可概括如下：

1）初始化：采用平均值启动，即电压幅值和可调变压器电压比的初值取其上下限的平均值，电压相角的初值取零（或取初始潮流的电压相角值），松弛变量的初值取其上下限差值的一半。对于对偶变量的初值，参照文献［31］，定义：$\xi = 1 + \|\nabla_2 f(x_1^0, x_2^0)\|_1$，

若$0 \leqslant (\nabla_2 f)_i \leqslant \xi$，则$z_i = (\nabla_2 f)_i + \xi$，$(y_{\mathrm{x}})_i = \xi$；

若$-\xi \leqslant (\nabla_2 f)_i < 0$，则$z_i = \xi$，$(y_{\mathrm{x}})_i = (\nabla_2 f)_i + \xi$。

另外，取$y_1^0 = e$，$y_2^0 = e$，$y_{\mathrm{h}}^0 = 0$，$y_{\mathrm{sh}}^0 = 1.5\xi e$。

2）计算对数壁垒参数：在非线性规划问题中，通常以补偿间隙代替对偶间隙以保证其非负性，即

$$
\mathbf{gap} = (\boldsymbol{y}_{\mathbf{h}} + \boldsymbol{y}_{\mathbf{sh}})^{\mathbf{T}}\boldsymbol{s}_{\mathbf{h}} + \boldsymbol{y}_{\mathbf{sh}}^{\mathbf{T}}\boldsymbol{s}_{\mathbf{x}} + \boldsymbol{y}_{\mathbf{x}}^{\mathbf{T}}\boldsymbol{s}_{\mathbf{x}} + \boldsymbol{z}^{\mathbf{T}}(\boldsymbol{x}_2 - \boldsymbol{x}_1) \tag{5B-9}
$$

取对数壁垒参数$\mu = \dfrac{\text{gap}}{4(n+m)^2}$。

3）求解K-K-T条件的修正方程（5B-7），得到原变量和对偶变量的修正量。

4）确定迭代步长，移动到新解。

为确保在迭代过程中满足非负约束条件，迭代步长α可由下式确定

$$
\alpha = \min\{0.999\alpha^*, 1.0\} \tag{5B-10}
$$

$$
\begin{aligned}
\alpha^* = \min\Bigg\{ & -\frac{(s_{\mathrm{x}})_i}{(\Delta s_{\mathrm{x}})_i}, -\frac{(x_2 - x_l)_i}{(\Delta x_2)_i}, -\frac{(s_{\mathrm{sh}})_i}{(\Delta s_{\mathrm{sh}})_i}, -\frac{(s_{\mathrm{h}})_i}{(\Delta s_{\mathrm{h}})_i}, \\
& -\frac{(y_{\mathrm{x}})_i}{(\Delta y_{\mathrm{x}})_i}, -\frac{(y_{\mathrm{sh}})_i}{(\Delta y_{\mathrm{sh}})_i}, -\frac{(y_{\mathrm{h}} + y_{\mathrm{sh}})_i}{(\Delta y_{\mathrm{h}} + \Delta y_{\mathrm{sh}})_i}, -\frac{z_i}{\Delta z_i}\Bigg\}
\end{aligned} \tag{5B-11}
$$

只考虑Δs_{x}、Δx、Δs_{sh}、Δs_{h}、Δy_{x}、Δy_{sh}和$\Delta y_{\mathrm{h}} + \Delta y_{\mathrm{sh}}$和$\Delta z$中小于零的分量。

5）检查收敛条件，若满足，则获得最优解，否则转步骤2）。

按照收敛准确度的要求给定足够小的正数ε_1和ε_2，当K-K-T条件中的最大偏差值不大于ε_1，且$\dfrac{\text{gap}}{1 + |\text{dob}_j|} \leqslant \varepsilon_2$时，迭代终止，其中$\text{dob}_j$为对偶目标函数，即

$$
\begin{aligned}
\text{dob}_j = & f(\boldsymbol{x}_1, \boldsymbol{x}_2) - \boldsymbol{y}_1^{\mathrm{T}} g_1(\boldsymbol{x}_1, \boldsymbol{x}_2) - \boldsymbol{y}_2^{\mathrm{T}} g_2(\boldsymbol{x}_1, \boldsymbol{x}_2) - \boldsymbol{y}_{\mathrm{h}}^{\mathrm{T}}[\boldsymbol{h}_{\mathrm{u}} - h(\boldsymbol{x}_1, \boldsymbol{x}_2)] \\
& - \boldsymbol{y}_{\mathrm{sh}}^{\mathrm{T}}(\boldsymbol{h}_{\mathrm{u}} - \boldsymbol{h}_1) - \boldsymbol{y}_{\mathrm{x}}^{\mathrm{T}}(\boldsymbol{x}_{\mathrm{u}} - \boldsymbol{x}_2) - \boldsymbol{z}^{\mathrm{T}}(\boldsymbol{x}_2 - \boldsymbol{x}_1)
\end{aligned} \tag{5B-12}
$$

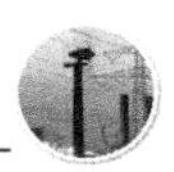

附录 5C　3 节点系统数据

表 5C-1　支路数据（标幺值）

支　　路	电　　阻	电　　抗	电　　纳	MV·A 容量
1-2	0.05	0.9	0.0	1.0
1-3	0.02	0.37	0.0	1.3
2-3	0.015	0.28	0.0	1.4

表 5C-2　初始发电和负荷数据（标幺值）

发电机节点	有　　功	无　　功	电　　压	负荷节点	有　　功	无　　功
1	0.0	0.0	1.0	2	0.5	0.31
2	0.6	0.0	1.0	3	1.0	0.62
3	0.2	0.0	1.04			

附录 5D　30 节点系统数据

表 5D-1　支路数据（标幺值）

首节点	末节点	电　　阻	电　　抗	电纳/2	热限值
1	2	0.0192	0.0575	0.0264	1.4
1	3	0.0452	0.1852	0.0204	1.4
2	4	0.057	0.1737	0.0184	0.65
2	5	0.0472	0.1983	0.0209	1.4
2	6	0.0581	0.1763	0.0187	0.65
3	4	0.0132	0.0379	0.0042	1.4
4	6	0.0119	0.0414	0.0045	0.9
12	4	0	0.256	0	0.65
5	7	0.046	0.116	0.0102	0.7
6	7	0.0267	0.082	0.0085	1.3
6	8	0.012	0.042	0.0045	0.32
9	6	0	0.208	0	0.65
6	10	0	0.556	0	0.32
6	28	0.0169	0.0599	0.0065	0.32
8	28	0.0636	0.2	0.0214	0.32
9	10	0.005	0.11	0	0.65
9	11	0	0.208	0	0.65
10	17	0.0324	0.0845	0	0.32

（续）

首节点	末节点	电　阻	电　抗	电纳/2	热限值
10	20	0.0936	0.209	0	0.32
10	21	0.0348	0.0749	0	0.32
10	22	0.0727	0.1499	0	0.32
12	13	0	0.14	0	0.65
12	14	0.1231	0.2559	0	0.32
12	15	0.0662	0.1304	0	0.32
12	16	0.0945	0.1987	0	0.32
14	15	0.221	0.1997	0	0.16
15	18	0.107	0.2185	0	0.16
15	23	0.1	0.202	0	0.16
16	17	0.0824	0.1932	0	0.16
18	19	0.0639	0.1292	0	0.16
19	20	0.034	0.068	0	0.32
21	22	0.0116	0.0236	0	0.32
22	24	0.115	0.179	0	0.16
23	24	0.132	0.27	0	0.16
24	25	0.1885	0.3292	0	0.16
25	26	0.2554	0.38	0	0.16
25	27	0.1093	0.2087	0	0.16
28	27	0	0.396	0	0.65
27	29	0.2198	0.4153	0	0.16
27	30	0.3202	0.6027	0	0.16
29	30	0.2399	0.4533	0	0.16

表 5D-2　发电数据（标幺值）

节点号	发电费用系数			最小有功	最大有功	最小无功	最大无功
	a	b	c				
1	0.00375	2.0	0.0	0.5	2.0	-0.2	1.5
2	0.0175	1.75	0.0	0.2	0.8	-0.2	0.6
5	0.0625	1.0	0.0	0.15	0.5	-0.15	0.44
8	0.00834	3.25	0.0	0.1	0.35	-0.15	0.7
11	0.025	3.0	0.0	0.1	0.3	-0.1	0.4
13	0.025	3.0	0.0	0.12	0.4	-0.15	0.5

表 5D-3　负荷数据（标幺值）

节点号	有　功	无　功	节点号	有　功	无　功
2	0.217	0.127	17	0.09	0.058
3	0.024	0.012	18	0.032	0.009
4	0.076	0.016	19	0.095	0.034
5	0.942	0.19	20	0.022	0.007
7	0.228	0.109	21	0.175	0.112
8	0.3	0.3	23	0.032	0.016
10	0.058	0.02	24	0.087	0.067
12	0.112	0.075	26	0.035	0.023
14	0.062	0.016	29	0.024	0.009
15	0.082	0.025	30	0.106	0.019
16	0.035	0.018			

附录 5E　CSCOPF 优化

CSCOPF 优化问题实际上是一个集合的蕴含关系分析问题。

正常状态（$k=0$）运行模式集合 H，在线性假设下为凸多面体，而其最优运行模式必位于 H 的顶点，2 维空间中 H 如图 5E-1 所示。

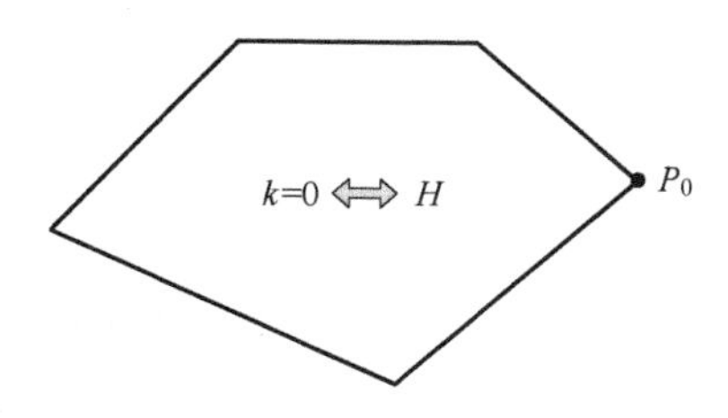

图 5E-1　正常状态运行模式集合

预想事件状态（$k=l\neq0$）下运行模式集合 I 是对集合 H 的微调，因为事件发生引起其他线路约束改变，但变化量不大，H、I 间关系有 3 种情况（J 为事件后发电再调整集合，对应式（5-88））：

1）情况 1。$P_0\in H\cap I$，如图 5E-2 所示。这种情况预想事件状态下可沿用正常状态的运行模式，多数预想事件都是这种情况。

2）情况 2。$P_0\in H$，$P_0\notin I$，$J\cap I\neq\varnothing$，如图 5E-3 所示。这种情况下预想事件约束可通过事件后运行模式的再调整满足。

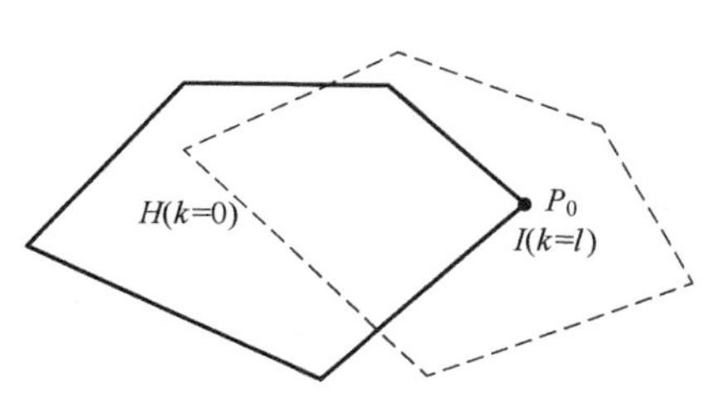

图 5E-2　情况 1 中 H、I 间关系

由图 5E-3 可见，P_0 模式导致事件 l_1 状态下的 2 个输电元件约束越限（r_1、r_2），同时也导致事件 l_2 约束越限（r_1'、r_2'），由 P_0 到各约束的距离可以判断各约束的越限量满足

$$\Delta r_1 \leqslant \Delta r_1', \ \Delta r_2 \leqslant \Delta r_2'$$

即事件 l_2 的约束越限量均大于等于事件 l_1 的约束越限量，令

$$K_1 = I_1 \cap J, \ K_2 = I_2 \cap J$$

此时，若 $K_2 \neq \varnothing$，则必有 $K_1 \neq \varnothing$。

此即为本节采用的事件筛选方法的几何论据。

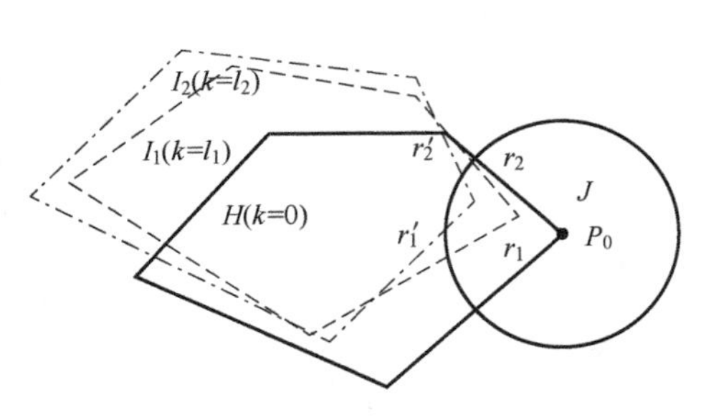

图 5E-3　情况 2 中 H、I 间关系

3）情况 3。$P_0 \in H$，$P_0 \notin I$，$J \cap I = \varnothing$，如图 5E-4 所示。这种情况下，发生预想事件 k 后无法满足预想事件状态下的各种约束，需要对正常状态的运行模式 P_0 进行调整，调整后为 P_0'。

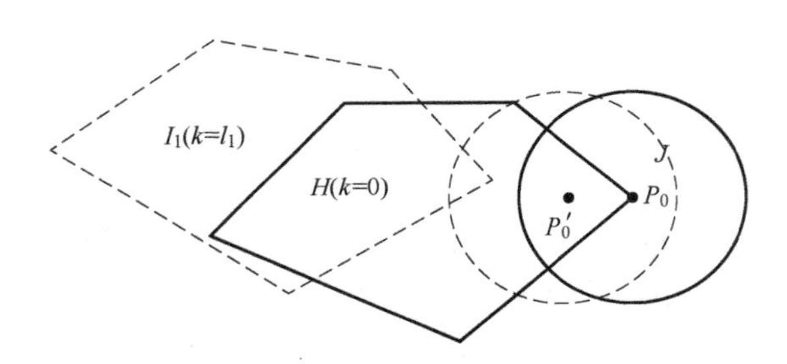

图 5E-4　情况 3 中 H、I 间关系

附录 5F　5.4 节算例数据

表 5F-1　第 5 章算例 1 中 5 机系统发电机参数

机组	p_g^{max}/MW	p_g^{min}/MW	a_g/(\$/MW^2)	b_g/(\$/MW)	u_r^g/(MW/h)	d_r^g/(MW/h)	初始功率/MW
1	455	50	0.00023	7.748	60	60	300
2	455	50	0.000147	8.178	455	455	50
3	130	40	0.000776	6.07	130	130	40
4	300	40	0.00026	8.85	300	300	40
5	162	25	0.00062	8.62	160	160	25

表 5F-2　第 5 章算例 1 中系统负荷参数

时段	负荷/MW											
1～12	700	710	720	900	700	650	500	700	600	750	800	850
13～24	700	710	720	900	700	650	500	700	600	750	800	850

表 5F-3　第 5 章算例 2 中发电机参数

机组	p_g^{max}/MW	p_g^{min}/MW	a_g/(\$/MW^2)	b_g/(\$/MW)	u_r^g/(MW/h)	d_r^g/(MW/h)	所在节点
1	60	12	0.025	25	60	60	15
2	40	8	0.013	37	40	40	1
3	40	8	0.013	37	40	40	2
4	152	30	0.01	14	76	76	1
5	152	30	0.01	14	76	76	2
6	300	75	0.0061	18	150	150	7
7	155	55	0.005	11	75	75	15
8	155	55	0.005	11	75	75	16
9	310	110	0.005	11	150	150	23
10	591	210	0.003	23	285	285	13
11	350	140	0.002	11	175	175	23
12	400	100	0.002	8	200	200	18
13	400	100	0.002	8	200	200	21
14	300	0	0	0	300	300	22

注：$C_g(p_{gt}) = a(p_{gt})^2 + bp_{gt}$。

表 5F-4　第 5 章中算例 2 中负荷参数

时　段	1	2	3	4	5	6
负荷/MW	2000	2200	2970	2780	2500	2000

第6章

电力系统短期运行的经济问题

6.1 有功调度的经济问题

6.1.1 引言

在电力市场环境下，为满足电力商品的实时匹配属性，保证电力系统安全、可靠运行，各种辅助服务的支撑是必须的[40]。辅助服务的配置与电力系统运行中的模式（发电状况、网络结构和负荷构成等）是密不可分的，就是说在遵循电力系统运行的物理规律前提下，辅助系统的性能取决于未来调度决策时间内对电力系统模式预测的准确度以及抵御可能事件发生的能力。同时，辅助服务的提供也要满足经济规律，即不能设置过多的辅助服务，造成资源浪费。因此，如何满足电力系统预定的要求，设置合适的辅助服务同时明确辅助服务的价值是应该解决的首要问题。

电力市场环境下，市场参与成员拥有独立的经营权和经济地位，因此其必然会首先考虑到自身利益。而电力系统运行调度必须在经济的条件下，协调市场参与成员，以保证电力系统安全和可靠运行，完成电力商品的生产与交易。而电力系统运行是一个统一体，所有市场参与成员无论从哪个角度，对保证这一统一电力系统安全、可靠运行均负有责任，市场参与成员也必须接受自己应该承担的责任，这是电力工业在解除管制后对想加入到系统中的市场参与成员的一个最基本的要求。那么，根据市场参与成员对于统一电力系统运行的作用和影响的不同，对电力系统运行负有的责任也应该有差异，为了使所有的市场参与成员都认同自身应承担的责任，本着市场的“三公”原则，即公正、公开和公平，量化市场参与成员所要承担的责任是关键。由此，量化辅助服务的责任是应该解决的关键问题。

本节围绕上述两个问题，研究电力系统运行中有功调度的经济理论问题[41]，其核心为研究有功备用辅助服务的相关经济理论，该问题是运行中电力市场的主体。本节首先阐述了有功功率作为备用的机理，以此为基础，对单母线假设条件下的有功调度模型进行分析，确定合适的备用，明确备用的责任；然后考虑网络出现制约下的单母线模型，阐明备用因网络制约的转移机理，解析电力市场中节

点边际电价的含义，显现电力网络制约下电力商品的特性；最后，以社会剩余期望值最大为目标，计及用户的弹性，给出概率条件下如何确定系统可接受的风险水平。

6.1.2　有功调度中的备用

在电力系统运行中，设置有功备用可以解决运行中的不确定性问题，如何设置、设置多少及设置何种类型与电力系统运行的实际密切相关。在电力市场环境下，设置备用会引起电力商品成本的变化，设置不同的备用便有不同的电力系统运行的风险水平。因此，明确备用的设置及其责任是非常重要的，即解决为何设置备用、为谁而设置。另外，备用本身具有互用性，市场参与成员既是购买者又是消费者。由此可见，揭示备用产生的原因，量化市场参与成员应承担备用的份额，对于电力市场公正、公平和公开原则的执行是有益的。

6.1.2.1　电力供给不确定性引起的备用

发电机组在电力系统生产运行过程中，由于意外而失去生产能力的可能性概率有一定的规律，但无法事前预知其地点、时刻，这意味着欲使此事件发生不影响正常的电力供需平衡，一台发电机组投入运行时，就要时刻准备着一旦它失去生产能力如何被及时替代，即应为运行的发电机组设置备用。从故障发生到故障机组被替代这段时间（前导时间），备用分为两种：一是在前导时间内故障机组未被替代的旋转备用（包括 AGC 备用）；二是替代故障机组的旁待备用（如快速启动机组、压火运行的火电机组和冷启动火电机组等）。理论上讲，一台机组投入生产的同时要么自己留有备用，要么从系统购买备用。每一机组购买备用必然带来电力商品成本的提高，对大型电力联合系统这样做也不切合实际。而且，由于机组在前导时间内故障的概率很小，因此采用协调、互用形式配置备用是符合个体和整体利益的，同时根据客观实际，应在可靠性和经济性间进行权衡。

假设电力市场中电力商品的供给由 N_g 台发电机组构成，这 N_g 台发电机组要满足一定的电力需求 P_L，当然发电机组必须满足自身的上限和下限约束（在此暂不考虑其他约束），由等微增率原理可分析得出 N_g 台发电机组满足电力商品需求 P_L 的边际成本为 λ。

若 N_g 台发电机组任何瞬间都不发生故障，或者说发电机组的强迫停运率为0，则无须备用，电力商品价格便由边际价格 λ 确定。若第 $j(j=1,2,\cdots,N_g)$ 台发电机组故障，此时为满足电力商品需求 P_L，可计算出电力商品的边际价格为 $\lambda_j(j=1,2,\cdots,N)$（假设机组组合满足要求），容易证明 $\lambda_j \geqslant \lambda$，也就是说，运营中的电力市场，任何一台参与交易发电机组的故障都会造成电力商品价格的增加，参与交易的发电机组出售的电力商品越大，故障时引起价格的上升就越明显，参与交易发电机组两个及以上同时发生故障，电力商品价格上扬更为严重（视风险准则）。上述说明，在给定电力商品需求前提下，参与市场交易的发电机组上限（$P_g^{\max}$）之和必须满足（假设机组运行不受其功率变化速度制约）

$$R = \sum_{i \in N_g} P_{g,i}^{\max} - P_L \geqslant 0 \tag{6-1}$$

在忽略载送电力商品的输电网络及电力商品需求的不确定性时，式（6-1）表示：当备用 $R=0$ 时，任何一台发电机组故障都将导致供求失衡，此时将采取调控手段使电力供需平衡点转移（中断负荷，当然中断负荷也应纳入备用分析行列，暂不计及这一点）；当备用 $R>0$ 时，此时 R 一般应取运营中出售电力商品最大的机组，在这种情况下，任何一台发电机组故障都不会引起供求失衡，但会引起电力商品价格升高，升高的幅度取决于电力市场的规模；当备用大于运营中出售电力商品最大的发电机组时，此时 R 取为运营中出售电力商品最大发电机组序列的某种组合，在这种情况下，视 R 值大小不同，任何一台发电机组、两台发电机组，甚至多台发电机组同时故障都不会引起供求失衡，但会引起电力商品价格不同程度的变化，这种变化不一定是价格的升高，也可能是引起价格的下降（如过多的备用），可见备用的设置并不是越多越好，这与对应备用所应付事件发生的概率及该事件发生后给市场造成的后果有很大关系，即电力市场应承受的风险度。因此电力市场设置一定的风险准则是很重要的。在确定的风险准则下，若发电机组在某一前导时间 T 内的停运替代率 ORR_i（近似为发电机组故障率与前导时间的乘积）已知，参与运营的发电机组（机组组合）便确定，由卷积法便可确定失负荷风险度 ρ 概率，ρ 不大于规定的风险准则，对应 ρ 就可知满足该风险度下所需要的备用，这一备用应由参与运营的机组来分摊（连带就可以分摊其所增加的成本）。

那么如何分摊满足一定风险准则下所需的备用呢？这应该从风险度 ρ 入手，ρ 的形成与机组的停运替代率 ORR_i、机组的加载顺序及加载量有关，在这一情景下，仍按同一条件考虑，任一机组（j）的退出，系统的风险度将变为 ρ_j，由此引起的系统风险度变化 $\Delta\rho_j=\rho_j-\rho$，该变化一定满足 $\Delta\rho_j>0$，变化越大，表示该发电机组对系统风险水平的影响越大，即该发电机组分摊的备用越大，由此确定能否按如下原则对备用配置进行分摊

$$\beta_i = \frac{\Delta\rho_i}{\sum_{j \in N} \Delta\rho_i} \tag{6-2}$$

按式（6-2）分摊的备用包括两部分：一是机组故障未被替代期间（前导时间）要求的旋转备用；二是替代故障机组的旁待备用。

6.1.2.2　电力需求不确定性引起的备用

为电力需求预测偏差和意外波动而设置的备用为负荷备用。用户需求不确定性必将给供电带来一定的附加成本，这一附加成本应由需求者来承担，就是说用户一个 MWh 的电能需求作为供电就要为其准备大于一个 MWh 的电能生产的准备，假设电力系统在第 j 节点的需求期望值为 d_j 的概率分布，则供电就要为其准备各种离差下的供给准备（即负荷备用），离差大，负荷备用就大，对应离差产生的概率

大，备用投入的概率也大。

假设j节点负荷具有不确定性，d_j'为j节点不确定性负荷，d_j为j节点的期望负荷。这样节点j负荷是具有一定离差α_j变化的概率分布。

在上节已经确定风险度ρ，该风险度仅考虑发电机组的不确定性，负荷按期望值考虑，输电网无制约。在此基础上将负荷的不确定性考虑在风险度计算中，由此可得计及负荷不确定性情况下的系统风险度，用ρ'表示（ρ'应不大于规定的风险度准则，对应ρ'就可知道满足该风险度下所需要的备用，这一备用减去风险度ρ下所对应的备用即为负荷不确定性所对应的备用，在此也使机组组合发生变化，由此应由需求者共同分摊这部分负荷备用及连带所增加的成本）。

类似上节所述，分摊应该从风险度ρ'入手，ρ'的形成与负荷的概率分布及负荷离差大小有关，在这一情景下，仍按同一条件考虑，假设任一负荷（j）变为确定性的，系统风险度将变为ρ_j'，由此引起系统风险度的变化为$\Delta\rho_j' = \rho' - \rho_j'$，该变化一定满足$\Delta\rho_j' \geqslant 0$，变化越大，表示该负荷确定提高系统风险水平的贡献越大，也意味着该负荷离差及离差存在的概率越大，说明该负荷分摊的备用也应该多，由此判断能否按式（6-3）系数对负荷备用配置进行分摊

$$\beta_i' = \frac{\Delta\rho_i'}{\sum\limits_{j \in N_L} \Delta\rho_j'} \tag{6-3}$$

式中　N_L——负荷节点总数。

6.1.2.3　输电元件不确定性引起的备用

输电元件故障会造成某些机组功率传输受阻而使其部分容量无效，因而引起发电功率或备用配置的重新分布，这一备用转移或改变备用量属于输电网络的责任。在考虑$N-1$约束准则下，探讨输电网制约引起的备用转移，假设系统以ρ'（详细确定方法略去）为风险度，确定了为机组和负荷设置容量为R的备用且满足正常情况下的要求。现在要问输电网为满足$N-1$约束是否引起备用的转移，若引起转移，转移了多少，由此使成本增加了多少，若能回答前两个问题，后一问题就好解决。

为解释此问题，假设系统分成两个部分，分别为A和B，如图6-1所示。正常运行时，A和B及联络线构成系统的总备用为R，A和B通过两条线路连接（l_1和l_2）。当A和B间l_1线路出现故障时，A需要从B调用备用，由于l_1故障使A无法从B中得到有效的ΔR容量备用，说明B中存在无效备用，因此，就引起备用配置的转移，即A再配置额外ΔR容量的备用，B应减少ΔR容量的备用配置，从而才能满足输电网$N-1$条件下供给与需求平衡的要求，这一转移必然引起成本的变化。

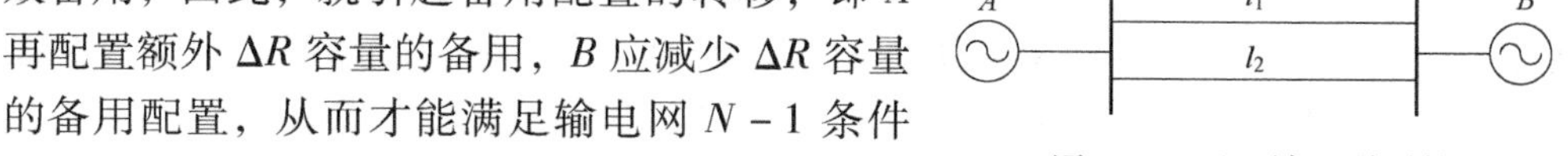

图6-1　两区域互联系统

设系统中第 i 台发电机组在正常运行情况下承担的备用为 R_i。那么，全网备用表达如下

$$R = \sum_{i \in A} R_i + \sum_{i \in B} R_i = R_A + R_B \tag{6-4}$$

推广之，当输电网某一元件 m 出现故障时，如果 A 需要调用的备用 $R' > R_A$，这时系统将重新建立平衡，要求 A 必须增加备用为

$$\Delta R_A = R' + R_A \tag{6-5}$$

同样，B 备用变为

$$\Delta R_B = R_B - \Delta R_A \tag{6-6}$$

如果遍历所有输电元件（$m = 1, 2, \cdots, L$），并计及输电元件的故障率。因不同元件故障时引起备用转移的程度及概率是不同的，由此可求出备用转移的最大值及其相应的概率。

输电制约引起备用转移同样与考虑的风险水平有关，确定一定的风险准则，就可以定量化分析备用转移量以及增加的成本。

6.1.2.4 关于备用的几点思考

探讨上述三类不确定性因素引起备用的原因和分摊原则的焦点是备用由明确的对象引起，应该各负其责且备用共享。不难理解，备用容量越大，电力供给与需求平衡的能力越强，成本也越高，若将成本全部转移到需求上，必然导致电价升高，能否对发电公司、电网和用户的自身收益进行交叉补贴值得思考，主要包括以下几点：

1）如何确定风险准则是关键问题，其决策与系统的实际情况密切相关，应从技术、安全、经济及市场机制统筹考虑，对其进行深入研究是非常重要的。

2）发电机组自身需要备用应通过自身收益来解决，这对降低电价有一定的作用，也有利于提高用户用电的积极性。

3）输电网是电力市场运营的关键载体，由于输电网制约而引起的备用转移所增加的费用应由电力供给者和需求者共同承担，这对输电网的良性发展是有益的。

6.1.3 单母线模型有功调度的经济分析

通过上述分析得出：备用的配置是为了抵御电力系统在供给、传输和销售过程中各种不确定性因素可能带来的损失风险。人们在研究电力系统调度时，备用与实际运行方式总是有些脱节之处，一个明显的错误就是这些模型确定的备用会出现发电机组为自己备用和备用目的不明确的问题，这些问题在市场环境下使公正、公平和公开的“三公”原则难以执行。因此，有必要明确备用的作用，既要免去不必要的备用，又要清楚备用是如何设置的，从而体现市场的透明性。对孤立运行、规模不是很大的系统来说，此问题的研究更有必要。

由 6.1.2 节分析可知，电力系统调度中的备用需求是在一定安全原则下，适度（应折中考虑经济成本）抵御电力商品在生产、传输和销售过程中的不确定性因

素。然而，这一能力除与适度认可程度相关外，还与运行方式存在紧密有机的联系，不可分割。以运行方式为最终目的，在适度的认可水平下，自动地确定刚好的备用，就是接下来提出的电力系统运行调度模型的基本思想，该模型是广义模型在一定假设前提下的一个具体形式。

6.1.3.1　数学模型

模型首先以确定性条件为前提，即不考虑系统不确定性的概率特性，并且仅考虑发电与负荷的平衡，在给定机组组合状态的基础上，以备用（整体考虑）约束为例阐述模型的概念和机理，在不影响揭示问题核心思想下忽略了其他约束。

假设系统有 N_g 台可调度发电机组，每台发电机组的成本特性为

$$C_i(P_i)=a_iP_{g,i}^2+b_iP_{g,i} \tag{6-7}$$

假设 t_0 时刻系统的运行状态已知，则在经过 5～15min 延时后的 t 时刻，调度这 N_g 台运行发电机组的目标函数可表示为

$$\min\sum_{i=1}^{N_g}C_i(P_{g,i}) \tag{6-8}$$

达到目标函数最小必须满足如下约束条件：

1）负荷平衡约束

$$\sum_{i=1}^{N_g}P_{g,i}=P_L+P_{\text{loss}} \tag{6-9}$$

2）机组输出功率上下限约束

$$\begin{cases}P_{g,i}^{\min}\leqslant P_{g,i}\\ P_{g,i}+R_i\leqslant P_{g,i}^{\max}\end{cases} \tag{6-10}$$

3）系统预想水平下的备用约束

$$\sum_{j\in N_g,j\notin K}R_j\geqslant R_L+\max_K\left(\sum_{k\in K}P_{gk}\right) \tag{6-11}$$

4）机组输出功率速度约束

$$D_r^i\Delta t\leqslant P_{g,i}-P_{g,i0}\leqslant U_r^i\Delta t \tag{6-12}$$

5）机组备用的响应速度约束

$$R_i\leqslant U_r^i\Delta t' \tag{6-13}$$

式中　$C_i(P_{g,i})$——发电机组 i 输出功率为 $P_{g,i}$ 时的成本；
a_i、b_i——成本特性常数（本节暂不考虑无负荷费用）；
P_L——t 时刻需满足的负荷期望值；
P_{loss}——网损，并考虑网损为常数；
R_i——发电机组 i 提供的备用；
$P_{g,i}^{\max}$——发电机组 i 输出功率的最大值；
$P_{g,i}^{\min}$——发电机组 i 输出功率的最小值；

R_L——满足负荷需求不确定性在 t 时刻需要的备用；

K——对应可用发电机组集合在一定条件下的预想事件集合；

$P_{g,i0}$——t_0 时刻发电机组的输出功率；

D_r^i——发电机组输出功率的下降速率；

U_r^i——发电机组输出功率的上升速率；

Δt——时段间隔时间；

$\Delta t'$——规定的备用响应时间。

在规定响应时间的情况下，发电机组备用响应速度与运行调节速度可以不同。式（6-13）约束主要体现经济调度与负荷频率控制（Load Frequency Control，LFC）间的有机协调，若不计及速度约束，二者就会产生拉锯式振荡，失去自动发电控制（Automatic Generation Control，AGC）的功能。

根据系统具体的要求，定义预想事故集合，该集合可以由 $N-0$ 规则、$N-1$ 规则及 $N-2$ 规则等确定，也可以根据可靠性分析或实际经验来指定。不同的运行方式需要设置的备用也不是确定的，该模型求出使目标函数达到最优值的发电机组出力，能够同时求解出每台发电机组的备用配置情况，形成唯一的调度模型。并且根据备用约束的松紧情况，能够判断出备用的主要承担者。在满足系统规定水平下，备用既不会多配置，也不会少配置，它会达到刚好的配置。备用还考虑了响应速度的约束，由于这些约束的存在，使一些经济性能好的发电机组被迫提供备用，而一些经济性较差的发电机组反而增加了出力，说明了在不同运行模式下备用设置具有转移的特性，这些性质都可以通过该调度模型得出。

图 6-2 通过两台发电机组（G_1 机组的经济特性较 G_2 优越）来说明本节提出模型备用容量的配置过程，如图 6-2 所示。其中，图 6-2a 为传统的经济调度，从图中可以看出系统调度由于没有考虑事故状态的功率平衡，只以购买成本最小为目标进行有功调度，此时有功的边际为 price。图 6-2b 为本节提出的调度模型，模型考虑了发电机组故障后仍需保证供电，而由于发电机组 G_2 提供的备用容量有限，无法满足发电机组 G_1 故障后系统的功率需求，发电机组 G_1 不得不降低输出功率，直到无论哪一台发电机组故障，另外一台发电机组都能够覆盖故障机组的输出功率为止，最终电能的边际成本为 price′。备用的影子成本就是再增加一个 MW 备用系统调度成本的增加值，即 price′- cost1′。

6.1.3.2 数学模型的经济机制解释

总结起来，6.1.3.1 节给出的数学模型符合市场环境下的要求，与传统模型具有质的不同，其主要特点体现如下：

1）该模型体现明确的备用量配置。在给定预想可靠性水平下，式（6-11）构成了确定的约束集合，在目标函数最小化下，该约束集合将进一步缩减到起作用的约束集合，即有效约束集合，有效约束集合是整个约束集合的子集。当该子集

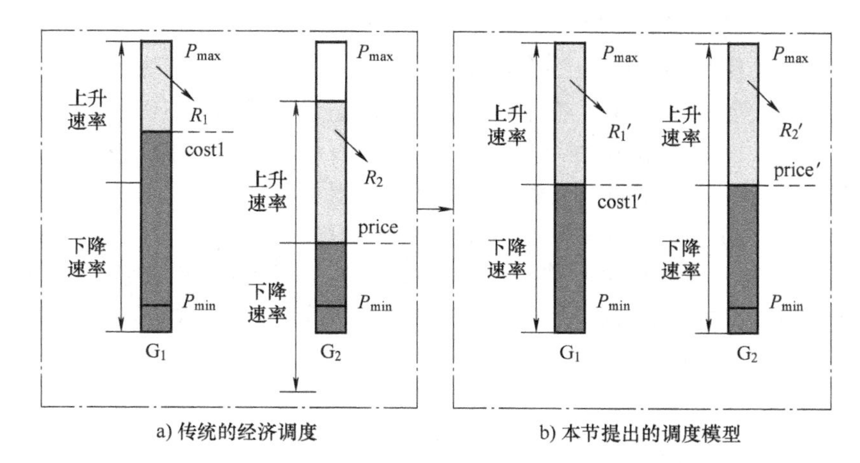

图6-2　与传统调度方式相比备用容量的设置

为空集时，说明系统发电容量非常充裕，影子价格为0，这种情况下或者系统给定的抵御风险的预想水平低，或者机组组合不合理，此时完全可以在预想水平下按现货召唤机组响应系统不确定性的变化，无须进行明确的备用配置；当该子集非空时，说明系统发电容量无冗余，出现影子价格，该影子价格对应的约束刚好处于边界，此时在预想水平下该子集给出明确的备用量配置。

2）该模型体现明确的备用共享原则。系统按非空有效约束子集配置明确的备用量，这一容量可以覆盖预想水平下发生的任一事件，刚好覆盖的事件为关键事件，该事件是备用量配置的临界点，也是承担备用的主要责任者。若覆盖预想水平下的某一事件还有多余容量的备用，则该事件为非关键事件，此类事件直接共享上述条件下的备用配置量。

3）该模型体现明确的经济机制。当有效约束集合非空时，影子价格可以明确反映相关的经济机制。影子价格定义为关键事件发电机组增加一兆瓦备用放弃一兆瓦输出功率时系统成本增加量（即备用的边际成本）与其他发电机组增加一兆瓦输出功率的边际成本之差。该模型充分反映了发电机组由输出功率状态转移到备用状态应付出的代价，就是发电机组放弃输出功率转而作为备用的机会成本（影子价格与备用量之积），该成本补偿刚好与发电机组按边际成本输出功率的经济效果相同，体现了资源优化配置的经济机制。

总之，该模型适应解除管制后系统成员对自身承担责任的明确要求，在满足负荷需求的同时自动确定备用（其他诸多辅助措施）；在明确备用责任（还有其他诸多责任）的同时做到定量化，充分体现了市场透明性；在追求最小成本的前提和在资源优化配置的原则下明确辅助服务所产生的经济机制。通过分析与求解可以清楚地得出唯一调度模型是如何处理备用约束以及如何设置备用调度机理的。

6.1.3.3 算例及其分析

单母线下的模型构成的是二次规划问题，可借助二次规划进行求解。为说明和验证单母线模型的有效性及经济机制，本节构造忽略损耗的 10 台发电机组组成的单母线系统，发电机组相关特性数据如表 6-1 所示。表 6-1 中，发电机组输出功率上升与下降速率假设相同，该系统可调度的机组总有功容量为 2625MW。各发电机组研究初始的输出功率如表 6-2 所示，初始总负荷为 960MW。在此状态基础上，分别针对 1600MW 和 2000MW 作为下一时段的总负荷变化，就传统调度方式和本节提出的新调度方式进行了对比分析，其中备用按系统 10min 内具备的响应能力进行计算，且假设备用的响应速率与机组正常输出功率速率相同。

表 6-1 发电机组相关特性数据

机组序号	$p_{g,i}^{\max}$/MW	$p_{g,i}^{\min}$/MW	r_g^{u}/(MW/min)	$a_g/2$/(\$/MW^2)	b_g/(\$/MW)
1	60	15	3.0	0.00510	27.034
2	80	20	4.0	0.00396	26.101
3	100	30	4.5	0.00393	25.518
4	120	25	4.0	0.00392	25.366
5	150	50	5.0	0.00312	24.215
6	280	75	5.0	0.00361	29.254
7	320	120	10.0	0.00389	29.843
8	445	125	22.2	0.00148	12.130
9	520	250	26.0	0.00147	12.254
10	550	250	27.5	0.00135	12.257

表 6-2 发电机组初始输出功率

机组序号	1	2	3	4	5
功率/MW	15	20	30	25	50
机组序号	6	7	8	9	10
功率/MW	75	120	125	250	250

首先，对该例采用传统调度方式，即仅考虑式（6-11）约束中的第一项，此时 R 为空集。R_L 表示传统调度方式下根据系统需求按最大机组容量或某一百分比设置的给定备用量，在此设置为 500MW 的备用。由此在初始状态下，分别对应 1600MW 和 2000MW 两种负荷情况下的调度结果如表 6-3 所示。

由表 6-3 可见，在 1600MW 负荷模式下，1 ~ 7 号发电机组均运行于输出功率下限，这些发电机组在 10min 内均提供最大备用响应；8 ~ 10 号发电机组同时成为系统的边际机组（此时系统满足负荷要求的边际成本即等微增率 2.4285），且为满

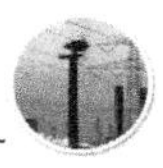

足备用要求，8、9 两机组刚好处于临界状态，但不影响发电机组的输出功率，因此备用与发电机组输出功率无制约关系，备用约束的影子价格为 0，从数学优化中也可以解释这一点。在 2000MW 负荷模式下，负荷的增加及发电机组输出功率速率、备用响应速率等限制造成出现发电机组输出功率与备用配置相互牵制的现象，此时系统边际机组为 6 ~ 10 号发电机组，系统满足负荷要求的边际成本为 41. 706$/MW，由此出现备用的影子价格为 16. 403$/MW。

表 6-3　传统调度方式下的发电机组输出功率、备用和影子价格

序号 i	1600MW 负荷模式		2000MW 负荷模式	
	输出功率/MW	备用/MW	输出功率/MW	备用/MW
1	15. 00	30. 00	30. 00	30. 00
2	20. 00	40. 00	40. 00	40. 00
3	30. 00	45. 00	55. 00	45. 00
4	25. 00	40. 00	80. 00	40. 00
5	50. 00	50. 00	100. 00	50. 00
6	75. 00	50. 00	172. 48	50. 00
7	120. 00	100. 00	150. 50	100. 00
8	410. 73	34. 27	444. 59	0. 41
9	409. 34	110. 66	443. 53	76. 47
10	444. 93	0	482. 02	67. 92
备用影子价格/($/MW)	0		16. 403	

用传统调度模型得到的结果有如下不足：

1）无法确定明确的备用量。由于传统调度模型处理备用约束时没有明确备用产生的原因，因此无法明确这些备用为谁而设置。

2）无法满足备用共享原则，造成顾此失彼现象。如在 2000MW 负荷模式下，10 号发电机组故障，系统需要 482MW 的备用，而此时系统只能提供 432MW 的备用；9 号发电机组也如此，也就是说备用配置无法覆盖所有预想水平下的事件。

3）无法给出明确的经济机制。备用量的确定不是对应预想水平下的最小量度，而且存在无效的备用设置，造成由于备用而付出的代价没有明确的责任，影子价格所反映的成本增加也就不能作为合理的成本依据，无法定量给出备用承担量，因此难以透明地给出这一代价的分摊准则。

按本节提出的新调度模型，若式（6-11）按 $N-1$ 原则（当然可按实际系统任意扩充）考虑，其中 R_L 表示的不再是传统调度模型下的系统备用，只表示系统为防止负荷波动所设置的备用，本例为明确概念起见，只考虑发电机组引起备用及承担备用的责任，因此将其设为零，由此得到的调度结果如表 6-4 所示。

表 6-4 新调度模型下的发电机组输出有功功率、备用和影子价格

机组序号 i	1600MW 负荷模式		2000MW 负荷模式	
	有功/MW	备用/MW	有功/MW	备用/MW
1	15.00	30.00	30.00	30.00
2	20.00	40.00	40.00	40.00
3	30.00	45.00	55.00	45.00
4	25.00	40.00	80.00	40.00
5	50.00	50.00	100.00	50.00
6	75.00	50.00	198.06	50.00
7	120.00	100.00	176.24	100.00
8	410.73	34.26	428.85	17.35
9	409.33	55.66	427.55	92.44
10	444.92	20.07	464.79	55.22
备用影子价格/($/MW)	0		18.748	

由表 6-4 可见，本节所提出模型相关的发电机组输出功率、备用配置及它们之间的牵制、边际成本和备用的影子价格在机理上与传统模型一致，而且对于传统模型的缺点，该模型都可以给予恰当、合理的解释。例如，在 1600MW 负荷模式下，系统发电容量是冗余的，对应备用的有效约束子集为空集，因此备用的影子价格为 0。在 2000MW 负荷模式下，本节模型根据预想水平下有效约束子集非空条件确定最小备用配置量为 464.79MW，该配置对应预想水平下发生的关键事件是 10 号机组故障，其他预想水平下的事件都可以得到备用的响应，因此有明确、适当的备用共享，无疑 10 号发电机组是备用的主要承担者。2000MW 负荷模式下备用的设置导致发电机组输出功率的转移，使系统发电机组输出功率的边际成本增加，由备用的影子价格（18.748$/MW）可以明确由于备用引起的成本增量，由此可按备用产生原因、备用的责任及承担者承担的程度建立对该成本的分摊原则。

由此可见，电力系统运行调度必须满足充分必要的发电、负荷平衡约束条件，在给定负荷模式下（存在可行解）只有一种满足约束条件的辅助服务最佳配置。围绕目标函数，在发电负荷平衡条件下，其他约束都是辅助手段，这些手段对发电、负荷平衡条件无牵制影响时，其影子价格为零，一旦发生牵制，由该价格形成辅助成本。本节模型可以明确备用的最小量度、在最小量度下对应的预想事件及其伴随的经济机制。

6.1.4 电力网络制约下的单母线模型扩展

在 6.1.3 节所述单母线模型中，由于没有考虑电力网络传输的限制，调度结果只受机组容量、响应速率和需求弹性的影响。而实际大规模电力系统中，电力网是电力商品的载体，理论上讲一切电力商品的交易都必经这一载体才能完成。而

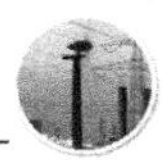

由于电网传输能力的限制，单母线基本模型的经济调度结果不一定可行，可能出现某些无效的备用容量配置，不满足预想事故状态下负荷平衡系统对备用容量的需求。因此，解决网络约束下备用的唯一配置问题的关键，是如何解决备用在网络受限时的转移，并达到刚好。本节描述模型是基于简化的直流潮流，并引入电力网络约束，分析网络制约条件下电力系统运行调度中的经济特性。

6.1.4.1　电力网络制约下的备用转移现象

在 6.1.2.3 节基础上，进一步解释由于电力网络制约引起的备用转移后经济性发生了怎样的变化。为突出备用的转移引起的成本变化，例子中增加一台相对成本高的等效发电机组 3（又假设发电机组 3 是 100% 可靠的），所有等效发电机组容量为 2000MW，a、b 两节点分别带 500MW 和 1500MW 的等效负荷，双回输电线路（参数相同）联络在两节点间，每条容量限制为 500MW，该系统可以简化如图 6-3 所示。与 6.1.2 节中一样，按 $N-1$ 准则设置预想事故集 K_a，包括发电机组 1、2 分别故障事件，线路 1、2 故障事件。

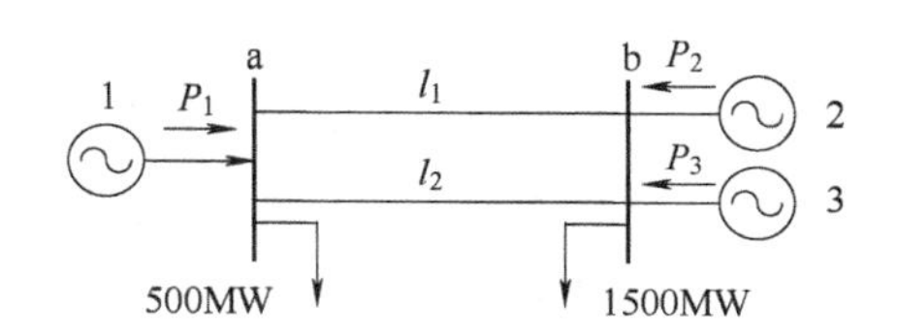

图 6-3　修正的两区域系统

等效发电机组的边际成本表达式如下

$$\mathrm{MC}_1 = 10 + 0.01P_1 \tag{6-14}$$

$$\mathrm{MC}_2 = 13 + 0.02P_2 \tag{6-15}$$

$$\mathrm{MC}_3 = 55 + 0.01P_3 \tag{6-16}$$

首先给出每一种预想事件发生后的调度结果：

传统经济调度结果：

三发电机组有功调度：$P_1 = 1433\mathrm{MW}$，$P_2 = 567\mathrm{MW}$，$P_3 = 0$。

三发电机组备用调度：$R_1 = 567\mathrm{MW}$，$R_2 = 1433\mathrm{MW}$，$R_3 = 0$。

两条联络线的传输功率：$P_{l1} = P_{l2} = 466.5\mathrm{MW}$。

两节点边际价格：$\mathrm{MC_a} = \mathrm{MC_b} = 24.33\$/\mathrm{MW}$。

预想事故发生后调度结果：

Case 1，发电机组 1 故障切除：

$P_1 = 0$，$P_2 = 2000\mathrm{MW}$，$P_3 = 0$；$P_{l1} = P_{l2} = 250\mathrm{MW}$。

Case 2，发电机组 2 故障切除：

$P_1 = 1500\mathrm{MW}$，$P_2 = 0$，$P_3 = 500\mathrm{MW}$；$P_{l1} = P_{l2} = 500\mathrm{MW}$。

Case 3，线路 1 故障切除，线路 2 故障切除与线路 1 结果相同：

$P_1=1000\text{MW}$，$P_2=1000\text{MW}$，$P_3=0$；$P_{l2}=500\text{MW}$。

分析上面的例子可以看出：Case 2 中，由于联络线传输功率的限制，发电机组 1 配置的 500MW 备用是无效的，备用转移到更贵的等效发电机组 3 上；Case 3 中，虽然网络也受到了限制，但是各发电机组对备用容量的需求没有超过 Case 2。可见，Case 2 为关键事件，按此设置备用能够覆盖其他预想事件。因此，与单母线模型分析一样，预想事故集合中一个关键子集确定了最终的备用配置，其他预想事故在优化过程中不会起作用，故实质上由关键事件与正常状态一起构成的调度模型就可以求解考虑电力网络安全约束下备用的配置问题，但关键事件未必是一个，也可能是一个集合，不管如何都要抓住关键事件集，使单母线模型很容易扩展。

因此，研究电力网络约束下备用的经济性问题主要是须找到在预想状态下的关键事件集，并将该集与正常状态下的模型进行融合，就可以解决电力网络制约下的备用转移问题。

6.1.4.2 数学模型及其求解

1. 数学模型

通过 6.1.4.1 节的基础分析，在 6.1.3.1 节单母线模型基础上，将发电、负荷平衡表示为直流潮流方程并引入到该模型中，具体可叙述如下

$$\min\sum_{i=1}^{N_g}C_i(P_{g,i}^0) \tag{6-17}$$

$$\boldsymbol{A}_G^k\boldsymbol{P}_g^k-\boldsymbol{P}_L^k=\boldsymbol{A}_f^k\boldsymbol{P}_f^k \tag{6-18}$$

$$\boldsymbol{A}_C^k\boldsymbol{X}^k\boldsymbol{P}_f^k=0 \tag{6-19}$$

$$\underline{\boldsymbol{P}}_f^k\leqslant\boldsymbol{P}_f^k\leqslant\overline{\boldsymbol{P}}_f^k \tag{6-20}$$

$$\boldsymbol{P}_g^0-\boldsymbol{R}_g^{\text{down}}\leqslant\boldsymbol{P}_g^k\leqslant\boldsymbol{P}_g^0+\boldsymbol{R}_g^{\text{up}} \tag{6-21}$$

其中，目标函数与单母线模型相同，k 为预想事件标志，$k=0$ 表示无预想事件（正常状态）情况，$k\neq0$ 表示有预想事件发生；K_a 为预想事件集合。N_g 为发电机组总数；N 为电力网络节点总数，N_{loop}为电力网络独立回路总数，N_{b} 为电力网络支路总数，它们均为下列描述向量和矩阵的维数，当然不同预想事件下这些量要发生相应的变化。$\boldsymbol{A}_G$ 为节点与发电机组间的关联矩阵；$\boldsymbol{A}_f$ 为节点与支路间的关联矩阵；$\boldsymbol{A}_C$ 为电力网络独立回路与支路间的关联矩阵；$\boldsymbol{X}$ 为对应系统所有支路电抗值构成的对角阵；$\boldsymbol{P}_g$ 为发电机组输出功率构成的向量；$\boldsymbol{P}_L$ 为节点负荷功率构成的向量；$\overline{\boldsymbol{P}}_f$、$\underline{\boldsymbol{P}}_f$为由支路传输功率上、下限构成的向量；$\boldsymbol{R}^{\text{down}}$、$\boldsymbol{R}^{\text{up}}$分别为发电机组向下和向上允许提供旋转备用贡献限制的向量。

模型中，等式约束（6-18）为基尔霍夫第一定律（KCL）约束，等式约束（6-19）为基尔霍夫第二定律（KVL）约束，两者结合构成直流潮流方程。不等式（6-20）为支路传输功率限制的约束。不等式（6-21）构成正常状态下和预想事件下调度唯一性的牵制约束，实质是反映备用的有效性约束，该约束与单母线模型

中式（6-11）具有相同的作用性质，即预想事故下发电机组对备用的需求能够被刚好覆盖，因此该约束是对式（6-11）在网络制约条件下的一种扩展。一旦某一预想事故中发电机组对备用的需求超过了该机组提供的最大备用容量，就会产生备用的转移，最终使预想事故下的潮流仍然平衡，该预想事故即为所有预想事故集中的关键集，由该关键集可确定最终的备用配置。当然，备用必须满足机组输出功率响应速率约束和自身容量的限制。

这里预想事故集合 K 可以按照6.1.3.1节一样根据安全准则定义。如果将所有的 $N-1$（或其他准则）对应事件所引起的电力系统状态都加入到模型来统一求解，难免会造成问题规模的庞大，对大电力系统难以进行实际的计算。通过上面分析，只要抓住关键集就可解决问题，而实际强大的电力系统中大部分的预想事故都是不起作用的，按正常讲关键集应该是空的，异常情况下或许存在一个含少量事件的关键集。因此可以按照一定的规则寻求关键集，以有效减小上述模型对实际问题的求解规模。

2. 计及关键集的扩展模型求解

考虑关键集制约的模型求解可按如下步骤进行：

1）由式（6-17）~式（6-21）构成的模型可转化成标准的二次规划问题，令 $k=0$ 可解无预想事件（正常状态）下的二次规划问题，以确定机组输出功率。

2）针对正常状态的机组输出功率调度，对预想事故集 K 中各事件进行快速潮流计算，逐一检查对约束的制约情况，通过设置一定门槛值以确定关键集，并基于 $k=0$ 情况下直流潮流的灵敏度将关键集约束表达为与 $k=0$ 情况相关的约束表达，形成仅考虑关键集的二次规划问题。

3）求解新的二次规划问题，即可完成模型的求解。

6.1.4.3　基于节点边际价格的经济机制解释

电力网络制约下的单母线模型也可以构成二次规划问题，抽象表示为

$$
\begin{aligned}
& \min\ F = \boldsymbol{c}^{\mathrm{T}}\boldsymbol{x} + \frac{1}{2}\boldsymbol{x}^{\mathrm{T}}\boldsymbol{H}\boldsymbol{x} \\
& \text{s.t.} \\
& \qquad \boldsymbol{A}\boldsymbol{x} = \boldsymbol{b} \\
& \qquad \boldsymbol{B}\boldsymbol{x} \leqslant \boldsymbol{h} \\
& \qquad \boldsymbol{x} \geqslant 0, \boldsymbol{y} \geqslant 0
\end{aligned}
\tag{6-22}
$$

式中，$\boldsymbol{x}$ 为解的列向量，由 $\boldsymbol{P}_G^k$、$\boldsymbol{P}_f^k$ 和 $\boldsymbol{R}_G$ 的列向量构成；$\boldsymbol{c}$ 为机组一次费用系数和0元素构成的列向量；$\boldsymbol{H}$ 为机组二次费用系数及0元素构成的对角阵，属于半正定型；等式约束由各种预想事件下的潮流平衡方程构成，$\boldsymbol{A}$ 为系数阵，$\boldsymbol{b}$ 为负荷需求；不等式约束有式（6-11）、式（6-13）、式（6-20）以及式（6-21），$\boldsymbol{B}$ 为相应的系数阵，$\boldsymbol{h}$ 为各不等式约束的边界向量。

在式（6-22）中，通过引入拉格朗日乘子，形成如下拉格朗日函数

$$L = F(x) - \boldsymbol{\lambda}^{\mathrm{T}}(\boldsymbol{A}\boldsymbol{x} - \boldsymbol{b}) - \boldsymbol{\alpha}^{\mathrm{T}}(\boldsymbol{B}\boldsymbol{x} - \boldsymbol{h}) \tag{6-23}$$

式中，$\boldsymbol{\lambda}$为电力系统正常状态及各种预想事件下系统潮流等式约束对应的拉格朗日乘子列向量。对广义模型拉格朗日乘子内涵进行分析，针对电力网络制约下的有功调度，可以得出电能节点边际价格如式（6-24）所示，同时定义各预想事件下的乘子和为备用的影子价格，记为$\frac{\mathrm{d}F}{\mathrm{d}S}$，如式（6-25）所示。

$$\frac{\mathrm{d}F}{\mathrm{d}E} = \lambda_{k=0} \tag{6-24}$$

$$\frac{\mathrm{d}F}{\mathrm{d}S} = \sum_{k \in K_a, k \neq 0} \lambda_k \tag{6-25}$$

这里需要说明的是：备用的影子价格之所以为各预想事件下对应拉格朗日的和，是由于备用的配置是为了满足预想事件发生时系统的功率平衡，一旦对应某一预想事件下备用的资源出现紧张，则该预想事件下的乘子即能反映由此产生的机会成本，而备用对于各预想事件下是共享的，故需要将各预想事件下的机会成本累加才能准确反映备用资源稀缺引起的机会成本。

6.1.4.4 算例及其分析

电力网络制约下的单母线扩展模型构成的二次规划问题，只是过程较单母线模型略为复杂。本节给出构造的由3机组组成的5节点系统，用于基本概念和机理的说明，在此基础上，又给出IEEE-30母线系统的例子，目的在于阐明电力网络制约下单母线扩展模型的经济机制。

1. 5节点系统算例

图6-4为5节点简单系统的示意图，发电机组相关特性数据如表6-5所示，输电元件相关参数如表6-6所示。该系统可调度的发电机组总有功容量为160MW，3台发电机组仅对节点1上负荷（L），负荷功率为55MW，计算分析中备用按系统10min内具备的响应能力进行，且假设备用的响应速率与机组正常输出功率速率相同。预想事故集按照$N-1$准则设置，即有8个预想事件。

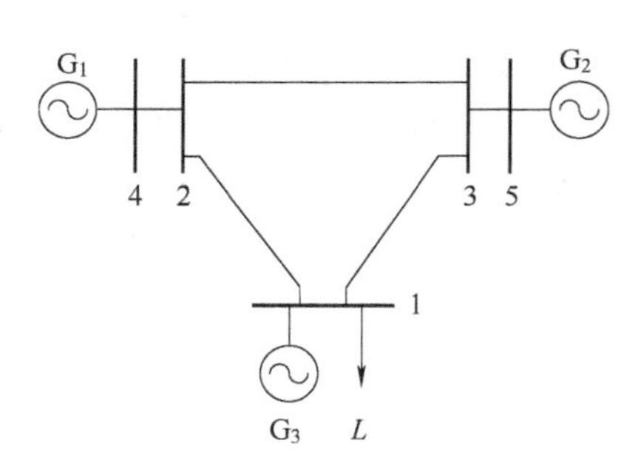

图6-4 5节点算例

表6-5 发电机组参数

机组	所在节点	上限/MW	下限/MW	初始功率/MW	$a_g/2$ /(\$/MW^2)	b_g /(\$/MW)	响应速率/(MW/10min)
G_1	4	60	0.0	10	0.0496	40.3250	30
G_2	5	40	0.0	10	0.0310	38.6253	40
G_3	1	60	0.0	5	0.0500	50.0000	10

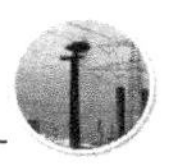

表6-6　输电元件相关参数

支　路	首节点	末节点	支路电抗（pu）	输电限制/MW
1	1	2	0.50	30
2	1	3	0.50	25
3	2	3	0.50	50
4	2	4	0.01	60
5	3	5	0.01	60

由6.1.4.2节的模型和算法，表6-7给出三种情况设想的调度结果：情况1是不考虑网络制约下的单母线结果；情况2是单母线模型结合网络$N-0$的制约；情况3是所有元件（机组和输电元件）按预想事故集的分析结果。

表6-7　最优调度结果　　（单位：MW）

机组	情况1		情况2		情况3	
	输出功率	有功备用	输出功率	有功备用	输出功率	有功备用
G_1	10.0	30.0	20.0	17.5	2.9175	22.0825
G_2	40.0	0.0	27.5	10.0	32.0825	0.0
G_3	5.0	10.0	7.5	10.0	20.0	10.0

算法中识别的关键集：情况1为发电机组G_2切除；情况2为发电机组G_1切除和发电机组G_2切除两个预想事件构成；情况3为输电线路1-2切除。

由表6-7可见，情况1同单母线模型预期的调度结果一致，发电机组G_2满发40MW，发电机组G_1和发电机组G_3均提供最大备用覆盖发电机组G_2的预想事件，而发电机组G_2受最大容量限制无法再提供备用，因此只能由发电机组G_3提供备用覆盖发电机组G_1的预想事件，使发电机组G_1最多只能发出10MW功率，其余5MW由发电机组G_3输出。情况2是在单母线模型的基础上，考虑电力网络的传输限制，但认为所有输电元件均无故障可能。在这种情况下，由于正常网络制约使单母线调度结果不能成行，即发电机组G_1在预想事件发电机组G_2切除时最多只能输出37.5MW的功率到节点1，发电机组G_3在该预想事件下需要发出17.5MW的功率才能满足负荷，因此发电机组G_3的输出功率由5MW变为7.5MW，提供的备用10MW不变；发电机组G_1和G_2需要提供47.5MW，受到输电线路1-3只能传输25MW功率的限制，发电机组G_1输出功率由10MW变为20MW，发电机组G_2的输出功率不得不由40MW变为27.5MW；为了能够在预想事件发生时覆盖故障机组出力所需要的备用，发电机组G_1提供备用由30MW降为17.5MW（12.5MW的备用无效），发电机组G_2提供备用由0MW变为10MW。情况3是完全考虑预想事故集的情况，此时较单母线模型结果差异更大，如节点1上的发电机组G_3必须保证发生时能够提供30MW的可用容量（其中备用最多能响应10MW，故其输出功率不得不为20MW），其余的35MW负荷由其他两机组按成本最小进行分配，这样发电机组G_1、G_2分别输出2.9715MW和32.0825MW的有功功率，节点4上的发电机组G_1需要提供22.0825MW的功率备用，此时达到了预想事故集中各事件发生时都能满足系统负荷的要求。

表6-8给出了上述三种情况下的由电能边际成本和备用边际成本定义的电能价格和备用价格。

情况1：假设网络没有任何制约，发电机组G_3为边际机组，边际价格为50.5$/MW，备用价格为发电机组$G_2$增加一个MW备用需要支付的额外费用，即边际价格50.5$/MW与发电机组$G_1$增加1MW输出功率的成本41.713$/MW之差，等于9.183$/MW。

情况2：虽然没有考虑输电元件的预想事件，但是考虑了网络传输受到的限制，从表中结果看，由于输电线路1-3容量制约，节点1、2、3形成不同的节点价格。要想增加节点1的负荷，只能通过提高发电机组G_3的输出来完成，故节点1的边际价格为50.75$/MW。受输电线路1-3容量制约，发电机组$G_2$增加1MW出力需要由$G_1$和$G_3$共同分摊才不会超过输电线路1-3的传输极限，节点2与4的能量价格为45.5402$/MW，而发电机组$G_1$不会影响输电线路阻塞，因此节点3与5的价格由发电机组G_1的边际成本确定，为40.3303$/MW。按相同分析，备用的节点价格如表所示。

情况3：由表6-7可知，发电机组G_3需输出20MW功率和10MW备用容量，节点1电能价格为52$/MW。发电机组$G_1$和$G_2$分担35MW负荷，此时网络不会产生制约，按等耗量微增调度即可，除节点1外其他节点的电能价格为40.4146$/MW。节点1上的备用边际，即发电机组$G_3$的备用价格，由发电机组$G_3$改变1MW备用所需支付的费用确定，即11.3856$/MW，而其他发电机组的备用非常充裕，多提供备用不会造成成本增加，故备用价格为0。显然，系统分成两个区域：节点1单独组成价格较贵区域1；其他节点组成价格较便宜区域2。

表6-8　节点电能边际价格和安全边际价格

节点	情况1		情况2		情况3	
	电能价格/($/MW·h)	备用价格/($/MW)	能量价格/($/MW·h)	备用价格/($/MW)	能量价格/($/MW·h)	备用价格/($/MW)
1	50.5000	9.1830	50.7500	6.4623	52.0000	11.3856
2	50.5000	9.1830	45.5402	2.2312	40.6144	0.0000
3	50.5000	9.1830	40.3303	0.0000	40.6144	0.0000
4	50.5000	9.1830	45.5402	2.2312	40.6144	0.0000
5	50.5000	9.1830	40.3303	0.0000	40.6144	0.0000

表6-9给出了交易各市场成员的收支情况。从表中结果可知，单母线模型假设下用户需要支付2777.5$的费用。而情况2由于网络制约使备用发生转移，进而导致调度成本增加到2791.5$。情况3在情况2基础上又考虑了输电线路的预想事件，为满足这种更为严格的安全要求，进一步增加了调度成本至2860.0$。因此，用户要想获得更好质量水平的电力商品，就需要支付更多的费用。总计一栏给出用户支付与发电机组收入之间的差值，这一差值能够反映网络的阻塞情况。情况1无网络制约，故该项为0。情况2由于网络阻塞用户需要多支出391.71$。情况3多支出398.49$。这部分费用就是由于网络阻塞导致的商业剩余（Merchandising Surplus），这部分剩余应由电网获得以改善电网的传输能力、缩小节点间的价格差异。

表6-9 按节点价格结算的市场成员收支情况 （单位：$）

项目	G1		G2		G3		负荷	总计	
	有功	备用	有功	备用	有功	备用		有功	备用
情况1	505.00	275.49	2020.00	0.00	252.50	91.83	2777.50	0.00	367.32
情况2	910.80	39.05	1109.08	0.00	380.63	60.46	2791.50	391.71	99.51
情况3	118.50	0.00	1303.01	0.00	1040.00	113.86	2860.00	398.49	113.86

表6-9还给出了发电机组获得的备用收益。从购电成本最小的目标出发，在用户负荷确定的前提下，最终支付的只是电能商品的费用，而不需要支付备用的费用。情况1与情况2中不考虑电网和负荷的不确定性，因此，情况1与2的备用费用由所有发电机组按照各自责任的大小进行分摊。情况2到情况3备用费用由99.51$/MW增加至113.86$/MW，14.35$/MW的差额是由于考虑了输电线路预想事故造成的，应该由网络负责。

2. 30节点算例

IEEE 30节点系统示意图如图6-5所示，系统相关数据见本章附录6A。该系统总负荷为315.6MW，功率基准取为100MW，可调度机组总的有功容量为635MW。分析计算时取$N-1$作为预想事故集K，即47个预想事件。

算法中识别的关键集由节点1机组切除、节点2机组切除、输电线路6-9切除以及输电线路25-27切除四个预想事件构成，其余预想事件不构成对调度的影响，三种情况的定义与5节点算例相同。

表6-10给出了30节点系统在三种情况下的调度结果。情况1中节点2发电机组为边际机组，由此确定能量边际价格和备用边际价格，备用配置总容量为90.95MW。情况2受输电元件传输容量的限制，使某些发电机组的部分备用容量无效，比如节点11的发电机组有6.48MW的备用容量无效。为了仍能满足发电机组预想事件的需求，虽然备用的配置容量为83.01MW，较情况1小，但是由于发电机组的输出功率发生了变化，成本较高的节点13发电机组增加出力至22.21MW，使总调度成本增加。情况3由于进一步考虑了输电元件预想故障事件，从

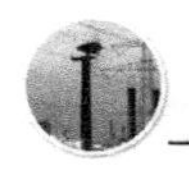

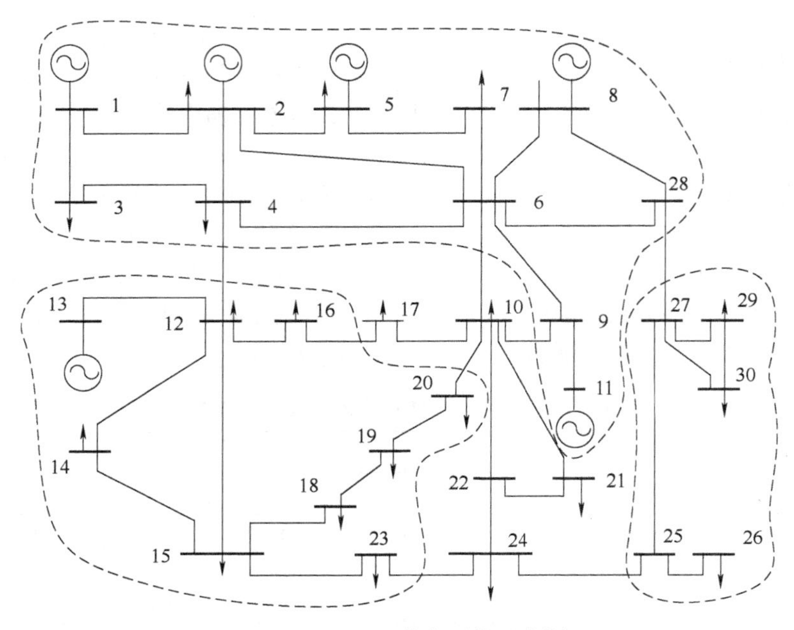

图 6-5 IEEE30 节点系统示意图

结果看发电机组的输出功率未发生明显改变，目标函数与情况 2 相当，但是备用的需求增加到 93.26MW，是由于输电元件预想事件对某些机组的备用需求量增大，比如节点 1 和节点 11 上的发电机组的备用容量均有所增加。

表 6-10 30 母线系统最优调度结果 （单位：MW）

机组节点号	情况 1		情况 2		情况 3	
	输出功率	有功备用	输出功率	有功备用	输出功率	有功备用
1	82.18	8.77	77.26	5.75	76.67	10.17
2	54.31	30.00	44.75	30.00	44.57	30.00
5	97.82	2.18	94.29	5.71	94.95	5.05
8	44.87	20.00	45.11	20.00	45.30	20.00
11	28.21	20.00	22.21	13.52	22.15	20.00
13	8.21	10.00	31.97	8.03	31.96	08.04

表 6-11 给出 30 母线系统的能量边际价格和备用边际价格。情况 1 单母线条件下，能量边际价格为 34.08＄/MW，备用边际价格为 9.22＄/MW。情况 2 由于引入了网络约束，受输电元件传输容量的制约，节点 10、12、17、23、24、26 与相邻节点相比价格最高，这些节点将整个网络划分为四个价格区域，如图 6-5 中所示 A、B、C 和其他节点组成的价格区域。其中区域 B 的价格最高，区域 A 的价格最低，从图 6-5 中可以看出区域 A 所在区域为发电容量充足且成本小的区域，而区

域B为重负荷区域，发电容量小且成本高，由于受网络的限制导致节点的价格普遍要高。情况3与情况2相比，大多数节点价格有一定程度的升高，是由于网络 $N-1$ 事件对备用的需求增大所致（由表6-11可知），由此使备用的边际价格增高，进而导致节点能量价格升高，用户将支付更高的费用才能获得所需的电力商品。

表6-11　能量边际价格与备用边际价格

节点	情况1		情况2		情况3	
	能量/(\$/MW·h)	备用/(\$/MW)	能量/(\$/MW·h)	备用/(\$/MW)	能量/(\$/MW·h)	备用/(\$/MW)
1	34.08	9.22	33.23	9.16	33.23	9.21
2	34.08	9.22	33.34	9.10	33.36	9.15
3	34.08	9.22	32.83	9.35	32.84	9.41
4	34.08	9.22	32.74	9.39	32.75	9.45
5	34.08	9.22	33.68	8.94	33.72	8.99
6	34.08	9.22	34.03	8.77	34.06	8.83
7	34.08	9.22	33.88	8.84	33.92	8.89
8	34.08	9.22	34.17	8.83	34.22	8.90
9	34.08	9.22	31.10	0.00	31.08	0.00
10	34.08	9.22	52.54	18.34	52.62	18.45
11	34.08	9.22	31.10	0.00	31.08	0.00
12	34.08	9.22	59.89	13.91	59.97	13.99
13	34.08	9.22	59.89	13.91	59.96	13.99
14	34.08	9.22	58.67	14.38	58.74	14.77
15	34.08	9.22	57.71	14.75	57.79	14.84
16	34.08	9.22	56.83	15.76	56.90	15.85
17	34.08	9.22	53.84	15.76	53.92	17.66
18	34.08	9.22	55.90	16.01	55.98	16.10
19	34.08	9.22	54.83	16.75	54.91	16.85
20	34.08	9.22	54.27	17.14	54.35	17.24
21	34.08	9.22	52.33	17.89	52.42	18.00
22	34.08	9.22	52.27	17.75	52.35	17.85
23	34.08	9.22	55.04	15.28	55.11	15.36
24	34.08	9.22	51.46	15.98	51.54	16.07
25	34.08	9.22	45.62	13.56	45.68	13.64
26	34.08	9.22	45.62	13.56	45.68	13.64
27	34.08	9.22	41.91	12.03	41.96	12.11
28	34.08	9.22	34.88	9.12	34.92	9.19
29	34.08	9.22	41.91	12.03	41.96	12.11
30	34.08	9.22	41.91	12.03	41.96	12.11

6.1.5 概率条件下有功调度经济理论的深度研究

本节前几节的分析都是针对确定性下的电力系统运行风险标准（如 N-1）来研究有功调度的经济性问题，确定性下的电力系统运行调度结果不是保守就是冒进。另外，电力用户具有一定的风险承受能力，在追求自身利益最大化的过程中，即均衡成本与损失的过程中，可以承担一部分不满足负荷造成的损失。因此，在调度过程中考虑预想事件的发生概率，并兼顾用户的这种能力，在用户可接受的风险水平下将进一步节省资源，对解释有功经济性具有重要的贡献。

6.1.5.1 数学模型

有效率的经济系统应该最大化社会效益（或剩余），当考虑预想事件发生概率及用户中断负荷的作用时，社会效益最大化目标也描述成期望值形式，如式（6-26）所示，即

$$\max \sum_{k \in K} \pi_k \left(\sum_{i \in N_L} B_i(P_{L,i}^k) - \sum_{i \in N_g} C_i(P_{g,i}^k) \right) \tag{6-26}$$

$$B_i(P_{L,i}^k) = c(P_{L,i}^k)^2 + dP_{L,i}^k \tag{6-27}$$

目标函数包括两项：①有功期望调度成本，其中包括生产成本、机组无负荷费用等；②用户期望效用，其中包含了用户非计划切负荷的期望损失。发电机组的成本特性仍采用式（6-7）的二次形式，负荷收益函数同样采用二次形式，如式（6-27）所示。式中，d 为负荷的边际收益；c 为常系数，$c<0$；$P_{g,i}^k$ 为发电机组 i 在预想事件 k 发生时的输出功率；$P_{L,i}^k$ 为预想事件 k 发生时负荷 i 的实际功率；$P_{L,i}$ 为预测负荷功率；π_k 为预想事件 k 发生的概率，由式（6-28）给出，其中 prob_i 表示发电机组强迫停运率或输电元件故障率。

$$\pi_k = \text{prob}_k \prod_{i \in K, i \neq k} (1 - \text{prob}_i) \tag{6-28}$$

该目标函数同样需要满足 6.1.4 节中描述的直流潮流等式约束和其他不等式约束式（6-18）~式(6-21)，控制变量由对应预想事件的发电机组输出功率以及实际满足的负荷，如式（6-29）所示，式中各量均为列向量。

$$U = \{P_g^k, P_L^k\} \tag{6-29}$$

系统风险用期望失负荷能量（EENS）描述，如式（6-30）所示，即

$$\text{EENS} = \sum_{k \in K} \sum_{i \in N_L} (P_{L,i} - P_{L,i}^k)\pi_k \tag{6-30}$$

概率条件下的电力系统有功调度模型仍可以构成二次规划问题，可以通过二次规划程序进行求解。

概率条件下的有功调度将预想事件发生的概率引入到目标函数中，使各种预想事件根据发生概率的大小通过期望值对目标函数进行牵制[41,42]。通过非计划切负荷协调效益与风险的关系，如果在预想事件下保证用户获得 1MW 所取得的社会效益大于不提供用户造成的损失，那么从社会效益最大化角度出发，将不会提供这 1MW 的电力商品。与本节前面所述的给定风险指标（本节模型中由 EENS 描

述）相比，充分体现了用户参与调度的好处，即在可接受的风险水平下，允许一部分负荷不满足，而前文所用的给定风险指标是在预想事件下不允许切负荷的。可见，引入用户参与，更能体现电力系统调度的经济性。

6.1.5.2 算例及其分析

仍以5节点系统为例，对三个时段的负荷进行对比分析。为了简化和突出非计划中断负荷的作用，假设网络容量是充裕的，并且不考虑输电元件的预想事件。发电机组的成本特性以及负荷的需求特性参数如表6-12所示，ORR为发电机组故障切除发生的概率，由此通过式（6-28）得出预想事件发生的概率。三个时段的负荷数据如表6-13所示，仍采用二次规划进行求解。

表6-12 发电机组负荷经济参数

	ORR	响应速率/(MW/min)	最大容量/MW	a/c/(\$/MW^2)	d/b/(\$/MW)
G_1	0.02	1	50	0.0410	42.9000
G_2	0.01	3	50	0.0396	30.3250
G_3	0.03	3	50	0.0310	31.6253
D	—	—	—	-0.1000	50.0000

表6-13 负荷数据

负荷/MW	时段1	时段2	时段3
	80	90	60

表6-14给出了最优调度结果，表6-15给出了能量、备用边际价格和系统风险水平。当负荷为80MW和90MW时，由于配置备用导致成本的增加要比切除一部分负荷的损失大，因此为了满足社会效益最大化的目标，在该负荷下需要切除一部分负荷，期望损失的供电功率（EENS）分别是0.3031MW和0.5774MW。当负荷为60MW时，由于配置足够备用的成本（能量价格和备用价格均小于1、2时段负荷的价格水平）相对于用户中断负荷损失要小，因此，在该负荷水平下，可以按照6.1.3节单母线模型备用刚好覆盖最大发电机组输出功率配置有功资源，此时在任何预想事件下都不会中断负荷。可见，只有当配置备用带来的成本增量比中断负荷导致的用户损失小时，才会配置更多的备用抵御系统过大的风险；否则，用户将承担一定损失的风险，以实现社会效益最大化的目标。

表6-14 最优调度结果 （单位：MW）

时段负荷	G_1		G_2		G_3	
	有功	备用	有功	备用	有功	备用
1	12.0512	10.0000	39.0000	11.0000	28.8479	21.1521
2	14.9458	10.0000	42.1208	7.8792	32.8334	17.1664
3	0.0000	10.0000	35.0000	14.0000	25.0000	25.0000

表 6-15　电能价格以及系统风险

时段负荷	电能价格/($/MW·h)	备用价格/($/MW)	EENS/MW
1	43.6790	12.2334	0.3031
2	43.9182	12.2401	0.5774
3	33.5097	2.3242	0.0000

表 6-16 给出了 90MW 负荷下三种情况的结果对比，其中情况 1 既不考虑预想事件发生的概率，也不运行用户中断负荷；情况 2 只考虑了预想事件的发生概率，但不允许负荷中断；情况 3 既考虑了预想事件发生概率，也允许用户中断一部分负荷。从结果可以看出，情况 1 的社会效益虽然比情况 2 大，但是情况 1 未考虑预想事件发生的概率，该值是有风险的。由于情况 1 将每一预想事件都同等对待，因此将付出更大的代价，从电能价格 45.3518$/MW·h 为三种情况最大值也可以看出。情况 2 为了满足备用需求，G_2 发电机组只能输出 35.5589MW 的有功功率，而经济特性较差的发电机组 G_1 却发出了 29.89MW 的有功功率，使得能量价格增至 45.1115$/MW·h，但比情况 1 小，是由于各种预想事件根据各自发生的概率以期望值的形式影响最终的商品价格，削弱了一部分预想事件（期望值较小）的影响。情况 3 中，经济特性好的 G_2 发电机组可以输出 42.1208MW 的有功功率，使 G_1 发电机组的输出功率减小到 14.9458MW，从而降低了边际成本，用户以 43.9182$/MW·h 的价格获得消费的电力商品，并获得 459.4074$的社会效益期望值。相比之下，虽然中断了一部分负荷，但却获得了更高的社会效益，由此可见，用户的参与能够提高资源利用效率，且增加社会效益。

表 6-16　90MW 负荷下三种情况结果

项　　目	情况 1	情况 2	情况 3
G_1	29.9000	29.8900	14.9458
G_2	35.5545	35.5589	42.1208
G_3	24.4455	24.4511	32.8334
能量价格/($/MW·h)	45.3518	45.1188	43.9182
EENS/MW	0.0000	0.0000	0.5774
社会效益/$	451.4362	446.7882	459.4074

6.1.6　小结

本节主要讨论了电力系统运行中有功调度的经济理论，详细阐述了各种电力系统运行状态下有功的供给、需求及均衡问题，并从三个层面由浅入深逐渐展开深入研究，得到的结论总结如下：

1）备用是由于电力供给、电力需求及输电网的不确定性引起的，可以确定明确的责任；备用量的大小视风险而定，高风险意味着低备用，低风险意味着高备

用；由风险确定备用，各备用承担者应按照自身对电力系统风险度的影响指数确定分摊备用的比例；应从整体效益和个体效益均优的角度制定备用所增加成本的分摊原则。

2）电力系统运行调度必须满足充分且必要的发电、负荷平衡约束（一般为潮流约束）条件，在给定负荷模式下（存在可行解）只有一种满足约束条件的有功备用最佳配置，即可以确定明确的最小量度。在发电、负荷平衡条件下，其他约束都是辅助手段，当这些手段对发电、负荷平衡条件无牵制影响或不引起目标函数的减小或增大时，其影子成本为零，一旦发生这种牵制、出现影子成本，由该影子形成辅助成本。

3）由于网络容量的限制会使一部分备用容量无效，由此使备用配置发生转移，在此过程中，充分看出网络条件是电力系统运行调度的显著特征。本节在给定风险水平条件下，通过对预想事件下等式约束乘子的分析，得出网络制约条件下节点电能价格及由备用配置引起的附加成本。

4）在上述基础上，考虑了用户的弹性，以期望剩余最大化为目标，确定系统供给与需求都可以接受的风险水平以及系统的备用配置。

6.2 无功调度的经济问题

6.2.1 引言

电力市场环境下，电力生产过程中任何环节的投入都需要通过出售电力商品得以回收，市场的参与者更加关心经济指标，传统的以网络损耗、电压水平等技术指标为目标的无功优化，由于对无功作用特性和价值的经济解释尚不完善，已无法满足电力市场环境下的要求，如无功在电力商品中占有多大的比例（通过什么样的方式作用于电力商品），如何在竞争机制中充分反映无功的价值和属性以及如何补偿等，值得深入探索和研究。

任何一种资源的价格都是对该资源稀缺性程度的反映。大电力系统将市场的参与者（如发电商、用户和电网）汇集于一体，最根本的任务是实现社会效益最大化下的电力商品交易。

从经济学角度看，无功资源的价值无非在于：①电力系统正常运行情况下运行费用（损耗）的节约；②电力系统异常运行情况下，无功电压支撑以抵御系统运行条件恶化所做出贡献的价值。由此，无功电压资源的价值是附着在电力商品上又难以清晰度量的中介，而且每一市场参与者都无法离开无功电压的支撑，所以无功电压资源的价值是融合的，绝对清晰地建立无功电压市场未必有利于电力市场的良性发展，而如何使无功电压资源的价值融入于电力商品的度量中或许是有益的。

探讨无功电压资源的价值问题，如下几点值得思考：一是对于电力商品交易来讲，无功电压只作为一种支撑，其价值应该通过电力商品的价格得以体现；二是无功电压资源的价值除容量成本属于投资范围外，其机会成本是在电力系统运行中产生的，可见，研究无功电压资源价值的基础是电力系统运行中的调度问题；三是为了体现无功电压资源在电力系统运行中所显现的物理规律，无功容量的有效性研究是关键。

本节首先从电力系统运行的基本规律出发，在不考虑无功的容量成本前提下，从无功供给和需求两个方面揭示了无功辅助服务的价值所在，以此为基础在有功调度方式给定前提下，以网络损耗最小为目标的无功优化工具，提出了一种节点电能价格快速修正的方法。然后，考虑电压水平对无功优化的影响，对上述无功优化解的状态进行分析，给出了三类状态的定义，以揭示无功电压资源在电力系统运行调度中支撑作用的经济价值。最后，在考虑无功制约有功时，借助优化潮流，揭示了无功机会成本产生的机理。

6.2.2 电力系统运行中的无功功率

为了增加电力网络传输电力商品的能力，在电力系统运行调度中，系统运行人员会调用各种无功资源，目的在于保持电力网络中各节点电压水平在规定范围内，以使电力系统运行高效、安全。无功资源配置是否充足、合理与电力商品的价格和质量密切相关。因此，清楚认识电力系统运行中无功功率的特点及在电力市场环境下的经济问题，有很重要的意义。

6.2.2.1 无功功率需求的经济价值

图6-6为简单的两母线电力系统，可用于说明无功需求在电力商品的交易和使用过程中的价值是如何通过电力商品附加成本反映的。以下描述中，P_g、Q_g 分别为发电机组的有功输出功率和无功输出功率；P_L、Q_L 分别为有功负荷功率和无功负荷功率；P_1、Q_1 分别为流向输电线路末端的潮流有功功率和无功功率；U_1、U_2 分别为节点1和节点2的电压幅值；R、X 分别为输电线路的电阻和电抗，为简化推导假设发电机组 G_1 的边际成本为常数；否则，成本变化量将表示为积分形式。

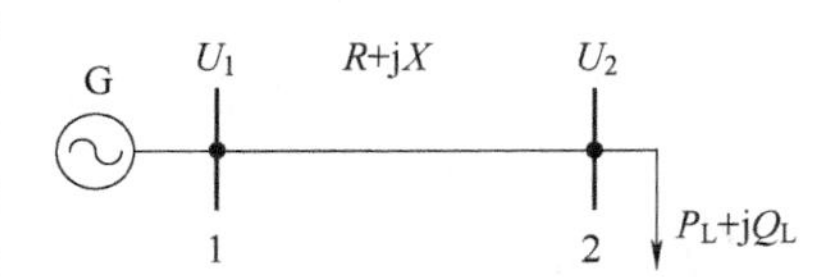

图6-6 简单的两母线电力系统

假设节点2有充足的无功资源，该节点的无功负荷功率刚好实现就地补偿，即该节点功率因数为1，输电线路流向末端的无功功率流为0，此时输电线路的有功功率损耗可表示为式（6-31），即

$$P_{\text{loss}} = \frac{P_1^2 + Q_1^2}{U_2^2}R = \frac{R}{U_2^2}P_L^2 \tag{6-31}$$

发电机组的有功输出功率为负荷与有功功率损耗之和，如式（6-32）所示，即

$$P_g = P_L + P_{\text{loss}} \tag{6-32}$$

节点电压 U_1 和 U_2 之间的关系可近似表示为

$$U_1 = U_2 + \Delta U \tag{6-33}$$

$$\Delta U = \frac{P_1 R + Q_1 X}{U_2} \tag{6-34}$$

在此状态下，当有功功率负荷在 P_L 基础上增加了微量 ΔP_L 时，节点 1 的发电机组有功输出功率增加值如式（6-35）所示。式中，忽略 ΔP_L 的二阶项。如果发电机组所在节点 1 的边际价格为 λ_1，则负荷所在节点 2 的边际价格如式（6-36）所示。

$$\Delta P_g = \left(1 + 2P_L \frac{R}{U_2^2}\right)\Delta D \tag{6-35}$$

$$\lambda_2 = \frac{\Delta C}{\Delta P_L} = \frac{\lambda_1 \Delta P_g}{\Delta P_L} = \lambda_1\left(1 + 2P_L \frac{R}{U_2^2}\right) \tag{6-36}$$

可见，由于输电线路有功功率损耗的存在，使得节点 1 和节点 2 之间的边际价格存在差异，这对分析无功功率经济性有很好的启示。

若改变上述假设条件，节点 2 无功功率需求完全需要发电机组提供，即节点 2 注入的功率因数不为 1，设功率因数为常数，负荷有功功率和负荷无功功率间关系总可以表示为 $Q_L = aP_L$，a 为常数，若此时发电机组电压支撑足以使节点 2 电压维持不变（U_1 和 ΔU 要变），在此背景下，如果负荷有功功率同样有微量增加 ΔP_L，则发电机组需要增加的输出功率以及节点 2 负荷边际价格将变为

$$\begin{aligned}\Delta P_g &= \Delta P_L + (1 + a^2)\frac{(P_L + \Delta P_L)^2 - P_L^2}{U_2^2}R \\ &= \Delta P_L + \frac{2(1 + a^2)RP_L}{U_2^2}\Delta P_L\end{aligned} \tag{6-37}$$

$$\lambda_2' = \frac{\Delta C}{\Delta P_L} = \lambda_1\left(1 + \frac{2P_L}{U_2^2}R + \frac{2a^2 P_L}{U_2^2}R\right) \tag{6-38}$$

比较式（6-38）与式（6-36）可见，因为无功功率从输电线路上流过增加了有功功率损耗，而使得节点 2 的电能边际价格由 λ_2 增加至 λ_2'。

上面分析假设节点 2 电压保持恒定，实际上，当发电机组电压支撑水平有限制时（即 U_1 达到了顶值），这一假设将难以满足，此时势必造成节点 2 电压降低，从而影响了节点 2 的边际价格。

假设电压降低为 U_2'，由于 $U_2' \leqslant U_2$，则式（6-37）可改写为式（6-39），节点 2 的边际价格改写为式（6-40）。

$$\begin{aligned}\Delta P_g &= \Delta P_1 + \frac{(1 + a^2)\left[(P_L + \Delta P_L)^2 - P_L^2\right]}{(U_2')^2}R \\ &= \Delta P_L + \frac{2(1 + a^2)RP_L}{(U_2')^2}\Delta P_L\end{aligned} \tag{6-39}$$

$$\lambda_2'' = \frac{\Delta C}{\Delta P_{\mathrm{L}}} = \lambda_1 \left(1 + \frac{2P_{\mathrm{L}}}{(U_2')^2}R + \frac{2a^2 P_{\mathrm{L}}}{(U_2')^2}R\right) \tag{6-40}$$

由式（6-40）可知，为了满足负荷的无功功率需求，大量的无功功率在输电线路上传输，既产生有功功率损耗也可能（电压支撑不充分时）使末端节点的电压降低而进一步增大有功功率损耗，由此出现 $\lambda_2 < \lambda_2' < \lambda_2''$ 的情况。因此，通过节点有功功率边际价格的变化，能够反映无功需求在电力商品中的价值，即无功引起的附加成本（即因无功引起有功损耗产生的边际成本，如式（6-40）右侧括号中第三项与 λ_1 的乘积，下文同）。

上述节点 2 电压水平不能维持恒定的原因，要么是发电机组提供电压支撑能力受限，要么是电压水平难以维持，若无功需求完全处于被动，在一定电压水平范围内，将造成电力系统有功功率调度无解的困境。因此，从用户角度出发，为维护自身利益，提供就地补偿会缓解这一困境，这不仅对整个电力系统运行有利，同时对用户也是有利的。可见无功功率需求的就地补偿是非常重要的，既能降低电价，减少资源浪费，也能保证电力系统安全运行，通常电容器、电抗器等都属于就地补偿的无功资源，而输电线路若运行在自然功率状态下就不需要无功资源，低于或高于自然功率将提供无功或吸收无功。可见，在电力市场环境下，无功资源的配置以及由谁配置，的确值得思考。

可以将式（6-40）表示为更一般的形式，本节由于主要研究电压、无功的经济问题，暂忽略有功传输引起损耗（或认为是常量）的影响以及网络无制约现象，这样关于有功的边际价格所有节点均一致，由此 i 节点边际价格的一般形式表示为

$$\lambda_i = \frac{\Delta C}{\Delta P_i} = \lambda_{\mathrm{clear}} \left(1 + \frac{\partial P_{\mathrm{loss}}}{\partial P_i} + \frac{\partial P_{\mathrm{loss}}}{\partial Q_i}\right) \tag{6-41}$$

式中 λ_{clear}——市场边际清除价格；

$\frac{\partial P_{\mathrm{loss}}}{\partial P_i}$——节点有功注入的网损灵敏度；

$\frac{\partial P_{\mathrm{loss}}}{\partial Q_i}$——节点无功注入的网损灵敏度。

式（6-41）说明无功需求的价值通过网损引起的成本增量附加在用户购买电力商品的价格上，可以看出，用户对无功的需求越小，获得电力商品的价格就越低。

综上所提到的节点边际价格主要与三个因素构成紧密关系，即有功功率、有功网损功率以及电压水平。实质上讲，若网络无制约现象，则节点边际价格的差异主要体现为有功网损功率的作用。因此，电压水平的绝对保持（如额定值）和无功需求为 0，此时边际价格的差异仅由有功功率传输引起，该差异是无法避免的；电压水平变化引起有功网损功率增加而导致节点边际价格升高就是无功资源的配置和调度引起的。前者是电压、无功支撑的理想情况，后者是电压、无功支

撑的一般情况。

另外也可见，由电压水平或无功功率流动引起节点边际价格差异与输电元件电阻成正比，若电压维持在合理范围内，忽略电阻的影响，则节点间边际价格的差异消失，就是说正常情况下有功损耗功率引起节点边际价格的差异是微小的，这也是电能得到广泛使用的重要依据。

6.2.2.2　无功功率供给的经济价值

在 6.2.2.1 节中，讨论了电压、无功需求的经济问题，同时也体现了类似电容器、电抗器等静止无功补偿资源的经济性，本节将对无功资源（主要指同步发电机组）提供无功功率的经济性进行分析，假设发电机组输出有功功率的成本特性已知，输出无功功率的变动成本为 0。作为无功资源的主要提供者，发电机组的无功功率供给特性主要受发电机组各种运行极限的制约，以隐极式发电机组为例，其运行极限图如图 6-7 所示。PQ 范围制约因素主要包括：发电机在迟相运行时，受定子绕组温升限制线（曲线 1）、励磁绕组温升限制线（曲线 2）及原动机机械额定功率限制线（与横轴平行的直线 ab），迟相运行区域为 $oabc$；发电机进相运行时，受静态稳定极限线（曲线 3）和原动机机械额定功率限制线（直线 da），进相运行区域为 $oade$。

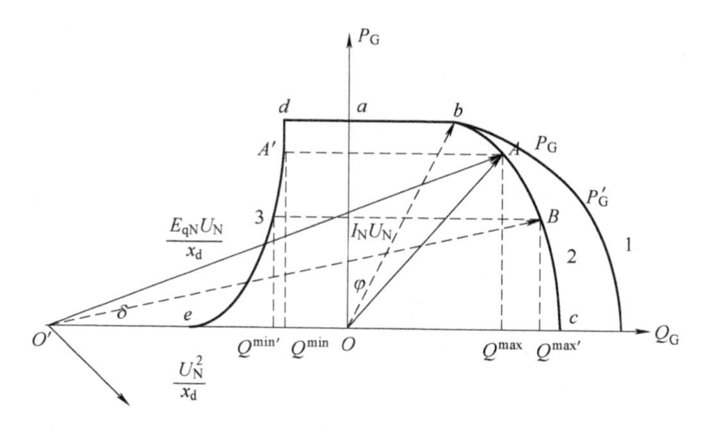

图 6-7　发电机组运行极限图

图中，U_N、I_N 分别为发电机组端口的额定电压和额定电流；x_d 为发电机组的同步电抗；E_{qN}为空载电动势额定值。励磁绕组温升不得超过以 O'为圆心，$O'A$ 为半径的圆弧 2，圆弧 2 的方程如式（6-42）所示。静态稳定极限定义为考虑 $0.1P_N$ 过负荷能力的实际静态稳定极限，曲线 3 的方程如式（6-43）所示。

$$P_g^2+\left(Q^{\max}+\frac{U_N^2}{x_d}\right)^2=\left(\frac{E_{qN}U_N}{x_d}\right)^2 \tag{6-42}$$

$$(P_g+0.1P_N)^2=P_g^2+\left(\left|Q^{\max}\right|-\frac{U_N^2}{x_d}\right)^2 \tag{6-43}$$

通过对图 6-7 的分析可知，发电机组输出无功功率的范围主要由励磁绕组温升和发电机组进相运行时的静态稳定极限决定，不同的有功输出功率允许输出无功的范围也不同。因此，根据发电机组的无功调节范围，可以按以下方式讨论发电机组无功供给的经济性问题。

（1）有功功率和无功功率输出为定值

发电机组输出的有功功率和无功功率方式一旦给定，则此时发电机组相当于负荷节点（*PQ* 节点）。由于无功功率输出的变动成本很小，可近似认为发电机组输出无功功率的变动成本为0。在这种情况下，发电机组电压、无功问题引起的经济现象同无功需求特性一样。

（2）有功功率输出方式给定

在给定有功调度方式条件下，发电机组允许在一定范围内调节无功输出，以保证电压水平（*PV* 节点）。一般的无功优化均这样处理发电机组，不过机端电压视无功功率允许范围而变化，而且有功功率给定确定了不变的无功功率允许变化范围。图 6-7 中，当有功输出功率为 P_g 时，无功功率的输出由发电机组的端电压确定，如果维持发电机组端电压所需的无功输出在允许范围 $[Q^{min}, Q^{max}]$，则发电机组通过调整励磁电流大小，沿与横轴平行的直线 AA' 移动以提供所需的无功功率，此时尽管有功输出功率不变，但运行功角 δ 却发生变化。只要在规定机端电压下，发电机组输出无功功率在允许范围内，其对有功功率的输出就没有影响，反映在无功优化中的影子价格就为 0，也不会引起附加成本（上述无功需求特性的情况 1 和 2 就属于这种情形）；反之，由于该发电机组输出无功功率超出允许范围而不得不降低电压水平，使网络损耗增加，从而加大了节点间的价格差异（发电机组的无功输出被限制在限值上，相当于 *PQ* 节点），此时反映在无功优化中的影子价格就非零（上述无功需求特性的情况 3 就属于这种情形）。

（3）有功功率输出受无功功率输出制约

在发电机组一定有功功率输出方式下，如果发电机组的无功功率需求超过允许范围，一般在进相区更为严重，此时可能使发电机组必须降低有功功率输出以增大无功功率输出允许范围，这种情况需要有功、无功统一考虑的优化潮流才能解决这一问题。出现这种情况，尤以轻载为主，由于发电机组放弃有功功率输出转而进行无功调节，此时发电机组输出无功功率就产生了机会成本，该机会成本自然构成了该节点的无功价格。例如图 6-7 中，如果维持发电机组端电压所需的无功超过了在输出有功功率 P_g 下允许的无功范围 $[Q^{min}, Q^{max}]$，受励磁绕组温升制约，发电机组将沿曲线 *AB* 调整有功功率直至无功达到所需范围，此时发电机组输出功率为 P_g'，$Q^{max\prime}$。无功功率需求增加 $\Delta Q = Q^{max\prime} - Q^{max}$，发电机组有功功率降低如式（6-44）所示，式中 $h(P_g, Q^{max})$ 如式（6-42）、式（6-43）所示。如果假设系统的边际价格 λ_{clear} 为常数，可以得出无功引起的附加成本如式（6-45）所示，

电能边际成本如式（6-46）所示。

$$\Delta P_{g}=\frac{\partial h(P_{g},Q^{\max})}{\partial Q^{\max}}\Delta Q \tag{6-44}$$

$$\frac{\Delta C}{\Delta Q}=\lambda_{\text{clear}}\frac{\partial h(P_{g},Q^{\max})}{\partial Q^{\max}} \tag{6-45}$$

$$\frac{\Delta C}{\Delta P_{g}}=\lambda_{\text{clear}}\left(1+\frac{\partial h(P_{g},Q^{\max})}{\partial Q^{\max}}\right) \tag{6-46}$$

由上两小节的分析可知，无功功率的需求与供给没有明确的界限，这同无功性质是分不开的，因无功只有感性和容性之分。无论对用户和发电商，他们时而是无功的需求者，时而又是无功的供给者；另外，无论是无功的需求还是供给，都有一定电气距离的限制，大量的无功传输不仅损耗大，而且电压水平难以满足要求，因此任何一点无功的需求与供给都有一定量的限制，这就需要建立用户和发电商并网时的基本准则；再者，无论是无功需求还是供给，就自身利益来讲，都是无条件必须完成的，否则自己利益必然受损，当然也波及其他。为满足无功需求或供给而不得不降低自身的有功出售或消费，无功需求或供给将体现显著的经济价值，否则都是伴随损耗产生微小的差异。通过上述无功基本的经济特性分析，本章后续几节将引入优化理论，分别针对各种情况对无功显现的经济特性性进行深入研究和量化分析。

6.2.3　有功调度方式给定条件下的无功经济分析

通过6.2.2节的基础分析可知，在有功调度方式（基于6.1节的有功优化调度）确定的条件下，无功需求或供给的经济价值通过引导电压水平变化伴随网损功率的增减而导致各节点边际价格变化，而且在正常情况下该变化是微小的。在此基础上，本节开始将沿着上述观点，通过数学优化理论，对复杂电网中无功的经济问题进行深入解析，以适应复杂电网的分析与决策。在本节中，假设系统处于正常状态，在有功优化调度决策给定方式基础上，借助以损耗功率最小化的无功优化，修正各节点的有功价格以及无功引起的附加成本，尽管是近似的处理，但能较好地说明电压、无功作用的经济机制。

6.2.3.1　数学模型

在有功调度方式给定的基础上，以各节点的电压幅值、相角和变压器的电压比作为决策变量，其余所有变量均可表示为该决策变量的函数，可构建网损功率最小化下的无功优化数学模型如下

$$\min P_{\mathrm{L}}=\sum_{i,j\in L}-G_{ij}(U_{i}^{2}+U_{j}^{2}-2U_{i}U_{j}\cos\theta_{ij}) \tag{6-47}$$

式（6-47）是该数学模型的目标函数，即为有功网损功率，并需要满足下列约束：即等式约束式（6-48）。为节点有功功率平衡（不含平衡节点）和节点无功功率平衡（不含无功电源节点及平衡节点）方程；函数不等式约束包括各无功电

源节点输出功率的上下限约束式（6-49），以及节点电压幅值和变压器电压比的上下限约束式（6-50）。

$$
\begin{aligned}
&P_i^s - U_i \sum_{j \in i} U_j (G_{ij}\cos\theta_{ij} + B_{ij}\sin\theta_{ij}) = 0 \quad i = 1,2,\cdots,N, i \neq \mathrm{NS} \\
&Q_i^s - U_i \sum_{j \in i} U_j (G_{ij}\sin\theta_{ij} - B_{ij}\cos\theta_{ij}) = 0 \quad i = 1,2,\cdots,N, i \notin R^m
\end{aligned} \tag{6-48}
$$

$$
Q_{Ri}^{\min} \leqslant U_i \sum_{j \in i} U_j (G_{ij}\sin\theta_{ij} - B_{ij}\cos\theta_{ij}) \leqslant Q_{Ri}^{\max} \quad i \in R^m \tag{6-49}
$$

$$
\begin{aligned}
&U_i^{\min} \leqslant U_i \leqslant U_i^{\max} \quad i = 1,2,\cdots,N \\
&b_j^{\min} \leqslant b_j \leqslant b_j^{\max} \quad j = 1,2\cdots,\mathrm{NT}
\end{aligned} \tag{6-50}
$$

式中 G_{ij}、B_{ij}——节点导纳矩阵元素 Y_{ij} 的实部和虚部（其中含电压比参数的影响）；

θ_i——节点 i 的电压相角；

U_i——节点 i 的电压幅值；

b_j——第 j 个可调变压器的电压比；

P_i^s、Q_i^s——节点 i 给定的有功功率和无功功率注入；

$Q_{Ri}^{\max}$、$Q_{Ri}^{\min}$——节点 i 上无功电源输出无功功率的上、下限；

$U_i^{\max}$、$U_i^{\min}$——节点 i 电压幅值的上、下限；

$b_j^{\max}$、$b_j^{\min}$——电压比 b_j 的上、下限；

R^m——无功电源所在节点的集合，其维数为 m；

N、NT——系统节点和可调变压器电压比的总数；

NS——平衡对应的节点号。

式（6-47）~式（6-50）构成了非线性规划问题，可抽象表示为

$$
\begin{aligned}
&\min f(\boldsymbol{x}_1, \boldsymbol{x}_2) \\
&\text{s. t. } g_1(\boldsymbol{x}_1, \boldsymbol{x}_2) = 0 \\
&\qquad g_2(\boldsymbol{x}_1, \boldsymbol{x}_2) = 0 \\
&\qquad \boldsymbol{h}_1 \leqslant h(\boldsymbol{x}_1, \boldsymbol{x}_2) \leqslant \boldsymbol{h}_{\mathrm{u}} \\
&\qquad \boldsymbol{x}_1 \leqslant \boldsymbol{x}_2 \leqslant \boldsymbol{x}_{\mathrm{u}}
\end{aligned} \tag{6-51}
$$

式中 $\boldsymbol{x}_1$——除平衡节点外其余节点的电压相角构成的列向量；

$\boldsymbol{x}_2$——各节点电压幅值和可调变压器电压比构成的列向量；

$f(\boldsymbol{x}_1, \boldsymbol{x}_2)$——目标函数，即网损 P_L；

$g_1(\boldsymbol{x}_1, \boldsymbol{x}_2)$——有功平衡方程，$N-1$ 维；

$g_2(\boldsymbol{x}_1, \boldsymbol{x}_2)$——无功平衡方程，$N-m$ 维；

$h(\boldsymbol{x}_1, \boldsymbol{x}_2)$——无功电源输出无功功率表达函数，$m$ 维；

$\boldsymbol{h}_{\mathrm{u}}$、$\boldsymbol{h}_1$——无功电源输出无功功率的上下限列向量；

$\boldsymbol{x}_{\mathrm{u}}$、$\boldsymbol{x}_1$——变量 $\boldsymbol{x}_2$ 的上下限列向量，$N+\mathrm{NT}$ 维。

在式（6-51）中，通过引入松弛变量、拉格朗日乘子、对数壁垒函数及对数壁垒因子，形成如下增广的拉格朗日函数

$$\begin{aligned}L_{\mu} &= f(\boldsymbol{x}_1,\boldsymbol{x}_2) - \boldsymbol{y}_1^{\mathrm{T}} g_1(\boldsymbol{x}_1,\boldsymbol{x}_2) - \boldsymbol{y}_2^{\mathrm{T}} g_2(\boldsymbol{x}_1,\boldsymbol{x}_2) - \\ &\quad \boldsymbol{y}_{\mathrm{h}}^{\mathrm{T}}[\boldsymbol{h}_{\mathrm{u}} - \boldsymbol{s}_{\mathrm{u}} - h(\boldsymbol{x}_1,\boldsymbol{x}_2)] - \boldsymbol{y}_{\mathrm{sh}}^{\mathrm{T}}(\boldsymbol{h}_{\mathrm{u}} - \boldsymbol{h}_{\mathrm{l}} - \boldsymbol{s}_{\mathrm{h}} - \boldsymbol{s}_{\mathrm{sh}}) - \\ &\quad \boldsymbol{y}_{\mathrm{x}}^{\mathrm{T}}(\boldsymbol{x}_{\mathrm{u}} - \boldsymbol{x}_2 - \boldsymbol{s}_{\mathrm{x}}) - \mu\sum_{i=1}^{m}\ln(\boldsymbol{s}_{\mathrm{h}})_i - \mu\sum_{i=1}^{m}\ln(\boldsymbol{s}_{\mathrm{sh}})_i - \\ &\quad \mu\sum_{j=1}^{n}\ln(\boldsymbol{s}_{\mathrm{x}})_j - \mu\sum_{j=1}^{n}\ln(\boldsymbol{x}_2 - \boldsymbol{x}_i)_j\end{aligned} \tag{6-52}$$

式中，$\boldsymbol{s}_{\mathrm{h}}$、$\boldsymbol{s}_{\mathrm{sh}}$、$\boldsymbol{s}_{\mathrm{x}}$ 为对应不等式约束的松弛变量列向量；$\boldsymbol{y}_1$、$\boldsymbol{y}_2$、$\boldsymbol{y}_{\mathrm{h}}$、$\boldsymbol{y}_{\mathrm{sh}}$ 和 $\boldsymbol{y}_{\mathrm{x}}$ 为相应约束的拉格朗日乘子列向量，且 $\boldsymbol{y}_{\mathrm{sh}} \geqslant 0$，$\boldsymbol{y}_{\mathrm{h}} + \boldsymbol{y}_{\mathrm{sh}} \geqslant 0$，$\boldsymbol{y}_{\mathrm{x}} \geqslant 0$，$n = N + \mathrm{NT}$，对数壁垒参数 μ 是一个在迭代过程中逐渐趋于零的正数，以保持互补松弛条件的成立。上述模型对应的 KKT 条件所形成的非线性方程组，通过牛顿法即可进行求解，即所谓的非线性原对偶内点法，具体过程参见第 5 章附录 5B。

6.2.3.2　乘子及其相关变量的性质和规律

伴随全网无功优化后，各类因子（松弛变量、拉格朗日乘子等）便有明确的数值。由于是在有功方式确定条件下的无功优化，上述因子中起显著作用的是对应负荷节点无功平衡的乘子 $\boldsymbol{y}_2$ 和对应无功电源节点的乘子 $\boldsymbol{y}_{\mathrm{h}}$，以及无功电源节点对应松弛变量 $\boldsymbol{s}_{\mathrm{h}}$、$\boldsymbol{s}_{\mathrm{sh}}$。它们对确定无功的价值起关键作用。$\boldsymbol{y}_2$ 和 $\boldsymbol{y}_{\mathrm{h}}$ 分别为 $N - m$ 和 m 维列向量，对应负荷节点的无功平衡方程和电源节点无功的函数约束。$\boldsymbol{y}_2$ 和 $\boldsymbol{y}_{\mathrm{h}}$ 分别表示在最优条件下节点上负荷无功的单位变化和节点上无功源输出的单位变化对目标函数影响的惩罚因子，从经济学角度上看，前者是节点无功平衡关于网损的影子，后者是为无功在一定水平上平衡，节点无功电源所承受的代价。

为分析乘子及松弛量的数值关系，可列出式（6-52）对应 KKT 条件中与其相关的表达（在最优解时 $\mu \approx 0$）

$$\nabla_{s_{\mathrm{h}}} L_{\mu} = \boldsymbol{y}_{\mathrm{h}} + \boldsymbol{y}_{\mathrm{sh}} - \mu \boldsymbol{s}_{\mathrm{h}}^{-1} e = 0 \tag{6-53}$$

$$\nabla_{s_{\mathrm{sh}}} L_{\mu} = \boldsymbol{y}_{\mathrm{sh}} - \mu \boldsymbol{s}_{\mathrm{sh}}^{-1} e = 0 \tag{6-54}$$

进而可得

$$\boldsymbol{s}_{\mathrm{h}}(\boldsymbol{y}_{\mathrm{h}} + \boldsymbol{y}_{\mathrm{sh}}) e = \mu e \tag{6-55}$$

$$\boldsymbol{s}_{\mathrm{sh}} \boldsymbol{y}_{\mathrm{sh}} e = \mu e \tag{6-56}$$

另外结合

$$\boldsymbol{h}_{\mathrm{u}} - \boldsymbol{h}_{\mathrm{l}} - \boldsymbol{s}_{\mathrm{h}} - \boldsymbol{s}_{\mathrm{sh}} = 0 \tag{6-57}$$

可以推导出如下条件：

1）当 $\boldsymbol{s}_{\mathrm{h}} = 0$ 时，有 $\boldsymbol{s}_{\mathrm{sh}} = \boldsymbol{h}_{\mathrm{u}} - \boldsymbol{h}_{\mathrm{l}} - \boldsymbol{s}_{\mathrm{h}} \neq 0$，由互补松弛条件可得 $\boldsymbol{y}_{\mathrm{h}} + \boldsymbol{y}_{\mathrm{sh}} > 0$ 和 $\boldsymbol{y}_{\mathrm{sh}} = 0$，进而可得 $\boldsymbol{y}_{\mathrm{h}} > 0$，此为节点电源无功输出达到上限的条件。

2）当 $\boldsymbol{s}_{\mathrm{sh}} = 0$ 时，$\boldsymbol{s}_{\mathrm{h}} = \boldsymbol{h}_{\mathrm{u}} - \boldsymbol{h}_{\mathrm{l}} - \boldsymbol{s}_{\mathrm{sh}} \neq 0$，由互补松弛条件可得 $\boldsymbol{y}_{\mathrm{h}} + \boldsymbol{y}_{\mathrm{sh}} = 0$、$\boldsymbol{y}_{\mathrm{sh}} > 0$，

进而可得 $\boldsymbol{y}_{\mathrm{h}}<0$，此为节点电源无功输出达到下限的条件。

3）当 $\boldsymbol{s}_{\mathrm{h}}>0$ 且 $\boldsymbol{s}_{\mathrm{sh}}>0$ 时，由互补松弛条件可得 $\boldsymbol{y}_{\mathrm{h}}+\boldsymbol{y}_{\mathrm{sh}}=0$、$\boldsymbol{y}_{\mathrm{sh}}=0$，进而可得 $\boldsymbol{y}_{\mathrm{h}}=0$，此为节点电源无功输出在限制内条件。

综上所述，当某节点无功源对应的乘子 $\boldsymbol{y}_{\mathrm{h}}$、$\boldsymbol{y}_{\mathrm{sh}}$ 均等于 0（上调松弛量 $\boldsymbol{s}_{\mathrm{h}}$ 和下调松弛量 $\boldsymbol{s}_{\mathrm{sh}}$ 均不为 0）时，表示该节点无功既有上调能力，也有下调能力；当 $\boldsymbol{y}_{\mathrm{h}}>0$ 且 $\boldsymbol{y}_{\mathrm{sh}}=0$（上调松弛量 $\boldsymbol{s}_{\mathrm{h}}$ 为 0，下调松弛量 $\boldsymbol{s}_{\mathrm{sh}}$ 不为 0）时，表示该节点无功源发出的无功已达上限，此时具有无功下调能力；当 $\boldsymbol{y}_{\mathrm{sh}}>0$ 且 $\boldsymbol{y}_{\mathrm{h}}<0$（下调松弛量 $\boldsymbol{s}_{\mathrm{sh}}$ 为 0，上调松弛量 $\boldsymbol{s}_{\mathrm{h}}$ 不为 0）时，表示该节点无功源发出的无功已达下限，此时具有无功上调能力。可见，$\boldsymbol{y}_{\mathrm{h}}$、$\boldsymbol{y}_{\mathrm{sh}}$、$\boldsymbol{s}_{\mathrm{h}}$ 和 $\boldsymbol{s}_{\mathrm{sh}}$ 的数值能准确地反映出无功电源输出功率可调节的范围及稀缺的程度，依此可判别节点无功支撑能力所体现的经济价值。

y_2 的物理含义是某负荷节点上单位无功注入的变化引起的整个系统网损的变化量。当 $y_2>0$ 时，即节点上无功负荷增大，整个系统的网损也增大，这说明该节点是缺乏无功的，因此需要无功的支撑，数值越大意味着无功缺乏越严重；当 $y_2<0$ 时，即节点上无功负荷增大，整个系统的网损减小，这说明该负荷节点无功过剩，对邻接节点有无功支撑作用。该支撑有间接无功支撑传递的作用，属于由于输电元件载荷低于波阻抗负荷引起的局部波动性质，其绝对值越大说明这种波动效果越强。由于负荷节点的无功必须是平衡的，所以 y_2 不可能为 0。

值得一提的是乘子 y_1，其物理含义是某负荷节点上单位有功注入的变化引起整个系统网损的变化量。当 $y_1>0$ 时，即节点上有功功率输出或取用增大，整个系统的网损功率也增大；当 $y_1<0$ 时，即节点上有功功率输出或取用增大，整个系统的网损功率减小，同样由于负荷节点的有功必须是平衡的，所以 y_1 不可能为 0。然而由于有功方式是给定的，优化后平衡节点输出功率发生变化，因此，该乘子在数值上是极小的。

至于其他因子，其不等于 0 的作用，都按优化概念自动转嫁于上述显著因子中，起显著作用的因子的变化规律综合了其他因子的成分。

上述分析表明，就无功平衡的状况来讲，$y_2>0$ 表明该节点是无功的需求点，也是局部范围内电压的低落点，y_2 的局部极大值往往就是该局部的无功分点，即局部电压的最低点；$y_2<0$ 表明该节点既是无功需求点，又是无功局部转运点，这种情况有时受输电线路传输功率特性的影响而显现出该节点有类似无功源的性质。就无功电源来讲，$y_{\mathrm{h}}=0$ 意味着该节点有灵活支撑临近节点电压的作用；y_{h} 大于或小于 0 都意味着该无功电源节点对临近节点电压的支撑能力达到了限值，不是励磁达到了顶值就是进相达到了极限。

分析发现，系统中节点乘子 y_2、y_{h} 增大的方向即为无功流动的主方向，也就是电压降低的方向。随着该乘子的增大，无功资源逐渐缺乏，系统中节点的电压支撑能力逐渐下降。

6.2.3.3　有功价格的快速修正及无功引起的附加成本

按6.1节确定的有功调度方式，就确定了系统的节点边际价格，如果网络无制约现象，所有节点边际价格相同，反之，则形成不同节点价格或区域价格（根据网络制约情况决定），记为λ。无功优化乘子中，y_1为节点单位有功注入引起的网损功率变化量，因此，根据6.2.2.1节中的分析，节点有功的修正后价格表示如下

$$\lambda_{\mathrm{p}}=\lambda(1+y_1) \tag{6-58}$$

对于负荷节点，负荷无功引起的附加成本体现为无功负荷引起网损变化而导致的成本增量，因此无功引起的附加成本表示为

$$\lambda_{\mathrm{q}}=\lambda y_2 \tag{6-59}$$

发电机组输出无功产生的附加成本，其值体现了发电机组节点提供一个单位无功系统网损变化所引起的价格变化，因此发电机组无功引起的附加成本为

$$\lambda_{\mathrm{q}}=-\lambda y_{\mathrm{h}}\quad（迟相运行） \tag{6-60}$$

$$\lambda_{\mathrm{q}}=-\lambda y_{\mathrm{sh}}=\lambda y_{\mathrm{h}}\quad（进相运行） \tag{6-61}$$

基于6.2.3.2节中对无功优化乘子的分析，可以得出这样的结论：

1）电力系统在正常运行情况下，网络不会产生制约，各负荷节点均保持较高的功率因数，各无功源均具有上调和下调能力（$y_{\mathrm{h}}=0$），无功源节点的无功不会产生附加成本，网络上流动的无功功率只是满足负荷无功需求的最经济分布，各负荷节点电压均未达到给定电压安全范围的下限，负荷节点无功引起的附加成本很小，节点间的有功价格差异很小。

2）如果网络发生制约，则各节点的系统清除价格因阻塞产生节点价格差异，如此时无功源仍充足能够维持电压水平，则无功源引起的附加成本仍然为0，而负荷节点由于y_2可能发生变化，因此负荷节点无功引起的附加成本也会发生相应的变化。

3）如果某节点达到了电压下限，无功优化将调整无功的配置以满足电压要求，此时网损必然增大，各负荷节点的有功价格和无功引起的附加成本将增大，而无功源仍在可调范围之内，故无功源输出无功引起的附加成本仍然为0。

4）对发电机组来讲，如果某无功源输出无功达到上限（$y_{\mathrm{h}}>0$），输出无功相当于负的负荷；或达到下限，吸收无功（进相运行，$y_{\mathrm{h}}<0$）相当于负荷，此时无功源输出无功就会产生附加成本。而由于无功源的输出无功受到限制，导致网络损耗增加（y_2增大），各负荷节点的有功价格和无功附加成本都会增加，增加幅度视无功资源的紧缺程度而定。

可见，如果给定有功调度方式，并且发电商和用户在发出和吸收无功时均未影响其有功的供给与需求，节点有功价格和无功引起的附加成本可以通过无功优化得出乘子并进行快速修正，这种修正其本质是对有功和无功产生的网损进行分配。

6.2.3.4　算例及其分析

本节通过IEEE 30节点系统进行分析验证，发电机组有功输出功率和无功限值如表6-17所示，支路参数、负荷数据和初始状态见本章附录6A。有功调度方式取

6.2.3 节 IEEE 30 节点系统计算结果的情况 1，此时所有节点的边际价格相同，为 34.77\$/MW·h，假设该价格在无功优化过程中保持不变，节点 1 为平衡节点，电压下限均取为 0.95pu。

表 6-17　发电机组有功输出功率和无功限值

节　点	有功输出/MW	无功上限/Mvar	无功下限/Mvar
1	0.00	60.00	-20.00
2	63.57	60.00	-20.00
5	100.00	62.50	-15.00
8	46.36	80.00	-15.00
11	29.53	40.00	-10.00
13	9.56	45.00	-15.00

在上述条件下，表 6-18 中给出了两种情况下的无功优化结果：情况 1 假设所有负荷节点需求的无功功率为 0，即功率因数为 1；情况 2 考虑实际给定的无功负荷。

由表 6-18 结果可见，情况 1 尽管各节点负荷功率因数为 1，但输电元件，尤其是输电线路，其容性无功超过了感性无功，为维持各节点电压水平在允许范围内，使节点 1、2、5、8 上的发电机组处于进相运行以吸收充裕的无功，其余发电机组均处于迟相运行，此时系统的总网损功率为 7.4754MW；情况 2 是实际给定的负荷无功功率，在此情况下，节点 1 上的发电机组仍处于进相运行以吸收充裕无功，其余发电机组均处于迟相运行，此时系统的总网损功率为 8.1552MW，较情况 1 增加了 0.6798MW 的功率损耗。

表 6-18　两种情况下发电机组的无功输出功率及系统网损功率

节　点	发电机无功功率/Mvar	
	情况 1	情况 2
1	-3.5532	-2.7714
2	-3.1990	18.9174
5	-15.0003	8.8888
8	-0.3520	54.8794
11	9.1762	18.0193
13	16.1908	36.2740
网损/MW	7.4754	8.1552

同时，表 6-19 给出了两种情况下无功优化计算所确定的相关乘子，其中斜体为无功源节点，其他为负荷节点。情况 1 中节点 5 的发电机组进相运行达到了限值，因此其对应的乘子不为 0，除此之外，情况 1 和 2 的其他发电机组输出的无功功率均在可调范围之内，故对应的乘子为 0。对情况 1 而言，尽管负荷需求无功功率为 0，但对应的乘子并不为 0，这主要是发电机组电压、无功调节作用，以及输

电元件传输有功功率过程中引起的无功功率波动所造成。也可见，无论对应负荷的节点有功平衡还是对应负荷的节点无功平衡，情况 1 乘子都小于情况 2 的乘子，由此体现本例电压水平很好，只有微小的无功流动。另外节点有功平衡对应乘子比节点无功平衡对应乘子要大，但他们相比有功功率调度方式给定下的节点边际价格来讲，又显得很小，由此说明电压、无功作用显现的电能附加价格不是主要部分。最后，由于本例未考虑就地的静止无功补偿设施的作用，上述对应负荷节点功率平衡的相关乘子差异也较大，最突出的是 26 节点，这说明无功电源（发电机组或其他）不能在大范围内发挥有效作用。

表 6-19　两种情况下无功优化的乘子

节点	情况 1		情况 2	
	y_1	y_2/y_h	y_1	y_2/y_h
1	***0.0000***	***0.0000***	***0.0000***	***0.0000***
2	***-0.0006***	***0.0000***	***-0.0002***	***0.0000***
3	0.0353	-0.0001	0.0363	0.0032
4	0.0396	-0.0001	0.0408	0.0038
5	***-0.0326***	***-0.0018***	***-0.0325***	***0.0000***
6	0.0377	0.0003	0.0387	0.0044
7	0.0197	0.0001	0.0205	0.0069
8	***0.0404***	***0.0000***	***0.0415***	***0.0000***
9	0.0403	0.0032	0.0416	0.0089
10	0.0421	0.0063	0.0443	0.0160
11	***0.0401***	***0.0000***	***0.0411***	***0.0000***
12	0.0438	0.0000	0.0462	0.0000
13	***0.0438***	***0.0000***	***0.0462***	***0.0000***
14	0.0661	0.0019	0.0702	0.0082
15	0.0825	0.0047	0.0884	0.0161
16	0.0619	0.0036	0.0658	0.0120
17	0.0563	0.0059	0.0600	0.0183
18	0.1064	0.0082	0.1155	0.0253
19	0.1035	0.0093	0.1125	0.0284
20	0.0882	0.0092	0.0954	0.0263
21	0.0568	0.0069	0.0608	0.0247
22	0.0578	0.0070	0.0619	0.0245
23	0.0899	0.0061	0.0974	0.0263
24	0.0913	0.0077	0.0999	0.0346

（续）

节点	情况 1		情况 2	
	y_1	y_2/y_h	y_1	y_2/y_h
25	0.0759	0.0074	0.082	0.0286
26	0.0944	0.0084	0.1039	0.0442
27	0.0595	0.0062	0.0634	0.0177
28	0.0730	0.0009	0.0751	0.0105
29	0.0873	0.0084	0.0944	0.0279
30	0.1059	0.0095	0.1156	0.0325

表6-20中给出了两种情况下节点有功价格和无功引起的附加成本。对于情况1，除节点5的发电机组外，其他发电机组输出的无功功率均在允许范围内，故无功输出引起的附加成本为0，而节点5的发电机组无功输出引起的附加成本为-0.0637\$/MW·h，尽管负荷的无功功率需求为0，但为维持一定的电压水平，各负荷节点均出现了附加成本，节点5上的发电机组由于维持一定有功输出功率要产生一定网损功率，因此这些发电机组考虑电压、无功作用后的有功边际价格较未考虑损耗时确定节点边际价格要小，而节点2、8、11、13上发电机组由于在给定有功输出功率相对使系统网损功率减小，有功价格则偏大，所有负荷节点的有功价格均比未考虑损耗时确定节点边际价格要高。同理，对于情况2，由于所有发电机组输出的无功功率仍未超过允许的范围，故无功功率输出均未引起附加成本，由于无功流增大引起的网损功率增大，所有负荷节点的有功价格较情况1有所增加，同样，由于无功流增大使各节点电压水平较情况1下降，如最严重的节点26电压幅值由情况1的1.001降低至0.950，接近最低要求水平，如图6-8所示。

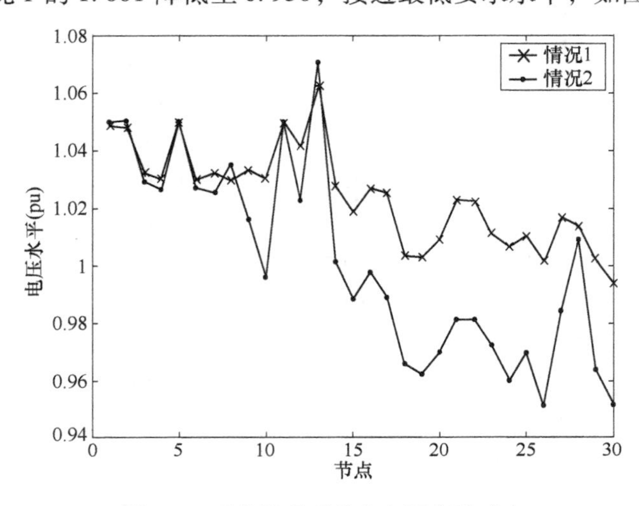

图6-8　两种情况下节点电压水平对比

表6-20　两种情况下节点有功价格和无功引起的附加成本

（单位：$/MW·h）

节点序号	情况1		情况2	
	有功价格	无功附加成本	有功价格	无功附加成本
1	***34.7700***	***0.0000***	***34.7700***	***0.0000***
2	***34.7505***	***0.0000***	***34.7614***	***0.0000***
3	35.9991	-0.0045	36.0315	0.1119
4	36.1466	-0.0029	36.187	0.1330
5	***33.6353***	***-0.0637***	***33.6396***	***0.0000***
6	36.0801	0.0109	36.1162	0.1531
7	35.4557	0.0002	35.4825	0.2405
8	***36.1749***	***0.0000***	***36.2142***	***0.0000***
9	36.1695	0.1126	36.2153	0.3086
10	36.2336	0.2200	36.3103	0.5556
11	***36.1631***	***0.0000***	***36.1975***	***0.0000***
12	36.293	0.0000	36.3766	0.0000
13	***36.293***	***0.0000***	***36.3766***	***0.0000***
14	37.07	0.0652	37.2114	0.2839
15	37.6372	0.1622	37.8424	0.5608
16	36.9217	0.1264	37.0576	0.4166
17	36.7275	0.2066	36.8547	0.6379
18	38.4702	0.2850	38.7859	0.8814
19	38.3671	0.3247	38.6822	0.9877
20	37.8359	0.3206	38.0872	0.9156
21	36.7464	0.2410	36.8848	0.8590
22	36.7789	0.2430	36.9206	0.8520
23	37.8959	0.2120	38.1576	0.9132
24	37.9462	0.2672	38.2427	1.2032
25	37.4076	0.2589	37.6195	0.9932
26	38.0513	0.2918	38.3814	1.5361
27	36.8405	0.2159	36.9728	0.6170
28	37.3067	0.0296	37.38	0.3646
29	37.8049	0.2917	38.0534	0.9694
30	38.4523	0.3315	38.7903	1.1289

上述例子值得注意的是，虽然除了发电机组所在节点外，情况 2 各节点的有功价格比情况 1 普遍升高，但总体变化幅度不大，相比未考虑损耗时确定的节点边际价格最大变化百分比没有超过 1%，无功引起的附加成本变化就更小，如图 6-9 所示。图 6-9a 是两种情况的有功功率边际价格；图 6-9b 是情况 2 相对于情况 1 的有功功率边际价格增长率。因此，如果无功需求或供给未实质性影响有功功率的需求或供给，则网损功率引起的电能价格变化是微小的。这一说法并不是减小网损功率不重要，而是说在正常情况下对这一微小价格变化的责任是否需要去追究的问题。

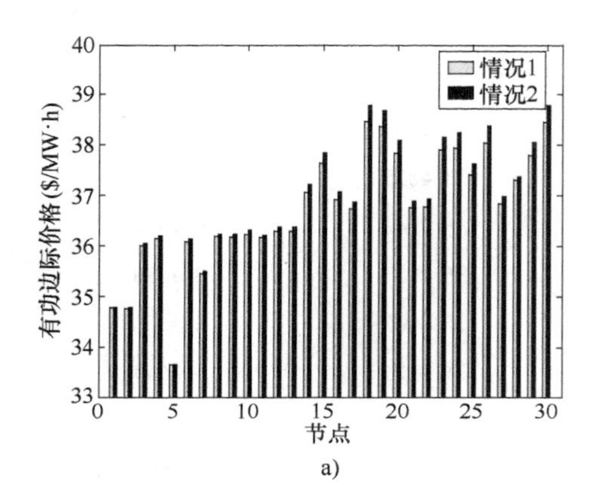

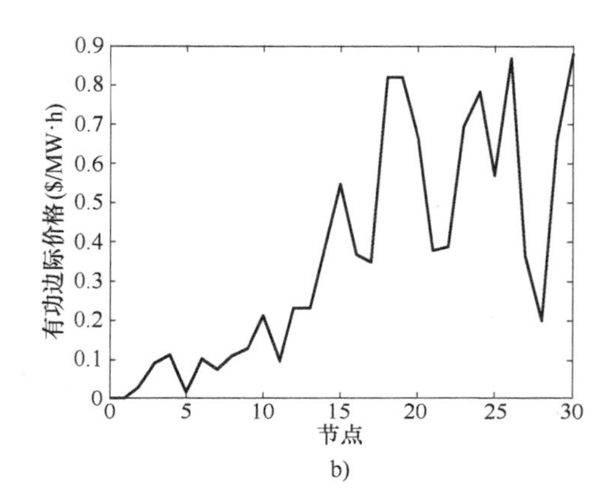

图 6-9　两种情况下节点有功价格以及增长率

6.2.3.5　无功优化决策解的状态对电能价格的影响

通过对无功优化问题的解进行分析，发现优化与节点电压水平的下限约束密切相关。根据电压下限约束对优化结果的不同作用，可以将无功优化的解定义为以下三种状态，通过该三种状态可以分析电能价格的变化规律，对无功资源配置决策有积极的作用。

（1）三种状态的定义

1）松弛状态。在该状态下，无功优化结果中各节点电压均未达到下限，无功功率的分布基本不受节点电压约束的影响，在其他约束条件相同的情况下此时的系统网损最小。

2）制约状态。在该状态下，至少有一个节点的电压达到下限，与相应的理想状态相比，无功功率的分布必须进行调整以满足电压约束条件，作为校正越限电压的代价，系统网损必然增加。但在这种状态下，电压约束的下限还可以继续提高，无功功率仍有进一步调整的余地。

3）临界状态。在该状态下，无功功率的调整已充分利用了电压约束的上下限值所容许的空间，对于电压已达到下限的节点来说，如果再提高电压约束的下限，将使无功优化问题变得无解。

换言之，由于电气设备的特点，规定最高电压水平是必须的，由此所付出的

无功调整或转移成本也是无法避免的。在此基础上，相对某一允许的最低电压水平，无功经过无牵制的分布，优化后有充分的能力使所有节点高于最低电压水平，便称其为松弛状态；一旦有一个节点刚好为最低电压水平，无功的分布就产生了牵制，随着达到最低电压水平的节点数增多，无功分布的牵制程度就越严重，这一过程中的任意状态便称其为制约状态；当无功分布间的牵制严重到没有任何交换的余地时，这一状态便称其为临界状态。

就工程而言，处于松弛状态时，无功、电压的调度与控制变得容易很多；处于局部制约状态时，就需要寻求无功输出减少与增加的转移关系；处于临界状态时，就不得有半点闪失。

（2）三种状态的意义

在有功分布一定的前提下，无功优化结果包括以下两个方面：一是系统整体电压水平的升高，部分节点将趋于电压允许范围的上限；二是网络中无功功率的调整，即减少节点间的无功流动，尽可能实现无功就地平衡，而在总的无功负荷一定时，使网络中的功率尽量符合经济分布。在各节点电压约束的上限给定的情况下，无功功率的解的三种状态主要反映了节点电压约束对系统中无功功率调整的不同作用，以及用户为此而需要支付代价的差异。

在松弛状态下，由于结果中各节点电压均未达到下限，各节点电压约束的下限不起作用，因此系统中无功功率的分布不受节点电压约束限值的制约，优化结果最接近电流的经济分布（如果电压水平均达到上限而未有无功源制约发生，就是理想的经济分布，也就是完全达到了无功的就地平衡）。在相同的运行方式、负荷和电压水平下，此时的系统网络损耗最小。松弛状态下用户以最小代价就可以获得所需的有功功率。

在制约状态下，部分节点的电压达到了约束范围的下限，与相应的理想状态相比，为保持各节点电压在约束范围内，系统中无功功率的分布将发生强制性变化，即对与这些电压最低点相连的各条线路或无功传输路径（从电源点到负荷点）中的无功功率进行重新分配，以使这些节点的电压升高以满足电压约束条件。作为校正这些越限电压的代价，网损必然增大，使得相应节点用户也将付出更大代价才能获得所需要的有功功率。

在临界状态下，无功功率的调整与中间状态类似，但在与电压最低点相连的各条无功传输路径中，无功功率的流动已充分利用了电压约束条件的上下限值所容许的空间，或者与该路径相连的无功电源输出功率已达到其容量上限。此时若再提高电压约束的下限，无功功率的分布已没有再做调整的余地，从而导致无功优化问题无解，反映在工程实际上此时松弛电压水平限制就是不得已的办法。临界状态时，说明很多节点都达到了下限，此时用户需要付出的代价最大，而且由于无功分布牵制没有余地，如有进一步无功需求，调度将没有解，此时即使用户愿意付出大的代价也无法获得所需的有功功率。

由上述分析可知，三种状态视其不同的电压水平要求具有相对性，放松电压最低水平的要求，原本制约状态、临界状态的就会变成松弛状态，由此松弛状态的损耗最小也是相对的。同理，缩小最高、最低允许电压水平之间的差距，系统就会由松弛状态变成制约状态或临界状态。当然，这种状态的变化都将导致提供给用户的电力商品质量上的差异，进而影响发电商和用户出售和购买电力商品的价格。

6.2.3.6　算例及其分析

在6.2.3.2节算例基础上，改变各节点的电压约束下限，对比分析松弛状态、制约状态和临界状态下节点电能价格及无功引起的附加成本变化规律，三种状态下各节点的电压水平下限分别为0.95pu、0.955pu和0.9656pu。

表6-21中给出了松弛状态、制约状态和临界状态下发电机组的无功输出功率。随着电压水平下限的提升，网络损耗功率逐步增加，节点13的发电机组无功功率在临界状态下输出达到上限值45Mvar。

表6-21　三种状态下发电机组输出的无功功率　　（单位：Mvar）

节　点	松弛状态	制约状态	临界状态
1	-2.7714	-5.5392	-18.6745
2	18.9174	19.1403	28.4407
5	8.8888	7.1345	-0.0460
8	54.8794	56.4964	66.4323
11	18.0193	16.6832	13.3813
13	36.2740	40.2786	44.5006
网损/MW	8.1552	8.1677	8.2723

表6-22和图6-10给出了松弛状态、制约状态和临界状态下节点有功价格、节点无功引起的附加成本。松弛状态下，所有节点的电压水平均未达到下限，此时系统的网损最小，节点电能价格也最低。制约状态下，节点26、30的电压首先达到了下限，与节点26、30相邻的节点电压水平也有一定程度的升高，为了满足电压水平的要求需要调整无功分布，由此导致节点有功价格升高，所有机组无功仍然还有调节的空间，附加成本为0，节点有功价格未发生明显变化。临界状态下，发电机组节点1、5、8、11和13的电压均达到上限，节点2发电机组虽然没有达到电压上限，但此时对无功功率分布的调整已充分利用了电压约束的上下限值所容许的范围，再继续提高电压下限将导致无功优化无解。节点1发电机组进相运行达到限值，其无功输出引起的附加成本为-0.0577$/MW·h。节点13发电机组由于无功输出已达到上限，因此节点13发电机组无功输出引起的附加成本不为0，其值为-0.001$/MW·h。负荷节点无功引起的附加成本比制约状态大，尤其在电压最低的节点26时，无功引起的附加成本急剧增加至11.8566$/MW·h，可见，

无功流动产生的损耗功率在一定条件下会显著增大，严重时因损耗功率过大无法满足电压水平的要求，此时即使用户愿意支付更高昂的费用，也无法获得所需的无功功率需求，这也是由电力系统电压、无功特性所决定的。

表6-22　三种状态下的节点有功价格及无功引起的附加成本

（单位：$/MW·h）

节点	松弛状态		制约状态		临界状态	
	有功价格	无功附加成本	有功价格	无功附加成本	有功价格	无功附加成本
1	***34.770***	***0.000***	***34.799***	***0.000***	***34.894***	***0.000***
2	***34.761***	***0.000***	***34.731***	***0.000***	***34.828***	***0.000***
3	36.031	0.111	35.973	0.228	36.381	1.052
4	36.187	0.133	36.104	0.194	36.592	1.198
5	***33.639***	***0.000***	***33.595***	***0.000***	***33.252***	***-1.859***
6	36.116	0.153	36.029	0.194	36.558	1.340
7	35.482	0.240	35.392	0.281	35.528	0.190
8	***36.214***	***0.000***	***35.929***	***0.000***	***36.495***	***1.349***
9	36.215	0.308	36.086	0.320	36.655	1.994
10	36.310	0.555	36.159	0.560	36.968	3.441
11	***36.197***	***0.000***	***36.066***	***0.000***	***36.525***	***0.000***
12	36.376	0.000	36.216	0.000	37.117	2.539
13	***36.376***	***0.000***	***36.216***	***0.000***	***37.054***	***2.271***
14	37.211	0.283	37.117	0.279	38.297	3.183
15	37.842	0.560	37.796	0.553	39.258	3.741
16	37.057	0.416	36.928	0.405	37.944	3.116
17	36.854	0.637	36.721	0.633	37.671	3.489
18	38.785	0.881	38.794	0.832	40.360	3.975
19	38.682	0.987	38.673	0.939	40.145	4.043
20	38.087	0.915	38.031	0.886	39.338	3.945
21	36.884	0.859	36.720	0.850	37.863	4.388
22	36.920	0.852	36.748	0.842	37.967	4.565
23	38.157	0.913	38.030	0.885	40.098	5.366
24	38.242	1.203	37.986	1.153	40.747	7.361
25	37.619	0.993	36.954	0.944	42.086	13.443
26	38.381	1.536	37.715	1.453	52.469	27.636
27	36.972	0.617	36.078	0.570	38.498	9.622
28	37.380	0.364	36.222	0.261	37.088	2.250
29	38.053	0.969	37.162	0.877	40.171	10.097
30	38.790	1.128	37.914	1.003	41.334	10.292

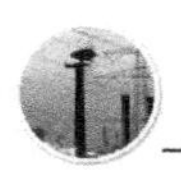

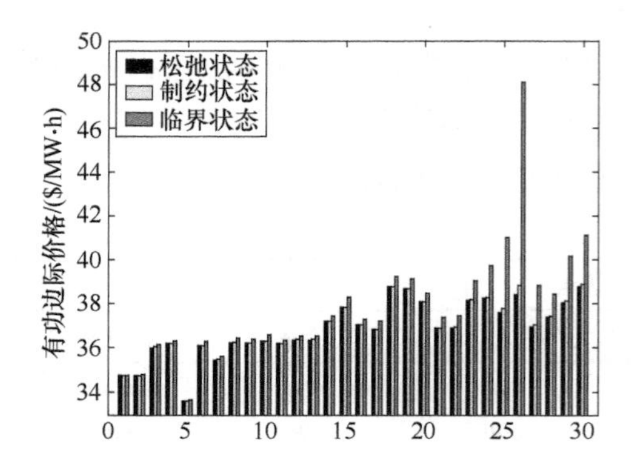

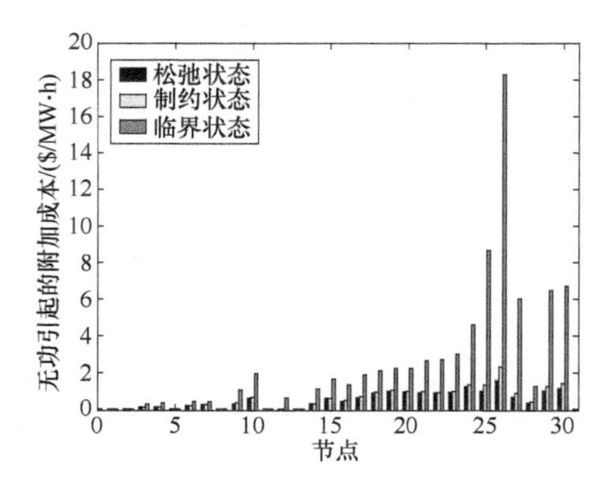

图6-10　三种状态下节点有功价格和无功引起的附加成本

6.2.4　*PQ* 联合优化下的无功经济分析

在6.2.3节研究的是有功优化下再进行无功修正的近似方法，即在有功调度确定下，通过无功优化予以修正，由此对无功的经济价值作出的快速估计。然而，在有些情况下，当发电机组有功方式给定时，电压水平将难以保证，如轻载下可能需要某些发电机组进相运行，这就出现有功方式受无功牵制的情况，需要计及无功的优化潮流，以满足维持电压水平的需要。本节将以发电成本最小为目标进行有功与无功的联合优化，这是继上节的深入研究，从而更深入、准确地揭示无功引起的机会成本。

6.2.4.1　优化潮流的数学模型

目标函数为发电成本最小，成本特性与前文相同，重新写为式（6-62）形式，优化潮流的控制变量为发电机组有功功率输出、可控无功电源的无功功率输出，带负荷可调变压器分接头位置，状态变量为节点电压和相角。

$$\min f = \sum_{i \in N_g} C_i(P_{g,i}) \tag{6-62}$$

$$\begin{aligned} &P_i - U_i \sum_{j \in i} U_j(G_{ij}\cos\theta_{ij} + B_{ij}\sin\theta_{ij}) = 0 \\ &Q_i - U_i \sum_{j \in i} U_j(G_{ij}\sin\theta_{ij} - B_{ij}\cos\theta_{ij}) = 0, i \in N, i \neq \mathrm{NS} \end{aligned} \tag{6-63}$$

$$\begin{aligned} &U_i^{\min} \leqslant U_i \leqslant U_i^{\max} \quad i \in N \\ &b_j^{\min} \leqslant b_j \leqslant b_j^{\max} \quad j \in \mathrm{NT} \end{aligned} \tag{6-64}$$

$$P_{g,i}^{\min} \leqslant P_{g,i} \leqslant P_{g,i}^{\max} \quad i \in N_g \tag{6-65}$$

$$Q_{g,i}^{\min}(P_{g,i}) \leqslant Q_{g,i} \leqslant Q_{g,i}^{\max}(P_{g,i}) \quad i \in N_g \tag{6-66}$$

$$|S_l| \leqslant S_l^{\max} \quad l \in L \tag{6-67}$$

在追求上述目标最小时，优化潮流应满足除平衡节点外的有功和无功潮流平

衡约束方程（6-63）。其中，P_i、Q_i 隐含表示 i 节点上对应发电机组输出功率（P_g，Q_g）和负荷功率（P_L，Q_L）的差值。另外节点电压上下限和变压器电压比上下限的不等式约束如式（6-64）所示，发电机组有功和无功输出功率上下限约束如式（6-65）和式（6-66）所示，输电元件通过的最大视在功率约束如式（6-67）所示。其中，S_l、S_l^{max} 分别为输电元件的视在功率和允许的最大视在功率；L 为输电元件的总数，有关静止无功补偿电源的约束类似式（6-66），不再重新列写，其他未说明符号意义与前文相同。

需要进一步说明的是，发电机组无功功率变化允许范围是其有功输出功率的函数，它们之间是紧密牵制的，其表达可见式（6-42）和式（6-43）。

式（6-42）和式（6-43）的表达中，对应发电机组有功功率输出所允许的无功功率变化范围不是显性函数关系，这在优化计算中难以处理。为了简化问题，可对发电机组 PQ 运行允许范围进行如下近似处理，即将图 6-7 简化为图 6-11 所示，这样使约束条件（6-52）显性化。

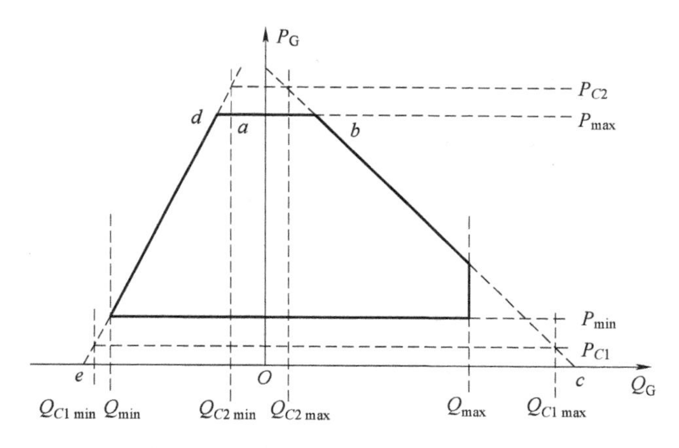

图 6-11　发电机组 PQ 运行极限近似图

6.2.4.2　相关乘子的推导及解释

上述优化潮流模型可以抽象表示为

$$\begin{aligned} &\min f(\boldsymbol{u},\boldsymbol{x}) \\ &\text{s.t.}\ g(\boldsymbol{u},\boldsymbol{x})=0 \\ &\quad\ \ h(\boldsymbol{u},\boldsymbol{x})\leqslant 0 \end{aligned} \tag{6-68}$$

式中　$\boldsymbol{u}$——控制变量列向量；

$\boldsymbol{x}$——状态变量列向量；

目标函数 $f(\boldsymbol{u},\boldsymbol{x})$——总发电成本，除平衡机组外，发电机组成本仅与该机组输出的有功功率直接相关，而平衡机组成本则为状态变量的函数；约束中分别对应等式与不等式约束。

其拉格朗日函数可表示为

$$L(\boldsymbol{u},\boldsymbol{x})=f(\boldsymbol{u},\boldsymbol{x})+\boldsymbol{\lambda}^{\mathrm{T}}g(\boldsymbol{u},\boldsymbol{x})+\boldsymbol{\mu}^{\mathrm{T}}h(\boldsymbol{u},\boldsymbol{x}) \tag{6-69}$$

式中　$\boldsymbol{\lambda}$——对应有功和无功潮流平衡方程的乘子列向量；

$\boldsymbol{\mu}$——对应不等式约束的乘子列向量。

对应式（6-69）的最优解条件为

$$\frac{\partial L}{\partial \boldsymbol{u}}=\frac{\partial f}{\partial \boldsymbol{u}}+\left[\frac{\partial g}{\partial \boldsymbol{u}}\right]^{\mathrm{T}}\boldsymbol{\lambda}+\left[\frac{\partial h}{\partial \boldsymbol{u}}\right]^{\mathrm{T}}\boldsymbol{\mu}=0 \tag{6-70}$$

$$\frac{\partial L}{\partial \boldsymbol{x}}=\frac{\partial f}{\partial \boldsymbol{x}}+\left[\frac{\partial g}{\partial \boldsymbol{x}}\right]^{\mathrm{T}}\boldsymbol{\lambda}+\left[\frac{\partial h}{\partial \boldsymbol{x}}\right]^{\mathrm{T}}\boldsymbol{\mu}=0 \tag{6-71}$$

$$g_1(\boldsymbol{u},\boldsymbol{x})=0;h(\boldsymbol{u},\boldsymbol{x})=0 \tag{6-72}$$

式中　$\left[\frac{\partial g}{\partial \boldsymbol{x}}\right]^{\mathrm{T}}$——雅可比矩阵的转置。

当获得最优解时，$\boldsymbol{u}$、$\boldsymbol{x}$便知，则拉格朗日乘子可表示为

$$\begin{aligned}\boldsymbol{\lambda}&=-\left\{\left[\frac{\partial g}{\partial \boldsymbol{x}}\right]^{\mathrm{T}}\right\}^{-1}\left\{\frac{\partial f}{\partial \boldsymbol{x}}+\left[\frac{\partial h}{\partial \boldsymbol{x}}\right]^{\mathrm{T}}\boldsymbol{\mu}\right\}\\&=-\left\{\left[\frac{\partial g}{\partial \boldsymbol{x}}\right]^{\mathrm{T}}\right\}^{-1}\left\{\left(\frac{\partial f}{\partial P_{\mathrm{NS}}}\frac{\partial P_{\mathrm{NS}}}{\partial \boldsymbol{x}}+\frac{\partial f}{\partial Q_{\mathrm{NS}}}\frac{\partial Q_{\mathrm{NS}}}{\partial \boldsymbol{x}}\right)+\left[\frac{\partial h}{\partial \boldsymbol{x}}\right]^{\mathrm{T}}\boldsymbol{\mu}\right\}\end{aligned} \tag{6-73}$$

根据电力系统的基本平衡关系[44]，有以下关系

$$\begin{aligned}\sum_{i\in N,i\neq \mathrm{NS}}P_i+P_{\mathrm{NS}}&=P_{\mathrm{loss}}\\\sum_{i\in N,i\neq \mathrm{NS}}Q_i+Q_{\mathrm{NS}}&=Q_{\mathrm{loss}}\end{aligned} \tag{6-74}$$

式中　P_{loss}、Q_{loss}——系统的有功损耗和无功损耗。

则

$$\frac{\partial P_{\mathrm{loss}}}{\partial \boldsymbol{x}}=\frac{\partial \sum\limits_{i\in N,i\neq \mathrm{NS}}P_i}{\partial \boldsymbol{x}}+\frac{\partial P_{\mathrm{NS}}}{\partial \boldsymbol{x}}=\sum_{i\in N,i\neq \mathrm{NS}}\frac{\partial P_{\mathrm{loss}}}{\partial P_i}\frac{\partial P_i}{\partial \boldsymbol{x}}+\sum_{i\in N,i\neq \mathrm{NS}}\frac{\partial P_{\mathrm{loss}}}{\partial Q_i}\frac{\partial Q_i}{\partial \boldsymbol{x}} \tag{6-75}$$

由此可得

$$\frac{\partial P_{\mathrm{NS}}}{\partial \boldsymbol{x}}=\sum_{i\neq \mathrm{NS}}\left(-1+\frac{\partial P_{\mathrm{loss}}}{\partial P_i}\right)\frac{\partial P_i}{\partial \boldsymbol{x}}+\sum_{i\in N,i\neq \mathrm{NS}}\frac{\partial P_{\mathrm{loss}}}{\partial Q_i}\frac{\partial Q_i}{\partial \boldsymbol{x}} \tag{6-76}$$

同理

$$\frac{\partial Q_{\mathrm{NS}}}{\partial \boldsymbol{x}}=\sum_{i\neq \mathrm{NS}}\frac{\partial Q_{\mathrm{loss}}}{\partial P_i}\frac{\partial P_i}{\partial \boldsymbol{x}}+\sum_{i\in N,i\neq \mathrm{NS}}\left(-1+\frac{\partial Q_{\mathrm{loss}}}{\partial Q_i}\right)\frac{\partial Q_i}{\partial \boldsymbol{x}} \tag{6-77}$$

式中，$\frac{\partial P_i}{\partial \boldsymbol{x}}$、$\frac{\partial Q_i}{\partial \boldsymbol{x}}$分别对应雅可比矩阵中有功、无功对状态变量的导数。将式（6-76）、式（6-77）代入式（6-73）可得

$$\lambda_{p,i}=\left(1-\frac{\partial P_{\text{loss}}}{\partial P_i}\right)\lambda_{p,\text{NS}}-\frac{\partial Q_{\text{loss}}}{\partial P_i}\lambda_{q,\text{NS}}-\left[\frac{\partial h}{\partial P_i}\right]^{\text{T}}\mu \tag{6-78}$$

$$\lambda_{q,i}=\left(1-\frac{\partial Q_{\text{loss}}}{\partial Q_i}\right)\lambda_{q,\text{NS}}-\frac{\partial P_{\text{loss}}}{\partial Q_i}\lambda_{p,\text{NS}}-\left[\frac{\partial h}{\partial Q_i}\right]^{\text{T}}\mu \tag{6-79}$$

式（6-78）和式（6-79）即为节点电能价格和无功引起的附加成本表达式。式中，$\lambda_{p,\text{NS}}$，$\lambda_{q,\text{NS}}$为平衡机组的电能边际成本和无功引起的附加成本，本节不考虑无功的可变成本，此项为0，因此式（6-78）中等式第二项与式（6-79）等式右侧第一项忽略。由此上述两式中，等式右面第一项为网损修正项，第二项为机会成本项。机会成本项与不等式约束是否受限有关，一旦不等式约束对应节点的资源受限，该项不为0，则该节点的价格就会发生变化，比如输电元件载荷越限、发电机组输出功率受到制约等都将通过该项得以反映。如果网络无制约，且其他所有资源都未越限，则第二项为0，节点间价格差异主要由网损产生。

本节借助 Matpower3.1 对上述数学模型及相关内容进行求解。

6.2.4.3　算例及其分析

本节通过 IEEE 30 节点系统进行分析验证，发电机组运行极限数据如表6-23所示，其他数据详见本章附录30节点数据。为了对比分析，定义三种情况：情况1，基于6.1节有功调度结果，按6.2节提出的近似修正方法进行求解，并假设发电机组有功方式对应的无功允许范围足够满足支撑电压水平；情况2，与情况1假设相同，采用优化潮流进行精确求解；情况3，考虑发电机组有功输出功率与无功最大允许范围出现制约时（即需要满足表6-23的运行极限约束），采用优化潮流求解节点电能价格及无功引起的附加成本。

表6-23　发电机组 *PQ* 运行极限参数

Unit	$Q_{C2\min}$/Mvar	$Q_{C2\max}$/Mvar	$P_{C1\min}$/MW	$P_{C2\max}$/MW	$Q_{C1\min}$/Mvar	$Q_{C1\max}$/Mvar
G_1	-5	20	0	100	-30	65
G_2	-5	40	0	180	-20	70
G_5	-5	20	0	100	-20	72.5
G_8	-5	28	0	100	-20	85
G_{11}	-5	20	0	100	-15	40
G_{13}	-5	20	0	40	-20	55

表6-24给出三种情况下发电机组的有功和无功输出功率。情况1中有功调度结果是在假设各节点电压水平均能维持1.0的前提下给出的，由于未考虑有功、无功之间的相互制约关系，因此得出的结果并非精确解。情况2的全优化潮流得出的结果也证明了这一点，通过有功、无功联合优化得到的解比情况1要好，发电成本减少了18.04$，网损减小了0.53MW，不过情况1对于理解无功引起的附加成本是

有益的。情况 3 在上述基础上，当系统对发电机组的无功需求制约其有功功率输出时，节点 8 和 13 的发电机组有功输出功率受到无功的制约而不得不降低出力；节点 5 的发电机组进相运行以吸收系统充裕的无功功率，并达到限值；此时系统的生产成本增加了 3.22$；总网损功率为 7.75MW，较情况 2 增加了 0.22MW，也可以看出以发电成本为目标的优化中，网损可能增加。

表 6-24　三种情况下发电机组的有功和无功输出

节　点	情况 1		情况 2		情况 3	
	有功/MW	无功/Mvar	有功/MW	无功/Mvar	有功/MW	无功/Mvar
1	39.95	-2.77	32.00	6.18	32.63	3.21
2	63.57	18.91	63.08	36.31	64.37	50.19
5	100.00	8.88	100.00	-6.37	100.00	-5.00
8	46.36	54.87	48.81	68.72	48.39	57.42
11	29.53	18.01	32.13	18.77	33.05	20.75
13	9.56	36.27	12.43	47.92	10.13	46.13
发电成本/$	7840.60		7822.56		7825.78	
网络损耗/MW	8.16		7.63		7.75	

表 6-25 中给出了三种情况下各节点有功价格和无功引起的附加成本。情况 2 与情况 1 相比，由于有了进一步的优化，情况 2 中无论是节点有功价格还是无功引起的附加成本均有所降低。情况 2 中所有发电机组的无功输出均在允许的范围内，因此输出无功并未引起附加成本；而由于无功相对充裕，负荷无功引起的附加成本主要是网损造成的，因此负荷无功引起的附加成本都很小，其中最大值为节点 26 为 1.453$/MW · h。情况 3 中，发电机组无功输出受到制约，因此节点 5、8 和 13 的发电机组无功输出均引起了附加成本，但产生原因不同，节点 5 发电机组无功输出并未影响有功功率的输出，因此该机组 -1.859$/MW · h 的附加成本是由于引起网损增加产生的，发电机组不得不从每兆瓦时的有功收入中去除这部分成本；节点 8、13 的发电机组提供无功制约了有功输出功率并产生了机会成本，由此形成的无功附加成本为正，即发电机组能够获得补偿以使其不会因降低有功输出而利益受损。其他机组输出的无功功率既没有对有功功率产生制约，也没有超过对应有功功率下的允许范围，因此附加成本为 0。与情况 2 相比，所有负荷节点的价格均有所增加，从图 6-12 中观察更为直观。尤其是节点 26 的节点有功价格高至 52.469$/MW · h，其无功引起的附加成本为 27.636$/Mvar，可见，当无功供给制约了有功输出时，无功附加成本不再只是由网损引起的微小变化，在某些运行状态下机会成本将是无功价格的决定性因素；节点 26 的突出价格也从另一角度说明了无功不适合远距离输送，远距离输送势必导致有

功损耗过大而使负荷节点价格高出。

表6-25　三种情况下节点有功价格及无功引起的附加成本

（单位：$/MW·h）

节点	情况1		情况2		情况3	
	有功价格	无功附加成本	有功价格	无功附加成本	有功价格	无功附加成本
1	***34.770***	***0.000***	***34.799***	***0.000***	***34.894***	***0.000***
2	***34.761***	***0.000***	***34.731***	***0.000***	***34.828***	***0.000***
3	36.031	0.111	35.973	0.228	36.381	1.052
4	36.187	0.133	36.104	0.194	36.592	1.198
5	***33.639***	***0.000***	***33.595***	***0.000***	***33.252***	***-1.859***
6	36.116	0.153	36.029	0.194	36.558	1.340
7	35.482	0.240	35.392	0.281	35.528	0.190
8	***36.214***	***0.000***	***35.929***	***0.000***	***36.495***	***1.349***
9	36.215	0.308	36.086	0.320	36.655	1.994
10	36.310	0.555	36.159	0.560	36.968	3.441
11	***36.197***	***0.000***	***36.066***	***0.000***	***36.525***	***0.000***
12	36.376	0.000	36.216	0.000	37.117	2.539
13	***36.376***	***0.000***	***36.216***	***0.000***	***37.054***	***2.271***
14	37.211	0.283	37.117	0.279	38.297	3.183
15	37.842	0.560	37.796	0.553	39.258	3.741
16	37.057	0.416	36.928	0.405	37.944	3.116
17	36.854	0.637	36.721	0.633	37.671	3.489
18	38.785	0.881	38.794	0.832	40.360	3.975
19	38.682	0.987	38.673	0.939	40.145	4.043
20	38.087	0.915	38.031	0.886	39.338	3.945
21	36.884	0.859	36.720	0.850	37.863	4.388
22	36.920	0.852	36.748	0.842	37.967	4.565
23	38.157	0.913	38.030	0.885	40.098	5.366
24	38.242	1.203	37.986	1.153	40.747	7.361
25	37.619	0.993	36.954	0.944	42.086	13.443
26	38.381	1.536	37.715	1.453	52.469	27.636
27	36.972	0.617	36.078	0.570	38.498	9.622
28	37.380	0.364	36.222	0.261	37.088	2.250
29	38.053	0.969	37.162	0.877	40.171	10.097
30	38.790	1.128	37.914	1.003	41.334	10.292

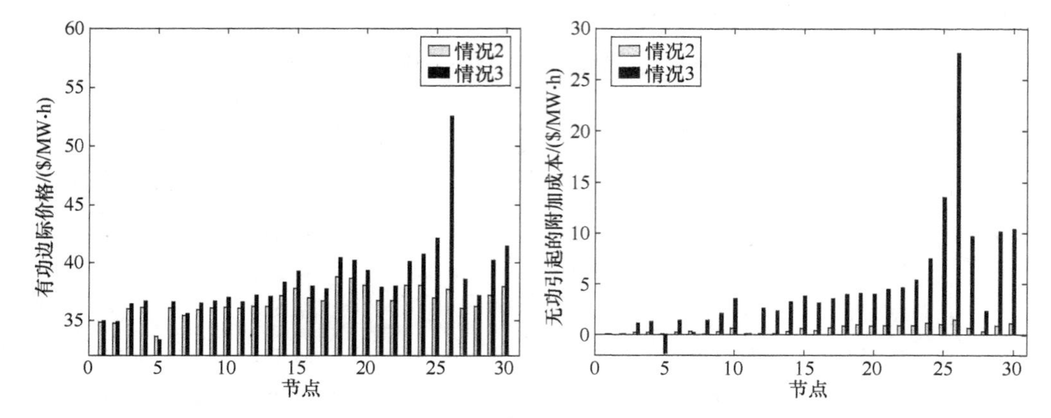

图 6-12　两种情况下节点有功价格和无功附加成本的比较

6.2.5　小结

通过本节对电力系统运行调度中无功经济理论的分析和论述，可以得出以下几点结论：

1）电力系统运行调度中无功的需求与供给没有明确的界限，无论是无功需求还是供给，就自身利益来讲，都是无条件必须完成的，否则自己利益必然受损。为满足无功需求或供给而不得不降低自身有功出售或消费时，无功需求或供给将体现显著的经济价值，否则都是伴随损耗产生微小的差异，这也是无功价值的实质。

2）在电力系统正常运行状态，鉴于一般不会发生无功制约有功的情况，无功需求或供给的经济价值通过引导电压水平变化伴随网损功率的增减而导致各节点边际价格变化，而且在正常情况下该变化是微小的。因此，本节首先在给定有功方式的基础上，借助以损耗最小为目标的无功优化为手段，通过对无功优化乘子信息的详细分析，对有功调度下的节点价格进行近似快速的修正。同时，本节也揭示了在不同电压水平下，无功产生附加成本会随电压水平的升高而增加。IEEE 30 节点系统实例计算结果证明了上述结论。

3）一旦某些情况下给定有功调度的方式，无法维持系统的电压水平，则无功的供给与需求对有功产生制约，本节以有功、无功优化潮流为工具，揭示了该情况下机会成本产生的基本原理。实例证明，当无功制约有功时，产生的机会成本会显著增加，这也构成了无功附加成本的主要部分。

6.3　运行调度中的成本补偿问题初探

6.3.1　引言

在前面两节中，集中讨论了电力系统运行中有功和无功调度的经济理论，可以看出上述分析均以购电成本最小为目标。购电成本最小优化模型反映电价信号

的主部是边际成本，按边际成本定价往往存在固定成本得不到补偿的情况，因此此法虽然实现社会效益最大化，但对出现固定成本需要补偿时又难以明确地处理。而市场机制下另一种确定市场清除价的方法为用户最小付费优化模型，其好处在于能自动解决固定成本的分摊，且能获得总体付费最小的效果，但此法在机组成本特性存在较大差异时，淹没了边际成本这一体现社会效益的作用，会出现歧视高效机组的现象，就是说会出现单位输出功率增加费用少的机组失去竞争力的不合理现象。两种方法得出截然不同的结果，其差异主要是处理运行中机组固定成本的理念不同所致，也就是此成本的分摊方式。

社会效益最大化，在任何模式下都是我们追求的目标。因此，在电力市场环境下，当考虑电力系统运行调度中成本不能完全回收情况时，前文研究成果不能直接应用，必须在以边际成本作为电力商品价格形成的基础上，通过合理的成本补偿，既能够实现社会效益最大化的目标，又能使所有市场参与者都能完全回收成本。本节就此问题，结合目前相关文献的研究进行初步的探讨。

6.3.2　成本补偿问题

6.3.2.1　购电成本最小和用户最小付费优化模型

以各发电公司投标参数为依据，按满足负荷需求条件下的购电总成本最小为目标，同时考虑各种关联约束（机组约束、网络约束等），形成购电成本最小模型（PUC），如式（6-80）所示，其中 $u_i=1$。

$$\begin{cases}\min\sum_{i\in N_g}C_i(u_i,P_{g,i})\\ \sum_{i\in N_g}P_{g,i}=D\\ P_{g,i}^{\min}\leqslant P_{g,i}\leqslant P_{g,i}^{\max}\end{cases}\tag{6-80}$$

机组的成本特性为：$C_i(P_{g,i})=\frac{1}{2}b_iP_{g,i}^2+a_iP_{g,i}+c_i$。其中，$c_i$ 为发电机组的固定成本项。以各发电公司投标参数为依据，按满足负荷需求条件下的用户付费最小为目标，同时考虑各种关联约束（机组约束、网络约束等），形成用户最小付费模型，如式（6-81）所示，式中 ρ 为研究时段的价格。

$$\begin{cases}\min\rho D\\ \rho=\max_{i\in N_g}\left\{b_iP_{g,i}+a_i+\frac{c_i}{P_{g,i}}\right\}\\ \sum_{i\in N_g}P_{g,i}=D\\ P_{g,i}^{\min}\leqslant P_{g,i}\leqslant P_{g,i}^{\max}\end{cases}\tag{6-81}$$

因此可能出现某些机组无法回收成本的情况。而用户付费最小，则能够满足成本回收的要求，但是却淹没了边际成本形成价格的作用，固定成本扮演了重要角色，从而无法实现社会效益最大化。

6.3.2.2 成本需要补偿的两种情况

在电力系统运行调度中，需要成本补偿的可能情况主要有以下两种。

(1) 发电机组固定成本

按照购电成本最小模型清除市场价格，固定成本在价格形成过程中不起作用。求解最小购电成本模型（6-80），可以确定系统的边际成本（记为 λ^*），同时确定在 λ^* 下的购电计划（记为（$u_i^*, P_{G,i}^*$））。然而若采用 λ^* 为此时的电价，就可能产生

$$\lambda^* P_{g,i}^* - C_i(P_{g,i}^*) < 0 \tag{6-82}$$

由此可见，由于对固定成本的考虑，按边际成本定价虽然能够给出资源优化配置的信号，有利于社会总体效益最大化，但对某些被选入的个体机组就会出现成本不能回收的情况。

(2) 供给容量不连续

其中包含两种情况：一种是针对系统总的供给容量不连续；另外一种是发电机组存在禁止运行的区域（Prohibited Area）。前者主要是由于发电机组输出功率上下限，尤其是下限产生的供给容量不连续。后者是由于发电机组的供给函数存在禁止运行的区域[43]，而使供给容量出现不连续，产生的原因有发电机组辅助设备失灵、发电机组机械制约等，这些原因导致发电机组在一定的运行区间不稳定，使发电机组在这一区间内任何时段都不能带负荷。因此，当优化调度结果中这类机组的负荷刚好在禁止运行区域，这类发电机组只能运行在临近可运行区域的限值上，其他机组重新对剩余负荷进行优化调度，如图6-13所示，此时机组可以等效为几台不同容量的分段机组，每段机组的容量限制如式（6-83）所示，则与受发电机组下限制约情况相同处理。

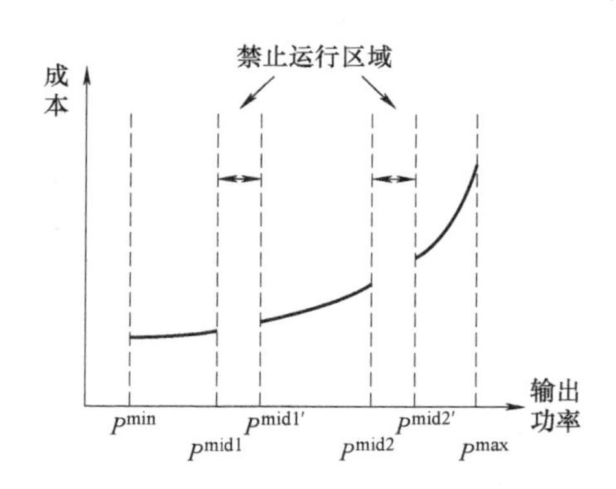

图6-13 发电机组禁行区域

$$\begin{aligned} & P_{g,i}^{min} \leqslant P_{g,i} \leqslant P_{g,i}^{mid1} \\ & P_{g,i}^{mid1'} \leqslant P_{g,i} \leqslant P_{g,i}^{mid2} \\ & P_{g,i}^{mid2'} \leqslant P_{g,i} \leqslant P_{g,i}^{max} \end{aligned} \tag{6-83}$$

当供给容量出现不连续的情况时，为了满足负荷需求，在组合的过程中可能出现某些发电机组处于下限运行，这些机组的边际成本显然不小于系统的边际成本，导致这些机组的成本无法收回，从而需要对其进行补偿。

6.3.3　边际成本定价下的成本补偿

在市场机制下，发电公司作为独立的利益体，应该追求自身的利润最大化，因此在该价格水平下，发电公司要以利润最大化为目标，求解得出对应的输出功率

$$\mathrm{pr}_i^S = \max_{u_i, P_i}\{\lambda^* P_{g,i} - C_i(u_i, P_{g,i})\} \tag{6-84}$$

求得

$$(u_i^S, P_{g,i}^S) = \begin{cases} (0,0) & \lambda^* < \mathrm{AC}_i^{\min} \\ \left(1, \dfrac{\lambda^* - a_i}{2b_i}\right) & \mathrm{AC}_i^{\min} \leqslant \lambda^* \leqslant (b_i P_{g,i}^{\max} + a_i) \\ (1, P_{g,i}^{\max}) & \lambda^* > (b_i P_{g,i}^{\max} + a_i) \end{cases} \tag{6-85}$$

式中　$\mathrm{AC}_i^{\min}$——发电机组 i 的最小平均成本。

电力商品供给者以式（6-85）确定卖电计划（u_i^S, P_i^S），且利润 $\mathrm{pr}_i^S \geqslant 0$，否则机组将退出运行。另外，也会出现未被选中的机组在当前价格下利润为正而想进入市场的情况，要维持边际成本价格下的最优购电计划，同时鼓励市场参与者，当（u_i^*, P_i^*）≠（u_i^S, P_i^S）时，则出现成本补偿问题，对上述两种情况补偿是有必要的。

对这一问题关注最早的要属英国电力市场——Table A/B 法，其通过峰谷负荷的划分，将固定运行成本分摊于峰荷区间，形成峰谷不同的分时电价。但该方法成本补偿完全通过价格的升高由用户承担，且峰荷与非峰荷区间的划分依据缺乏准确性，这使该方法具有很大的不合理性，可能产生错误的价格信号。随着电力工业改革的不断深化，这个问题也成了研究的焦点。文献［43］提出附加成本函数概念，在边际成本定价机制下，在解决成本补偿问题研究上有明显进展。文献［44］进一步丰富了文献［43］的理论，达到自动实现边际成本定价机制下市场交易的均衡，且刚好解决成本补偿的问题。

因此，为了能够制定更为合理公平的补偿机制，实现社会效益最大化的目标，课题在已有研究的基础上，利用附加成本函数[43,44]的形式制定相应的成本补偿机制。补偿后对选中而利润为负的机组补偿至利润为0，即刚好收回成本；对未被选中而利润为正的机组补偿未实现的利润值，从而在维持社会效益最优的同时，使各市场参与者的利润最大化，达到整体与局部相平衡的状态。

在市场环境下，这种补偿行为不应由政府干预，而应在市场中得到解决。解决方法应公平合理。若对于所有机组，需补偿的利润总损失表示为 $\sum_{i \in N} \Delta \mathrm{pr}_i(\lambda^*)$。通常的做法是将电价 λ^* 升高为 $\lambda^* + \sum_{i \in N} \Delta \mathrm{pr}_i(\lambda^*) \Big/ D$ 回收利润总损失值。这样，发电商的利益得到了保障，但利润总损失完全由用户承担，而用户不愿接受。

考虑到未被选中而需补偿的机组因效率较低才会处于此位置，虽为维持社会效益最优的购电计划对其补偿，但其亦当承担部分责任，而不应将损失完全转嫁于其他机组或用户；对应不同时段、不同负荷，每台机组都有成为边际机组的可能，即均有成为被补偿的可能，所以此时赢利的机组应接受补偿亏损机组的状况，相互合作，以备后患；对用户而言，为保证可靠电能的提供，亦有责任维护这种社会最优状态。因此，未被选中而需补偿的机组及赢利机组和用户应共同分担需补偿的利润总损失 $\sum_{i\in N}\Delta \mathrm{pr}_i(\lambda^*)$。对赢利机组承担部分损失意味着应得利润降低，对未选中而需补偿的机组意味着需补偿的潜在利润降低，对用户意味着电价升高。唯有选中而亏损的机组只接受补偿。

首先构造附加成本函数如式（6-86）所示。其含义为：考虑到最小购电成本模型下购电计划的获得是基于各机组的成本投标曲线得到的，因而在机组原成本特性上叠加一与其具有相同表达式结构的附加成本函数，该附加成本函数的参数可以进行调整，从而通过改变机组成本特性以保证在最小购电成本模型下确定的购电计划不变的同时，又自动实现成本补偿。

$$U_i(\Delta a_i,\Delta b_i,\Delta c_i)=\frac{1}{2}\Delta b_i P_{g,i}^2+\Delta a_i P_{g,i}+\Delta c_i \tag{6-86}$$

最小购电成本模型中的目标函数可扩展为

$$\min\sum_{i\in N}u_i(C_i(P_{g,i})+U_i(\Delta a_i,\Delta b_i,\Delta c_i)) \tag{6-87}$$

由此确定新的交易价格为 $\tilde{\lambda}(\tilde{\lambda}\geqslant\lambda^*)$，购电计划为 $(\tilde{u}_i,\tilde{P}_i)$，且满足 $(\tilde{u}_i,\tilde{P}_i)=(u_i^*,P_i^*)$，这样维持资源最优配置状态不变。同时假设用户付费恰好等于收益，即

$$\tilde{\lambda}D=\sum_{i\in N}(\tilde{\lambda}\tilde{P}_{g,i}-U_i(\Delta a_i,\Delta b_i,\Delta c_i)) \tag{6-88}$$

式（6-88）中，左边为付费；右边为含附加成本函数的等效收益。可见附加成本函数可正、可负。同时有 $\sum_{i\in N}U_i(\Delta a_i,\Delta b_i,\Delta c_i)=0$，附加成本函数等效于利润的概念，这一利润在机组内部是闭环的交叉补偿，其正负表示补偿方向。U_i 为正表明该机组让出部分利润；U_i 为负表明该机组接受部分利润。

在市场机制下，U_i 值有双重特性，对促使社会效益最大化有贡献的卖者显现奖励特性；对削弱社会效益最大化实现的卖者显现惩罚特性，因此附加函数为资源优化配置的实现提供了基础和保证。

下面给出附加成本函数参数的确定方法。以各机组的成本特性调整量与价格增量的范数最小为目标，即

$$\min\sum_{i\in N_g}(\Delta a_i)^2+(\Delta b_i)^2+(\Delta c_i)^2+(\Delta\lambda)^2 \tag{6-89}$$

以补偿后各机组的成本特性参数 $\tilde{a}_i$、$\tilde{b}_i$、$\tilde{c}_i$ 和补偿后的价格 $\tilde{\lambda}$ 为待求量，将式（6-89）转化为

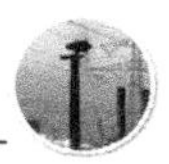

$$\min \sum_{i \in N_g} (\widetilde{a}_i - a_i)^2 + (\widetilde{b}_i - b_i)^2 + (\widetilde{c}_i - c_i)^2 + (\widetilde{\lambda} - \lambda^*)^2 \tag{6-90}$$

该优化目标需满足以下约束条件

$$\begin{cases} \widetilde{\lambda} \geqslant \widetilde{b}_i P_{g,i}^* + \widetilde{a}_i & P_{g,i}^* = P_{g,i}^{\max} \\ \widetilde{\lambda} \leqslant \widetilde{b}_i P_{g,i}^* + \widetilde{a}_i & P_{g,i}^* \leqslant P_i^{\min} \\ \widetilde{\lambda} = \widetilde{b}_i P_{g,i}^* + \widetilde{a}_i & P_{g,i}^{\min} \leqslant P_{g,i}^* \leqslant P_{g,i}^{\max} \end{cases} \tag{6-91}$$

$$\mathrm{pr}_i(\widetilde{\lambda}) = \widetilde{\lambda} P_{g,i}^* - [C_i(P_{g,i}^*) + U_i(\Delta a_i, \Delta b_i, \Delta c_i)] \geqslant 0 \tag{6-92}$$

$$\sum_{i \in N_g} U_i(\Delta a_i, \Delta b_i, \Delta c_i) = \sum_{i \in N_g} \left(\frac{1}{2} \Delta b_i P_{g,i}^{*2} + \Delta a_i P_{g,i}^* + \Delta c_i \right) = 0 \tag{6-93}$$

由上述模型应用二次规划求解未知量 $\widetilde{a}_i$、$\widetilde{b}_i$、$\widetilde{c}_i$ 及 $\widetilde{\lambda}$ 后，从而获得各附加成本函数值，$\widetilde{\lambda}$ 为成本补偿后的市场清除价格，计及补偿函数的自我调度结果与统一调度结果相同。详细证明可参考本章附录6B。

6.3.4　算例及其分析

本节构造了10台发电机组算例，发电机组参数如表6-26所示，此算例不考虑网络约束，即假设所有发电机组等同连接在同一电气节点上。预测负荷为1900MW。考虑附加成本函数的边际成本定价模型与附加成本函数构成的二次规划模型采用Matlab 6.5中的二次规划优化子程序进行求解。

表6-26　发电机组参数

机组	$a_i/2/(\$/\mathrm{MW}^2)$	$b_i/(\$/\mathrm{MW})$	$c_i/\$$	$P_{g,i}^{\max}/\mathrm{MW}$	$P_{g,i}^{\min}/\mathrm{MW}$
1	0.00510	2.20340	15.0	60	15
2	0.00396	1.91010	20.0	80	20
3	0.00393	1.85180	40.0	100	30
4	0.00382	1.69660	32.0	120	25
5	0.00212	1.80150	29.0	150	50
6	0.00261	1.53540	72.0	280	75
7	0.00289	1.26430	49.0	320	120
8	0.00148	1.21360	82.0	445	125
9	0.00127	1.19540	105.0	520	250
10	0.00135	1.12850	100.0	550	250

表6-27中给出了边际成本定价模型补偿前后发电机组的成本系数、各发电机组的输出功率、系统的边际价格以及补偿前后各发电机组的利润。从结果可以看出，考虑附加成本函数的边际成本定价模型并未改变机组的组合状态和输出功率，只是系统的边际价格由2.377454\$/MW·h增加到2.378965\$/MW·h，全系统的社会效益损失为用户因电能价格增加而产生的损失。发电机组4和发电机组6在补

偿前处于亏损状态，无法完全回收成本，成为需要补偿的机组。补偿后发电机组4和发电机组6的边际成本系数 $\widetilde{a}_i$ 比补偿前的 a_i 有所减小，其他机组均有一定程度的增加，说明发电机组4和发电机组6的成本特性不好，因此通过牺牲其他机组的成本特性而使这两台机组的成本特性变得好一些，最终使所有参与竞价的发电机组在保证社会效益损失最小的前提下，各发电机组个体利益不受损失（表中补偿后所有发电机组的利润均不小于0）。可见，通过对边际成本定价模型的成本补偿，保证了边际成本在优化资源配置的作用（补偿前后调度结果未改变），同时使各发电机组都能回收成本，只是由于电价的微小变化而使用户受到了损失，从而产生了与最大社会效益的偏差。

表6-27　补偿前后的结果对比

机组	输出功率/MW	补偿前 $\lambda^*=2.377454$\$/MW·h				补偿后 $\widetilde{\lambda}^*=2.378965$\$/MW·h			
		$a_i/2$ /(\$/MW²)	b_i /(\$/MW)	c_i/\$	pr_i	$\widetilde{a}_i/2$ /(\$/MW²)	$\widetilde{b}_i$ /(\$/MW)	$\widetilde{c}_i$/\$	$\widetilde{\mathrm{pr}}_i$
1	0.00000	0.005100	2.203400	15	0.000000	0.005100	2.378965	15	0.000000
2	0.00000	0.003960	1.910100	20	0.000000	0.003960	2.378965	20	0.000000
3	0.00000	0.003930	1.851800	40	0.000000	0.003930	2.378965	40	0.000000
4	***89.116980***	***0.003820***	***1.696600***	***32***	***−1.662190***	***0.004029***	***1.660826***	***32***	***0.000000***
5	135.83810	0.002120	1.801500	29	10.118240	0.002117	1.803755	29	10.067642
6	***161.31300***	***0.002610***	***1.535400***	***72***	***−4.082910***	***0.002767***	***1.486298***	***72***	***0.000000***
7	192.58710	0.002890	1.264300	49	58.189550	0.002882	1.268834	49	57.898392
8	393.19380	0.001480	1.213600	82	146.81000	0.001475	1.218847	82	146.07544
9	465.37550	0.001270	1.195400	105	170.04940	0.001266	1.200568	105	169.19852
10	462.57550	0.001350	1.128500	100	188.86770	0.001346	1.134097	100	187.9226

6.3.5　小结

本节讨论了按照边际成本定价出现的成本无法回收问题，分析了两种可能产生成本补偿的情况，并在附加函数的基础上，探讨机组的成本补偿模型，该模型可以确保补偿前后的调度结果相同，从而使系统调度不影响最大社会效益，同时满足了发电机组的个体利益，是边际成本定价理论的进一步完善。

6.4　结论

电力系统短期运行调度中的经济理论，在电力经济研究中具有重要的基础作用。本章从有功调度、无功调度以及有功无功联合调度角度出发，深入详细地讨论了电力系统运行调度中的各种经济问题，并给出有一定参考价值的结论，为电力市场化改革提供一定的依据。

第 6 章附录

附录 6A　30 节点系统参数

表 6A-1　支路电抗、有功限值

起始节点	电抗（pu）	输电极限/MVA	起始节点	电抗（pu）	输电极限/MVA
1—2	0. 0575	85	15—18	0. 2185	31
1—3	0. 1852	175	18—19	0. 1292	31
2—4	0. 1737	105	19—20	0. 0680	47
3—4	0. 0379	115	10—20	0. 2090	47
2—5	0. 1983	85	10—17	0. 0845	47
2—6	0. 1763	80	10—21	0. 0749	47
4—6	0. 0414	105	10—22	0. 1499	47
5—7	0. 1160	85	21—22	0. 0236	47
6—7	0. 0820	55	15—23	0. 2020	31
6—8	0. 0420	47	22—24	0. 1790	31
9—6	0. 2080	47	23—24	0. 2700	31
6—10	0. 5560	47	24—25	0. 3292	31
9—11	0. 2080	80	25—26	0. 3800	31
9—10	0. 1100	65	25—27	0. 2087	31
12—4	0. 2560	50	28—27	0. 3960	80
12—13	0. 1400	50	27—29	0. 4135	47
12—14	0. 2559	47	27—30	0. 6027	31
12—15	0. 1304	47	29—30	0. 4535	31
12—16	0. 1987	47	8—28	0. 2000	31
14—15	0. 1997	31	6—28	0. 0599	37
16—17	0. 1932	31			

表 6A-2　机组特性数据和初始发电

机组	$a_i/2$ /(\$/MW²)	b_i /(\$/MW)	最大输出功率 /MW	最小输出功率 /MW	向上响应速率 /(MW/min)	向下响应速率 /(MW/min)
G1	0. 075	12. 5	100	0. 0	2	2
G2	0. 0375	30. 0	180	0. 0	3	3
G5	0. 025	20. 0	100	0. 0	2	2
G8	0. 24	12. 5	100	0. 0	2	2
G11	0. 25	20. 0	100	0. 0	2	2
G13	0. 25	30. 0	40	0. 0	1	1

表 6A-3 负荷数据

节点	有功 1/MW	有功 2/MW	无功/Mvar	节点	有功 1/MW	有功 2/MW	无功/Mvar
2	21.7	21.70	12.7	17	19.0	19.00	5.8
3	22.4	22.40	10.2	18	13.2	13.20	0.9
4	7.6	7.60	1.6	19	19.5	19.50	3.4
5	4.2	9.42	19.0	20	12.2	2.20	0.7
7	22.8	22.80	10.9	21	17.5	17.50	11.2
8	30.0	30.00	30.0	23	13.2	3.20	1.6
10	5.8	5.80	2.0	24	18.7	18.70	6.7
12	13.4	13.40	7.5	26	13.5	3.50	2.3
14	6.2	6.20	1.6	29	12.4	2.40	0.9
15	18.2	18.20	2.5	30	10.6	10.60	1.9
16	13.5	13.50	1.8				

表 6A-4 节点电压范围（标幺值）

节 点	电压范围	节 点	电压范围	节 点	电压范围
1	1.05～0.95	11	1.05～0.95	21	1.05～0.95
2	1.1～0.95	12	1.05～0.95	22	1.1～0.95
3	1.05～0.95	13	1.1～0.95	23	1.1～0.95
4	1.05～0.95	14	1.05～0.95	24	1.05～0.95
5	1.05～0.95	15	1.05～0.95	25	1.05～0.95
6	1.05～0.95	16	1.05～0.95	26	1.05～0.95
7	1.05～0.95	17	1.05～0.95	27	1.1～0.95
8	1.05～0.95	18	1.05～0.95	28	1.05～0.95
9	1.05～0.95	19	1.05～0.95	29	1.05～0.95
10	1.05～0.95	20	1.05～0.95	30	1.05～0.95

附录 6B 附加成本函数存在的证明

下面给出附加成本函数参数的确定方法。设（$\boldsymbol{u}^*, \boldsymbol{P}_g^*$）$\in \boldsymbol{B}^n \times \boldsymbol{G}^n$，其中，$\boldsymbol{B}^n$ 为 n 维 0-1 空间，$\boldsymbol{G}^n$ 为 n 维可行解空间。以各发电机组的成本特性调整量与价格增量的范数最小为目标，即

$$\min \sum_{i \in N_g} (\Delta a_i)^2 + (\Delta b_i)^2 + (\Delta c_i)^2 + (\Delta \lambda)^2 \tag{6B-1}$$

以补偿后各机组的成本特性参数 $\widetilde{a}_i$、$\widetilde{b}_i$、$\widetilde{c}_i$ 和补偿后的价格 $\widetilde{\lambda}$ 为待求量，将

式（6B-1）转化为

$$\min \sum_{i \in N_g} (\widetilde{a}_i - a_i)^2 + (\widetilde{b}_i - b_i)^2 + (\widetilde{c}_i - c_i)^2 + (\widetilde{\lambda} - \lambda^*)^2 \tag{6B-2}$$

该优化目标需满足以下约束条件：

$$\begin{cases} \widetilde{\lambda} \geqslant \widetilde{b}_i P_{g,i}^* + \widetilde{a}_i & P_{g,i}^* = P_{g,i}^{\max} \\ \widetilde{\lambda} \leqslant \widetilde{b}_i P_{g,i}^* + \widetilde{a}_i & P_{g,i}^* \leqslant P_i^{\min} \\ \widetilde{\lambda} = \widetilde{b}_i P_{g,i}^* + \widetilde{a}_i & P_{g,i}^{\min} \leqslant P_{g,i}^* \leqslant P_{g,i}^{\max} \end{cases} \tag{6B-3}$$

$$\mathrm{pr}_i(\widetilde{\lambda}) = \widetilde{\lambda} P_{g,i}^* - [C_i(P_{g,i}^*) + U_i(\Delta a_i, \Delta b_i, \Delta c_i)] \geqslant 0 \tag{6B-4}$$

$$\sum_{i \in N_g} U_i(\Delta a_i, \Delta b_i, \Delta c_i) = \sum_{i \in N_g} \left(\frac{1}{2} \Delta b_i P_{g,i}^{*2} + \Delta a_i P_{g,i}^* + \Delta c_i \right) = 0 \tag{6B-5}$$

$$\begin{aligned} &(1 - u_i^*)\Delta b_i = 0 \\ &(1 - u_i^*)\Delta c_i = 0, \quad i = 1, \cdots, n \end{aligned} \tag{6B-6}$$

$$\Delta c_i \in R, \Delta a_i \geqslant -a_i, \Delta b_i > 0, \widetilde{\lambda} > 0 \tag{6B-7}$$

约束（6B-5）表示所有已组合发电机组在均衡点处的成本补偿之和为0。换句话说，各台发电机组收益增加与减少必须互相抵消。约束（6B-6）表示当机组未被组合时，Δc_i 与 Δb_i 为零，该约束并非必要，只是为了保证数值稳定性以及附加成本值的唯一性。

接下来证明通过求解考虑附加成本的二次规划模型可以获得考虑自我调度成本回收的唯一的均衡补偿成本值。该模型可以产生唯一的均衡价格，记为 $\widetilde{\lambda}^{\mathrm{eq}}$。首先，证明该模型是可行的。

引理1：设 $(\boldsymbol{u}^*, \boldsymbol{P}_g^*) \in \mathrm{OS(PUC)}$（原机组组合最优化问题），并假设没有预算约束，那么FS(QAP)（考虑附加成本二次规划可行问题）非空。

其中，OS(PUC)为最优解，FS(QAP)为可行解集合。此引理可由Farkas引理的变形进行证明，Farkas引理证明可参见相关文献。

引理2（Farkas引理）：设 $\boldsymbol{A} \in R^{n \times m}$，$\boldsymbol{d} \in R^m$，则下列两项互相成立：

1）存在 $\boldsymbol{x} \geqslant 0$，使得 $\boldsymbol{Ax} = \boldsymbol{d}$；

2）存在向量 $\boldsymbol{z} \in R^m$，使 $\boldsymbol{z}^{\mathrm{T}}\boldsymbol{A} \geqslant 0$，且 $\boldsymbol{z}^{\mathrm{T}}\boldsymbol{d} < 0$。

先将QAP模型写成标准形式，记为FS(QAP)。该模型中，只需考虑已组合机组的附加成本。未组合机组的可行性是显而易见的，因为只包括 $\widetilde{\lambda} \leqslant \widetilde{a}_i$。令 $\widetilde{n}$ 为已组合机组数，则相应的子形式表示为

$$\mathrm{FS}'(\mathrm{QAP}) \equiv \{\boldsymbol{x} \in R^{5\widetilde{n}+1} : \boldsymbol{Ax} = \boldsymbol{d}, \boldsymbol{x} \geqslant 0\} \subseteq \mathrm{FS(QAP)} \tag{6B-8}$$

其中，QAP模型中所有不等式约束，通过引入松弛变量 $\boldsymbol{s}$ 已转化为等式约束。假设所有不等式约束均为有效约束，由此产生更强的制约作用。为了满足（6B-8）所有变量为正的要求，令 $\Delta c_i = \Delta c_i^+ - \Delta c_i^-$，其中 Δc_i^+、$\Delta c_i^- \geqslant 0$；令 $\Delta a_i^+ \equiv \Delta a_i + a_i \geqslant 0$，以及 $\Delta b_i^+ \equiv \Delta b_i + b_i \geqslant 0$。那么，变量向量 $\boldsymbol{x} \in R^{5\widetilde{n}+1}$ 可表达为

$$\boldsymbol{x}^{\mathrm{T}} = (\Delta c_1^+, \cdots, \Delta c_{\tilde{n}}^+, \Delta c_1^-, \cdots, \Delta c_{\tilde{n}}^-, \Delta a_1^+, \cdots, \Delta a_{\tilde{n}}^+, \Delta b_1^+, \cdots, \Delta b_{\tilde{n}}^+, \lambda, s_1, \cdots, s_{\tilde{n}}) \tag{6B-9}$$

如果考虑两台发电机组被组合，矩阵 $\boldsymbol{A}$ 以及列向量 $\boldsymbol{d}$ 由下式给出，由此很容易写出一般形式。

$$\boldsymbol{A} = \begin{pmatrix} 0 & 0 & 0 & 0 & 1 & 0 & P_{g,1}^* & 0 & -1 & 0 & 0 \\ 0 & 0 & 0 & 0 & 0 & 1 & 0 & P_{g,2}^* & -1 & 0 & 0 \\ 1 & 0 & -1 & 0 & P_{g,1}^* & 0 & \frac{1}{2}P_{g,1}^{*2} & 0 & -P_{g,1}^* & 1 & 0 \\ 0 & 1 & 0 & -1 & 0 & P_{g,2}^* & 0 & \frac{1}{2}P_{g,2}^{*2} & -P_{g,2}^* & 0 & 1 \\ 1 & 1 & -1 & -1 & P_{g,1}^* & P_{g,2}^* & \frac{1}{2}P_{g,1}^{*2} & \frac{1}{2}P_{g,2}^{*2} & 0 & 0 & 1 \end{pmatrix}$$

$$\boldsymbol{d}^{\mathrm{T}} = \begin{pmatrix} 0 & 0 & -c & -c & \sum_{i=1}^{\tilde{n}} a_i x_i^* + \frac{1}{2} b_i x_i^{*2} \end{pmatrix}$$

则对任意 $z \in R^{2\tilde{n}+1}$，有

$$\boldsymbol{z}^{\mathrm{T}}\boldsymbol{d} = -z_{\tilde{n}+1}c_1 - \cdots - z_{2\tilde{n}}c_{\tilde{n}} + z_{2\tilde{n}+1}\sum_{i=1}^{\tilde{n}}\left(a_i x_i^* + \frac{1}{2}b_i x_i^{*2}\right) \tag{6B-10}$$

$$\begin{aligned} \boldsymbol{z}^{\mathrm{T}}\boldsymbol{A} = [& z_{\tilde{n}+1} + z_{2\tilde{n}+1}, \cdots, z_{2\tilde{n}} + z_{2\tilde{n}+1}, -z_{\tilde{n}+1} - z_{2\tilde{n}+1}, \cdots, -z_{2\tilde{n}} - z_{2\tilde{n}+1}, \\ & z_1 + P_{g,1}^*(z_{\tilde{n}+1} + z_{2\tilde{n}+1}), \cdots, z_{\tilde{n}} + P_{g,\tilde{n}}^*(z_{2\tilde{n}} + z_{2\tilde{n}+1}), \\ & P_{g,1}^* z_1 + \frac{1}{2}P_{g,1}^{*2}(z_{\tilde{n}+1} + z_{2\tilde{n}+1}), \cdots, z_{\tilde{n}} + \frac{1}{2}P_{g,\tilde{n}}^{*2}(z_{2\tilde{n}} + z_{2\tilde{n}+1}), \\ & -z_1 - \cdots - z_{\tilde{n}} - P_{g,1}^* z_{\tilde{n}+1} - \cdots - P_{g,\tilde{n}}^* z_{2\tilde{n}}, z_{\tilde{n}+1}, \cdots, z_{2\tilde{n}}] \end{aligned} \tag{6B-11}$$

可以看出，只有 $\boldsymbol{z}=0$ 时，$\boldsymbol{z}^{\mathrm{T}}\boldsymbol{A} \geqslant 0$，这显然违背了 Farkas 引理第二性 $\boldsymbol{z}^{\mathrm{T}}\boldsymbol{d} < 0$，因为 $|\boldsymbol{d}|$ 已达到了限值。

推论：如果 PUC 有解，那么 QAP 也有解。

该推论也是可行的二次凸规划问题的性质。

接下来，证明已组合发电机组的输出功率 $P_{g,i}(\tilde{\lambda})$，当处在 $\tilde{\lambda} \in [\mathrm{AC}_i^{\min}, \mathrm{IC}_i^{\max} + \mathrm{ID}_i^{\max}]$ 区间时，是连续且唯一的。由 EUC 模型，可知我们将附加函数 $U_i^*(u_i, P_{g,i})$ 加到发电机组的成本函数 $C_i^*(u_i, P_{g,i})$ 时，产生一个严格凸规划函数，也具有凸函数的性质。接下来，证明最终成本函数的唯一性。

引理 3：假设 $\Delta c_i^* \in R$ 和 $\Delta b_i^* > -b_i$ 为 QAP 模型的解，设 $\mathrm{IC}_i^{\max} = a_i + b_i P_{g,i}^{\max}$ 和 $\mathrm{ID}_i^{\max} = \Delta a_i^* + \Delta b_i^* P_{g,i}^{\max}$，那么第 i 台发电机组输出功率水平 $P_{g,i}$，在价格 $\tilde{\lambda} \in [\mathrm{AC}_i^{\min}, \mathrm{IC}_i^{\max} + \mathrm{ID}_i^{\max}]$ 下就是唯一的，否则为 0。

证明：给出附加成本项的各项系数 Δc_i^*、Δa_i^*、Δb_i^*，则发电机组自我调度结果可以表示为价格 $\tilde{\lambda}$ 的函数，如式（6B-12）。

$$
\begin{aligned}
(u_i,P_{g,i}) &= \arg \max_{\substack{\tilde{u}_i \in B \\ \tilde{P}_{g,i} \in G_i(\tilde{u}_i)}} [\lambda P_{g,i} - U_i(\tilde{u}_i,\tilde{P}_{g,i}) - C_i(\tilde{u}_i,\tilde{P}_{g,i})] \\
&= \begin{cases} (0,0); & \lambda < \mathrm{AC}_i^{\min} \\ \left(1,\dfrac{\lambda - a_i}{b_i + \Delta b_i}\right); & \mathrm{AC}_i^{\min} \leqslant \lambda \leqslant \mathrm{IC}_i^{\max} + \mathrm{ID}_i^{\max} \\ (1,P_{g,i}^{\max}); & \text{其他} \end{cases}
\end{aligned} \tag{6B-12}
$$

因为当价格低于平均成本 $\mathrm{AC}_i^{\min}$ 时，收益函数非负，因此该函数可以用 0-1 搜索算法快速求解。以下引理完成证明。

引理 4： 假设 $\Delta a_i^*,\Delta b_i^*,\Delta c_i^*,i=1,2,\cdots,n$ 为 QAP 的解，且 $\Delta b_i^*>0$，则 EUC 问题的解，当 $U(u_i,P_{g,i}) = u_i\Delta c_i^* + \Delta a_i^* P_{g,i} + \frac{1}{2}\Delta b_i^* P_{g,i}^2$时，为完全均衡解。

为了证明这一引理，我们需要证明①每台已组合发电机组的剩余都是正的，即 $\mathrm{pr}_{g,i}(\tilde{\lambda}^{\mathrm{eq}}) \geqslant 0$；②每台未组合机组的收益非正；③功率平衡约束得到满足。①和③是成立的，因为是 EUC 和 QAP 的可行解。证明②，只需证明未组合发电机组的最小平均成本不小于统一的价格 $\tilde{\lambda}^{\mathrm{eq}}$。

$$
\begin{aligned}
\mathrm{AC}_j^{\mathrm{lb}} &= \min\left\{\begin{aligned}&[cf_j(1,P_{g,j}) + df_j(1,P_{g,j})]/P_{g,j}: \\ &\lambda P_{g,j} - cf_j(1,P_{g,j}) - df_j(1,P_{g,j}) \geqslant 0\end{aligned}\right\} \\
&= c_j + \Delta c_j + [2(b_j + \Delta b_j)(c_j + \Delta c_j)]^{1/2} \geqslant \lambda^{\mathrm{eq}} + (2c_j b_j)^{1/2}
\end{aligned} \tag{6B-13}
$$

其中，由于 QAP 约束，$\tilde{\lambda}^{\mathrm{eq}} \leqslant c_j + \Delta c_j$。由于发电机组未被组合，故 $\Delta c_j = \Delta b_j = 0$（假设条件）。则第二等式判断如下

$$
\left.\begin{aligned} &\lambda x \geqslant a_0 + a_1 x + \frac{1}{2} a_2 x^2 \\ &\lambda = a_1 + a_2 x \\ &x \geqslant 0 \end{aligned}\right\} \Rightarrow \frac{1}{2} a_2 x^2 - a_0 \geqslant 0 \tag{6B-14}
$$

即 $x \geqslant (2a_0/a_2)^{1/2}$，代入平均成本的表达式，可得

$$
\begin{aligned}
\mathrm{AC}^{\mathrm{lb}} &= \frac{a_0 + a_1 x + \frac{1}{2} a_2 x^2}{x} \\
&= \frac{a_0 + a_1(2a_0/a_2)^{1/2} + \frac{1}{2} a_2(2a_0/a_2)}{(2a_0/a_2)^{1/2}} \\
&= a_0 + (2a_0 a_2)^{1/2}
\end{aligned} \tag{6B-15}
$$

第7章

对应不确定性的经济调度的基本理论问题

7.1 调度中应对不确定性的基本概念

7.1.1 主动量与被动量

不确定性是指客观事物联系和发展过程中无序的、或然的、模糊的、近似的属性。电力系统作为一个典型的复杂非线性系统，存在着大量内在或外在的不确定性。从不确定性的来源分析可知，电力系统运行中存在的不确定性广泛分布于发电、输电、配电和用电等各个环节中；按不确定性的类别分析，电力系统运行中的不确定性又可以划分为随机性、模糊性、区间性或者其中两者之间关联耦合性等。在这样一个典型的复杂系统中，如何合理、有效地发挥主动决策量的调节作用，以应对被动量的不确定性，使系统整体效用达到最佳，成为电力系统运行在不确定条件下决策的关键问题。

传统电力系统中，发电作为主动可调节集，负荷作为被动不可调节集，电力系统是典型的发电跟踪负荷的运行模式。而随着发电形式和用电形式的多样化，在增加了不确定性的同时，也改变了主动量和被动量间的构成。因此，本节将主动量定义为：在发电与负荷平衡的过程中，能够通过决策或控制改变自身运行行为的量。被动量定义为：在发电与负荷平衡的过程中，不能通过决策或控制改变自身运行行为的量。

在不确定的运行条件下，主动量源自火电、可控负荷、电动汽车和储能装置等，被动量源自不可控负荷、风光等可再生能源发电。可以看出，主动量和被动量融入于发电侧与用电侧，且主动量的运行行为可以通过决策者控制而改变，而被动量的运行行为要受外界条件影响，往往带有波动性、间歇性等不确定性特征，需要主动量予以应对[45]。

按上述定义，主动量与被动量有正负之分，从发电与负荷平衡角度，将显现发电性质主动量定义为正，显现负荷性质主动量定义为负；同理，将显现发电性质被动量定义为负，显现负荷性质被动量定义为正。这样，主动量间、被动量间

及主动量与被动量间存在发电能力增强、负荷量增加和发电与负荷平衡能力增强等关系，呈现多元化的牵制与互补特性。

例如，设在一个时间间隔内负荷预测期望值变化为ΔD，可再生能源发电预测期望值变化为ΔW，则总的被动量需求期望值变化为$\Delta L=\Delta D-\Delta W$。当负荷预测期望值变化$\Delta D$为正、可再生能源发电预测期望值变化$\Delta W$为负时，系统负荷量增加；当负荷预测期望值变化$\Delta D$为负、可再生能源发电预测期望值变化$\Delta W$为正时，系统发电能力增强；当负荷预测期望值变化$\Delta D$与可再生能源发电预测期望值变化$\Delta W$均为正或者均为负时，二者之间呈现互补特性。

由上述被动量的定义可知，被动量源自不可控负荷、风光等可再生能源发电。当前，随着经济的发展和技术的进步，被动量中电源和负荷的构成呈现多样化，间歇式可再生能源发电比例越来越高，使电力系统面临不确定性的程度日益增强。对此，尽管在预测方法上针对风电等做了大量的研究与实践，但依然摆脱不了其本身固有的波动性和间歇性，即不可预测性。

同电力系统的负荷预测类似，风电功率预测包含持续分量与分钟级分量两部分。其中，风电功率持续分量反映风能的变化趋势；风电功率分钟级分量反映风能间歇式的随机波动。二者间接体现了风能变化不确定性所包含的波动性特征与间歇性特征。实际上，风能的间歇性始终地存在于风电功率的变化之中，可能以分钟级分量体现，也可能以更短的时间尺度存在，难以预知。因此，以风电功率分钟级或者其他固定时间尺度分量来表达其间歇性难以奏效。

由此，为分析并有效应对被动量的双重不确定性特征，本节将被动量不确定性变化分为被动量波动性特征分量和间歇性特征分量两部分，以经过预测时段T被动量需求的变化位置来表达被动量的波动性特征分量，以预测时段T内被动量需求最大变化速率来表达被动量的间歇性特征分量。可看出，波动性特征体现被动量变化趋势的不确定性，是空间上位置的预测；而间歇性特征体现被动量变化频率的不确定性（无规律性），代表时域内过程的分析。

7.1.2　自动发电控制机组运行基点与备用的联动

电力系统经济调度，尤其限定在超短期范畴，主要是依据短期负荷与风电功率预测对可调节机组运行基点及备用响应的一类决策问题。在机组组合状态以及基荷机组输出功率已经确定的前提下，调整具有调控能力的AGC机组运行基点并为被动量需求设置合理而有效的备用（控制），是经济运行决策的核心问题。

实际中，由于负荷与风光等可再生能源发电各自特有的间歇性和波动性，被动量需求存在极度不确定性，可能是概率、模糊和粗糙等不确定性特征的组合，难以界定。假设被动量需求变化服从关于期望值变化量对称的区间分布，期望值变化量为ΔL，区间宽度为Ω，区间长度为2Ω，并设$|\Delta L|\leqslant\Omega$，则区间变化的方向不再确定为向上或向下，对应被动量需求变化的区间范围为$[\Delta L-\Omega,\ \Delta L+\Omega]$。这一区间范围就是该时段的被动量需求波动范围，理论上这一区间范围一定存在，

至于较精确的定量化参数确定有待预测理论更深入的挖掘。

显然，AGC 机组的运行基点及其变化范围在一定条件下应该满足被动量需求波动不确定性特征的区间分布，经济调度就是如何应对这一需求，实现对备用响应能力（控制的执行能力）的有效决策，而这一决策的核心正是描述的基点与备用联动的关系问题。该关系的具体描述如图 7-1 所示。

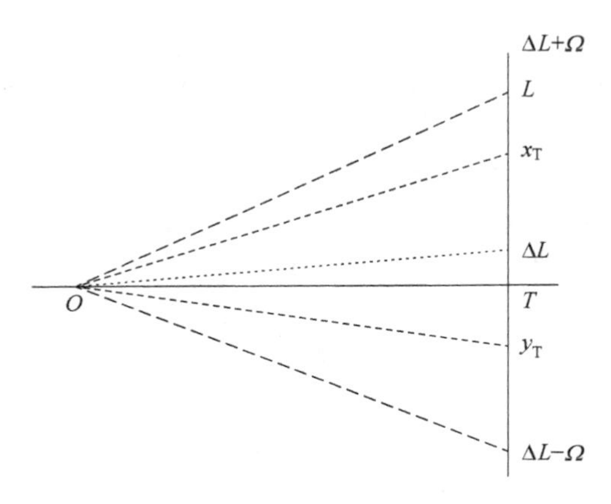

图 7-1　点与区间联动关系

图 7-1 中，T 为被动量需求的预测时段，同时，T 也是系统允许调节（来得及）所持续的时间，原则上，T 取值越小，系统的主动量对被动量需求不确定性的调节响应越迅速；x_T 为系统在预测时段内的向上备用响应能力；y_T 为系统在预测时段内的向下备用响应能力。

7.1.3　输出功率速率能力的影响

由上述可知，调度中基点与备用联动的关系有效描述了被动量波动性特征分量服从区间分布时的备用资源配置问题。然而，实际中，被动量需求变化不但具有波动性特征，还具有间歇性特征，这使得其中的不确定量并不按确定的速度变化至预测位置，其变化轨迹可能是曲折的，呈现跌宕起伏或者其他形式，难以预知。而且，不确定量间歇性的变化过程可能会使预测周期内某个时刻被动量需求的边界值大于预测值，这种情景的出现将使得电力系统功率变动驱使电能平衡过程中，因功率变动速度过大，导致偏离电力系统运行质量的要求，并使调度决策品质下降，严重情况下可能造成发电调度的备用决策无效甚至无解。

围绕发电与负荷平衡这一基本要素，若将系统中的电能看作距离，则功率可以看作速度，功率的变化速度即为加速度。由上述被动量不确定特征的定义可知，被动量的波动性特征和间歇性特征分别描述空间上位置的预测和时域里过程的分析，究其根本，被动量的间歇性决定了被动量具有不可预期的波动性。

假设波动性特征分量期望值可被预测，那么复杂而难以捉摸的间歇性过程就决定了波动性特征分量在以期望值为中心的某种分布范围内波动变化，反之，被

动量预测的波动性也在一定程度上反映了被动量的间歇性变化过程。限定在短期及超短期时间尺度时，相比被动量的波动性特征分量期望值变化幅值，间歇性特征将对被动量需求产生更大的影响，这使得被动量需求在预测时段内呈现起伏式的间歇变化过程，且该过程变化方向难以预测、变化轨迹难以追踪。图7-2给出经过预测时段 T 被动量需求预测值为 L_s 时，其可能存在的间歇性变化过程。

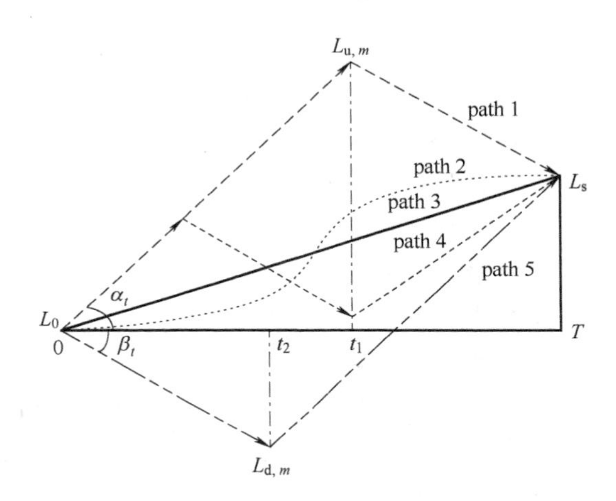

图7-2　被动量间歇式变化过程描述

在坐标轴尺度固定的前提下，被动量需求变化速率 η 可由图7-2中被动量需求变化轨迹与时间轴的夹角 α_t、β_t 的正切来表示

$$\eta_u(t) = \tan\alpha_t = \left.\frac{dL(t)}{dt}\right|_{dL(t)\geq 0} \tag{7-1}$$

$$\eta_d(t) = \tan\beta_t = -\left.\frac{dL(t)}{dt}\right|_{dL(t)<0} \tag{7-2}$$

式中　$\eta_u(t)$——被动量需求向上变化速率；

$\eta_d(t)$——被动量需求向下变化速率；

$L(t)$——被动量需求随机变量。

可看出，尽管被动量需求预测值 L_s 已知，受其间歇性特征影响，实现过程可能遵循不同路径，对应公式可表达为

$$\psi_u(T) = \int_0^{t_u}\eta_u(t)\,dt \tag{7-3}$$

$$\psi_d(T) = \int_0^{t_d}\eta_d(t)\,dt \tag{7-4}$$

$$L_0 + \psi_u(T) - \psi_d(T) = L_s \tag{7-5}$$

式中　L_0——被动量需求初始值；

$\psi_u(T)$——预测时段内被动量需求上升量；

$\psi_{\mathrm{d}}(T)$——预测时段内被动量需求下降量；

t_{u}——预测时段内被动量需求上升时间；

t_{d}——预测时段内被动量需求下降时间，且 $t_{\mathrm{u}}+t_{\mathrm{d}}=T$。

将式（7-5）展开

$$\int_0^{t_{\mathrm{u}}}\eta_{\mathrm{u}}(t)\,\mathrm{d}t = \Delta L + \int_0^{T-t_{\mathrm{u}}}\eta_{\mathrm{d}}(t)\,\mathrm{d}t \tag{7-6}$$

$\psi_{\mathrm{u}}(T)$ 与 $\psi_{\mathrm{d}}(T)$ 的增长过程是同步的。在被动量间歇性特征分量已知时，有 $\eta_{\mathrm{u}}(t)\leqslant\eta_{\mathrm{u},m}$、$\eta_{\mathrm{d}}(t)\leqslant\eta_{\mathrm{d},m}$，可证明（具体证明见 7.1.5 节）

$$\eta_{\mathrm{u}}(t)=\eta_{\mathrm{u},m},\eta_{\mathrm{d}}(t)=\eta_{\mathrm{d},m}\Leftrightarrow\psi_{\mathrm{u}}(T)=\psi_{\mathrm{u},m}(T),\psi_{\mathrm{d}}(T)=\psi_{\mathrm{d},m}(T) \tag{7-7}$$

式中　$\eta_{\mathrm{u},m}$——被动量需求最大向上变化速率；

$\eta_{\mathrm{d},m}$——被动量需求最大向下变化速率；

$\psi_{\mathrm{u},m}(T)$——预测时段内被动量需求上升量最大值；

$\psi_{\mathrm{d},m}(T)$——预测时段内被动量需求下降量最大值。

上述结论表明，尽管被动量变化轨迹无法确定，但可以分析由其间歇性特征分量决定的变化过程。当被动量首先以 $\eta_{\mathrm{u},m}$ 持续上升，再以 $\eta_{\mathrm{d},m}$ 持续下降时，被动量需求向上波动达到上限；当被动量首先以 $\eta_{\mathrm{d},m}$ 持续下降，再以 $\eta_{\mathrm{u},m}$ 持续上升时，被动量需求向下波动达到下限，其过程分别如图 7-2 中 path 1 和 path 5 所示。由此可知，被动量需求初始值 L_0、被动量需求波动上限值 $L_{\mathrm{u},m}$、被动量需求波动下限值 $L_{\mathrm{d},m}$ 和被动量需求预测值 L_{s} 构成一个平行四边形，该平行四边形的边界即构成点预测模式下被动量需求间歇性变化的最苛刻情景范围。

分析可知，在被动量波动不确定性服从区间分布的预测模式下，被动量间歇性变化范围边界将再次构成一个平行四边形，该平行四边形与纵轴的交点即为系统对预测时段 T 内一定间歇性水平下的被动量需求区间波动变化的满足范围，计及被动量双重不确定性特征关系如图 7-3 所示。

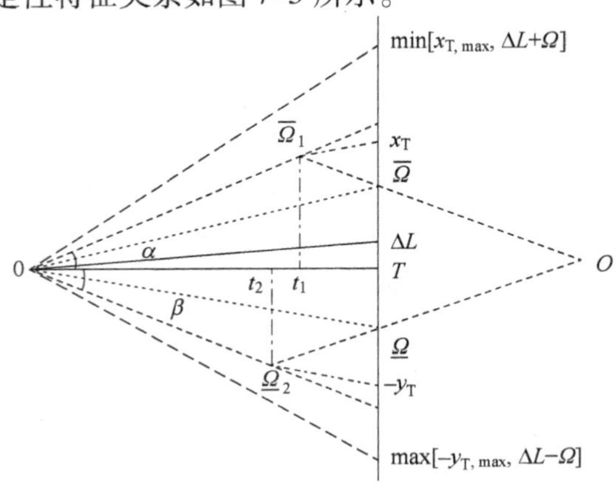

图 7-3　点、线与区间联动关系

图 7-3 中，x_T 为预测时段内系统向上备用响应能力；y_T 为预测时段内系统向下备用响应能力；$x_{T,max}$ 为预测时段内系统最大向上备用响应能力；$y_{T,max}$ 为预测时段内系统最大向下备用响应能力；$\overline{\Omega}$ 为系统满足的被动量区间波动上限；$\underline{\Omega}$ 为系统满足的被动量区间波动下限；$\overline{\Omega}_1$ 为考虑间歇式变化过程的被动量变化上限，对应发生时刻为 t_1；$\underline{\Omega}_2$ 考虑间歇式变化过程的被动量变化下限，对应发生时刻为 t_2。显然，被动量需求最大变化速率决定了平行四边形的开口角度，而系统满足的区间范围决定了平行四边形的具体形状。

7.1.4　等备用边际效用约束

边际效用理论是经济学中的重要理论，其根本在于边际效用递减规律，这一规律不仅揭示了唯物辩证法中事物变化的守则，而且也是经济、社会发展和人类需求满足的基本规律。对电力系统经济调度而言，其核心在于备用容量的配置，为了实现调度应对多元不确定性之间的有效协调和有机匹配，在经济调度的备用配置决策中引入备用效用和备用边际效用的概念，利用边际效用递减规律展开决策分析。

对一个确定的电力系统，其应对不确定性能力必然有限，要完全避免能量损失可能并非最优决策甚至可能会产生无解的情况。因此，以电力系统应对不确定性产生期望失负荷能量（Expected Energy Not Supplied，EENS）表达能量价值，通过备用所创造的能量价值，即设置备用减少的 EENS 来表达备用的效用。

EENS 由主动量扰动不确定性与被动量波动不确定性共同产生，是主动量备用 z 和被动量备用 x 的二元函数。在备用总量有限的前提下，要使备用的效用最大，须使对应产生 EENS 值（E）最小，对应模型为

$$\text{obj:} \min E(x,z) \tag{7-8}$$

$$\text{s.t.} \quad x+z \leqslant \varphi \tag{7-9}$$

构造上述模型的拉格朗日函数如下

$$M = E(x,z) + \lambda(\varphi - x - z) \tag{7-10}$$

式中　x——系统对被动量区间波动设置的备用；

z——系统对主动量离散扰动设置的备用；

φ——系统备用总量限值；

λ——拉格朗日乘子。

值得注意的是，φ 并非实际数值，仅代表系统备用总量有限。

该问题的 KKT 优化条件为

$$\frac{\partial M}{\partial x} = \frac{\partial M}{\partial z} = \frac{\partial M}{\partial \lambda} = 0 \tag{7-11}$$

由式（7-11）可知，为实现备用价值最大化的目标，两类备用产生的边际效用必须相等，故可在经济调度模型中引入相应约束如下

$$\frac{\partial E}{\partial x}=\frac{\partial E}{\partial z} \tag{7-12}$$

显然，备用边际效用递减规律为不同类型备用间的有效匹配提供了先决条件。实际上，从几何学来看待这个问题，两类不确定性的备用配置可以看作是两个不同平面的点的决策，而等备用边际效用约束恰恰是把两个平面有机结合在一起的优化决策的纽带，此时，总的备用决策就变成空间曲面的寻优路径问题，其联动关系如图 7-4 所示。

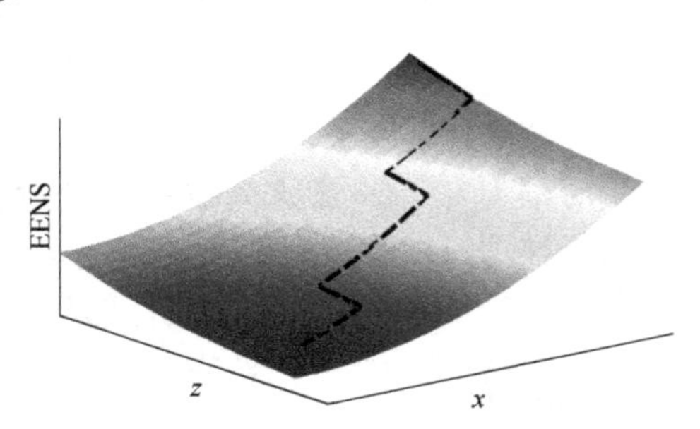

图 7-4　联动关系

对不同类型不确定性的备用边际效用进行分析，被动量不确定性服从区间波动分布，系统为其备用时，随着被动量备用量增加，EENS 持续光滑变化，且备用的边际效用以二次函数的形式递减；而主动量不确定性具有离散扰动特性，系统为其备用时，随着主动量备用量增加，EENS 的曲线不再可导，备用的边际效用以分段线性函数的形式递减，图 7-4 中黑色虚线显示了二者的最优匹配过程。

7.1.5　证明补充

风能苛刻情景分析证明过程如下。

(1) 充分性证明

由式 (7-3)、式 (7-4)，当 $\eta_{\mathrm{u}}(t)=\eta_{\mathrm{u},m}$、$\eta_{\mathrm{d}}(t)=\eta_{\mathrm{d},m}$时，有

$$\psi_{\mathrm{u}}(T)=\int_0^{t_{\mathrm{u}}}\eta_{\mathrm{u},m}\mathrm{d}t,\ \psi_{\mathrm{d}}(T)=\int_0^{T-t_{\mathrm{u}}}\eta_{\mathrm{d},m}\mathrm{d}t \tag{7-13}$$

设存在 $\psi'_{\mathrm{u}}(T)>\psi_{\mathrm{u}}(T)$，即

$$\int_0^{t'_{\mathrm{u}}}\eta'_{\mathrm{u}}(t)\mathrm{d}t>\int_0^{t_{\mathrm{u}}}\eta_{\mathrm{u},m}\mathrm{d}t \tag{7-14}$$

显然，$\eta'_{\mathrm{u}}(t)\leqslant\eta_{\mathrm{u},m}$，则

$$t'_{\mathrm{u}}>t_{\mathrm{u}} \tag{7-15}$$

此时

$$T-t'_{\mathrm{u}}<T-t_{\mathrm{u}} \tag{7-16}$$

$$\psi'_{\mathrm{d}}(T)=\int_0^{T-t'_{\mathrm{u}}}\eta'_{\mathrm{d}}(t)\mathrm{d}t<\int_0^{T-t_{\mathrm{u}}}\eta_{\mathrm{d},m}\mathrm{d}t=\psi_{\mathrm{d}}(T) \tag{7-17}$$

又由式 (7-6) 可知

$$\psi_{\mathrm{u}}(T)-\psi_{\mathrm{d}}(T)=\Delta L=\psi'_{\mathrm{u}}(T)-\psi'_{\mathrm{d}}(T) \tag{7-18}$$

由式 (7-18) 可知，$\psi'_{\mathrm{d}}(T)<\psi_{\mathrm{d}}(T)$ 时，有

$$\psi'_{\mathrm{u}}(T)<\psi_{\mathrm{u}}(T) \tag{7-19}$$

式 (7-19) 与假设矛盾，故假设不成立，即不存在 $\psi'_{\mathrm{u}}(T)>\psi_{\mathrm{u}}(T)$ 满足条件。

故有

$$\psi_{\mathrm{u}}(T)=\int_{0}^{t_{\mathrm{u}}}\eta_{\mathrm{u},m}\mathrm{d}t=\psi_{\mathrm{u},m}(T) \tag{7-20}$$

同理，可以证明

$$\psi_{\mathrm{d}}(T)=\int_{0}^{T-t_{\mathrm{u}}}\eta_{\mathrm{d},m}\mathrm{d}t=\psi_{\mathrm{d},m}(T) \tag{7-21}$$

证毕。

（2）必要性证明

当 $\int_{0}^{t_{\mathrm{u}}}\eta_{\mathrm{u}}(t)\mathrm{d}t=\psi_{\mathrm{u},m}(T)$、$\int_{0}^{T-t_{\mathrm{u}}}\eta_{\mathrm{d}}(t)\mathrm{d}t=\psi_{\mathrm{d},m}(T)$ 时，假设存在 $\eta_{\mathrm{u}}(t)<\eta_{\mathrm{u},m}$ 使式（7-21）成立。那么，当 $\eta_{\mathrm{u}}'(t)=\eta_{\mathrm{u},m}$ 时，存在

$$\int_{0}^{t_{\mathrm{u}}}\eta_{\mathrm{u}}(t)\mathrm{d}t=\int_{0}^{t_{\mathrm{u}}'}\eta_{\mathrm{u}}'(t)\mathrm{d}t=\psi_{\mathrm{u},m}(T) \tag{7-22}$$

由于 $\eta_{\mathrm{u}}'(t)>\eta_{\mathrm{u}}(t)$，则

$$t_{\mathrm{u}}'<t_{\mathrm{u}} \tag{7-23}$$

此时

$$T-t_{\mathrm{u}}'>T-t_{\mathrm{u}} \tag{7-24}$$

$$\psi_{\mathrm{d}}'(T)=\int_{0}^{T-t_{\mathrm{u}}'}\eta_{\mathrm{d},m}\mathrm{d}t>\int_{0}^{T-t_{\mathrm{u}}}\eta_{\mathrm{d}}(t)\mathrm{d}t \tag{7-25}$$

又因 $\int_{0}^{T-t_{\mathrm{u}}}\eta_{\mathrm{d}}(t)\mathrm{d}t=\psi_{\mathrm{d},m}(T)$，则式（7-25）说明存在 $\psi_{\mathrm{d}}'(T)>\psi_{\mathrm{d},m}(T)$，这与条件矛盾，假设不成立，即不存在 $\eta_{\mathrm{u}}(t)<\eta_{\mathrm{u},m}$ 满足条件。故有

$$\eta_{\mathrm{u}}(t)=\eta_{\mathrm{u},m} \tag{7-26}$$

同理，可以证明

$$\eta_{\mathrm{d}}(t)=\eta_{\mathrm{d},m} \tag{7-27}$$

证毕。

7.1.6　小结

本节通过深入研究和探讨目前电力系统运行中存在的不可避免的多元不确定性特征与特性，给出经济调度在运动学类比、几何学描述下的点、线、面、体的概念，结合主动量与被动量的定义，展开调度应对不确定性的点与区间联动关系，点、线与区间联动关系，点、面与区间联动关系的具象刻画，明晰了不同类型、不同属性备用的责任分摊原则，蕴含了以静制动、动中含控的调控一体化决策理念，为电力系统经济调度建模奠定基础。

7.2　计及机组备用响应能力的电力系统区间经济调度

7.2.1　基本概念描述

当今，电力系统运行中所呈现出的运行工况愈加复杂，以及系统内多种不确定量相互关联、相互影响的特性，使电力系统运行中的不确定性呈现多元化。如从风速变化的不平稳性可分析出，风速变化可能并不服从一种确定的概率曲线的随机分布或影响分布，并且这些分布的参数本身就是不确定的，可能服从区间分布[46,47]或随机分布，在这种情况下，再使用概率特性来表达不确定性将是不准确的。由此，本节提出一种计及机组备用响应能力的区间经济调度方法，给出了系统有效备用响应能力和区间满足度约束的定义和表达，探索了加入区间满足度约束后机组调度基点位置的变化规律和备用响应成本机理，对不确定运行环境下电力系统调度决策的理论研究起到一定启示作用。

1. 机组的备用响应能力

机组备用响应能力是指在一定调度基点和允许调节的持续时间内，机组所能响应的功率。在经济调度中，限制机组备用响应能力的约束主要包括两类：一是机组输出功率上下限；二是机组输出功率速率限制。

机组上调、下调备用响应能力可定义为

$$\Delta P_{\mathrm{u},g}=\min[(P_g^{\max}-P_g),r_{g,\mathrm{u}}\Delta t_a] \tag{7-28}$$

$$\Delta P_{\mathrm{d},g}=\min[(P_g-P_g^{\min}),r_{g,\mathrm{d}}\Delta t_a] \tag{7-29}$$

式中　g——机组号；

P_g——机组初始输出功率；

$P_g^{\max}$——机组输出功率上限；

$P_g^{\min}$——机组输出功率下限；

$r_{g,\mathrm{u}}$——机组输出功率向上调节最大速率；

$r_{g,\mathrm{d}}$——机组输出功率向下调节最大速率；

Δt_a——允许调节（来得及）所持续的时间。原则上，Δt_a 取值越小，系统的主动量对被动量需求不确定性的调节响应越迅速，因此 Δt_a 可以取机组允许调节的最短时间间隔。

按机组可释放备用响应能力性质和大小的不同，将运行中机组分为如下三类：第一类是偏上限运行的机组，经济性最好，其运行点高于上断点；第二类是处于中间位置运行的机组，经济性中等，其运行点处于上断点和下断点之间；第三类是偏下限运行的机组，经济性差，其运行点低于下断点。显然，第一类机组具有下调能力，第二类机组同时具有上调能力和下调能力，第三类机组具有上调能力。在不考虑机组输出功率受边界值制约的前提下，由等微增率准则有

$$\lambda_1=\lambda_2=\lambda_3=\lambda_0 \tag{7-30}$$

式中　λ_1——第一类机组的成本微增率；

λ_2——第二类机组的成本微增率；

λ_3——第三类机组的成本微增率；

λ_0——系统的成本微增率。

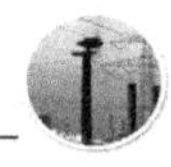

断点表示机组特定的运行位置。本节对断点的定义进行拓展，分为上断点和下断点，其中，上断点是指机组输出功率上限值减去机组在一个时间间隔的最大上调能力，即上断点位置机组输出功率为 $P_g^{\max}-r_{g,\mathrm{u}}\Delta t_a$；下断点是指机组输出功率下限值加上机组在一个时间间隔的最大下调能力，即下断点位置机组输出功率为 $P_g^{\max}+r_{g,\mathrm{u}}\Delta t_a$。

2. 系统的备用响应能力

在机组备用响应能力定义的基础上，定义系统向上备用响应能力为 x，向下备用响应能力为 y，表达式为

$$x=\sum_{g=1}^{N_{\mathrm{G}}}\Delta P_{\mathrm{u},g} \tag{7-31}$$

$$y=\sum_{g=1}^{N_{\mathrm{G}}}\Delta P_{\mathrm{d},g} \tag{7-32}$$

式中　N_{G}——所有具备备用响应能力的机组集合。

可以看出，系统备用响应能力反映一个时段内，系统向上或向下调节释放旋转备用的能力，它兼顾机组输出功率上下限约束和机组输出功率调节速率约束，是数量约束和度量约束的有效结合。

3. 系统的有效备用响应能力

在不确定的运行条件下，系统的实际备用响应能力并不一定能全部发挥作用，还必须考虑不确定量变化的区间范围，即被动量对备用响应能力需求的区间范围，特别是在实际备用响应能力大于被动量需求边界值时，多余的备用响应能力将无效。因此，本节给出有效备用响应能力的概念，将其定义为实际备用响应能力在被动量需求区间范围内的部分。

$$x_1=\min[x,\Delta L+\Omega] \tag{7-33}$$

$$y_1=\min[y,-(\Delta L-\Omega)] \tag{7-34}$$

式中　x_1——系统有效向上备用响应能力；

x——系统实际向上备用响应能力；

$\Delta L+\Omega$——系统被动量需求上限值；

y_1——系统有效向下备用响应能力；

y——系统实际向下备用响应能力；

$\Delta L-\Omega$——系统被动量需求下限值。

7.2.2　区间满足度约束

从系统备用响应能力的概念可以分析出，向上备用响应能力的提高和向下备用响应能力的提高是协同的，对向上备用响应能力有约束时向下备用响应能力将提高；同理，对向下备用响应能力有约束时向上备用响应能力也伴随提高。因此，要使备用响应能力发挥其最佳效用，就必须引入相应的约束。本节忽略了被动量

的概率特性而认为其服从区间分布，区间包括区间长度和区间位置，将区间满足度定义为满足的区间长度占总区间长度的百分比，并通过优化决策主动选择区间位置，对应约束称为区间满足度约束，形式如下：系统有效备用响应能力≥区间满足度范围要求。可以看出，区间满足度约束代表了系统对被动量需求变化区间范围的备用满足程度。

在应对被动量需求区间波动变化时，可能出现区间满足度范围要求大于系统的最大有效备用响应能力的情况，此时，再加入区间满足度约束将会出现无解。因此区间满足度约束必须在系统可发挥的最大有效备用响应能力范围不小于区间满足度范围的前提下才能成立；否则，无论系统哪一侧响应能力受限都不再满足。可将区间满足度约束扩展为下面的形式：当被动量需求区间满足度范围要求≤系统可发挥的最大有效备用响应能力时，区间满足度约束的形式为系统有效备用响应能力≥区间满足度范围要求；当被动量需求区间满足度范围要求≥系统可发挥的最大有效备用响应能力时，系统将以经济性为目标按最大有效备用响应能力输出功率。

实际上，在同时为系统做上调备用和下调备用时，考虑到机组运行状态和成本特性的差异，为上调做备用付出的单位备用成本和为下调做备用付出的单位备用成本并不相等，即在区间范围满足程度确定的前提下，选择不同的不确定量备用范围，成本将不同。因此针对每一个特定的系统，在应对不同的被动量需求区间波动时，主动寻找不确定量的备用范围是系统应对不确定性的关键，也体现了决策不确定性对于决策结果的积极影响。

7.2.3 数学模型

本节研究的主要对象为如何设置调度基点达到区间备用满足度的要求，在决策同时为被动量需求选取最佳备用范围，因此对应备用响应成本体现在为系统接入不确定量时引起的调度成本提高，故目标函数中只包含火电机组的成本。

调度目标为系统的发电成本值最小，即

$$C_{\mathrm{obg}} = \min \sum_{g=1}^{N_{\mathrm{G}}} (a_g + b_g P_g + c_g P_g^2) \tag{7-35}$$

式中 a_g、b_g 和 c_g——第 g 台火电机组的成本特性系数。

使式（7-35）最小须满足如下约束：

1）功率平衡约束

$$\sum_{g=1}^{N_{\mathrm{G}}} P_g = D - W \tag{7-36}$$

式中 D——决策时刻的负荷量；

W——决策时刻的可再生能源发电量；

$D-W$——决策时刻的被动量需求，并假设所有的机组都是 AGC 机组。

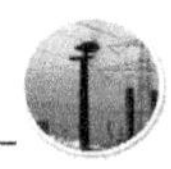

2）机组输出功率上下限约束

$$P_g^{\min} \leqslant P_g \leqslant P_g^{\max} \quad \forall g \tag{7-37}$$

3）区间满足度约束

$$\text{if} \quad I_p s \leqslant \min[x^{\max}, (\Delta L+\Omega)] - \max[(\Delta L-\Omega), -y^{\max}] \quad x_1 + y_1 \geqslant I_p s;$$

$$\text{if} \quad I_p s \geqslant \min[x^{\max}, (\Delta L+\Omega)] - \max[(\Delta L-\Omega), -y^{\max}]$$

$$\begin{cases} x_1 \geqslant \min[x^{\max}, (\Delta L+\Omega)] \\ y_1 \geqslant -\max[(\Delta L-\Omega), -y^{\max}] \end{cases} \quad 0 \leqslant s \leqslant 1 \tag{7-38}$$

$$x^{\max} = \sum_{g=1}^{N_G} r_{g,\mathrm{u}} \Delta t \tag{7-39}$$

$$y^{\max} = \sum_{g=1}^{N_G} r_{g,\mathrm{d}} \Delta t \tag{7-40}$$

式中　I_p——被动量需求变化的区间范围长度；

s——区间满足度；

$I_p s$——区间满足度范围要求；

$x^{\max}$——系统最大向上备用响应能力；

$y^{\max}$——系统最大向下备用响应能力；

$\Delta L+\Omega$——系统被动量需求上限值；

$\Delta L-\Omega$——系统被动量需求下限值。

可以看出，式（7-38）的两个表达式分别对应区间满足度约束定义的扩展形式，$\min[x^{\max}, (\Delta L+\Omega)]$ 为系统最大有效向上备用响应能力，$\max[(\Delta L-\Omega), -y^{\max}]$ 为系统最大有效向下备用响应能力，二者和为系统可发挥的最大有效备用响应能力；x_1+y_1 为系统有效备用响应能力范围。

另外，由于备用响应能力的概念中已经包含了机组调节速度的影响，因此模型中不再包含机组输出功率变化速率约束。

式（7-35）~式（7-40）即为计及机组备用响应能力的区间经济调度模型总体描述。

7.2.4　求解方法

7.2.4.1　求解过程

通过分析可知，上述模型的最大特点在于加入了有效备用响应能力的区间满足度约束。由于备用响应能力本身就是考虑机组上下限约束和速率约束的非连续变量，有效备用响应能力是在备用响应能力基础上考虑被动量需求变化区间范围的非连续变量，因此在求解过程中先考虑备用响应能力不受限情况，再依次根据非连续变量的边界讨论受限情况的处理。

下面对模型作如下四点假设：①假设全部备用响应能力都为有效备用响应能力；②假设三类机组在增加备用响应能力的过程中没有达到上断点或下断点；③假设所有机组都参与调节，即不包含处于输出功率上限或下限的机组；④假设机组最初的运行状态符合经济最优分配，即所有机组按等微增率准则发电。

在假设条件①下，全部备用响应能力都为有效备用响应能力，根据 KKT 条件，目标函数取极小值时对应不等式约束等于零的点，式（7-38）可变化为

$$x_1^0 + y_1^0 = x^0 + y^0 = I_p s_n \tag{7-41}$$

$$x_1 + y_1 = x + y = I_p s \tag{7-42}$$

式中 x_1^0——未加入区间满足度约束时系统的有效向上备用响应能力；

y_1^0——未加入区间满足度约束时系统的有效向下备用响应能力；

x^0——未加入区间满足度约束时系统的向上备用响应能力；

y^0——未加入区间满足度约束时系统的向下备用响应能力；

s_n——未加入区间满足度约束时系统对被动量需求区间的满足程度；

x_1——加入区间满足度约束后系统的有效向上备用响应能力；

y_1——加入区间满足度约束后系统的有效向下备用响应能力；

x——加入区间满足度约束后系统的向上备用响应能力；

y——加入区间满足度约束后系统的向下备用响应能力；

s——区间满足度约束中的区间满足度要求。

式（7-42）与（7-41）相减可得

$$(x - x^0) + (y - y^0) = I_p(s - s_n) = \Delta \tag{7-43}$$

式中 Δ——加入区间满足度约束后增加系统备用响应能力。

在假设条件式②下，三类机组在增加备用响应能力的过程中没有达到上断点或下断点，则根据式（7-28）~式（7-32）有

$$x^0 = \sum_{g=1}^{N_G} \Delta P_{u,g}^0 = \sum_{g=1}^{n_1} (P_g^{max} - P_g^0) + \sum_{g=n_1+1}^{n_1+n_2+n_3} r_{g,u} \Delta t \tag{7-44}$$

$$x = \sum_{g=1}^{N_G} \Delta P_{u,g} = \sum_{g=1}^{n_1} (P_g^{max} - P_g) + \sum_{g=n_1+1}^{n_1+n_2+n_3} r_{g,u} \Delta t \tag{7-45}$$

$$y^0 = \sum_{g=1}^{N_G} \Delta P_{d,g}^0 = \sum_{g=1}^{n_1+n_2} r_{g,d} \Delta t + \sum_{g=n_1+n_2+1}^{n_1+n_2+n_3} (P_g^0 - P_g^{min}) \tag{7-46}$$

$$y = \sum_{g=1}^{N_G} \Delta P_{d,g} = \sum_{g=1}^{n_1+n_2} r_{g,d} \Delta t + \sum_{g=n_1+n_2+1}^{n_1+n_2+n_3} (P_g - P_g^{min}) \tag{7-47}$$

将式（7-44）~式（7-47）代入式（7-43）化简，可得

$$\sum_{g=1}^{n_1} (P_g^0 - P_g) + \sum_{g=n_1+n_2+1}^{n_1+n_2+n_3} (P_g - P_g^0) = \Delta \tag{7-48}$$

式中　$1,2,\cdots,n_1$——第一类偏上限运行机组编号；

$n_1+1,n_1+2,\cdots,n_1+n_2$——第二类中间位置运行机组编号；

$n_1+n_2+1,\ n_1+n_2+2,\cdots,n_1+n_2+n_3$——第三类偏下限运行机组编号；

$P_g^0,g=1,2,\cdots,n_1+n_2+n_3$——机组初始输出功率；

$P_g,g=1,2,\cdots,n_1+n_2+n_3$——加入区间满足度约束后机组输出功率。

对式（7-35）、式（7-36）和式（7-48）组成的最优化模型，可以通过经典的拉格朗日乘子法求解，构造模型拉格朗日函数表述如下

$$\begin{cases}M=F+\lambda\phi_1+\beta\phi_2\\F=\sum\limits_{g=1}^{N_G}(a_g+b_gP_g+c_gP_g^2)\\\phi_1=D-W-\sum\limits_{g=1}^{N_G}P_g\\\phi_2=\Delta-\sum\limits_{g=1}^{n_1}(P_g^0-P_g)-\sum\limits_{g=n_1+n_2+1}^{n_1+n_2+n_3}(P_g-P_g^0)\\n_1+n_2+n_3=N_G\end{cases}\tag{7-49}$$

式中　λ 和 β——拉格朗日乘子。

该优化问题的最优解条件为

$$\frac{\partial M}{\partial P_g}=\frac{\partial M}{\partial\lambda}=\frac{\partial M}{\partial\beta}=0\quad g=1,2,\cdots,n_1+n_2+n_3\tag{7-50}$$

整理可得

$$\begin{cases}\dfrac{\mathrm{d}F_g(P_g)}{\mathrm{d}P_g}=\lambda-\beta\quad g=1,2,\cdots,n_1\\\dfrac{\mathrm{d}F_g(P_g)}{\mathrm{d}P_g}=\lambda\quad g=n_1+1,n_1+2,\cdots,n_1+n_2\\\dfrac{\mathrm{d}F_g(P_g)}{\mathrm{d}P_g}=\lambda+\beta\quad g=n_1+n_2+1,n_1+n_2+2,\cdots,n_1+n_2+n_3\\D-W-\sum\limits_{g=1}^{n_1+n_2+n_3}P_g=0\\\Delta-\sum\limits_{g=1}^{n_1}(P_g^0-P_g)-\sum\limits_{g=n_1+n_2+1}^{n_1+n_2+n_3}(P_g-P_g^0)=0\end{cases}\tag{7-51}$$

7.2.4.2　解析规律

对上述求解过程分析可得出，加入了区间满足度约束后，三类机组将不再按等微增率准则分配功率，此时中间机组的微增率等于 λ，且 λ 为兼顾机组成本特性和被动量需求变化范围的微增率惯性中心，第一类机组和第三类机组的微增率将

关于 λ 对称，分别变化至 $\lambda-\beta$ 和 $\lambda+\beta$。可推演，在 Δ 确定的情况下，机组输出功率变化、λ 变化、β 变化和成本差值变化均符合等差性。

为了进一步探索调节机理和备用响应成本的变化规律，现假设只有 3 台机组 u_1、u_2 和 u_3，在最经济运行点分别为第一、二、三类机组，通过代入式（7-51）求解可得出 P_1、P_2、P_3、λ 和 β 的解析化表达式为

$$\begin{cases} P_1=\dfrac{2c_2(D-W)+(b_2-0.5b_1-0.5b_3)+(2c_2+c_3)(P_1^0-P_3^0)}{4c_2+c_1+c_3}- \\ \quad [(2c_2+c_3)\Delta]/(4c_2+c_1+c_3) \\ P_2=D-W-\dfrac{4c_2(D-W)+(2b_2-b_1-b_3)+(c_3-c_1)(P_1^0-P_3^0)}{4c_2+c_1+c_3}+ \\ \quad [(c_3-c_1)\Delta]/(4c_2+c_1+c_3) \\ P_3=\dfrac{2c_2(D-W)+(b_2-0.5b_1-0.5b_3)-(2c_2+c_1)(P_1^0-P_3^0)}{4c_2+c_1+c_3}+ \\ \quad [(2c_2+c_1)\Delta]/(4c_2+c_1+c_3) \\ \lambda=b_2+2c_2(D-W-P_1^0+P_3^0+\Delta)+\dfrac{4c_2(2c_2+c_1)(P_1^0-P_3^0)}{4c_2+c_1+c_3}- \\ \quad \dfrac{4c_2[2c_2(D-W)+(b_2-0.5b_1-0.5b_3)+(2c_2+c_1)\Delta]}{4c_2+c_1+c_3} \\ \beta=b_1-b_2-2c_2(D-W-P_1^0+P_3^0+\Delta)+ \\ \quad \dfrac{2c_1[2c_2(D-W)+(b_2-0.5b_1-0.5b_3)-(2c_2+c_3)\Delta]}{4c_2+c_1+c_3}+ \\ \quad \dfrac{4c_2[2c_2(D-W)+(b_2-0.5b_1-0.5b_3)+(2c_2+c_1)\Delta]}{4c_2+c_1+c_3}+ \\ \quad \dfrac{2c_1(2c_2+c_3)(P_1^0-P_3^0)}{4c_2+c_1+c_3}-\dfrac{4c_2(2c_2+c_1)(P_1^0-P_3^0)}{4c_2+c_1+c_3} \end{cases} \tag{7-52}$$

可以推得

$$\Delta P_1=P_1-P_1^0=-\frac{(2c_2+c_3)}{4c_2+c_1+c_3}\Delta \tag{7-53}$$

$$\Delta P_2=P_2-P_2^0=\frac{(c_3-c_1)}{4c_2+c_1+c_3}\Delta \tag{7-54}$$

$$\Delta P_3=P_3-P_3^0=\frac{(2c_2+c_1)}{4c_2+c_1+c_3}\Delta \tag{7-55}$$

通过三机系统的计算可看出，一个确定系统在增加备用响应能力时，机组输出功率变化量仅与系统备用响应能力增量有关，且三类机组总是按特定比例来调

整输出功率，这个比例因子与机组成本特性的二次项有关，本节称为响应因子，符号为 α，其解析表达如下

$$\alpha_1 = -\frac{(2c_2 + c_3)}{4c_2 + c_1 + c_3} \tag{7-56}$$

$$\alpha_2 = \frac{(c_3 - c_1)}{4c_2 + c_1 + c_3} \tag{7-57}$$

$$\alpha_3 = \frac{(2c_2 + c_1)}{4c_2 + c_1 + c_3} \tag{7-58}$$

$$-\alpha_1 + \alpha_3 = 1 \tag{7-59}$$

$$-\alpha_1 = \alpha_2 + \alpha_3 \tag{7-60}$$

扩展至 n_1、n_2 和 n_3 台机组时，上述结论仍成立，且每一类机组的响应因子变化为

$$\alpha_i = -\frac{2\sum_{j=n_1+1}^{n_1+n_2} c_j + \sum_{k=n_1+n_2+1}^{n_1+n_2+n_3} c_k}{4\sum_{j=n_1+1}^{n_1+n_2} c_j + \sum_{i=1}^{n_1} c_i + \sum_{k=n_1+n_2+1}^{n_1+n_2+n_3} c_k} \cdot \frac{\frac{1}{c_i}}{\sum_{i=1}^{n_1}\frac{1}{c_i}} \quad i = 1,2,\cdots,n_1 \tag{7-61}$$

$$\alpha_j = \frac{\sum_{k=n_1+n_2+1}^{n_1+n_2+n_3} c_k - \sum_{i=1}^{n_1} c_i}{4\sum_{j=n_1+1}^{n_1+n_2} c_j + \sum_{i=1}^{n_1} c_i + \sum_{k=n_1+n_2+1}^{n_1+n_2+n_3} c_k} \cdot \frac{\frac{1}{c_j}}{\sum_{j=n_1+1}^{n_1+n_2}\frac{1}{c_j}} \tag{7-62}$$

$$j = n_1 + 1, n_1 + 2, \cdots, n_1 + n_2$$

$$\alpha_k = \frac{2\sum_{j=n_1+1}^{n_1+n_2} c_j + \sum_{i=1}^{n_1} c_i}{4\sum_{j=n_1+1}^{n_1+n_2} c_j + \sum_{i=1}^{n_1} c_i + \sum_{k=n_1+n_2+1}^{n_1+n_2+n_3} c_k} \cdot \frac{\frac{1}{c_k}}{\sum_{k=n_1+n_2+1}^{n_1+n_2+n_3}\frac{1}{c_k}} \tag{7-63}$$

$$k = n_1 + n_2 + 1, n_1 + n_2 + 2, \cdots, n_1 + n_2 + n_3$$

$$-\sum_{i=1}^{n_1}\alpha_i + \sum_{k=n_1+n_2+1}^{n_1+n_2+n_3}\alpha_k = 1 \tag{7-64}$$

$$-\sum_{i=1}^{n_1}\alpha_i = \sum_{j=n_1+1}^{n_1+n_2}\alpha_j + \sum_{k=n_1+n_2+1}^{n_1+n_2+n_3}\alpha_k \tag{7-65}$$

此处为避免产生歧义，式（7-61）~式（7-65）将三类机组编号分别用 i、j 和 k 表示，对应的响应因子为 α_i、α_j 和 α_k。

将机组响应因子与经济发电调度中机组参与因子进行比较，可以看出，每一类机组的响应因子恰与对应类别机组集的机组参与因子有关。从表达形式上看，第一类机组的响应因子符号为负，输出功率降低；第三类机组的响应因子符号为正，输出功率升高；而第二类机组的响应因子符号与 $\sum_{k=n_1+n_2+1}^{n_1+n_2+n_3} c_k - \sum_{i=1}^{n_1} c_i$ 的符号相同，输出功率可能降低也可能升高，但对确定的系统和备用响应能力变化量来说，第二类机组的调节方向是确定的。

7.2.5 机理分析

7.2.5.1 备用响应能力

系统有效备用响应能力是一个非连续变量，因此在调度过程中可能会出现边界受限，现对模型前三点假设条件的受限情况进行分析。

1）向上（下）备用响应能力超过被动量需求区间范围上（下）边界时，超出的备用响应能力将变为无效，此时有效向上（下）备用响应能力将固定在被动量需求区间范围上（下）边界处，再调节备用响应能力只能通过提高向下（上）的备用响应能力。具体分析如下：当向上备用响应能力受限时，第一类机组输出功率将降低至满足被动量需求区间范围要求，此时只能靠提高第三类机组输出功率来增加系统有效备用响应能力，按微增率顺序第二类机组输出功率先降低，直至第二类机组微增率与第一类机组微增率相等时，前两类机组再按等微增率准则分配功率；当向下备用响应能力受限时，第三类机组输出功率将提高至满足被动量需求区间范围要求，此时只能靠降低第一类机组输出功率来增加系统有效备用响应能力，按微增率顺序第二类机组输出功率先升高，直至第二类机组微增率与第三类机组微增率相等时，后两类机组再按等微增率准则分配功率。

2）三类机组在调节过程中输出功率达到上断点或下断点时，此时机组的输出功率将固定在上断点或下断点的位置保持不变。显然，第一类机组和第三类机组达到上断点或下断点时再向下调节或向上调节都无法增加系统的备用响应能力，因此将固定在断点位置。此处仅分析第二类机组达到上断点或下断点的情况，通过反证法证明：假设第二类机组已经达到上断点的位置，再提高输出功率至超过上断点，此时为了保持相同的向上备用响应能力，就要进一步降低经济性更好的第一类机组的输出功率，这显然不符合经济最优的原则，因此第二类机组达到上断点时输出功率将保持不变。同理，第二类机组在达到下断点后输出功率也将保持不变。

3）机组输出功率处于输出功率上下限时，此时要分析处于上（下）限机组的微增率和第一（三）类机组的微增率关系。增大系统备用响应能力过程中，第一类机组微增率下降，第三类机组微增率上升。当第一类机组微增率与上限机组微增率相等时，上限机组才开始参与调节释放上调备用响应能力；同理，当第三类机组微增率与下限机组微增率相等时，下限机组才开始释放下调备用响应能力，即处于输出功率上下限机组的调节过程将是一个与前面三类机组调节分段的过程。

7.2.5.2　经济性分析

定义备用成本为加入被动量需求区间满足度约束后成本值与未加入区间满足度约束时成本值的差值，符号为H；单位备用成本为区间满足度范围调高1%时的成本值增量，符号为h；单位备用成本平均值为调节成本值除以提高的区间满足度，符号为$\overline{h}$。

$$H = F - F_0 = \sum_{i=1}^{n_1}(b_i\Delta P_i + 2c_iP_i^0\Delta P_i + c_i\Delta P_i^2) + \sum_{j=n_1+1}^{n_1+n_2}(b_j\Delta P_j + 2c_jP_j^0\Delta P_j + c_j\Delta P_j^2) + \sum_{k=n_1+n_2+1}^{n_1+n_2+n_3}(b_k\Delta P_k + 2c_kP_k^0\Delta P_k + c_k\Delta P_k^2) \tag{7-66}$$

$$h = \frac{\Delta H}{\Delta s} \tag{7-67}$$

$$\overline{h} = \frac{H}{s - s_0} = \frac{H}{\Delta/I} = \frac{HI}{\Delta} \tag{7-68}$$

结合式（7-53）~式（7-55）的形式将式（7-61）~式（7-65）代入式（7-66）~式（7-68）可以得出备用成本H、单位备用成本h和单位备用成本平均值$\overline{h}$的解析表达式。分析可知，在备用响应能力没有受限的情况下，备用成本-区间满足度曲线为二次函数曲线，单位备用成本-区间满足度曲线为直线。

备用响应成本产生的原因在于决策过程中放弃某些机组经济性为备用响应能力作补偿，体现了系统中调节响应速度因子的价值。在实际工程应用中，备用成本和单位备用成本反映了系统应对不确定性而提供的辅助服务的成本增量和边际成本增量。可以看出，在加入被动量需求区间满足度约束后，系统在为不确定量提供区间备用的同时达到了备用成本、单位备用成本与单位备用成本平均值最低的目标。

7.2.5.3　本质分析

在系统备用响应能力出现受限的情况下，单位备用成本-区间满足度曲线将变为一个分段线性函数，且无论前面三种假设情况哪一种出现，都将引起曲线斜率的变化。当前两种假设情况发生时，曲线斜率增大，系统实际参与调节释放备用响应的机组数量减少，其物理本质为系统主动量应对被动量需求不确定性能力的下降；当第三种假设情况发生时，曲线斜率减小，处于上限或下限的机组也参与到调节过程中，其物理本质为系统主动量应对被动量需求不确定性能力的提高。

7.2.6　算例分析

本节以具有10台发电机组的系统为例，采用上述模型进行计算，算例数据采用10机系统，仅对一次项成本系数进行了修改，发电机组具体参数见本章附录表7A-1。设待决策时刻系统负荷D为2720MW，可再生能源发电输出功率W为720MW，被动量需求$D-W$为2000MW。假设负荷预测期望值变化ΔD为40MW，可再生能源发电预测期望值变化ΔW为20MW，ΔD和ΔW取值与东北某城市两时刻间对应负荷变化和可再生能源发电变化一致，则被动量需求变化为 $\Delta L=\Delta D-\Delta W=20\mathrm{MW}$。被动量需求区间宽度取待决策时刻可再生能源发电输出功率期望值的20%，即被动量需求波动区间 $[-\Omega,+\Omega]$ 为 $[-144,+144]\mathrm{MW}$，则预测时段被动量需求变化区间范围 $[\Delta L-\Omega,\Delta L+\Omega]$ 为 $[-124,+164]\mathrm{MW}$。

从表7-1、表7-2的第1行可看出，不考虑区间满足度约束时，该模型符合传统经济调度模型，8、9、10号机组在偏上限的运行位置运行，为第一类机组；5、6、7号机组在中间位置运行，为第二类机组；2、3、4号机组在偏下限位置运行，为第三类机组；1号机组由于经济性较差，运行在输出功率下限。

表7-1 机组输出功率变化

s_{af}	P_1 /MW	P_2 /MW	P_3 /MW	P_4 /MW	P_5 /MW	P_6 /MW	P_7 /MW	P_8 /MW	P_9 /MW	P_{10} /MW	$D-W$ /MW
0.8134	15	22.061	30.410	25.421	115.406	144.716	177.599	428.892	510.008	530.489	2000
0.8234	15	22.456	30.808	25.831	115.594	144.870	177.737	428.376	509.406	529.923	2000
0.8334	15	22.850	31.205	26.240	115.783	145.023	177.875	427.861	508.806	529.358	2000
0.8434	15	23.244	31.602	26.648	115.971	145.176	178.013	427.346	508.206	528.794	2000
0.8534	15	23.638	31.999	27.057	116.160	145.329	178.152	426.831	507.606	528.229	2000
0.8580	15	23.821	32.183	27.246	116.238	145.395	178.220	426.595	507.331	527.970	2000
0.8634	15	23.821	32.183	27.246	116.854	145.893	178.661	426.118	506.775	527.448	2000
0.8734	15	23.821	32.183	27.246	117.986	146.812	179.491	425.235	505.746	526.480	2000
0.8834	15	23.959	32.323	27.389	118.952	147.597	180.200	424.352	504.717	525.512	2000
0.8934	15	24.328	32.695	27.772	119.641	148.157	180.706	423.469	503.688	524.544	2000
0.9034	15	24.697	33.066	28.154	120.330	148.716	181.216	422.750	502.577	523.493	2000
0.9134	15	25.067	33.439	28.538	121.021	149.277	181.718	422.750	500.691	522.500	2000
0.9234	15	25.436	33.811	28.920	121.711	149.838	182.224	422.750	497.811	522.500	2000
0.9334	15	25.805	34.183	29.303	122.400	150.398	182.730	422.750	494.931	522.500	2000
0.9434	15	25.925	34.303	29.427	122.623	150.579	182.893	422.750	494.000	522.500	2000
0.9534	15	25.925	34.303	29.427	122.623	150.579	182.893	422.750	494.000	522.500	2000
0.9634	15	25.925	34.303	29.427	122.623	150.579	182.893	422.750	494.000	522.500	2000

表7-2 机组微增率变化

s_{af}	1	2	3	4	5	6	7	8	9	10	11
0.8134	2.356	2.291	2.291	2.291	2.291	2.291	2.291	2.291	2.291	2.291	2.291
0.8234	2.356	2.294	2.294	2.294	2.292	2.292	2.292	2.289	2.289	2.289	2.292
0.8334	2.356	2.297	2.297	2.297	2.292	2.292	2.292	2.288	2.288	2.288	2.292
0.8434	2.356	2.300	2.300	2.300	2.293	2.293	2.293	2.286	2.286	2.286	2.293
0.8534	2.356	2.303	2.303	2.303	2.294	2.294	2.294	2.285	2.285	2.285	2.294

（续）

s_{af}	1	2	3	4	5	6	7	8	9	10	11
0.8580	2.356	2.305	2.305	2.305	2.294	2.294	2.294	2.284	2.284	2.284	2.294
0.8634	2.356	2.305	2.305	2.305	2.297	2.297	2.297	2.283	2.283	2.283	2.297
0.8734	2.356	2.305	2.305	2.305	2.302	2.302	2.302	2.280	2.280	2.280	2.302
0.8834	2.356	2.306	2.306	2.306	2.306	2.306	2.306	2.277	2.277	2.277	2.306
0.8934	2.356	2.309	2.309	2.309	2.309	2.309	2.309	2.275	2.275	2.275	2.309
0.9034	2.356	2.312	2.312	2.312	2.312	2.312	2.312	2.273	2.272	2.272	2.312
0.9134	2.356	2.315	2.315	2.315	2.315	2.315	2.315	2.273	2.267	2.269	2.315
0.9234	2.356	2.318	2.318	2.318	2.318	2.318	2.318	2.273	2.260	2.269	2.318
0.9334	2.356	2.320	2.320	2.320	2.320	2.320	2.320	2.273	2.253	2.269	2.320
0.9434	2.356	2.321	2.321	2.321	2.321	2.321	2.321	2.273	2.250	2.269	2.321
0.9534	2.356	2.321	2.321	2.321	2.321	2.321	2.321	2.273	2.250	2.269	2.321
0.9634	2.356	2.321	2.321	2.321	2.321	2.321	2.321	2.273	2.250	2.269	2.321

加入区间满足度约束后，s 达到 0.8580 之前，系统未受限，算例结果与模型计算结果一致，机组输出功率调节量等于响应因子与总调节量的乘积。当 s 为 0.8580 时，系统有效向下备用响应能力达到被动量需求区间下限，$y_1=124.000=-(\Delta L+\Omega)$，$(x_1+y_1)/\text{length}=(123.104+124.000)/288=0.8580$，$s>0.8580$ 时，系统只能通过提高有效向上备用响应能力达到区间满足度要求；当 s 为 0.8580 ~ 0.8796 之间，第三类机组微增率高于第二类机组，仅调整第一、二类机组输出功率，第三类机组输出功率维持不变，直至 s 达到 0.8796 时，第二、三类机组按等微增率准则分配功率；当 s 为 0.8796 ~ 0.9366 之间，8、10、9 号机组将依次达到上断点，系统应对不确定性的能力逐渐降低；在 s 为 0.9366 ~ 0.9634 之间，系统将按其最大有效备用响应能力输出功率。从表 7-3 中数据可得到单位备用成本-区间满足度曲线如图 7-5 所示。

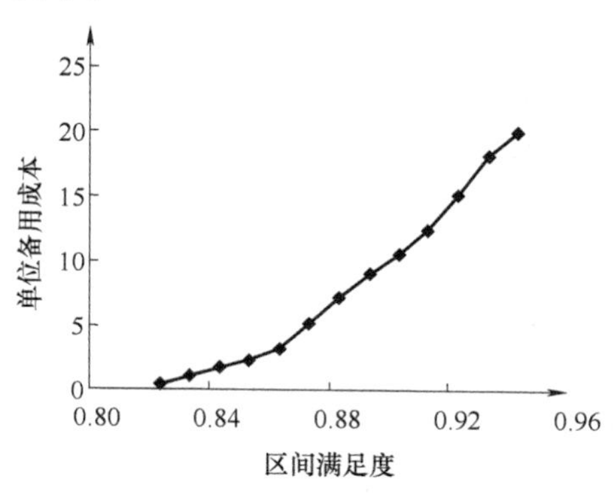

图 7-5 单位备用成本-区间满足度曲线

表 7-3　成本、备用成本、单位备用成本和有效备用响应能力变化

s_{af}	C_{obj}/$	H/$	h/($/MW)	x_1/(MW/10min)	y_1/(MW/10min)
0.8134	3960.9002	0.0000	0.00	115.612	118.642
0.8234	3960.9036	0.0034	0.34	117.295	119.844
0.8334	3960.9136	0.0134	1.00	118.975	121.044
0.8434	3960.9304	0.0302	1.68	120.655	122.244
0.8534	3960.9538	0.0536	2.34	122.335	123.445
0.8580	3960.9668	0.0666	2.83	123.104	124.000
0.8634	3960.9861	0.0859	3.57	124.659	124.000
0.8734	3961.0381	0.1379	5.20	127.539	124.000
0.8834	3961.1110	0.2108	7.29	130.419	124.000
0.8934	3961.2010	0.3008	9.00	133.299	124.000
0.9034	3961.3070	0.4068	10.6	136.179	124.000
0.9134	3961.4316	0.5314	12.46	139.059	124.000
0.9234	3961.5830	0.6828	15.14	141.939	124.000
0.9334	3961.7640	0.8638	18.10	144.819	124.000
0.9434	3961.8288	0.9286	20.05	145.750	124.000
0.9534	3961.8288	0.9286	0.00	145.750	124.000
0.9634	3961.8288	0.9286	0.00	145.750	124.000

从图 7-5 可以看出，单位备用成本随着区间满足度要求的提高而提高，且呈分段线性函数变化，斜率变化的分段点可根据模型和受限情况计算得出。

7.2.7　小结

针对被动量需求的区间分布，提出了有效备用响应的概念，并以此为基础提出了计及机组备用响应能力的区间经济调度模型。该模型的特点是能够结合被动量需求变化区间范围和系统成本特性来主动选择被动量需求的备用范围，以达到经济性最优的目标。被动量需求区间范围的选择体现了决策者对系统扰动不确定性的客观认识，区间满足度要求的选择体现了决策者对决策不确定性的处理态度，二者柔性结合体现了在应对不确定性时的一种调度决策方法，提高了系统调度与控制的鲁棒性。

7.3　计及多区间不确定性的电力系统经济调度

7.3.1　多区间不确定性决策

由电力系统运行中主动量和被动量的来源可知，无论主动量还是被动量，其行为均会受到不确定性的影响。主动量不确定性往往体现于元件的随机故障，具

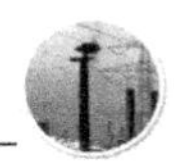

有离散的扰动特征，且发电机组的运行状态与系统备用容量间存在直接耦合，计算过程复杂，故本节仅考虑负荷与可再生能源发电两个被动量不确定集的区间波动不确定性的影响。

在调整机组调度基点的过程中，需满足下一时刻被动量期望值离差变化与被动量的区间波动，当考虑多种被动量不确定集波动时，总的被动量需求就会呈现多种被动量间相互耦合的多区间特性。调度要有效地应对这种多区间不确定性，就必须提高被动量变化规律的掌控水平，增强主动量调控的决策水平，前者是预测分析的问题，后者是优化决策的问题。

由于负荷预测与可再生能源发电功率预测的方法复杂多样，且预测中存在大量不确定性因素及预测方法本身固有的不确定性，仅从预测角度来盲目地追求精确预测值可能无法得到良好效果。实际上，负荷与可再生能源发电两类被动量不确定集各自具有不同的波动特性。考虑到电力系统负荷种类繁多，且在超短时间尺度内波动变化具有一定无序特征，因此实现负荷区间预测更加符合客观需求[48]，本节认为其服从关于期望值对称的区间分布，预测时段内的波动区间为［$\Delta D-\Omega$，$\Delta D+\Omega$］，Ω为区间宽度；可再生能源发电具有较强的间歇性和波动性，且其波动具有一定规律性，本节认为其服从正态分布：$f(\omega)=\frac{1}{\sqrt{2\pi}\sigma}\exp\left(-\frac{(\omega-\mu)^2}{2\sigma^2}\right)$，$\omega$为可再生能源发电功率的随机变量，$\mu$为期望值，$\sigma$为标准差。

对于一个确定的电力系统，其本身应对不确定性的能力一定是有限的，不可能包容全部不确定性，需要对被动量多区间不确定性进行有选择性的决策。考虑电力系统发电与负荷平衡这一根本要素，本节将负荷波动产生的不确定性定义为关键不确定集，必须严格满足；将可再生能源发电波动产生的不确定性定义为柔性不确定集，可根据系统强壮程度与决策者的态度在一定范围内适度调整。在此决策思想的基础上，本节结合系统备用响应能力的概念，在模型中引入负荷区间备用约束与可再生能源发电置信度备用约束两类被动量波动不确定集的约束，对负荷区间波动不确定性对应的关键不确定集完全满足，对可再生能源发电概率波动不确定性对应的柔性不确定集通过引入置信度要求适度满足，对系统向上备用响应能力与向下备用响应能力进行协调决策，以实现主动量对被动量多区间不确定性的有效应对，在解决备用责任分摊明确的同时提高了系统调度的鲁棒性，进而丰富、完善了区间经济调度模型，取得了较好效果。

7.3.2　数学模型

本节研究的主要对象为电力系统在应对被动量多区间不确定性时机组调度基点的决策问题和备用的责任分摊问题，主动量为可调火电机组输出功率，被动量包括负荷与可再生能源发电量。

调度目标为系统的发电成本最小，即

$$C_{\mathrm{obj}} = \min \sum_{g=1}^{N} (a_g + b_g P_g + c_g P_g^2) \tag{7-69}$$

式中 g——火电机组编号；

P_g——机组输出功率；

N——所有具备备用响应能力的机组集；

a_g、b_g 和 c_g——第 g 台火电机组的成本特性系数。

使式（7-69）最小须满足如下约束：

1）功率平衡约束

$$\sum_{g=1}^{N} P_g = L - W \tag{7-70}$$

式中 L——决策时刻的负荷功率；

W——决策时刻的可再生能源发电功率；

$L-W$——决策时刻的被动量需求（假设负荷量大于可再生能源发电量），并假设所有的机组都是 AGC 机组。

2）机组输出功率上下限约束

$$P_g^{\min} \leqslant P_g \leqslant P_g^{\max} \quad \forall g \tag{7-71}$$

式中 $P_g^{\min}$——机组输出功率下限；

$P_g^{\max}$——机组输出功率上限。

3）负荷区间备用约束

$$x \geqslant \Delta D + \Omega \tag{7-72}$$

$$y \geqslant -(\Delta D - \Omega) \tag{7-73}$$

$$x = \sum_{g=1}^{N} \Delta P_g^{\mathrm{u}} \tag{7-74}$$

$$y = \sum_{g=1}^{N} \Delta P_g^{\mathrm{d}} \tag{7-75}$$

$$\Delta P_g^{\mathrm{u}} = \min[(P_g^{\max} - P_g), r_{g,\mathrm{u}} \Delta t_a] \tag{7-76}$$

$$\Delta P_g^{\mathrm{d}} = \min[(P_g - P_g^{\min}), r_{g,\mathrm{d}} \Delta t_a] \tag{7-77}$$

式中 ΔP_g^{u}——机组 g 向上备用响应能力；

ΔP_g^{d}——机组 g 向下备用响应能力；

$r_{g,\mathrm{u}}$——机组输出功率向上调节最大速率；

$r_{g,\mathrm{d}}$——机组输出功率向下调节最大速率；

Δt_a——允许调节所持续的时间；

x——系统向上备用响应量；

y——系统向下备用响应量；

ΔD——负荷期望值变化；

Ω——负荷波动区间宽度。

4）可再生能源发电置信度备用约束

$$\int_{W-y-(\Delta D-\Omega)}^{W+x-(\Delta D+\Omega)} \frac{1}{\sqrt{2\pi}\sigma} \exp\left(-\frac{[\omega-(W+\Delta W)]^2}{2\sigma^2}\right) \mathrm{d}\omega \geqslant S_r \tag{7-78}$$

$$0 \leqslant S_r \leqslant 1$$

式中　ω——可再生能源发电输出功率可用值，在本节中服从正态分布；

ΔW——经过预测时段可再生能源发电功率期望值变化；

S_r——可再生能源发电波动不确定集的置信度要求。

对上述可再生能源发电置信度备用约束表达式进行化简，可得到

$$\int_{-y-(\Delta L-\Omega)}^{x-(\Delta L+\Omega)} \frac{1}{\sqrt{2\pi}\sigma} \exp\left(-\frac{t^2}{2\sigma^2}\right) \mathrm{d}t \geqslant S_r \tag{7-79}$$

式中　ΔL——总的被动量需求期望值变化，且 $\Delta L = D + W$；

t——可再生能源发电功率预测偏差随机变量。

式（7-69）~式（7-79）即为计及被动量多区间不确定性的电力系统经济调度模型。

7.3.3　求解方法

经典的静态经济调度问题中，在不考虑机组输出功率受边界值制约的前提下，各火电机组的成本微增率相等时达到系统运行成本最小。被动量多区间波动不确定性的影响下，火电机组调度基点将从经济最优发生改变，以有效发挥系统应对不确定性的能力。本节按机组可释放备用响应能力性质和大小的不同将运行中的机组分为如下三类：第一类是偏上限运行的机组，经济性最好，其运行点高于上断点；第二类是处于中间位置运行的机组，经济性中等，其运行点处于上断点和下断点之间；第三类是偏下限运行的机组，经济性差，其运行点低于下断点。

假设系统最初的运行状态符合经济最优，且三类机组在增加备用响应能力的过程中没有达到上断点或下断点，则加入负荷区间备用约束与可再生能源置信度备用约束后，式（7-72）、式（7-73）和式（7-79）可解析变化为

$$\sum_{g=1}^{n_1} (P_g^0 - P_g) \geqslant \Delta D + \Omega - x_0 \tag{7-80}$$

$$\sum_{g=n_1+n_2+1}^{n_1+n_2+n_3} (P_g - P_g^0) \geqslant -\Delta D + \Omega - y_0 \tag{7-81}$$

$$\int_{x_0-(\Delta L+\Omega)}^{x_0+\sum_{g=1}^{n_1}(P_g^0-P_g)-(\Delta L+\Omega)} \frac{1}{\sqrt{2\pi}\sigma}\exp\left(-\frac{t^2}{2\sigma^2}\right)\mathrm{d}t+$$

$$\int_{-y_0-\sum_{g=n_1+n_2+1}^{n_1+n_2+n_3}(P_g-P_g^0)-(\Delta L-\Omega)}^{-y_0-(\Delta L-\Omega)} \frac{1}{\sqrt{2\pi}\sigma}\exp\left(-\frac{t^2}{2\sigma^2}\right)\mathrm{d}t-(S_r-s_0)\geqslant 0 \qquad (7\text{-}82)$$

式（7-80）~式（7-82）中，$1,2,\cdots,n_1$ 为第一类偏上限运行机组编号；n_1+1，$n_1+2,\cdots,n_1+n_2$ 为第二类中间位置运行机组编号；$n_1+n_2+1,n_1+n_2+2,\cdots,n_1+n_2+n_3$ 为第三类偏下限运行机组编号；P_g^0 为机组初始输出功率；x_0 为系统初始运行状态向上备用响应能力；y_0 为系统初始运行状态向下备用响应量；s_0 为系统初始运行状态可再生能源波动不确定集置信度；P_g 为加入被动量多区间不确定集约束后机组输出功率。

对式（7-69）和式（7-70）、式（7-80）~式（7-82）组成的最优化模型，可以通过经典的拉格朗日乘子法构造拉格朗日函数求解，首先构造拉格朗日函数表述如下

$$\begin{cases}M=F+\lambda\phi_1+\beta\phi_2+\gamma\phi_3+\theta\phi_4\\ F=\sum_{g=1}^{n_1+n_2+n_3}(a_g+b_gP_g+c_gP_g^2)\\ \phi_1=D-W-\sum_{g=1}^{n_1+n_2+n_3}P_g\\ \phi_2=\Delta D+\Omega-x_0-\sum_{g=1}^{n_1}(P_g^0-P_g)\\ \phi_3=-\Delta D+\Omega-y_0-\sum_{g=n_1+n_2+1}^{n_1+n_2+n_3}(P_g-P_g^0)\\ \phi_4=(S_r-s_0)-\int_{x_0-(\Delta L+\Omega)}^{x_0+\sum_{g=1}^{n_1}(P_g^0-P_g)-(\Delta L+\Omega)}\frac{1}{\sqrt{2\pi}\sigma}\exp\left(-\frac{t^2}{2\sigma^2}\right)\mathrm{d}t-\\ \qquad\int_{-y_0-\sum_{g=n_1+n_2+1}^{n_1+n_2+n_3}(P_g-P_g^0)-(\Delta L-\Omega)}^{-y_0-(\Delta L-\Omega)}\frac{1}{\sqrt{2\pi}\sigma}\exp\left(-\frac{t^2}{2\sigma^2}\right)\mathrm{d}t\end{cases} \qquad (7\text{-}83)$$

式中，λ、β、γ 和 θ 为拉格朗日乘子。

静态经济调度最优化问题的最优解条件为

$$\frac{\partial M}{\partial P_g}=\frac{\partial M}{\partial\lambda}=\frac{\partial M}{\partial\beta}=\frac{\partial M}{\partial\gamma}=\frac{\partial M}{\partial\theta}=0 \qquad g=1,2,\cdots,n_1+n_2+n_3 \qquad (7\text{-}84)$$

整理可得

$$
\left\{
\begin{aligned}
&\frac{\mathrm{d}F_g(P_g)}{\mathrm{d}P_g} = \lambda - \beta - \frac{1}{\sqrt{2\pi}\sigma}\exp\left(-\frac{\left[x_0 + \sum_{g=1}^{n_1}(P_g^0 - P_g) - (\Delta L + \Omega)\right]^2}{2\sigma^2}\right)\\
&\quad g = 1,2,\cdots,n_1\\
&\frac{\mathrm{d}F_g(P_g)}{\mathrm{d}P_g} = \lambda \quad g = n_1+1,n_1+2,\cdots,n_1+n_2\\
&\frac{\mathrm{d}F_g(P_g)}{\mathrm{d}P_g} = \lambda + \gamma + \frac{1}{\sqrt{2\pi}\sigma}\exp\left(-\frac{\left[-y_0 - \sum_{g=n_1+n_2+1}^{n_1+n_2+n_3}(P_g - P_g^0) - (\Delta L - \Omega)\right]^2}{2\sigma^2}\right)\\
&\quad g = n_1+n_2+1,n_1+n_2+2,\cdots,n_1+n_2+n_3\\
&D - W - \sum_{g=1}^{n_1+n_2+n_3} P_g = 0\\
&\Delta D + \Omega - x_0 - \sum_{g=1}^{n_1}(P_g^0 - P_g) = 0\\
&-\Delta D + \Omega - y_0 - \sum_{g=n_1+n_2+1}^{n_1+n_2+n_3}(P_g - P_g^0) = 0\\
&(S_r - s_0) - \int_{x_0-(\Delta L+\Omega)}^{x_0+\sum_{g=1}^{n_1}(P_g^0-P_g)-(\Delta L+\Omega)} \frac{1}{\sqrt{2\pi}\sigma}\exp\left(-\frac{t^2}{2\sigma^2}\right)\mathrm{d}t\\
&\quad - \int_{-y_0-\sum_{g=n_1+n_2+1}^{n_1+n_2+n_3}(P_g-P_g^0)-(\Delta L-\Omega)}^{-y_0-(\Delta L-\Omega)} \frac{1}{\sqrt{2\pi}\sigma}\exp\left(-\frac{t^2}{2\sigma^2}\right)\mathrm{d}t = 0
\end{aligned}
\right.
\tag{7-85}
$$

值得注意的是，式（7-85）中的最后 3 个等式约束并非同时成立，具体还需要视不确定集约束的作用情况具体分析。尽管如此，对机组进行分类的优化决策方法仍能有效求解静态的基础经济调度问题，且机组按其类别仍服从等微增率准则。

7.3.4　机理分析

7.3.4.1　负荷区间备用约束分析

系统初始运行状态下，具备一定的备用响应能力，加入负荷区间备用约束后，系统备用响应过程将分为三个阶段，具体为：

1）若初始 $x_0 \geqslant \Delta D + \Omega$、$y_0 \geqslant -(\Delta D - \Omega)$，则约束式（7-80）、约束式（7-81）将不起作用，乘子 β、γ 等于 0。

2）增大负荷扰动集的不确定性，在一定上下调区间范围内，约束式（7-80）、约束式（7-81）将仅有一个起作用，此时系统微增率分为两类，具体为：当 $x_0 < \Delta D + \Omega$ 时，系统向上备用响应能力不足，$\beta = \lambda - b_g + \dfrac{\Delta D + \Omega - \sum\limits_{g=1}^{n_1} P_g^0 - x_0}{\sum\limits_{g=1}^{n_1} \dfrac{1}{2c_g}}$、$\gamma = 0$；当 $y_0 < -(\Delta D - \Omega)$ 时，系统向下备用响应能力不足，$\beta = 0$、$\gamma = b_g - \lambda + \dfrac{-\Delta D + \Omega + \sum\limits_{g=n_1+n_2+1}^{n_1+n_2+n_3} P_g^0 - y_0}{\sum\limits_{g=n_1+n_2+1}^{n_1+n_2+n_3} \dfrac{1}{2c_g}}$。其中，$\beta$、$\gamma$ 为负荷区间向上备用约束的乘子与负荷区间向下备用约束的乘子，产生这种现象的原因是系统向上备用响应能力与向下备用响应能力的增加过程是协同的，因此在最初必然仅有一个约束受限。

3）超过该范围后，约束式（7-80）、约束式（7-81）将同时起作用，此时机组微增率按不同类别分为三类：一类机组微增率体现了系统向上调节边际；三类机组微增率体现系统向下调节边际；而中间二类机组发挥了调节补位的作用。另外，可证明，负荷区间备用约束同时产生作用的区间范围临界条件为 $x - y = 2\Delta D$。

7.3.4.2 可再生能源发电置信度备用约束分析

在考虑负荷区间备用约束的基础上，加入可再生能源发电置信度备用约束，机组运行基点将进一步发生变化。定义加入被动量波动性约束后系统向上备用响应能力变化量与向下备用响应能力变化量比值为系统调节比例因子，符号为 α_s。可以证明，当可再生能源发电不确定集服从区间分布时，三类机组总是按特定比例来调整输出功率，且系统调节比例因子为常数，该数值也从经济上直观反映了火电系统的向上调节与向下调节的最优配比。当可再生能源随机变量服从正态分布时，系统向上备用响应能力和向下备用响应能力不再按固定的比例调整，此时，调节比例因子不仅反映出机组配置备用的经济性，还体现了可再生能源发电的随机概率特性，具有平衡趋向性。

7.3.4.3 备用经济规律分析

定义备用成本为加入被动量不确定集约束后成本值与未加入对应约束时成本值的差值；单位负荷备用成本为负荷区间备用范围增加 1MW 时的成本值增量，符号为 t_1；单位可再生能源发电备用成本为可再生能源发电置信度备用要求增加 1% 时的成本值增量，符号为 t_2。分析可知，在备用响应能力没有受限的情况下，单位负荷备用成本变化服从分段线性函数，这是由于无论在负荷区间备用约束响应过程的哪个阶段，系统调节比例因子均为常数；而单位可再生能源发电备用成本变化具有强非线性，从备用的响应过程看，一方面受正态分布概率密度函数的影响，系统调节比例因子随可再生能源发电置信度变化，向上备用响应能力与向下备用

响应能力的增加过程并没有固定比例，另一方面随着置信度要求的提高，单位置信度对应可再生能源发电不确定集区间长度也在增大。

7.3.5　算例分析

以具有10台发电机组的系统为例，采用上述模型进行计算，发电机组具体参数见本章附录表7A-1。设待决策时刻系统负荷 D 为2497MW，可再生能源发电输出功率 W 为497MW，被动量需求 $D-W$ 为2000MW，负荷预测期望值变化 ΔD 为3MW，可再生能源发电预测期望值变化 ΔW 为33MW，则被动量需求变化为 $\Delta L=\Delta D-\Delta W=-30$MW。负荷波动不确定集区间宽度 $\Omega=k(D+\Delta D)/100$，可再生能源发电波动不确定集预测标准差 $\sigma=(W+\Delta W)/100$。通过调整负荷区间波动参数 k、置信度要求 s 等不确定性因素，重点分析两个被动量不确定集约束变化对决策机组调度基点产生的影响，并由计算结果验证上述机理分析的正确性及模型的有效性。

不考虑被动量波动不确定集约束时，该模型符合传统经济调度模型，8、9、10号机组在偏上限的运行位置运行，为第一类机组；5、6、7号机组在中间位置运行，为第二类机组；2、3、4号机组在偏下限位置运行，为第三类机组；1号机组由于经济性较差，运行在输出功率下限。

7.3.5.1　负荷区间备用约束的影响

为便于分析，先考虑负荷区间备用约束的影响，假设负荷区间波动参数 k 在0～5.306之间变化，机组微增率变化如表7-4所示，备用响应能力 x、y 变化曲线如图7-6所示。

表7-4　负荷扰动不确定集下机组微增率变化

k	1	2	3	4	5	6	7	8	9	10
4.504	2.356	2.291	2.291	2.291	2.291	2.291	2.291	2.291	2.291	2.291
5.097	2.356	2.306	2.306	2.306	2.306	2.306	2.306	2.277	2.277	2.277
5.306	2.356	2.319	2.319	2.319	2.306	2.306	2.306	2.273	2.273	2.273

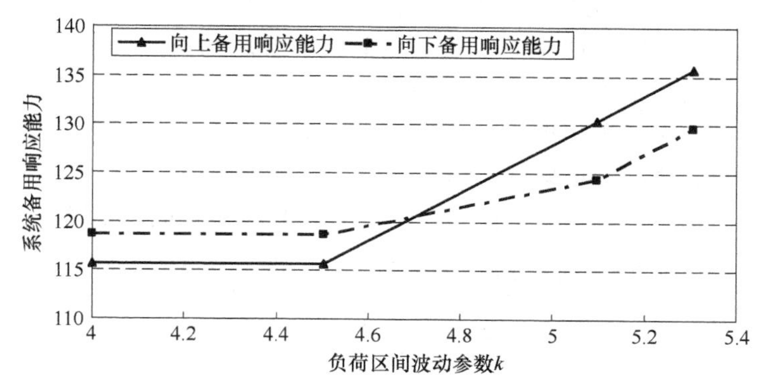

图7-6　负荷扰动不确定集下系统备用响应能力变化曲线

图 7-6 说明随着负荷区间波动参数 k 增大，系统备用响应能力经过了备用响应能力充足、向上备用响应能力不足以及两侧备用响应能力不足三个阶段：当 $k<4.504$ 时，系统初始备用响应能力充足，约束式（7-80）、约束式（7-81）均不起作用；当 k 增大至 4.504 时，约束式（7-80）开始起作用，此时向上备用响应能力不足，向下备用响应能力协同增加；当 k 继续增大至 5.097 时，达到临界条件 $x-y=2\Delta D$，约束式（7-80）、式（7-81）将同时起作用；当 k 继续增大至 5.306 时，机组 8 首先达到上断点，不再参与调节，在中间机组具有足够调节补位能力的条件下，第一类机组和第三类机组将依次达到上断点和下断点，系统完全释放备用响应能力。

单位负荷备用成本变化曲线为非连续分段线性函数，如图 7-7 所示。当 k 在 4.504～5.097 时，每增加 0.1，单位负荷备用成本增加 0.0342$/MW·h；当 k 在 5.097～5.306 时，每增加 0.1，单位负荷备用成本增加 0.0438$/MW·h；当 $k=5.097$ 时，单位负荷备用成本会阶跃下降，原因是此时约束式（7-81）起作用，使向上备用响应能力和向下备用响应能力增加的比例发生突变，该分段点也代表系统为负荷波动不确定集备用时边际负荷备用成本的下降。

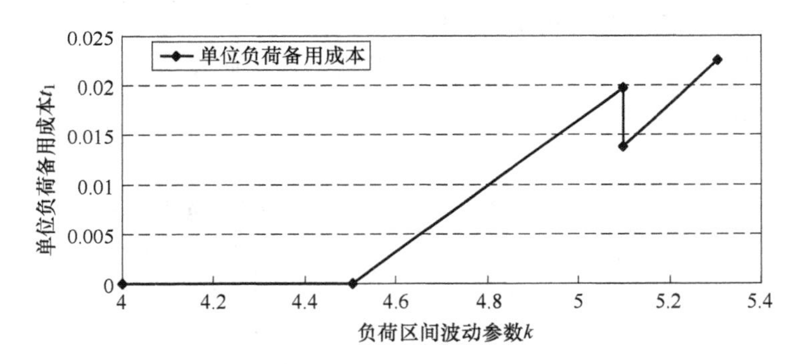

图 7-7　单位负荷备用成本变化曲线

7.3.5.2　可再生能源发电置信度备用约束的影响

下面忽略被动量需求期望值变化和负荷区间备用约束的影响，仅考虑可再生能源置信度备用约束对系统的影响。该算例中，系统初始运行状态下，对可再生能源波动不确定集满足置信度为 0.7308，假设置信度要求 s 在 0.7308～0.8008 之间进行变化决策，机组微增率变化情况如表 7-5 所示，系统调节比例因子 α_s 变化曲线如图 7-8 所示，单位可再生能源发电备用成本 t_2 变化曲线如图 7-9 所示。

表 7-5　可再生能源扰动不确定集下机组微增率变化

s	1	2	3	4	5	6	7	8	9	10
0.7308	2.356	2.291	2.291	2.291	2.291	2.291	2.291	2.291	2.291	2.291
0.7408	2.356	2.296	2.296	2.296	2.292	2.292	2.292	2.288	2.288	2.288

（续）

s	1	2	3	4	5	6	7	8	9	10
0.7508	2.356	2.302	2.302	2.302	2.294	2.294	2.294	2.286	2.286	2.286
0.7608	2.356	2.307	2.307	2.307	2.295	2.295	2.295	2.283	2.283	2.283
0.7708	2.356	2.313	2.313	2.313	2.297	2.297	2.297	2.280	2.280	2.280
0.7808	2.356	2.319	2.319	2.319	2.298	2.298	2.298	2.277	2.277	2.277
0.7908	2.356	2.326	2.326	2.326	2.300	2.300	2.300	2.274	2.274	2.274
0.8008	2.356	2.330	2.333	2.333	2.301	2.301	2.301	2.273	2.273	2.273

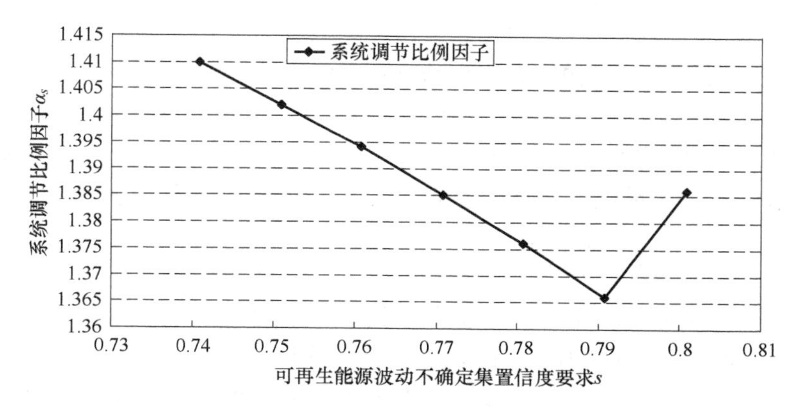

图7-8　可再生能源波动不确定集下系统调节比例因子变化曲线

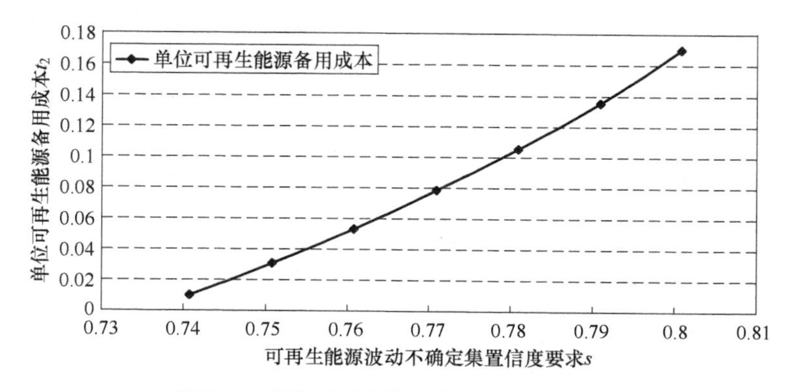

图7-9　单位可再生能源备用成本变化曲线

分析可知，当可再生能源发电不确定集服从区间分布时，该系统调节比例因子 α_s 为常数，数值为1.4。当可再生能源发电不确定集服从正态分布时，初始运行状态下，系统向上备用响应能力小于向下备用响应能力，系统调节比例因子 α_s 开始时大于1.4，随着置信度要求 s 增大，系统向上备用响应能力逐渐大于向下备用响应能力，α_s 逐渐减小；当置信度要求 $s=0.8008$ 时，α_s 增大，这是由于 α_s 在

0.7908～0.8008之间，2号机组达到运行下断点位置，向下备用响应能力受限，此时系统更多地通过增加向上备用响应能力来应对不确定性。实际上，系统调节比例因子 α_s 由系统内机组成本特性、运行状态和应对的被动量不确定集波动特性共同决定，而在被动量为可再生能源发电时，其正态分布概率密度函数的影响使得 α 随置信度要求的增大而发生相应变化。

图7-9说明：随着可再生能源发电不确定集置信度要求增大，单位可再生能源备用成本 t_2 按非线性变化，且其斜率单调增加，原因在于一方面随着 s 增大，系统内受限机组增多使得系统应对不确定性的能力下降，这增加了边际备用成本；另一方面受正态分布概率密度函数的影响，1%置信度对应的可再生能源发电不确定集的区间长度也将增大。

7.3.5.3 被动量多区间不确定集约束的影响

考虑被动量多区间波动不确定集约束的影响，取 $k=1$，则初始运行状态下，系统本身的备用响应能力完全满足负荷备用，对可再生能源波动不确定集满足置信度为0.5983。增大系统满足的置信度 s，可再生能源置信度备用约束可表示为 $\int_{-y-(-30-25)}^{x-(-30+25)} \frac{1}{\sqrt{2\pi}\sigma}\exp\left(-\frac{t^2}{2\sigma^2}\right)\mathrm{d}t = s$。被动量期望值变化为负，负荷向上波动区间与被动量期望值变化方向相反，呈现发电负荷相平衡的性质；负荷向下波动区间与被动量期望值变化方向相同，呈现总负荷量降低的性质，此时对系统向下备用响应能力要求较高。由于正态分布概率密度函数从对称轴向两侧单调递减，此时增加向下备用响应能力来应对可再生能源波动不确定性更经济有效，因此系统调节比例因子 α_s 将减小且 $\alpha_s<1.4$，这也体现了正态分布的概率平衡趋向性，其变化曲线如图7-10所示。

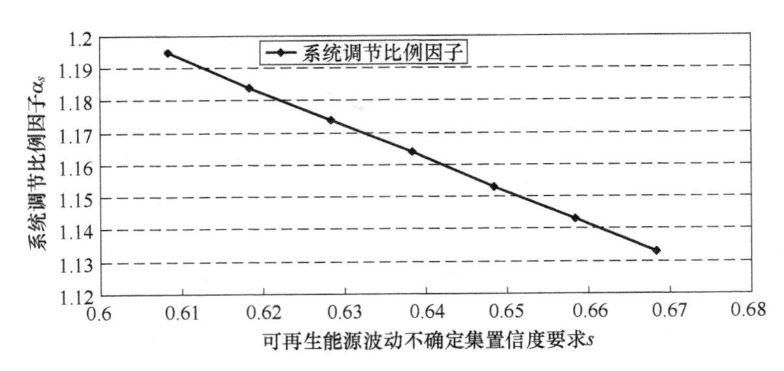

图7-10 被动量扰动不确定集下系统调节比例因子变化曲线

7.3.6 小结

电力系统运行中的波动不确定性呈现不同分布，本节将多种被动量波动不确定集划分为关键不确定集与柔性不确定集，引入负荷区间备用约束和可再生能源

发电置信度备用约束两类柔性约束，提出了计及被动量多区间不确定性的经济调度模型。该模型的特点是能够结合系统物理特性与被动量波动的多区间不确定性来主动选择被动量需求的备用范围，针对关键不确定集与合理不确定集采取鲁棒性的决策，有舍有得，在解决备用责任分摊明确的同时，最大程度地发挥系统主动量应对被动量不确定性的能力以实现其最佳效用。研究了系统应对不确定性时备用的响应过程与系统提供辅助服务时的边际成本变化趋势的机理，对工程实践具有重要指导意义。

7.4 计及间歇性特征的电力系统区间经济调度

7.4.1 数学模型

7.4.1.1 目标函数

本节研究的主要目的为火电系统如何设置调度基点并安排备用以有效应对被动量的波动不确定性与间歇不确定性，因此仅考虑设置备用过程产生的成本，即系统引入被动量波动性约束和被动量间歇性约束后引起调度成本的提高，故目标函数取总燃料费用最小，其表达式如下

$$C_{\mathrm{obj}} = \min\sum_{g=1}^{N}(a_g + b_g P_g + c_g P_g^2) \tag{7-86}$$

式中 g——系统中火电机组编号；

P_g——第 g 台火电机组输出功率；

a_g、b_g、c_g——第 g 台火电机组燃料费用系数；

N——具有备用响应能力的机组集合。

本节研究针对可调控机组的调度问题展开，故假设所有火电机组均为AGC机组。

7.4.1.2 约束条件

（1）发电与负荷平衡约束

$$\sum_{g=1}^{N} P_g = D - W = L \tag{7-87}$$

式中 D——决策时刻的负荷功率；

W——决策时刻的可再生能源发电功率；

L——决策时刻的被动量需求。

（2）火电机组输出功率上下限约束

$$P_g^{\min} \leqslant P_g \leqslant P_g^{\max} \quad \forall g \tag{7-88}$$

式中 $P_g^{\min}$——第 g 台火电机组输出功率下限；

$P_g^{\max}$——第 g 台火电机组输出功率上限。

（3）被动量区间满足度约束

本节引入区间满足度约束来应对被动量需求变化的波动不确定性，其表达如下

$$\overline{\Omega}-\underline{\Omega}\geqslant I_f s_I \tag{7-89}$$

式中　I_f——被动量需求波动性变化的区间范围长度，且 I_f最大值为 2Ω；

s_I——区间满足度，$0\leqslant s_I\leqslant 1$。

(4) 被动量变化速率满足度约束

在考虑被动量需求间歇不确定性特征后，系统不仅需要应对被动量区间波动范围，还应满足该范围内所有可能位置的变化轨迹，其核心问题在于对苛刻情景下被动量变化范围的满足。由被动量变化构成平行四边形边界的苛刻情景过程，可推得下述方程

$$\eta_{\mathrm{u},m}t_1-\eta_{\mathrm{d},m}(T-t_1)=\overline{\Omega} \tag{7-90}$$

$$-\eta_{\mathrm{d},m}t_2+\eta_{\mathrm{u},m}(T-t_2)=\underline{\Omega} \tag{7-91}$$

对式（7-90）、式（7-91）移项解析可得

$$t_1=\frac{\eta_{\mathrm{d},m}T+\overline{\Omega}}{\eta_{\mathrm{u},m}+\eta_{\mathrm{d},m}} \tag{7-92}$$

$$t_2=\frac{\eta_{\mathrm{u},m}T-\underline{\Omega}}{\eta_{\mathrm{u},m}+\eta_{\mathrm{d},m}} \tag{7-93}$$

进一步简化，设 $\alpha=\beta$，则 $\eta_{\mathrm{u},m}=\eta_{\mathrm{d},m}=\eta_m$，此时有

$$t_1=T/2+\overline{\Omega}/2\eta_m \tag{7-94}$$

$$t_2=T/2-\underline{\Omega}/2\eta_m \tag{7-95}$$

实际上，对一个独立的电力系统来说，其总的输出功率变化速率受系统内火电机组本身的物理约束限制，超过最大限值将造成无解。显然，系统输出功率最大变化速率 $\eta_M=\sum\limits_{g\in N}r_g$，$r_g$ 为第 g 台火电机组输出功率最大变化速率，本节设火电机组向上变化最大速率 $r_{g,\mathrm{u}}$与向下变化最大速率 $r_{g,\mathrm{d}}$相等，均为 r_g。则在被动量变化的最苛刻情景下，系统需满足

$$\begin{cases}x_{t_1}\geqslant\eta_m t_1\\ y_{t_2}\geqslant\eta_m t_2\\ \eta_m=\eta_M s_v\end{cases} \tag{7-96}$$

$$x_{t_1}=\sum_{g=1}^{N}\min[(P_g^{\max}-P_g),r_{g,\mathrm{u}}t_1] \tag{7-97}$$

$$y_{t_2}=\sum_{g=1}^{N}\min[(P_g-P_g^{\min}),r_{g,\mathrm{d}}t_2] \tag{7-98}$$

式中　x_{t_1}——在上调苛刻情景系统向上调节备用响应能力；

y_{t_2}——在下调苛刻情景系统向下调节备用响应能力；

s_v——被动量变化速率满足度，$0\leqslant s_v\leqslant 1$。

值得注意的是，本节以火电系统输出功率最大变化速率 η_M 为参考对被动量变

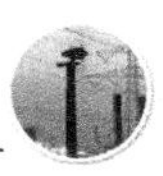

化速率进行满足，是为了保持被动量变化速率满足度 s_v 在 0~1 之间变化。当 $s_v>1$ 时，调度将无解，系统无论如何也无法满足被动量全部间歇性变化过程。显然，这样的设定并不影响被动量间歇性特征分量的本质属性。

式（7-86）~式（7-98）即为计及间歇性的电力系统区间经济调度的数学模型。

7.4.2　模型求解

7.4.2.1　求解过程

本节模型研究重点在于同时考虑被动量需求区间波动位置不确定性与其间歇变化过程不确定性影响下火电系统的备用决策问题，因此需要对系统内火电机组的备用响应过程进行详细分析。为便于分析，本节将运行中火电机组按其可释放备用响应能力性质和大小的不同分为如下三类：第一类为偏上限运行的机组，其运行点高于上断点；第二类为处于中间位置运行的机组，其运行点处于上断点和下断点之间；第三类为偏下限运行的机组，其运行点低于下断点。

对被动量需求上调苛刻情景变化过程分析可知，在被动量需求达到其间歇性变化上限 $\overline{\Omega}_1$（下限 $\underline{\Omega}_2$）之前，系统仅对向上（下）备用响应能力有要求，当系统被动量需求达到其间歇性变化上（下）限值之后，系统必然有足够的备用响应能力达到其区间波动上限 $\overline{\Omega}$（下限 $\underline{\Omega}$）。由此，对第一类机组而言，在 t_1 时刻将释放整个预测时段内全部向上备用响应能力，表达式为

$$x_T = x_{t_1} + \sum_{g=n_1+1}^{n_1+n_2+n_3} r_{g,\mathrm{u}}(T-t_1) \tag{7-99}$$

式中，$1,2,\cdots,n_1$ 为第一类机组编号；$n_1+1,n_1+2,\cdots,n_1+n_2$ 为第二类机组编号；n_1+n_2+1，$n_1+n_2+2,\cdots,n_1+n_2+n_3$ 为第三类机组编号。

假设初始运行状态下系统按等微增率准则分配机组输出功率，且初始状态下相应变量以上标“0”来表示，则引入被动量波动性约束和被动量间歇性约束后，结合式（7-94）中 t_1 表达式，x_{t_1} 可表达为

$$\begin{aligned}
\Delta x_{t_1} &= x_T - \sum_{g=n_1+1}^{n_1+n_2+n_3} r_{g,\mathrm{u}}(T-t_1) - \left[x_T^0 - \sum_{g=n_1+1}^{n_1+n_2+n_3} r_{g,\mathrm{u}}(T-t_1^0)\right] \\
&= \Delta x_T + \sum_{g=n_1+1}^{n_1+n_2+n_3} r_{g,\mathrm{u}}(t_1-t_1^0) \\
&= \Delta x_T + \sum_{g=n_1+1}^{n_1+n_2+n_3} r_{g,\mathrm{u}}\left(\frac{T}{2}+\frac{\overline{\Omega}}{2\eta_M s_V}-\frac{T}{2}-\frac{\overline{\Omega}^0}{2\eta_M s_V}\right) \\
&= \Delta x_T + \frac{1}{2\eta_M s_V}\sum_{g=n_1+1}^{n_1+n_2+n_3} r_{g,\mathrm{u}}\Delta\overline{\Omega}
\end{aligned} \tag{7-100}$$

式中，前缀“Δ”表示引入被动量波动性约束和被动量间歇性约束后变量与初始运行状态相应变量之间的差值，下文不再赘述。

当被动量区间满足度约束与被动量变化速率约束同时有效时，根据库恩-塔克（KKT）条件，目标函数取极小值时对应不等式约束等于零的点，式（7-89）、式（7-96）可变化为

$$\begin{cases}\overline{\Omega}-\underline{\Omega}=Is_I\\ x_{t_1}=\eta_M s_V t_1\\ y_{t_2}=\eta_M s_V t_2\end{cases} \tag{7-101}$$

显然，将式（7-94）代入式（7-101）可得

$$\Delta x_{t_1}=\eta_M s_V \Delta t_1=\frac{\Delta\overline{\Omega}}{2} \tag{7-102}$$

再将式（7-102）代入式（7-100）可知

$$\Delta\overline{\Omega}=\frac{2\eta_M s_V \Delta x_T}{\eta_M s_V-\sum\limits_{g=n_1+1}^{n_1+n_2+n_3} r_{g,\mathrm{u}}} \tag{7-103}$$

同理，对被动量需求下调苛刻情景变化过程分析可得

$$\Delta\underline{\Omega}=-\frac{2\eta_M s_V \Delta y_T}{\eta_M s_V-\sum\limits_{g=1}^{n_1+n_2} r_{g,\mathrm{d}}} \tag{7-104}$$

将式（7-103）、式（7-104）代入 $\Delta\overline{\Omega}-\Delta\underline{\Omega}=I\Delta s_I$，则

$$\frac{2\eta_M s_V \Delta x_T}{\eta_M s_V-\sum\limits_{g=n_1+1}^{n_1+n_2+n_3} r_{g,\mathrm{u}}}+\frac{2\eta_M s_V \Delta y_T}{\eta_M s_V-\sum\limits_{g=1}^{n_1+n_2} r_{g,\mathrm{d}}}=I\Delta s_I \tag{7-105}$$

实际上，对预测时段 T 内系统备用响应能力增量 Δx_T、Δy_T 解析化分析可知，Δx_T 仅与第一类机组输出功率调整量有关，Δy_T 仅与第三类机组输出功率调整量有关，因此式（7-105）又可以表示为

$$\begin{cases}\sum\limits_{g=1}^{n_1}(P_g^0-P_g)\delta+\sum\limits_{g=n_1+n_2+1}^{n_1+n_2+n_3}(P_g-P_g^0)\xi=I\Delta s_I\\ \delta=\dfrac{2\eta_M s_V}{\eta_M s_V-\sum\limits_{g=n_1+1}^{n_1+n_2+n_3} r_{g,\mathrm{u}}}\\ \xi=\dfrac{2\eta_M s_V}{\eta_M s_V-\sum\limits_{g=1}^{n_1+n_2} r_{g,\mathrm{d}}}\end{cases} \tag{7-106}$$

式（7-106）即为系统应对被动量波动不确定性与间歇不确定性两类不确定性

特征时，对应被动量区间满足度约束与被动量变化速率满足度约束的等效表达形式，显然，式（7-106）中已消去中间变量，包含的决策变量仅有火电机组输出功率。此时，对式（7-86）、式（7-87）和式（7-106）构成的优化模型，可以通过经典拉格朗日乘子法构造求解，首先构造本节模型的拉格朗日函数如下

$$\begin{cases} M = F + \lambda\phi_1 + \beta\phi_2 \\ F = \sum_{g=1}^{N}(a_g + b_g P_g + c_g P_g^2) \\ \phi_1 = D - W - \sum_{g=1}^{N} P_g \\ \phi_2 = I\Delta s_I - \sum_{g=1}^{n_1}(P_g^0 - P_g)\dfrac{2\eta_M s_V}{\eta_M s_V - \sum_{g=n_1+1}^{n_1+n_2+n_3} r_{g,\mathrm{u}}} - \sum_{g=n_1+n_2+1}^{n_1+n_2+n_3}(P_g - P_g^0)\dfrac{2\eta_M s_V}{\eta_M s_V - \sum_{g=1}^{n_1+n_2} r_{g,\mathrm{d}}} \\ n_1 + n_2 + n_3 = N \end{cases} \tag{7-107}$$

式中，λ 和 β 为拉格朗日乘子。

由本节优化问题的 KKT 条件可得

$$\frac{\partial M}{\partial P_g} = \frac{\partial M}{\partial \lambda} = \frac{\partial M}{\partial \beta} = 0 \quad g = 1,2,\cdots,n_1 + n_2 + n_3 \tag{7-108}$$

整理可得

$$\begin{cases} \dfrac{\mathrm{d}F_g(P_g)}{\mathrm{d}P_g} = \lambda - \beta \cdot \dfrac{2\eta_M s_V}{\eta_M s_V - \sum_{g=n_1+1}^{n_1+n_2+n_3} r_{g,\mathrm{u}}} \quad g = 1,2,\cdots,n_1 \\ \dfrac{\mathrm{d}F_g(P_g)}{\mathrm{d}P_g} = \lambda \quad g = n_1+1, n_1+2, \cdots, n_1+n_2 \\ \dfrac{\mathrm{d}F_g(P_g)}{\mathrm{d}P_g} = \lambda + \beta \cdot \dfrac{2\eta_M s_V}{\eta_M s_V - \sum_{g=1}^{n_1+n_2} r_{g,\mathrm{d}}} \quad g = n_1+n_2+1, n_1+n_2+2, \cdots, n_1+n_2+n_3 \\ D - W - \sum_{g=1}^{n_1+n_2+n_3} P_g = 0 \\ \sum_{g=1}^{n_1}(P_g^0 - P_g)\dfrac{2\eta_M s_V}{\eta_M s_V - \sum_{g=n_1+1}^{n_1+n_2+n_3} r_{g,\mathrm{u}}} + \sum_{g=n_1+n_2+1}^{n_1+n_2+n_3}(P_g - P_g^0)\dfrac{2\eta_M s_V}{\eta_M s_V - \sum_{g=1}^{n_1+n_2} r_{g,\mathrm{d}}} = I\Delta s_I \end{cases} \tag{7-109}$$

7.4.2.2 解析规律

对模型求解结果分析可知，不考虑机组输出功率上下限约束时，火电机组输出功率按其机组分类仍服从等微增率准则分配，此时，第一类机组输出功率下降，其微增率变化为 $\lambda-\beta\delta$，第三类机组输出功率上升，其微增率变化为 $\lambda+\beta\xi$，而第二类中间机组微增率为 λ，且 λ 为兼顾被动量波动不确定性特征与间歇不确定性特征的系统微增率惯性中心。

显然，式（7-106）具有一定的对称特性，可证明，当区间满足度增加且保持增量 s_I 确定时，P_g、λ、β、t_1、t_1、x_{t_1}、y_{t_2}、$\overline{\Omega}$、$\underline{\Omega}$、x_T 和 y_T 等变量的变化均符合等差性，且火电机组输出功率变化仅与系统满足的被动量区间范围增量 Is_I 有关，本节将二者之间的比例因子定义为响应因子，符号为 κ，解析表达如下

$$\kappa_g=-\frac{\sum\limits_{g=n_1+1}^{n_1+n_2+n_3}c_g\delta+\sum\limits_{g=n_1+1}^{n_1+n_2}c_g\xi}{\sum\limits_{g=n_1+1}^{n_1+n_2}c_g(\delta+\xi)^2+\sum\limits_{g=n_1+n_2+1}^{n_1+n_2+n_3}c_g\delta^2+\sum\limits_{g=1}^{n_1}c_g\xi^2}\cdot\frac{\dfrac{1}{c_g}}{\sum\limits_{g=1}^{n_1}\dfrac{1}{c_g}}\tag{7-110}$$

$$g=1,2,\cdots,n_1$$

$$\kappa_g=\frac{\sum\limits_{g=n_1+n_2+1}^{n_1+n_2+n_3}c_g\delta-\sum\limits_{g=1}^{n_1}c_g\xi}{\sum\limits_{g=n_1+1}^{n_1+n_2}c_g(\delta+\xi)^2+\sum\limits_{g=n_1+n_2+1}^{n_1+n_2+n_3}c_g\delta^2+\sum\limits_{g=1}^{n_1}c_g\xi^2}\cdot\frac{\dfrac{1}{c_g}}{\sum\limits_{g=n_1+1}^{n_1+n_2}\dfrac{1}{c_g}}\tag{7-111}$$

$$g=n_1+1,n_1+2,\cdots,n_1+n_2$$

$$\kappa_g=\frac{\sum\limits_{g=n_1+1}^{n_1+n_2}c_g\delta+\sum\limits_{g=1}^{n_1+n_2}c_g\xi}{\sum\limits_{g=n_1+1}^{n_1+n_2}c_g(\delta+\xi)^2+\sum\limits_{g=n_1+n_2+1}^{n_1+n_2+n_3}c_g\delta^2+\sum\limits_{g=1}^{n_1}c_g\xi^2}\cdot\frac{\dfrac{1}{c_g}}{\sum\limits_{g=n_1+n_2+1}^{n_1+n_2+n_3}\dfrac{1}{c_g}}\tag{7-112}$$

$$g=n_1+n_2+1,n_1+n_2+2,\cdots,n_1+n_2+n_3$$

$$-\sum_{g=1}^{n_1}\kappa_g\delta+\sum_{g=n_1+n_2+1}^{n_1+n_2+n_3}\kappa_g\xi=1\tag{7-113}$$

$$\sum_{g=1}^{n_1}\kappa_g+\sum_{g=n_1+1}^{n_1+n_2}\kappa_g+\sum_{g=n_1+n_2+1}^{n_1+n_2+n_3}\kappa_g=0\tag{7-114}$$

另外，机组输出功率为运行上限或运行下限时，其处于非连续的调节过程，因此对应机组不参与响应因子的计算，但由于上（下）限机组仍能贡献向下（上）备用响应能力，故对应机组应包含于 δ 和 ξ 的计算公式中。

7.4.2.3 区间分析

由 7.1.3 节计及间歇性特征的区间波动刻画可知，本节所研究模型共包含四个

区间范围，即预测时段内系统备用响应能力区间范围 $[-y_T, x_T]$、系统满足的被动量区间范围 $[\underline{\Omega}, \overline{\Omega}]$、被动量间歇性变化苛刻情景区间范围 $[\underline{\Omega}_2, \overline{\Omega}_1]$ 及兼顾系统备用响应能力限值与被动量波动变化区间的有效区间范围。深刻理解这四个区间范围的关系及意义将有利于系统应对被动量不确定性的备用决策。

预测时段内系统备用响应能力区间范围与系统满足的被动量区间范围关系可由式（7-105）表达。考虑被动量间歇性特征以后，苛刻情景下被动量变化范围的意义更为重要，又因为 $\overline{\Omega}_1 = x_{t1} = \overline{\Omega}/2 + \eta_M s_V T/2$，$-\underline{\Omega}_2 = y_{t2} = -\underline{\Omega}/2 + \eta_M s_V T/2$，故苛刻情景区间范围与系统满足的被动量区间范围关系可表达为

$$x_{t1} + y_{t2} = \frac{1}{2} I s_I + \eta_M s_V T \tag{7-115}$$

由式（7-115）可知，随被动量区间满足度 s_I 增大，系统满足的被动量区间范围增量的一半将映射到苛刻情景区间范围增量，而被动量变化速率满足度 s_V 变化将按 $\eta_M T$ 的比例因子直接映射到苛刻情景区间范围变化。本节定义式（7-115）为计及被动量双重不确定性特征的苛刻情景方程，该方程不仅给出了被动量区间满足度要求 s_I 和变化速率满足度要求 s_V 与被动量变化苛刻情景范围的数值映射关系，更直接体现了波动性和间歇性两类不确定性特征对备用决策的影响。

实际电力系统运行中，系统满足的被动量区间范围还受系统备用响应能力限值与被动量波动变化区间的影响，前者是物理制约，后者为预测限制，二者共同作用于系统满足的被动量区间范围边界值，本节称之为最大有效区间范围，可表述为 $\left(\max[(\Delta L - \Omega), -y^{\max}], \min[x^{\max}, (\Delta L + \Omega)]\right)$。当被动量区间的波动范围要求超过最大有效区间范围时，即 $I s_I \geqslant \left(\min[x^{\max}, (\Delta L + \Omega)], \max[(\Delta L - \Omega), -y^{\max}]\right)$ 时，系统无法提供完全有效的备用区间，此时系统将以经济最优为目标函数，按最大有效区间范围输出功率，即

$$\begin{cases} \overline{\Omega} \geqslant \min[x^{\max}, (\Delta L + \Omega)] \\ \underline{\Omega} \leqslant \max[(\Delta L - \Omega), -y^{\max}] \end{cases} \tag{7-116}$$

7.4.3　机理分析

7.4.3.1　断点的动态变化特性

上述求解计算中，并没有考虑机组受限（包含机组运行断点位置的限制和机组输出功率上下限的制约）过程的影响，下面将对这一影响展开探讨。显然，机组备用响应能力是非连续的变量，需要对其边界受限情况进行分析。仅考虑被动量波动性特征分量的影响时，上断点位置机组输出功率为 $P_g^{\max} - r_{g,\mathrm{u}} T$，下断点位置机组输出功率为 $P_g^{\min} + r_{g,\mathrm{d}} T$，本节将这两个断点位置称为自然上断点和自然下断点。可看出，断点是兼顾机组运行上下限约束与机组输出功率速度约束的运行位置点。可以证明，当火电机组运行基点调整至自然断点位置时，增大被动量区

间满足度，将保持其输出功率在自然断点位置不变。

同时考虑被动量波动性特征分量与被动量间歇性特征分量两类不确定性特征的影响时，系统对备用响应能力需求将由苛刻情景范围决定，而苛刻情景范围受被动量区间满足度 s_I 和被动量变化速率满足度 s_V 的共同作用，故火电机组断点位置不再确定，而是与苛刻情景发生的时刻相对应，呈现动态变化特性。具体为：机组上断点位置输出功率变化为 $P_g^{\max} - r_{g,\mathrm{u}}t_1$，机组下断点位置输出功率变化为 $P_g^{\min} + r_{g,\mathrm{d}}t_2$。显然，要对系统备用响应机理展开分析，就必须深入研究区间满足度 s_I、变化速率满足度 s_V 与苛刻情景发生时刻 t_1、t_2 之间的关系。

1）保持变化速率满足度 s_V 不变，增大区间满足度 s_I 时，火电机组按响应因子调整输出功率，可证明，变量 x_{t_1}、y_{t_2}将协同增大，由式（7-101）可知，苛刻情景发生时刻 t_1、t_2 也将增大。无机组输出功率达到断点位置时，第一类机组微增率下降，第三类机组微增率上升，而第二类机组微增率变化趋势取决于多项式 $\sum\limits_{g=n_1+n_2+1}^{n_1+n_2+n_3} c_g\delta - \sum\limits_{g=1}^{n_1} c_g\xi$ 的符号。当有机组达到断点位置时，增大 s_I，由于苛刻情景发生时刻 t_1、t_2 增大，故机组上（下）断点位置下降（上升），逐渐靠近自然上（下）断点位置，第一（三）类受限机组微增率将伴随下降（上升），与其他未受限机组微增率变化方向一致。

2）保持区间满足度 s_I 不变，增大变化速率满足度 s_V 时，由于 $x_{t_1} + y_{t_2} = \eta_M s_V(t_1 + t_2) = \frac{1}{2}Is_I + \eta_M s_V T$，又 $t_1 + t_2 > T$，显然，增加 s_V，为保持等式平衡，$t_1 + t_2$ 减小，即或者 t_1、t_2 共同减小，或者 t_1、t_2 其中之一减小。当有机组达到断点位置时，增大 s_V，苛刻情景发生时刻 $t_1(t_2)$ 减小，机组上（下）断点位置上升（下降），逐渐远离自然上（下）断点位置，第一、（三）类受限机组微增率将伴随上升（下降），与其他未受限机组微增率变化方向相反。

7.4.3.2　两类约束的物理本质

本节在被动量区间满足度约束的基础上提出被动量变化速率满足度约束，以同时应对被动量波动不确定特征与间歇性不确定特征两类不同特性不确定性的要求。其中，被动量区间满足度要求 s_I 与变化速率满足度 s_V 体现了决策者对客观不确定性的处理态度，二者具有鲜明的物理意义。从约束上看，区间满足度约束代表系统对被动量波动不确定性变化范围的满足程度，是对被动量不确定性的量的满足，其物理本质体现为系统应对被动量变化平均速度的要求；变化速率满足度约束满足了一定间歇不确定性水平下被动量变化最苛刻情景范围，是对被动量不确定性的度的满足，其物理本质体现为系统应对被动量变化瞬时速度的要求。

7.4.4 算例分析

对具有10台可调控发电机组的系统进行分析计算，以验证所提出模型与算法的正确性和有效性。被动量需求期望值、期望变化值及区间波动特性参数如表7-6所示，研究时段 T 取10min。

表7-6　被动量需求区间波动参数　（单位：MW）

L	ΔL	Ω	I_p
2000	10	144	288

本节模型可理解为传统调度模型在应对不确定性时的拓展，当被动量区间满足度要求 s_I 和被动量变化速率满足度要求 s_V 均为0时，本节模型与传统经济调度模型一致，以火电机组耗量成本最小为目标进行调度，其计算结果见相应表格的第一行。其中，8、9、10号机组为第一类机组；5、6、7号为第二类机组；2、3、4号机组为第三类机组；1号机组经济性较差，运行在其输出功率下限。

7.4.4.1 被动量需求区间满足度影响

固定被动量变化速率满足度 s_V 为0.92，逐渐增大区间满足度 s_I 从0.75至0.85。火电机组输出功率运行结果如表7-7所示，微增率运行结果如表7-8所示。由此可看出，除1、2号机组外，其他机组输出功率按机组分类服从等微增率准则，且随区间满足度增加火电机组按式（7-110）~式（7-112）响应因子 κ 表达式调整输出功率，与模型计算结果相一致。

表7-7　增大 s_I 机组输出功率变化

s_I	s_V	P_1 /MW	P_2 /MW	P_3 /MW	P_4 /MW	P_5 /MW	P_6 /MW	P_7 /MW	P_8 /MW	P_9 /MW	P_{10} /MW	$D-W$ /MW
0	0	15	22.061	30.410	25.422	115.406	144.716	177.599	428.892	510.007	530.489	2000
0.75	0.92	15	26.261	34.999	30.143	115.116	144.481	177.386	424.975	505.443	526.195	2000
0.76	0.92	15	26.320	35.046	30.192	115.113	144.479	177.384	424.930	505.391	526.145	2000
0.77	0.92	15	26.379	35.094	30.240	115.110	144.476	177.382	424.887	505.336	526.095	2000
0.78	0.92	15	26.438	35.141	30.289	115.107	144.474	177.380	424.839	505.286	526.046	2000
0.79	0.92	15	26.497	35.188	30.338	115.104	144.471	177.377	424.795	505.233	525.997	2000
0.80	0.92	15	26.556	35.235	30.386	115.101	144.469	177.375	424.749	505.180	525.947	2000
0.81	0.92	15	26.615	35.282	30.434	115.098	144.467	177.373	424.704	505.128	525.898	2000
0.82	0.92	15	26.674	35.329	30.483	115.095	144.464	177.370	424.659	505.075	525.849	2000
0.83	0.92	15	26.734	35.376	30.532	115.092	144.461	177.368	424.614	505.023	525.799	2000
0.84	0.92	15	26.793	35.424	31.581	115.089	144.459	177.365	424.569	504.970	525.750	2000
0.85	0.92	15	26.852	35.473	31.624	115.086	144.457	177.362	424.521	504.918	525.701	2000

表 7-8　增大 s_I 机组微增率变化

s_I	s_V	1	2	3	4	5	6	7	8	9	10
0	0	2.3564	2.2908	2.2908	2.2908	2.2908	2.2908	2.2908	2.2908	2.2908	2.2908
0.75	0.92	2.3564	2.3301	2.3301	2.3301	2.2895	2.2895	2.2895	2.2779	2.2779	2.2779
0.76	0.92	2.3564	2.3305	2.3305	2.3305	2.2895	2.2895	2.2895	2.2777	2.2777	2.2777
0.77	0.92	2.3564	2.3309	2.3309	2.3309	2.2894	2.2894	2.2894	2.2776	2.2776	2.2776
0.78	0.92	2.3564	2.3313	2.3313	2.3313	2.2894	2.2894	2.2894	2.2775	2.2775	2.2775
0.79	0.92	2.3564	2.3317	2.3317	2.3317	2.2894	2.2894	2.2894	2.2773	2.2773	2.2773
0.80	0.92	2.3564	2.3321	2.3321	2.3321	2.2894	2.2894	2.2894	2.2772	2.2772	2.2772
0.81	0.92	2.3564	2.3325	2.3325	2.3325	2.2894	2.2894	2.2894	2.2771	2.2771	2.2771
0.82	0.92	2.3564	2.3329	2.3329	2.3329	2.2894	2.2894	2.2894	2.2769	2.2769	2.2769
0.83	0.92	2.3564	2.3333	2.3333	2.3333	2.2894	2.2894	2.2894	2.2768	2.2768	2.2768
0.84	0.92	2.3564	2.3337	2.3337	2.3337	2.2894	2.2894	2.2894	2.2767	2.2767	2.2767
0.85	0.92	2.3564	2.3341	2.3341	2.3341	2.2893	2.2893	2.2893	2.2765	2.2765	2.2765

对系统内机组受限情况分析可知，2 号机组受限，且输出功率始终保持在动态断点位置，随区间满足度增大，其下断点位置不断上升，调整方向与 3、4 号机组一致。从物理本质分析，2 号机组首先受限在于其输出功率下限较低，假设第三类机组微增率 λ_T 下 2 号机组输出功率 P_2 为 $(\lambda_T-b_2)/2c_2$，当 $P_2 \geqslant P_2^{\min}+r_{2,\mathrm{d}}t_2$ 时，2 号机组受限，其输出功率将固定在其下断点位置，其他未受限第三类机组输出功率 $P_3=(\lambda_T-b_3)/2c_3$、$P_4=(\lambda_T-b_4)/2c_4$，且 $P_3<P_3^{\min}+r_{3,\mathrm{d}}t_2$、$P_4<P_4^{\min}+r_{4,\mathrm{d}}t_2$。若将 2 号机组输出功率下限 $P_2^{\min}$ 从 20MW 增大至 22MW，2 号机组将不再受限，其微增率与 3、4 号机组相等，调整后火电机组输出功率运行结果、微增率运行结果如表 7-9、表 7-10 所示。

表 7-9　调整 $P_2^{\min}$ 后增大 s_I 机组输出功率变化

s_I	s_V	P_1 /MW	P_2 /MW	P_3 /MW	P_4 /MW	P_5 /MW	P_6 /MW	P_7 /MW	P_8 /MW	P_9 /MW	P_{10} /MW	$D-W$ /MW
0	0	15	22.061	30.410	25.422	115.406	144.716	177.599	428.892	510.007	530.489	2000
0.75	0.92	15	27.015	35.402	30.557	115.089	144.459	177.366	424.515	504.907	525.690	2000
0.76	0.92	15	27.066	35.453	30.610	115.085	144.456	177.364	424.470	504.855	525.641	2000
0.77	0.92	15	27.116	35.504	30.663	115.082	144.454	177.361	424.425	504.802	525.592	2000
0.78	0.92	15	27.168	35.556	30.716	115.079	144.451	177.359	424.379	504.749	525.542	2000
0.79	0.92	15	27.219	35.607	30.768	115.076	144.448	177.357	424.335	504.697	525.493	2000
0.80	0.92	15	27.269	35.658	30.821	115.072	144.446	177.354	424.290	504.645	525.443	2000
0.81	0.92	15	27.320	35.709	30.874	115.069	144.443	177.351	424.244	504.592	525.394	2000
0.82	0.92	15	27.371	35.760	30.926	115.066	144.440	177.349	424.199	504.540	525.345	2000
0.83	0.92	15	27.422	35.812	30.979	115.062	144.437	177.347	424.155	504.487	525.295	2000
0.84	0.92	15	27.473	35.863	31.032	115.059	144.435	177.344	424.110	504.435	525.246	2000
0.85	0.92	15	27.524	35.914	31.085	115.056	144.432	177.342	424.065	504.383	525.197	2000

表 7-10　调整 $P_2^{\min}$ 后增大 s_I 机组微增率变化

s_I	s_V	1	2	3	4	5	6	7	8	9	10
0	0	2.3564	2.2908	2.2908	2.2908	2.2908	2.2908	2.2908	2.2908	2.2908	2.2908
0.75	0.92	2.3564	2.3301	2.3301	2.3301	2.2895	2.2895	2.2895	2.2779	2.2779	2.2779
0.76	0.92	2.3564	2.3305	2.3305	2.3305	2.2895	2.2895	2.2895	2.2777	2.2777	2.2777
0.77	0.92	2.3564	2.3309	2.3309	2.3309	2.2894	2.2894	2.2894	2.2776	2.2776	2.2776
0.78	0.92	2.3564	2.3313	2.3313	2.3313	2.2894	2.2894	2.2894	2.2775	2.2775	2.2775
0.79	0.92	2.3564	2.3317	2.3317	2.3317	2.2894	2.2894	2.2894	2.2773	2.2773	2.2773
0.80	0.92	2.3564	2.3321	2.3321	2.3321	2.2894	2.2894	2.2894	2.2772	2.2772	2.2772
0.81	0.92	2.3564	2.3325	2.3325	2.3325	2.2894	2.2894	2.2894	2.2771	2.2771	2.2771
0.82	0.92	2.3564	2.3329	2.3329	2.3329	2.2894	2.2894	2.2894	2.2769	2.2769	2.2769
0.83	0.92	2.3564	2.3333	2.3333	2.3333	2.2894	2.2894	2.2894	2.2768	2.2768	2.2768
0.84	0.92	2.3564	2.3337	2.3337	2.3337	2.2894	2.2894	2.2894	2.2767	2.2767	2.2767
0.85	0.92	2.3564	2.3341	2.3341	2.3341	2.2893	2.2894	2.2894	2.2765	2.2765	2.2765

表 7-11 给出增大区间满足度 s_I 时苛刻情景发生时刻、苛刻情景范围和系统满足的区间范围变化情况，变化趋势如图 7-11 所示。显然，随着区间满足度的增加，苛刻情景发生时刻逐渐推迟，且苛刻情景范围与系统满足的区间范围按一定比例增大，该变化符合等差性，这也与模型推导结果相一致。可以证明，在机组受限状态没有改变的情况下，只需要牵引以 B_1 为起点、与直线 C_1B_1 夹角为 θ 的射线，就能够获得区间满足度增大时扩大的苛刻情景范围构成的对应相似的平行四边形。

表 7-11　增大 s_I 苛刻情景发生时刻、苛刻情景范围边界和系统满足的区间边界变化

s_I	s_V	t_1/min	t_2/min	x_{t_1}	y_{t_2}	$\overline{\Omega}$	$\underline{\Omega}$
0.75	0.92	9.110	8.944	122.159	119.931	110.228	-105.772
0.76	0.92	9.133	9.029	122.467	121.063	110.845	-108.035
0.77	0.92	9.156	9.113	122.775	122.195	111.463	-110.298
0.78	0.92	9.179	9.197	123.082	123.327	112.074	-112.565
0.79	0.92	9.202	9.282	123.390	124.460	112.690	-114.830
0.80	0.92	9.225	9.366	123.698	125.592	113.305	-117.095
0.81	0.92	9.248	9.451	124.005	126.725	113.920	-119.360
0.82	0.92	9.271	9.535	124.313	127.857	114.535	-121.625
0.83	0.92	9.294	9.620	124.620	128.990	115.150	-123.890
0.84	0.92	9.317	9.704	124.927	130.123	115.764	-126.156
0.85	0.92	9.340	9.788	125.244	131.256	116.399	-128.401

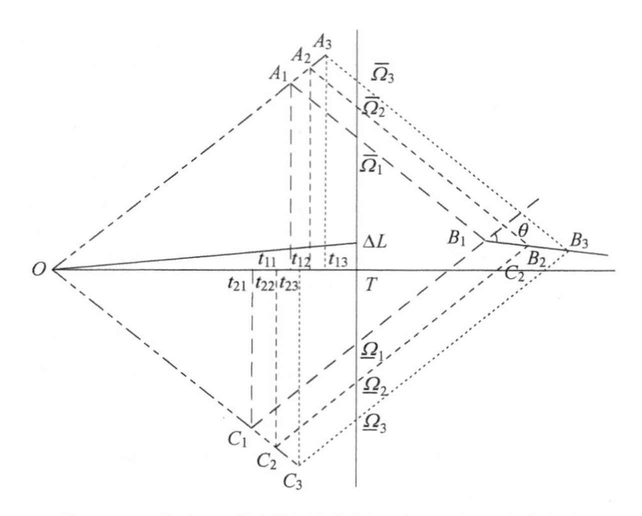

图 7-11　增大 s_I 苛刻情景范围平行四边形变化趋势

7.4.4.2　被动量需求变化速率满足度影响

固定被动量区间满足度 s_I 为 0.75，逐渐增大变化速率满足度 s_V 从 0.85 至 0.94。火电机组输出功率运行结果如表 7-12 所示，微增率运行结果如表 7-13 所示。由此可看出，随被动量变化速率满足度 s_V 增大，火电机组按其机组分类每一类机组服从等微增率准则。当 s_V 为 0.92 时，2 号机组首先受限，达到其下断点位置；继续增加 s_V 至 0.93 时，8 号机组也受限，达到其上断点位置。与增大区间满足度 s_I 不同的是：增大 s_V 时，第一类受限机组（8 号机组）须上调达到其动态断点位置，其微增率上升，与其他未受限第一类微增率变化方向相反；第三类受限机组（2 号机组）须下调达到其动态断点位置，其微增率下降，与其他未受限第三类微增率变化方向相反。

表 7-12　增大 s_V 机组输出功率变化

s_I	s_V	P_1 /MW	P_2 /MW	P_3 /MW	P_4 /MW	P_5 /MW	P_6 /MW	P_7 /MW	P_8 /MW	P_9 /MW	P_{10} /MW	$D-W$ /MW
0	0	15	22.061	30.410	25.422	115.406	144.716	177.599	428.892	510.007	530.489	2000
0.75	0.85	15	23.655	32.016	27.074	115.058	144.434	177.344	427.675	508.590	529.155	2000
0.75	0.86	15	24.086	32.450	27.521	115.019	144.403	177.315	427.303	508.156	528.747	2000
0.75	0.87	15	24.508	32.876	27.959	115.000	144.387	177.301	426.924	507.714	528.331	2000
0.75	0.88	15	24.922	33.293	28.388	114.998	144.386	177.300	426.539	507.266	527.909	2000
0.75	0.89	15	25.327	33.701	28.808	115.011	144.396	177.309	426.150	506.813	527.483	2000
0.75	0.90	15	25.725	34.102	29.220	115.037	144.417	177.328	425.759	506.357	527.054	2000
0.75	0.91	15	26.115	34.495	29.625	115.075	144.448	177.356	425.366	505.899	526.623	2000
0.75	0.92	15	26.260	34.977	30.119	115.136	144.500	177.404	424.971	505.439	526.191	2000
0.75	0.93	15	26.207	35.529	30.684	115.199	144.554	177.454	424.756	504.916	525.694	2000
0.75	0.94	15	26.181	36.067	31.238	115.167	144.524	177.426	424.873	504.355	525.158	2000

表 7-13 增大 s_V 机组微增率变化

s_I	s_V	1	2	3	4	5	6	7	8	9	10
0	0	2.3564	2.2908	2.2908	2.2908	2.2908	2.2908	2.2908	2.2908	2.2908	2.2908
0.75	0.85	2.3564	2.3034	2.3034	2.3034	2.2893	2.2893	2.2893	2.2872	2.2872	2.2872
0.75	0.86	2.3564	2.3069	2.3069	2.3069	2.2892	2.2892	2.2892	2.2861	2.2861	2.2861
0.75	0.87	2.3564	2.3102	2.3102	2.3102	2.2891	2.2891	2.2891	2.2850	2.2850	2.2850
0.75	0.88	2.3564	2.3135	2.3135	2.3135	2.2891	2.2891	2.2891	2.2839	2.2839	2.2839
0.75	0.89	2.3564	2.3167	2.3167	2.3167	2.2891	2.2891	2.2891	2.2827	2.2827	2.2827
0.75	0.90	2.3564	2.3198	2.3198	2.3198	2.2893	2.2893	2.2893	2.2815	2.2815	2.2815
0.75	0.91	2.3564	2.3229	2.3229	2.3229	2.2894	2.2894	2.2894	2.2804	2.2804	2.2804
0.75	0.92	2.3564	2.3241	2.3267	2.3267	2.2897	2.2897	2.2897	2.2792	2.2792	2.2792
0.75	0.93	2.3564	2.3237	2.3311	2.3311	2.2900	2.2900	2.2900	2.2786	2.2779	2.2779
0.75	0.94	2.3564	2.3235	2.3353	2.3353	2.2898	2.2898	2.2898	2.2789	2.2765	2.2765

表 7-14 给出增大变化速率满足度 s_V 时苛刻情景发生时刻、苛刻情景范围和系统满足的区间范围变化情况，变化趋势如图 7-12 所示。随着变化速率满足度的增加，苛刻情景发生时刻逐渐提前，且保持 $\Delta\overline{\Omega}=\Delta\underline{\Omega}$，$\Delta x_{t_1}+\Delta y_{t_2}=\Delta s_V\eta_M T$。显然，不同 s_V 对应苛刻情景范围构成的平行四边形开口角度不同，不再具有相似性特征，也不符合等差性。

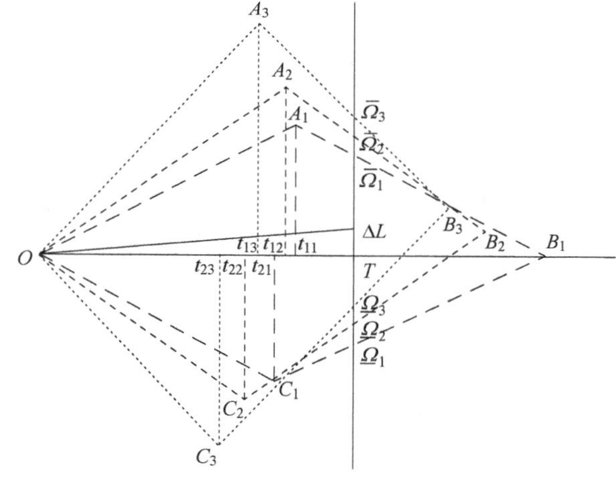

图 7-12 增大 s_V 苛刻情景范围平行四边形变化趋势

表 7-14 增大 s_V 苛刻情景发生时刻、苛刻情景范围边界和系统满足的区间边界变化

s_I	s_V	t_1/min	t_2/min	x_{t_1}	y_{t_2}	$\overline{\Omega}$	$\underline{\Omega}$
0.75	0.85	9.201	9.517	113.986	117.902	104.084	-111.916
0.75	0.86	9.178	9.439	115.037	118.308	104.728	-111.272
0.75	0.87	9.160	9.357	116.150	118.653	105.497	-110.503
0.75	0.88	9.146	9.274	117.309	118.951	106.357	-109.643
0.75	0.89	9.135	9.191	118.500	119.217	107.283	-108.717
0.75	0.90	9.126	9.107	119.715	119.460	108.254	-107.746
0.75	0.91	9.119	9.024	120.944	119.689	109.255	-106.745
0.75	0.92	9.111	8.942	122.177	119.912	110.263	-105.737
0.75	0.93	9.099	8.868	123.341	120.202	111.135	-104.865
0.75	0.94	9.046	8.831	124.034	121.016	110.982	-105.018

7.4.5 小结

针对被动量变化波动性与间歇性两类不确定性特征的影响，以探寻被动量变化苛刻情景的范围为线索，在调度模型中同时引入区间满足度约束和变化速率满足度约束两类不同形式与性质的约束，使得电力系统经济调度在应对与接纳可再生能源发电的备用决策中能够有效兼顾不确定性的量与度的要求，友好解决了被动量平均变化速度与瞬时变化速度的平衡问题，并通过解析实现了调度中位置（调度基点）、范围（被动量不确定性波动性特征分量）和速度（被动量不确定性间歇性特征分量）三个关键要素的有机结合，提高了调度解的鲁棒性。

这一研究也使电力系统经济调度在应对不确定性时走向过程化分析，避免了因仅考虑被动量波动不确定性可能造成的调度无解的窘困，提高了调度决策的品质。

7.5 等备用边际效用约束的电力系统经济调度

7.5.1 数学模型

7.5.1.1 目标函数

本节中，主动量的不确定性源自火电机组的随机故障停运，服从随机扰动过程，呈现多状态的离散性；被动量的不确定性源自负荷及可再生能源发电的区间波动，服从随机波动过程，具有连续性。因此，在一定的被动量区间备用要求下，如何设置合理的主动量备用与之匹配是本节研究的主要目标。目标函数取总燃料费用最小，其表达式为

$$\min\sum_{g=1}^{N}(a_g + b_gP_g + c_gP_g^2) \tag{7-117}$$

式中　g——火电机组编号；

P_g——第 g 台火电机组输出功率；

N——可调机组集合；

a_g、b_g、c_g——第 g 台火电机组燃料费用系数，并假设所有的机组都是自动发电控制（Automatic Generation Control，AGC）机组。

7.5.1.2 约束条件

（1）发电与负荷平衡约束

$$\sum_{g=1}^{N}P_g = D - W = L \tag{7-118}$$

式中　D——决策时刻的负荷功率；

W——决策时刻的可再生能源发电功率；

L——决策时刻的被动量需求。

（2）火电机组输出功率上下限约束

$$P_g^{\min} \leqslant P_g \leqslant P_g^{\max} \quad \forall g \tag{7-119}$$

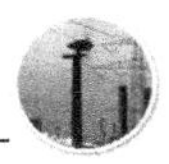

式中　$P_g^{\min}$——第 g 台火电机组输出功率下限；

$P_g^{\max}$——第 g 台火电机组输出功率上限。

（3）被动量区间满足度约束

本节研究同时考虑了扰动不确定性与波动不确定性两类不同属性特征的不确定性，因而必须分别设置备用研究才能使备用的效用得到最大程度的实现。针对被动量区间波动不确定性，在调度模型中加入被动量区间满足度约束，通过区间满足度表达备用响应能力应对被动量区间波动不确定性的满足程度，表达如下

$$x \geqslant \Omega d \tag{7-120}$$

式中　x——系统对被动量区间波动设置的备用；

Ω——被动量需求波动区间宽度；

d——区间满足度要求，$0 \leqslant d \leqslant 1$。

（4）等备用边际效用约束

显然，两类备用针对不同属性不确定性而配置，其效用与边际效用各自不同，需要寻找一种行之有效的使二者有机协调的匹配方法。本节以电力系统应对不确定性产生期望失负荷能量（Expected Energy Not Supplied，EENS）表达能量价值，以备用所创造的能量价值（即设置备用减少的 EENS）来表达备用的效用，通过点、面与区间联动的决策分析，基于边际效用理论提出计及多元不确定性的等备用边际效用约束

$$\frac{\partial E}{\partial x} = \frac{\partial E}{\partial z} \tag{7-121}$$

（5）备用响应能力约束

$$x + z \leqslant \sum_{g=1}^{N} \min[(P_g^{\max} - P_g), r_{g,\mathrm{u}}\tau] - \Delta L \tag{7-122}$$

式中　L——被动量期望值变化量；

$r_{g,\mathrm{u}}$——机组输出功率向上调节最大速率；

τ——系统所允许的调节时间。

式（7-117）~式（7-122）即为计及不确定性的等备用边际效用约束的电力系统经济调度模型总体描述。

7.5.2　EENS 求解

7.5.2.1　EENS 一般性表达

在系统允许调节时间 τ 内，由于系统备用响应能力不足而造成的失负荷能量即为 EENS。本节取 τ 值为$\frac{1}{6}h$，因此 EENS 单位为$\frac{1}{6}$MW · h。考虑到主动量不确定性具有离散扰动特性，而被动量不确定性在一个区间内连续变化，须分别计算二者产生的 EENS，计算公式如下

$$E_a = \sum_{m \in M} [p_m s_m (\Delta P_m + \Delta R_m - z)] \tag{7-123}$$

$$s_m = \begin{cases} 1 & \Delta P_m + \Delta R_m - z > 0 \\ 0 & \text{其他} \end{cases} \tag{7-124}$$

$$E_p = \int_{-\Omega}^{\Omega} f(t,x)\,\mathrm{d}t \tag{7-125}$$

式中 E_a——主动量不确定性产生的失负荷能量期望值；

E_p——被动量不确定性产生的失负荷能量期望值；

m——机组故障随机事件；

M——机组故障随机事件集合；

p_m——事件 m 发生的概率；

s_m——表示随机事件 m 是否产生 EENS 的两状态变量；

ΔP_m——随机事件 m 产生的功率缺额；

ΔR_m——随机事件 m 产生的失效备用容量；

t——被动量需求区间波动随机变量；

$f(t,x)$——被动量不确定性产生 EENS 的概率密度函数。

式（7-123）~式（7-125）即为本节研究主动量与被动量不确定性产生 EENS 的一般性表达。分析可知，E_p 仅由被动量备用决定，即对被动量区间波动不确定性，其波动不确定性程度与决策无关；而 E_a 由主动量备用、机组调度基点及机组失效备用容量共同决定，即对主动量扰动不确定性，不同决策结果将影响扰动不确定性程度。

7.5.2.2 EENS 解析表达

1. 主动量产生 EENS 解析表达

本节假设机组故障过程服从两状态马尔科夫模型，并认为火电机组前导时间较短，因此忽略前导时间内故障机组的维修过程，则替代时间 T 内机组可用度与不可用度公式近似表示为

$$U_g(T) = 1 - \mathrm{e}^{-\lambda_g T} \approx \lambda_g T = O_g \tag{7-126}$$

$$A_g(T) = 1 - U_g(T) = 1 - O_g \tag{7-127}$$

式中 $U_g(T)$——时间 T 内机组 g 不可用度；

$A_g(T)$——时间 T 内机组 g 可用度；

λ_g——机组 g 平均无故障工作时间的倒数；

O_g——机组 g 的停运替代率。

系统内火电机组发生多重故障时，发生故障的概率按指数规模降低，而功率缺额仅按线性增加，显然，相对单重故障而言对系统影响较小，因此本节仅考虑机组单重故障，则机组 g 发生故障的概率可按下式表达

$$p_i = U_i \prod_{j=1, j \neq i}^{N} (1 - U_j) \tag{7-128}$$

对一个确定电力系统来说，其中一台机组发生故障时，系统失去其输出功率的同时也失去其备用量，即停运机组无法为其本身备用，而该失效备用量大小将直接作用于系统应对不确定量的响应过程，实际上，机组运行位置不同，能够释放的备用响应能力可能受其输出功率速度约束限制，也可能因其运行位置超过上断点而受输出功率极限束缚，因此，可根据机组在给定调节时间内释放备用响应能力的受限情况不同将机组分为两类：将运行时未完全释放其备用响应能力的机组定义为第一类机组，编号为 g_1，对应机组集合为 $1,2,\cdots,N_{g_1}$；运行时已完全释放备用响应能力的机组定义为第二类机组（完全释放备用响应能力指机组能够在允许调节时间内按其最大输出功率响应速率释放备用），编号为 g_2，对应机组集合为 $1,2,\cdots,N_{g_2}$，且 $N_{g_1}+N_{g_2}=N$。则式（7-123）、式（7-124）可解析为

$$E_{a_1}=\sum_{g_1=1}^{N_{g1}}[p_{g_1}s_{g_1}(P_{g_1}+\Delta R_{g_1}-z)] \tag{7-129}$$

$$\Delta R_{g_1}=P_{g_1}^{\max}-P_{g_1} \tag{7-130}$$

$$E_{a_2}=\sum_{g_2=1}^{N_{g2}}[p_{g_2}s_{g_2}(P_{g_2}+\Delta R_{g_2}-z)] \tag{7-131}$$

$$\Delta R_{g_2}=r_{g_2,\mathrm{u}}\tau \tag{7-132}$$

式中　E_{a_1}——第一类机组集合随机扰动不确定性产生失负荷能量期望值；

E_{a_2}——第二类机组集合随机扰动不确定性产生失负荷能量期望值。

则主动量扰动不确定性产生的失负荷期望值可表示为

$$E_a=\sum_{g_1=1}^{N_{g1}}[p_{g_1}s_{g_1}(P_{g_1}^{\max}-z)]+\sum_{g_2=1}^{N_{g2}}[p_{g_2}s_{g_2}(P_{g_2}+r_{g_2,\mathrm{u}}\tau-z)] \tag{7-133}$$

$$s_{g_1}=\begin{cases}1 & P_{g_1}^{\max}-z>0\\0 & 其他\end{cases} \tag{7-134}$$

$$s_{g_2}=\begin{cases}1 & P_{g_2}+r_{g_2,\mathrm{u}}\tau-z>0\\0 & 其他\end{cases} \tag{7-135}$$

式中　s_{g_1}——第一类机组中编号为 g_1 机组发生故障时是否产生失负荷的状态变量；

s_{g_2}——第二类机组中编号为 g_2 机组发生故障时是否产生失负荷的状态变量。

2. 被动量产生 EENS 解析表达

本节设被动量需求服从［$0,\Omega$］内的区间分布，分析可知，当被动量需求区间波动随机变量不大于被动量备用时，将不产生 EENS；当被动量需求区间波动随机变量大于被动量备用时，对应失负荷功率为 $t-x$，则被动量产生 EENS 的解析表达式为

$$E_p=\left[\int_0^x\frac{1}{\Omega}\cdot 0\mathrm{d}t+\int_x^{\Omega}\frac{1}{\Omega}(t-x)\mathrm{d}t\right]=\frac{(\Omega-x)^2}{2\Omega} \tag{7-136}$$

7.5.3 EENS 特性

7.5.3.1 EENS 边际特性

由式（7-129）~式（7-132）可以看出：两类机组发生单重故障时产生 EENS 的解析表达式并不相同，对第一类机组而言，E_{a_1}仅与机组发生故障概率p_{g_1}、机组故障对应失负荷状态变量s_{g_1}、机组输出功率上限值$P_{g_1}^{\max}$和主动量备用z有关，其中p_{g_1}与$P_{g_1}^{\max}$是常数，s_{g_1}是由$P_{g_1}^{\max}$与z决定的两状态随机变量，则E_{a_1}是主动量扰动备用z的一元函数，其边际求解过程如下

$$
\begin{aligned}
\frac{\partial E_{a_1}}{\partial z} &= \lim_{\Delta z \to 0} \sum_{g_1=1}^{N_{g1}} \left(\frac{\Delta E_{g_1}}{\Delta z} \right) = \sum_{g_1=1}^{N_{g1}} \left(\lim_{\Delta z \to 0} \frac{\Delta E_{g_1}}{\Delta z} \right) \\
&= \sum_{g_1=1}^{N_{g_i}} \left(\lim_{\Delta z \to 0} \frac{\text{pro}_{g_1} s_{g_1} [P_{g_1}^{\max} - (z + \Delta z)] - p_{g_1} s_{g_1} [P_{g_1}^{\max} - z]}{\Delta z} \right) \\
&= -\sum_{g_1=1}^{N_{g1}} (p_{g_1} s_{g_1}) = -\sum_{g_1=1}^{N_{g1}} \left(p_{g_1} \frac{\max[0, P_{g_1}^{\max} - z]}{P_{g_1}^{\max} - z} \right)
\end{aligned} \tag{7-137}
$$

对第二类机组而言，E_{a_2}与机组发生故障概率p_{g_2}、机组故障对应失负荷状态变量s_{g_2}、机组输出功率值P_{g_2}、机组在一个时段内全速响应量$r_{g_2,\mathrm{u}}\tau$、主动量备用z有关，其中p_{g_2}与$r_{g_2,\mathrm{u}}\tau$是常数，s_{g_2}是由P_{g_2}、$r_{g_2,\mathrm{u}}\tau$与z决定的两状态随机变量，而P_{g_2}变化受机组经济性、运行状态及约束的影响，只能通过优化计算获得，但在机组初始运行状态确定且以燃料费用最小为目标的前提下，可以证明，P_{g_2}仅与系统调节过程中增加的备用量有关。当第二类机组没有达到断点运行位置时，$P_{g_2} = k_{g_2}(\Delta x + \Delta z)$，$k_{g_2}$为响应因子，与机组经济性有关；当有第二类机组达到断点运行位置时，该机组将变成第一类机组，需再次计算更新响应因子。显然，第二类机组发生单重故障产生 EENS 是被动量波动备用x和主动量扰动备用z的二元函数，其边际包含两个偏导函数，可表达为

$$
\begin{aligned}
\frac{\partial E_{a_2}}{\partial x} &= \lim_{\substack{\Delta x \to 0, \\ \Delta z = 0}} \sum_{g_2=1}^{N_{g2}} \left(\frac{\Delta E_{g_2}}{\Delta x} \right) = \sum_{g_2=1}^{N_{g2}} \left(\lim_{\substack{\Delta x \to 0, \\ \Delta z = 0}} \frac{\Delta E_{g_2}}{\Delta x} \right) \\
&= \sum_{g_2=1}^{N_{g2}} \left\{ \lim_{\substack{\Delta x \to 0, \\ \Delta z = 0}} \frac{p_{g_2} s_{g_2} [P_{g_2} + k_{g_2}(\Delta x + \Delta z) + r_{g_2,\mathrm{u}}\tau - (z + \Delta z)]}{\Delta x} - \right. \\
&\qquad \left. \lim_{\substack{\Delta x \to 0, \\ \Delta z = 0}} \frac{p_{g_2} s_{g_2} (P_{g_2} + r_{g_2,\mathrm{u}}\tau - z)}{\Delta x} \right\} \\
&= \sum_{g_2=1}^{N_{g2}} (p_{g_2} s_{g_2} k_{g_2}) = \sum_{g_2=1}^{N_{g2}} \left(p_{g_2} k_{g_2} \frac{\max[0, P_{g_2} + r_{g_2,\mathrm{u}}\tau - z]}{P_{g_2} + r_{g_2,\mathrm{u}}\tau - z} \right)
\end{aligned} \tag{7-138}
$$

$$\begin{aligned}\frac{\partial E_{a_2}}{\partial z} &= \lim_{\substack{\Delta z \to 0, \\ \Delta x = 0}} \sum_{g_2=1}^{N_{g2}} \left(\frac{\Delta E_{g_2}}{\Delta z} \right) = \sum_{g_2=1}^{N_{g2}} \left(\lim_{\substack{\Delta z \to 0, \\ \Delta x = 0}} \frac{\Delta E_{g_2}}{\Delta z} \right) \\ &= \sum_{g_2=1}^{N_{g2}} \left\{ \lim_{\substack{\Delta z \to 0, \\ \Delta x = 0}} \frac{p_{g_2} s_{g_2} [P_{g_2} + k_{g_2}(\Delta x + \Delta z) + r_{g_2,\mathrm{u}}\tau - (z + \Delta z)]}{\Delta z} - \right. \\ &\quad \left. \lim_{\substack{\Delta z \to 0, \\ \Delta x = 0}} \frac{p_{g_2} s_{g_2} (P_{g_2} + r_{g_2,\mathrm{u}}\tau - z)}{\Delta z} \right\} \\ &= \sum_{g_2=1}^{N_{g2}} [p_{g_2} s_{g_2} (k_{g_2} - 1)] \\ &= \sum_{g_2=1}^{N_{g2}} \left[p_{g_2} (k_{g_2} - 1) \frac{\max[0, P_{g_2} + r_{g_2,\mathrm{u}}\tau - z]}{P_{g_2} + r_{g_2,\mathrm{u}}\tau - z} \right]\end{aligned} \tag{7-139}$$

$$k_{g_2} = \begin{cases} 0 & P_{g_2} = P_{g2}^{\min} \\ (1/c_{g_2}) / \left[\sum_{g_2=1}^{N_{g2}} (1/c_{g_2}) \right] & P_{g_2} > P_{g2}^{\min} \end{cases} \tag{7-140}$$

另外，增大系统备用响应能力时，处于输出功率下限的机组若不参与调节过程，其响应因子应设为0。

对被动量波动不确定性产生EENS边际的表达式，可通过式（7-136）对被动量备用求偏导获得

$$\begin{aligned}\frac{\partial E_p}{\partial x} &= \lim_{\Delta x \to 0} \frac{\Delta E_p}{\Delta x} \\ &= \lim_{\Delta x \to 0} \frac{\{[\Omega - (x + \Delta x)]^2 / (2\Omega)\} - \{(\Omega - x)^2 / (2\Omega)\}}{\Delta x} \\ &= \lim_{\Delta x \to 0} \frac{\{[2x\Delta x + (\Delta x)^2 - 2\Omega\Delta x] / (2\Omega)\}}{\Delta x} = \frac{x - \Omega}{\Omega}\end{aligned} \tag{7-141}$$

7.5.3.2 备用响应过程机理

由式（7-137）~式（7-141）可知：E_p 仅与被动量备用 x 有关，而 E_a 不仅与主动量备用 z 有关，还受被动量备用 x 影响，二者存在耦合。其原因在于被动量备用增加时，第二类机组输出功率也会增加，使得该类机组发生单重故障时，功率缺额增大，对应 E_{a_2} 也增大，进而对 E_a 产生影响。故本节先分别就一类备用效用进行分析，再结合两类备用效用特性综合分析，研究两类备用的最优匹配过程。

首先忽略被动量备用 x，对主动量备用 z 产生的效用进行分析。由式（7-137）可知，随着主动量备用 z 增大，第一类机组对应 E_{a_1} 线性减小，斜率为 $\sum_{g_1=1}^{N_{g1}}(-p_{g_1})$，

当 z 值大于第一类机组中额定容量最小的机组 g_1' 时，该机组发生故障时将不再产生失负荷，对应斜率发生突变，上升为 $\sum_{g_1=1,g_1\neq g_1'}^{N_{g1}}(-p_{g_1})$；由式（7-139）可知，随着主动量备用 z 增大，第二类机组对应 E_{a_2} 线性减小，斜率为 $\sum_{g_2=1}^{N_{g2}}p_{g_2}(k_{g_2}-1)$，当 z 值大于第二类机组中输出功率与时间 τ 内备用响应能力之和最小的机组 g_2' 时，该机组发生故障时将不再产生失负荷，对应斜率发生突变，上升为 $\sum_{g_2=1,g_2\neq g_2'}^{N_{g2}}p_{g_2}(k_{g_2}-1)$。显然，$E_a$ 为两类机组故障产生失负荷期望值之和，是主动量备用 z 的分段线性函数，如图 7-13 所示。

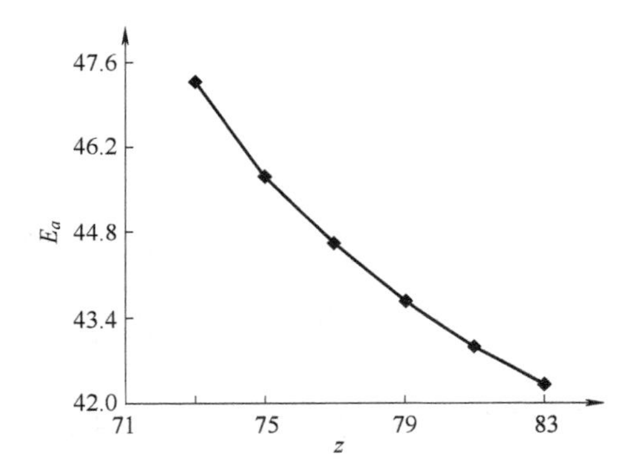

图 7-13　主动量扰动不确定性产生失负荷期望值-主动量备用曲线

下面忽略主动量备用，对被动量备用产生的效用进行分析。由式（7-138）、式（7-141）可知，被动量备用 x 会同时影响第二类机组故障产生的 E_{a_2} 和被动量波动不确定性产生的 E_p。其中，E_{a_2} 是 x 的分段线性函数，且斜率为正；E_p 是 x 的二次函数，对称轴为 $x=\Omega$。对应曲线关系如图 7-14、图 7-15 所示。

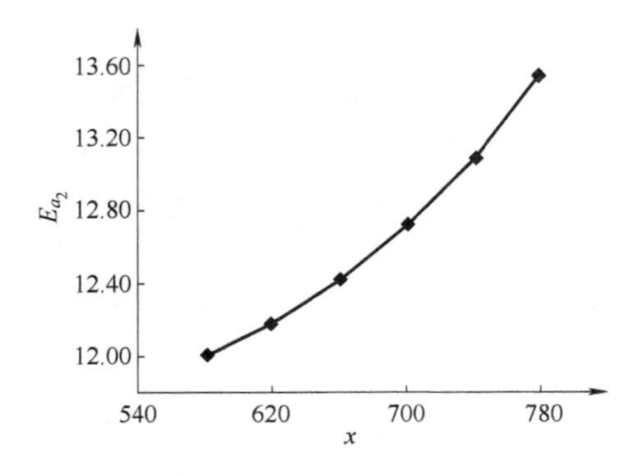

图 7-14　第二类机组扰动不确定性产生失负荷期望值-被动量备用曲线

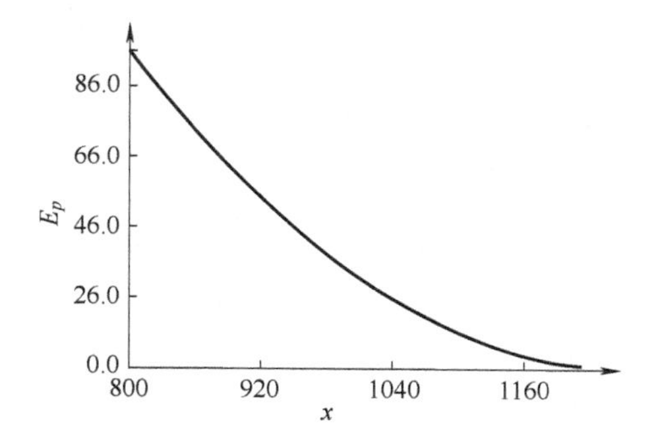

图7-15　被动量波动不确定性产生失负荷期望值-被动量备用曲线

7.5.3.3　最优备用响应过程机理

从两类备用效用曲线可看出，主动量离散扰动不确定性产生 E_a 具有分段特征，其曲线被不可导点划分为多个连续可导的开区间，而被动量波动不确定性产生 E_p 连续且可导，因此二者最佳协调的状态必然也存在分段对应关系，其研究关键在于分段点处的分析。

本节根据机组发生随机故障时系统损失功率与主动量备用的关系，定义三类机组运行状态：若机组发生故障时主动量备用恰好能满足使得系统无失负荷发生，该机组处于临界状态；若机组发生故障时系统损失功率大于可用主动量备用，且与主动量备用差值最小，该机组处于临界前状态；若机组发生故障时系统损失功率小于可用主动量备用，且与主动量备用差值最小，该机组处于临界后状态。从图7-13的 E_a-z 曲线可看出，主动量备用位于曲线分段点处代表有机组处于临界状态，而分段点左侧与右侧代表该机组处于临界前状态和临界后状态，对应斜率分别为 η_{bef}、η_{beh}。

分析可知，当一台机组处于临界状态时，主动量备用恰好处于 E_a 曲线不可导的位置，无法通过等备用边际效用约束来匹配两类备用，故下面对不可导点处两类备用的响应过程进行专门分析：假设系统初始运行状态下两类备用效用相等，处于临界前状态的机组为 g_{crg}，无机组处于临界状态。增大系统备用响应能力，显然，若此时增大被动量备用将造成备用边际效用降低，故系统将保持被动量备用不变，仅增大主动量备用直至机组 g_{crg} 达到临界状态时，$\partial E/\partial z$ 发生突变，才开始增大被动量备用。若增大主动量备用后达到临界状态的是第一类机组，由于 E_{a1} 仅与主动量备用有关，增大被动量备用时 $\partial E/\partial z$ 保持不变，系统将保持主动量备用不变，直至 $\partial E/\partial x = \eta_{g_1,\mathrm{beh}}$，机组 $g_{1,\mathrm{crg}}$ 进入临界后状态，才继续增大主动量备用；若增大主动量备用后达到临界状态的是第二类机组，E_{a2} 受两类备用耦合作用影响，由式（7-138），增大被动量备用时第二类机组输出功率将增大，使得进入临界状态的机组 $g_{2,\mathrm{crg}}$ 回到临界前状态，此时 $|\partial E/\partial x| < |\partial E/\partial z|$，系统需增大主动量备

用使对应机组重新达到临界状态，这种情况下，两类备用必须协同增加，且该过程中 $z=P_{g_2,\mathrm{crg}}$，$P_{g_2,\mathrm{crg}}$ 为第二类临界机组输出功率变化量，直到 $\partial E/\partial x=\eta_{g_2,\mathrm{beh}}$，机组 $g_{2,\mathrm{crg}}$ 进入临界后状态，才继续增大主动量备用。

上述响应过程既能有效利用斜率较陡阶段主动量备用的价值，又避免由单方面过备用产生的能量损失，真正实现了备用效用的有的放矢。可看出，第一类机组进入临界状态时，主动量备用仅确定在 $P_{g_1,\mathrm{crg}}^{\max}$ 一点；第二类机组进入临界状态时，主动量备用将对应一个区间段内的变化，最优匹配过程如图 7-16 所示。

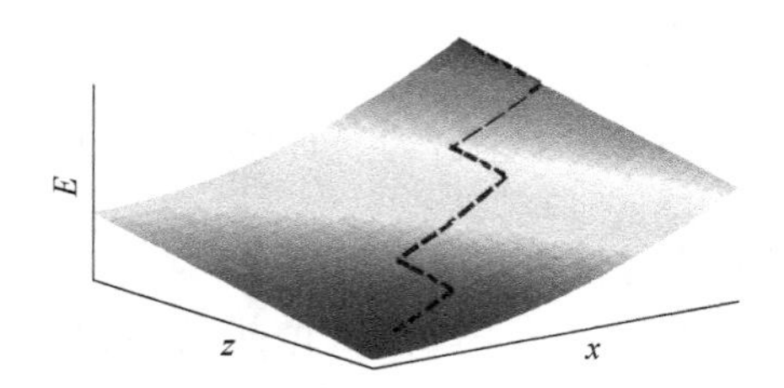

图 7-16　总失负荷期望值-主动量备用、被动量备用曲线

7.5.3.4　备用效用机理

从图 7-16 可看出：无论是主动量备用还是被动量备用，其边际效用都将随备用量的增大而降低，且该曲线变化具有分段化的特征，其解析化表达将有助于市场环境下最佳运行备用量的优化决策；另一方面，从系统运行本身的层面来说，单位备用成本将随备用量的增大而升高，这由火电机组二次成本特性的性质决定，也反映出系统本身应对不确定性能力的下降，其响应弹性已处于紧张状态。另外，上述两点结论结合也为火电系统对可再生能源发电辅助服务的研究提供一定理论依据和量化标准。

7.5.4　算例分析

本节通过 78 机系统经济调度问题的求解验证所提方法的有效性，火电机组有功出力的上下限、成本系数、爬坡速率以及强迫停运率见本章附录中表 7A-2，其他数据如表 7-15 所示。模型通过优化软件 GAMS 编程，并调用离散非线性求解器 KNITRO 计算。

表 7-15　被动量需求区间波动参数

参数	L/MW	ΔL/MW	Ω/MW	τ/min
数值	8400	0	1300	10

7.5.4.1　备用响应过程分析

在经济调度模型中加入计及不确定性的等备用边际效用约束后，火电机组调度方案如表 7-16 所示，系统为应对两类不确定性所配置备用、备用效用、备用边际效用及耗量成本如表 7-17 所示。可看出，加入等备用边际效用约束后，两类备

用相互匹配，分段对应增大。初始运行状态下，31 ~ 36、70 ~ 78 号机组为第一类机组，其他机组为第二类机组，且 40 ~ 42 号机组处于临界前状态，增大系统备用响应能力将仅增大主动量备用 z；进入临界状态后，被动量备用 x 与主动量备用 z 协同增大，直至 $\partial E/\partial x = \partial E/\partial z$，40 ~ 42 号机组达到临界后状态；之后，43 ~ 45、46 ~ 48 和 31 ~ 36 号机组将依次进入临界状态，备用响应将重复上述过程，特别地，31 ~ 36 号机组为第一类机组，当其作为临界机组时，被动量备用 x 从 886.99MW 增大至 940.03MW，主动量备用 z 不会协同增大，其临界状态仅对应备用量为 90MW 一点。

表 7-16　机组调度方案

z	$P_{1\sim3}$/MW	$P_{4\sim6}$/MW	$P_{7\sim9}$/MW	$P_{10\sim12}$/MW	$P_{13\sim15}$/MW	$P_{16\sim18}$/MW	$P_{19\sim21}$/MW	$P_{22\sim24}$/MW	$P_{25\sim27}$/MW
78.09	6.000	12.231	20.264	25.035	24.512	40.053	37.632	34.502	32.327
81.00	6.000	12.242	20.274	25.051	24.528	40.078	37.651	34.524	32.347
82.70	6.000	12.284	20.314	25.112	24.587	40.171	37.744	34.606	32.425
82.90	6.000	12.329	20.357	25.177	24.653	40.272	37.840	34.695	32.509
83.10	6.000	12.347	20.374	25.203	24.679	40.312	37.878	34.730	32.543
83.40	6.000	12.349	20.376	25.205	24.681	40.315	37.881	34.733	32.545
83.60	6.000	12.382	20.407	25.253	24.728	40.388	37.950	34.798	32.607
83.80	6.000	12.420	20.443	25.308	24.783	40.473	38.031	34.873	32.678
84.00	6.000	12.449	20.470	25.348	24.823	40.536	38.091	34.928	32.730
84.50	6.000	12.451	20.472	25.351	24.826	40.540	38.095	34.932	32.734
84.90	6.000	12.462	20.483	25.368	24.842	40.565	38.118	34.954	32.755
85.20	6.000	12.530	20.547	25.466	24.939	40.715	38.261	35.087	32.880
86.00	6.000	12.555	20.570	25.501	24.974	40.769	38.313	35.134	32.926
87.00	6.000	12.559	20.574	25.506	24.980	40.778	38.321	35.142	32.933
89.99	6.000	12.570	20.585	25.523	24.996	40.803	38.345	35.164	32.954
90.00	6.000	12.775	20.779	25.817	25.289	41.256	38.775	35.563	33.333
95.00	6.000	12.794	20.797	25.845	25.316	41.298	38.816	35.601	33.368
z	$P_{28\sim30}$/MW	$P_{31\sim33}$/MW	$P_{34\sim36}$/MW	$P_{37\sim39}$/MW	$P_{40\sim42}$/MW	$P_{43\sim45}$/MW	$P_{46\sim48}$/MW	$P_{49\sim51}$/MW	$P_{52\sim54}$/MW
78.09	67.510	77.099	77.328	68.389	73.473	73.977	74.873	134.566	131.499
81.00	67.544	77.036	77.267	68.421	73.521	74.026	74.923	134.630	131.562
82.70	67.671	76.799	77.034	68.541	73.700	74.208	75.109	134.871	131.798
82.90	67.810	76.544	76.782	68.671	73.894	74.405	75.311	135.132	132.053

（续）

z	$P_{28\sim30}$/MW	$P_{31\sim33}$/MW	$P_{34\sim36}$/MW	$P_{37\sim39}$/MW	$P_{40\sim42}$/MW	$P_{43\sim45}$/MW	$P_{46\sim48}$/MW	$P_{49\sim51}$/MW	$P_{52\sim54}$/MW
83. 10	67. 864	76. 441	76. 681	68. 722	73. 971	74. 484	75. 391	135. 236	132. 155
83. 40	67. 868	76. 435	76. 675	68. 726	73. 976	74. 489	75. 396	135. 242	132. 161
83. 60	67. 969	76. 247	76. 491	68. 820	74. 118	74. 633	75. 544	135. 433	132. 348
83. 80	68. 085	76. 032	76. 279	68. 929	74. 281	74. 800	75. 715	135. 653	132. 563
84. 00	68. 170	75. 873	76. 122	69. 010	74. 402	74. 922	75. 840	135. 815	132. 722
84. 50	68. 176	75. 862	76. 111	69. 015	74. 410	74. 931	75. 849	135. 826	132. 733
84. 90	68. 211	75. 798	76. 049	69. 048	74. 458	74. 980	75. 899	135. 891	132. 796
85. 20	68. 416	75. 418	75. 675	69. 241	74. 747	75. 274	76. 200	136. 280	133. 177
86. 00	68. 490	75. 281	75. 540	69. 310	74. 851	75. 380	76. 308	136. 420	133. 314
87. 00	68. 502	75. 259	75. 519	69. 321	74. 868	75. 396	76. 325	136. 442	133. 335
89. 99	68. 537	75. 194	75. 455	69. 354	74. 917	75. 446	76. 376	136. 508	133. 400
90. 00	69. 156	74. 045	74. 325	69. 936	75. 787	76. 333	77. 283	137. 679	134. 547
95. 00	69. 214	73. 937	74. 218	69. 991	75. 869	76. 416	77. 369	137. 790	134. 655

z	$P_{55\sim57}$/MW	$P_{58\sim60}$/MW	$P_{61\sim63}$/MW	$P_{64\sim66}$/MW	$P_{67\sim69}$/MW	$P_{70\sim72}$/MW	$P_{73\sim75}$/MW	$P_{76\sim78}$/MW
78. 09	129. 083	127. 277	151. 637	135. 669	155. 937	335. 535	377. 907	375. 687
81. 00	129. 145	127. 338	151. 751	135. 783	156. 070	335. 270	377. 616	375. 398
82. 70	129. 377	127. 567	152. 183	136. 213	156. 571	334. 275	376. 523	374. 311
82. 90	129. 628	127. 815	152. 649	136. 677	157. 113	333. 199	375. 342	373. 136
83. 10	129. 728	127. 914	152. 835	136. 862	157. 328	332. 771	374. 873	372. 668
83. 40	129. 734	127. 920	152. 847	136. 874	157. 342	332. 744	374. 843	372. 638
83. 60	129. 918	128. 102	153. 188	137. 214	157. 739	331. 957	373. 978	371. 778
83. 80	130. 130	128. 311	153. 581	137. 606	158. 194	331. 049	372. 984	370. 789
84. 00	130. 286	128. 465	153. 871	137. 895	158. 532	330. 382	372. 249	370. 058
84. 50	130. 296	128. 476	153. 891	137. 914	158. 555	330. 336	372. 199	370. 009
84. 90	130. 359	128. 537	154. 007	138. 030	158. 690	330. 068	371. 906	369. 716
85. 20	130. 733	128. 907	154. 701	138. 722	159. 496	328. 469	370. 149	367. 969
86. 00	130. 868	129. 040	154. 951	138. 971	159. 786	327. 893	369. 517	367. 340
87. 00	130. 889	129. 061	154. 991	139. 010	159. 832	327. 802	369. 417	367. 240
89. 99	130. 952	129. 123	155. 109	139. 127	159. 969	327. 530	369. 118	366. 943
90. 00	132. 080	130. 237	157. 203	141. 214	162. 401	322. 702	363. 817	361. 669
95. 00	132. 086	130. 342	157. 400	141. 410	162. 631	322. 247	363. 317	361. 172

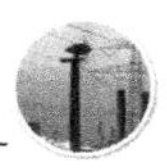

表 7-17　两类备用、备用效用和备用边际效用变化

d	x/(MW/10min)	z/(MW/10min)	$\partial E/\partial x$	$\partial E/\partial z$	E_{a1}/[(1/6)MW·h]	E_{a2}/[(1/6)MW·h]	E_p/[(1/6)MW·h]	E/[(1/6)MW·h]	obj
0.6238	810.94	78.09	−0.3698	−0.3698	30.70	14.09	91.99	136.78	28967.514
0.6238	810.94	81.00	−0.3698	−0.3698	30.30	13.42	91.99	135.71	28967.517
0.6309	820.17	82.70	−0.3627	−0.3506	30.06	13.086	88.55	131.69	28967.570
0.6398	831.79	82.90	−0.3540	−0.3506	30.03	13.11	84.31	127.46	28967.709
0.6433	836.29	83.10	−0.3506	−0.3506	30.00	13.10	82.70	125.81	28967.787
0.6433	836.29	83.40	−0.3506	−0.3506	29.96	13.04	82.70	125.70	28967.792
0.6498	844.74	83.60	−0.3442	−0.3314	29.93	13.046	79.71	122.69	28967.972
0.6573	854.50	83.80	−0.3367	−0.3314	29.91	13.064	76.33	119.30	28968.233
0.6628	861.64	84.00	−0.3314	−0.3314	29.88	13.07	73.91	116.85	28968.463
0.6628	861.64	84.50	−0.3314	−0.3314	29.81	12.97	73.91	116.69	28968.480
0.6648	864.18	84.90	−0.3299	−0.3122	29.75	12.90	73.05	115.71	28968.582
0.6781	881.47	85.20	−0.3164	−0.3122	29.71	12.95	67.37	110.03	28969.299
0.6823	886.99	86.00	−0.3122	−0.3122	29.60	12.84	65.60	108.05	28969.601
0.6823	886.99	87.00	−0.3122	−0.3122	29.46	12.67	65.60	107.74	28969.651
0.6823	886.99	89.99	−0.3122	−0.3122	29.04	12.16	65.60	106.80	28969.804
0.7233	940.03	90.00	−0.2714	−0.2714	29.04	12.44	49.84	91.32	28973.400
0.7233	940.03	95.00	−0.2714	−0.2714	28.54	11.58	49.84	89.97	28973.825

7.5.4.2　被动量需求波动影响

改变被动量需求区间波动参数 Ω，并定义备用比例系数 $t=x/z$ 来分析两类备用之间的匹配情况，该比例系数在固定主动量备用 z 为 78.09 时的变化情况如图 7-17 所示。

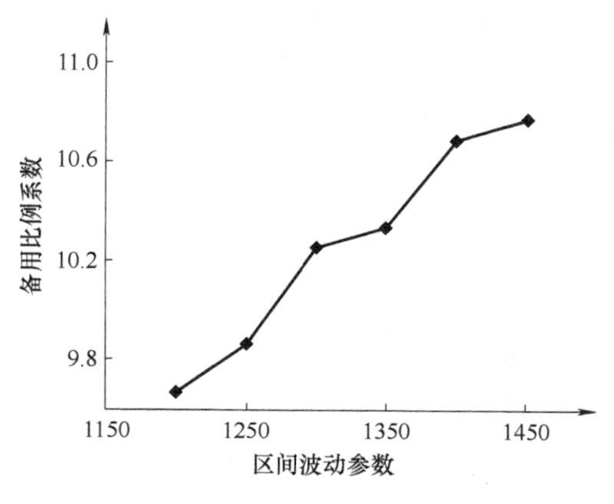

图 7-17　备用比例系数-区间波动参数曲线

可以看出，随着被动量区间波动范围增大，备用比例系数也变大，这是因为被动量区间不确定性的增强使系统为其配置更多的备用。而且，这种变化具有非线性，其原因在于被动量波动会影响第二类机组出力使对应机组运行状态并不相同，可能在临界状态、临界前状态与临界后状态三种状态之间变化。

7.5.4.3 火电机组强迫停运率影响

调整火电机组强迫停运率 O_g，研究备用比例系数 t 在固定主动量备用 z 为 78.09 时的变化情况，曲线如图 7-18 所示。

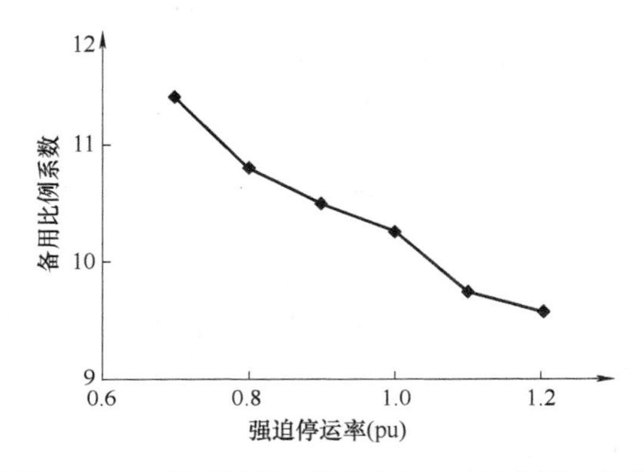

图 7-18 备用比例系数-强迫停运率（标幺值）曲线

图 7-18 中，横坐标为机组强迫停运率 O_g 的标幺值，随着机组故障概率提高，主动量不确定性增强，系统分配给主动量扰动不确定性的备用增大。由于机组故障概率变化会引起 E-z 曲线分段点变化，因此备用比例系数 t 的变化也具有非线性。

7.5.4.4 拓展分析

本节研究重点在于两类备用之间的协调与匹配，因此忽略了时段间被动量期望值变化，即认为 $L=0$。实际上，被动量期望值变化代表一部分备用响应能力在下一时刻必然被使用或者释放，这可能改变系统初始运行点并对最优备用响应过程产生影响，须重新设置并分配两类备用，该变化过程在动态经济调度中尤为重要，也是下一步研究的重点。

7.5.5 小结

1）本节针对电力系统经济调度在应对目前的不确定性问题时出现的问题，深入研究和探讨了系统同时应对主动量离散不确定性与被动量波动不确定性时的备用特性、备用效用特性以及备用边际效用特性，并以此为基础求解解析化表达，提出计及不确定性的、备用间存在关联性的等备用效用边际约束下的经济调度模型，友好解决了两类备用间出现的矛盾或冲突问题。

2）通过最优备用响应过程机理分析可知，该模型以尊重能量显现价值的形式

实现了两类备用之间的最优协调与匹配，摆脱了因备用配置责任不明确而出现备用无效或不作为的困境，在追求备用效用最大化的同时达到了经济最优的目标。

3）尽管这一研究在空间和时间上尚需要扩展和深入，但其思想对不确定运行环境下的电力系统调度理论研究的进展是有益的。

7.6　含禁止运行域机组电力系统经济调度的有效算法

7.6.1　问题描述

发电机组的禁止运行域将机组连续运行区域划分为几个不连续的决策子空间，对应的经济调度模型可如下描述：

调度目标为系统的发电成本值最小，即

$$\text{obj} = \min \sum_{\forall g \in \Omega} F_g(P_g) \tag{7-142}$$

$$F_g(P_g) = a_g + b_g P_g + c_g P_g^2 \tag{7-143}$$

式中　g——发电机组编号；

Ω——所有可调度的在线发电机组集合；

P_g——机组 g 的输出功率；

$F_g(P_g)$——机组 g 的燃料成本；

a_g、b_g 和 c_g——第 g 台发电机组的成本特性系数。

使式（7-142）最小须满足如下约束

（1）功率平衡约束

$$\sum_{g \in \Omega} P_g = P_D \tag{7-144}$$

式中　P_D——系统负荷值。

（2）机组输出功率上下限约束

$$P_g^{\min} \leqslant P_g \leqslant P_g^{\max} \quad \forall g \in \Omega - \omega \tag{7-145}$$

式中　$P_g^{\max}$——机组 g 输出功率上限；

$P_g^{\min}$——机组 g 输出功率下限；

ω——所有含禁止运行域的在线发电机组集合。

（3）含禁止运行域机组输出功率约束

$$\begin{aligned} & P_{i\min} \leqslant P_i \leqslant P_{i,1}^{\mathrm{d}} \\ \text{或}\quad & P_{i,j-1}^{\mathrm{u}} \leqslant P_i \leqslant P_{i,j}^{\mathrm{d}} \quad, j = 2,3,\cdots,n_i \\ \text{或}\quad & P_{i,n_i}^{\mathrm{u}} \leqslant P_i \leqslant P_{i\max} \\ & \forall i \in \omega \end{aligned} \tag{7-146}$$

式中　j——机组的禁止运行域编号；

n_i——机组 i 所包含的禁止运行域个数；

$P_{i,j}^{\mathrm{d}}$——机组 i 第 j 个禁止运行域下界；

$P_{i,j}^{\mathrm{u}}$——机组 i 第 j 个禁止运行域上界。

可以看出，如果一台机组 g 含 n_g 个禁止运行域，那么其运行域将被分为 n_g+1 个非连续的子区域，这些离散的子区域共同构成一个非凸集合。因此一个含 ω 台禁止运行域机组系统的总决策子空间数 N 为

$$N = \prod_{g \in \Omega} (n_g + 1) = \prod_{g \in \omega} (n_g + 1) \tag{7-147}$$

式中 $\prod$——连乘符号。

对每一个决策子空间来说，所有发电机组的输出功率都将在一定区域内连续可调，因此可以通过经典的拉格朗日松弛法求解，而全局最优解即为全部决策子空间求解结果的最小值。然而，对一个实际系统来说，当含禁止运行域的机组较多时，总决策子空间数 N 将按照指数规模增加，过大的计算规模将不利于实际决策，这就需要更加快速有效的计算方法来求解。

7.6.2 求解算法

7.6.2.1 含有效禁止运行域机组对系统影响

在求解不考虑机组禁止运行域的经济调度问题时，系统发电机组按等微增率准则输出功率成本最小。假设机组 g 的最优发电水平在禁止运行域 $[P_{g,j}^{\mathrm{d}}, P_{g,j}^{\mathrm{u}}]$ 内，则称机组 g 的第 j 个禁止运行域 $[P_{g,j}^{\mathrm{d}}, P_{g,j}^{\mathrm{u}}]$ 为有效禁止运行域。此时，无论机组 g 输出功率确定在有效禁止运行域下界还是上界都将造成系统发电成本的提高，若忽略系统内其他机组微增率的变化，则对应提高的成本惩罚为

$$\mathrm{PC}_{g,j}^{\mathrm{d}} = \hat{\lambda}(\hat{P}_g - P_{g,j}^{\mathrm{d}}) - [F_g(\hat{P}_g) - F_g(P_{g,j}^{\mathrm{d}})] \tag{7-148}$$

$$\mathrm{PC}_{g,j}^{\mathrm{u}} = [F_g(P_{g,j}^{\mathrm{u}}) - F_g(\hat{P}_g)] - \hat{\lambda}(P_{g,j}^{\mathrm{u}} - \hat{P}_g) \tag{7-149}$$

式中 $\mathrm{PC}_{g,j}^{\mathrm{d}}$——机组 g 输出功率确定在有效禁止运行域下界时成本增量；

$\mathrm{PC}_{g,j}^{\mathrm{u}}$——机组 g 输出功率确定在有效禁止运行域上界时成本增量；

$\hat{\lambda}$——不考虑禁止运行域时的系统最优微增率；

$\hat{P}_g$——不考虑禁止运行域时机组 i 的最优发电水平。

设当微增率为 $\lambda_{g,j}^{*}$ 时，$\mathrm{PC}_{g,j}^{\mathrm{d}}$ 与 $\mathrm{PC}_{g,j}^{\mathrm{u}}$ 恰好相等，并定义 $\lambda_{g,j}^{*}$ 为机组 g 在禁止运行域 j 的平均微增率。结合式（7-148）和式（7-149）消去中间变量，有

$$\lambda_{g,j}^{*} = \frac{F_g(P_{g,j}^{\mathrm{u}}) - F_g(P_{g,j}^{\mathrm{d}})}{P_{g,j}^{\mathrm{u}} - P_{g,j}^{\mathrm{d}}} \tag{7-150}$$

若 $F_g(P_g)$ 为二次函数，可以证明

$$\begin{cases} \mathrm{PC}_{g,j}^{\mathrm{d}} < \mathrm{PC}_{g,j}^{\mathrm{u}} & \text{当 } \hat{\lambda} < \lambda_{g,j}^{*} \\ \mathrm{PC}_{g,j}^{\mathrm{d}} > \mathrm{PC}_{g,j}^{\mathrm{u}} & \text{当 } \hat{\lambda} > \lambda_{g,j}^{*} \end{cases} \tag{7-151}$$

将式（7-143）代入式（7-150）可得

$$\begin{aligned}\lambda_{g,j}^{*} &= \frac{(a_g + b_g P_{g,j}^{\mathrm{u}} + c_g P_{g,j}^{\mathrm{u}2}) - (a_g + b_g P_{g,j}^{\mathrm{d}} + c_g P_{g,j}^{\mathrm{d}2})}{P_{g,j}^{\mathrm{u}} - P_{g,j}^{\mathrm{d}}} \\ &= \frac{b_g (P_{g,j}^{\mathrm{u}} - P_{g,j}^{\mathrm{d}}) + c_g (P_{g,j}^{\mathrm{u}2} - P_{g,j}^{\mathrm{d}2})}{P_{g,j}^{\mathrm{u}} - P_{g,j}^{\mathrm{d}}} \\ &= b_g + 2c_g \left(\frac{P_{g,j}^{\mathrm{u}} + P_{g,j}^{\mathrm{d}}}{2}\right)\end{aligned} \tag{7-152}$$

对二次成本函数的机组来说，有

$$\lambda_g = \frac{\mathrm{d}F_g(P_g)}{\mathrm{d}P_g} = b_g + 2c_g P_g \tag{7-153}$$

比较式（7-152）和式（7-153），设机组 g 在禁止运行域 j 的平均微增率 $\lambda_{g,j}^{*}$ 对应输出功率为该禁止运行域平均输出功率，则禁止运行域平均输出功率恰等于对应禁止运行域中点处的输出功率，因此有

$$\begin{cases} \mathrm{PC}_{g,j}^{\mathrm{d}} < \mathrm{PC}_{g,j}^{\mathrm{u}} & \text{当 } \hat{P}_g < \dfrac{P_{g,j}^{\mathrm{u}} + P_{g,j}^{\mathrm{d}}}{2} \\ \mathrm{PC}_{g,j}^{\mathrm{d}} > \mathrm{PC}_{g,j}^{\mathrm{u}} & \text{当 } \hat{P}_g > \dfrac{P_{g,j}^{\mathrm{u}} + P_{g,j}^{\mathrm{d}}}{2} \end{cases} \tag{7-154}$$

根据上面的结论，可得到下述求解方法：

1）求解不考虑机组禁止运行域的经济调度问题，并得到所有机组的最优输出功率，计算所有机组禁止运行域的平均输出功率。

2）如果所有机组的输出功率都没有处于禁止运行域内，则求得的结果即为最优解，并转步骤4）。如果有机组的输出功率处于禁止运行域内，则比较该机组最优输出功率 $\hat{P}_g$ 与对应禁止运行域平均输出功率 $\dfrac{P_{g,j}^{\mathrm{u}} + P_{g,j}^{\mathrm{d}}}{2}$。若 $\hat{P}_g < \dfrac{P_{g,j}^{\mathrm{u}} + P_{g,j}^{\mathrm{d}}}{2}$，则将机组 P_g 输出功率确定在 $P_{g,j}^{\mathrm{d}}$；若 $\hat{P}_g > \dfrac{P_{g,j}^{\mathrm{u}} + P_{g,j}^{\mathrm{d}}}{2}$，则将机组 P_g 输出功率确定在 $P_{g,j}^{\mathrm{u}}$。保持其他含禁止运行域机组的输出功率在其最优输出功率。

3）对余下的负荷重新进行经济调度计算，确定不含禁止运行域机组的输出功率。

4）得到计算结果，停止计算。

上述算法能够通过两次拉格朗日松弛法迭代计算快速求解含禁止运行域机组的经济调度问题，但并没有考虑含有效禁止运行域机组输出功率确定在其禁止域边界时对其他机组的影响，因此只能得到次优解。

7.6.2.2　含有效禁止运行域机组对系统内其他机组影响

基于静态经济调度的等微增率准则，定义系统微增率为除输出功率处于其禁止域上界或下界的机组及输出功率处于其输出功率上限或下限的机组外，系统内其他机组的微增率。

当含禁止运行域机组输出功率被确定在其禁止域的上界或下界时，这一部分负荷对应的平均微增率会被提高或降低，因此系统内其他负荷对应最优解的微增率也应发生变化，而非保持在系统最优微增率 $\hat{\lambda}$。对上述算法进行修正，并得到算法 1 如下：

1）求解不考虑机组禁止运行域的经济调度问题，并得到未确定输出功率机组的最优输出功率，计算所有机组禁止运行域的平均输出功率。

2）如果所有机组的输出功率都没有处于禁止运行域内，则求得的结果即为最优解，并转步骤 4）。如果有机组的输出功率处于禁止运行域内，则比较该机组最优输出功率 $\hat{P}_i$ 与对应禁止运行域平均输出功率$\frac{P^{\mathrm{u}}_{g,j}+P^{\mathrm{d}}_{g,j}}{2}$。若 $\hat{P}_g<\frac{P^{\mathrm{u}}_{g,j}+P^{\mathrm{d}}_{g,j}}{2}$，则将机组 P_g 输出功率确定在 $P^{\mathrm{d}}_{g,j}$；若 $\hat{P}_g>\frac{P^{\mathrm{u}}_{g,j}+P^{\mathrm{d}}_{g,j}}{2}$，则将机组 P_g 输出功率确定在 $P^{\mathrm{u}}_{g,j}$。

3）修正并确定含有效禁止运行域机组的输出功率后，转步骤 1）。

4）得到计算结果，停止计算。

可以看出，算法 1 虽需要重复修正含禁止运行域而未处于有效禁止运行域内的机组输出功率，但可以得到比原算法更准确的计算结果，且最大迭代次数为 $M+1$，使得该问题的计算从指数规模变为线性规模，M 为含禁止运行域机组的个数。

7.6.2.3 含有效禁止运行域机组之间的影响

在进行第一次 λ 迭代计算之后，若多台机组含有效禁止运行域，则它们之间将互相产生影响。假设一台机组输出功率确定在其禁止运行域上界或下界，此时系统内其他负荷对应的系统最优微增率将对应发生变化。具体为：当一台机组输出功率确定在其上界时，系统微增率将对应降低；当一台机组输出功率确定在其下界时，系统微增率将对应升高，这种变化会影响其他含有效禁止运行域机组输出功率的确定。从物理本质上看，这是由系统中多台机组含非连续运行域的非凸特性造成的，且当系统规模较小而某台机组的有效禁止运行域平均输出功率与其最优输出功率较接近时，该影响将更可能产生作用而使得计算结果偏离最优解。

为了去除上述影响，每次迭代计算执行步骤 1）之后，若有超过一台机组处于有效禁止域内，必须先确定一台含有效禁止运行域机组的输出功率至其禁止域上界或下界，然后再对剩余全部机组进行迭代计算，因此，选择哪一台机组至其禁止运行域边界将成为影响决策结果的关键。

经济调度的目标是追求发电成本最小，因此在步骤 2）中选择含有效禁止运行域机组，做出调整后必须对相应步骤 1）不考虑机组禁止运行域经济调度结果产生最小的影响。可以证明，选择调整有效禁止运行域平均输出功率与该次迭代对应机组的最优输出功率差值 ΔP_g^k 最小的那台机组，调整至其禁止运行域上界或下界将对系统发电成本产生最小影响，k 为迭代次数，且 $k\leqslant M$。

实际上，在选择该机组时还应考虑机组的二次成本系数，但由于对应调整对系统的影响与 ΔP_g^k 的二次方成正比例关系，因此选择 ΔP_g^k 最小的那台机组作为每一次迭代过程中调整的机组将具有足够的准确度。

7.6.2.4　含禁止运行域机组经济调度问题的最优解状态

经过上述研究分析可以看出，在迭代计算过程中如果有机组含有效禁止运行域，那么该机组的输出功率将被确定在其有效禁止域边界处。这与含有效禁止运行域机组经济调度问题大多数情况的计算结果相一致，然而，还有少数情况含有效禁止运行域机组的最优解并不处于其有效禁止域边界，而处于边界一个小的临域内。这是由于当多个含禁止运行域的机组输出功率处于其有效禁止域范围内时，选择其禁止域边界过程中方向不一致造成的，且不同方向的功率偏差越大，产生这种情况的可能性越大。

因此，有必要对计算结果进行一次方向调整，具体过程如下：设 θ 为迭代过程中含有效禁止运行域机组的集合，若最后一次迭代计算结果中，有系统微增率高于 θ 时处于禁止运行域上界机组微增率或低于 θ 时处于禁止运行域下界机组微增率的现象出现，则对 θ 内该部分机组和不含有效禁止运行域的机组再进行一次 λ 迭代计算。事实上，上述方向调整是根据经济调度中等微增率准则进行的，与经济最优的调度目标一致。

7.6.3　算例分析

本节通过 15 机系统和 4 机系统分别验证上述求解算法研究的有效性，具体参数见本章附录表 7A-3 ~ 表 7A-6，两个算例系统对应的负荷值分别为 2650MW 和 1386MW。

1. 15 机系统算例分析

15 机系统机组输出功率结果比较如表 7-18 所示，其发电成本及迭代次数比较如表 7-19 所示。

表 7-18　15 机系统机组输出功率结果比较　（单位：MW）

机　组	文献［49］分解空间算法	文献［50］快速迭代算法	本节算法 1
P_1	450	437.834	450
P_2	450	455	450
P_3	130	130	130
P_4	130	130	130
P_5	335	335	335
P_6	455	460	455
P_7	465	465	465
P_8	60	60	60
P_9	25	25	25
P_{10}	20	20	20

（续）

机　组	文献［49］分解空间算法	文献［50］快速迭代算法	本节算法 1
P_{11}	20	20	20
P_{12}	55	57.166	55
P_{13}	25	25	25
P_{14}	15	15	15
P_{15}	15	15	15

表 7-19　15 机系统发电成本及迭代次数比较

	分解空间算法	快速迭代算法	本节算法 1
obj	32544.970	32545.817	32544.970
迭代次数	8	2	5

从表 7-19 可以看出，本节算法 1 较分解空间算法不需要对决策空间预处理，同时减少了迭代计算的次数；较快速迭代算法在计算量有所增加，但能够求得更好的计算结果。

该算例中，在首次不考虑机组禁止运行域进行 λ 迭代计算时，仅有机组 5 处于有效禁止运行域内，因此快速迭代算法保持机组 2、6 和 12 输出功率为其最优输出功率，对应微增率高于系统内其他机组的微增率，只能得到次优解。实际上，在通过算法 1 进行迭代计算的过程中，该算例系统所有含禁止运行域的机组恰好都含有效禁止运行域，且每次计算中仅有一台机组含有效禁止运行域，因此算法 1 迭代次数达到最大，即 $M+1=5$。

2. 4 机系统算例分析

4 机系统机组输出功率结果比较如表 7-20 所示，其发电成本及迭代次数比较如表 7-21 所示。

表 7-20　4 机系统机组输出功率比较　　（单位：MW）

机　组	本节算法 1	本节算法 2	本节算法 3
P_1	350	350	350.333
P_2	356	335	335
P_3	340	350.5	350.333
P_4	340	350.5	350.333

表 7-21　4 机系统发电成本及迭代次数比较

	本节算法 1	本节算法 2	本节算法 3
obj	17781.744	17781.702	17781.699
迭代次数	2	3	4

通过 4 机系统算例可以看出，未考虑含有效禁止运行域机组之间的影响时，由于 4 个机组成本特性一致，因此每台机组的最优输出功率为 1386MW/4 = 346.5MW，大于机组 1 的有效禁止运行域平均输出功率 325MW 和机组 2 的有效禁止运行域平均输出功率 345.5MW，故机组 1 和机组 2 都处于其有效禁止运行域上界。

考虑含有效禁止运行域机组之间的影响后，由于机组 1 最优输出功率与其有效禁止域上界功率差值较小，因此首先调整机组 1 至其有效禁止域上界将对系统产生较小的影响，而此时，剩余机组 2 ~ 机组 4 对应的机组最优输出功率为（1386 - 350）MW/3 = 345.33MW，低于机组 2 有效禁止运行域平均输出功率，故在第二次迭代计算时调整机组 2 至其有效禁止运行域下界。

在调整含有效禁止运行域机组输出功率的过程中，由于两次调整方向不一致，使得系统微增率高于机组 1 有效禁止运行域上界对应的微增率，因此还需进行一次方向调整，经过本节算法 3 得到最优解。

7.6.4　小结

本节给出了一种求解含禁止运行域机组经济调度问题的有效迭代算法。对一台含禁止运行域的机组来说，它的输出功率只能在非连续的运行域内调节，这将造成经济调度问题决策空间的非凸性，因此无法直接通过传统的拉格朗日松弛法求解。通过深入研究含禁止运行域机组经济调度问题的特点，本节探讨分析了含禁止运行域机组对系统内其他机组的影响，含禁止运行域机组之间的影响以及含禁止运行域机组经济调度问题最优解的状态，并以上面三方面的研究为基础修正迭代算法，在求解计算的同时探索了含禁止运行域机组经济调度问题的经济规律和物理本质，且计算效率较高，算法最大迭代次数不超过 $M+2$，M 为迭代过程中含有效禁止运行域机组的个数。算例分析验证了上述研究的有效性。

7.7　结论

本章针对当今可再生能源发电不断涌入电力系统所带来的不确定性问题，以纯简单的火电系统为背景，以新的视角，深入探讨和分析了应对不确定性电力系统经济调度的基本理论问题，对应对不确定性的电力系统经济调度理论具有一定的贡献。

第 7 章附录　第 7 章算例数据

表 7A-1　10 机系统机组特性数据

机组	P_g^{max}	P_g^{min}	a_g	b_g	c_g	r_g^u	r_g^d
1	60	15	15	2.2034	0.00510	0.600	0.600
2	80	20	20	2.1161	0.00396	0.700	0.700
3	100	30	40	2.0518	0.00393	0.800	0.800

（续）

机组	P_g^{max}	P_g^{min}	a_g	b_g	c_g	r_g^u	r_g^d
4	120	25	32	2.0966	0.00382	0.900	0.900
5	150	50	29	1.8015	0.00212	1.000	1.000
6	280	75	72	1.5354	0.00261	1.400	1.400
7	320	120	49	1.2643	0.00289	1.600	1.600
8	445	125	82	1.0213	0.00148	2.225	2.225
9	520	250	105	0.9954	0.00127	2.600	2.600
10	550	250	100	0.8585	0.00135	2.750	2.750

表 7A-2　78 机系统机组特性数据

机组	P_g^{max}	P_g^{min}	a_g	b_g	c_g	r_g^u	pro_g
1～3	32	6	24.381	2.8547	0.02433	0.32	0.0034
4～6	32	6	24.411	2.0675	0.02649	0.3	0.0034
7～9	60	15	24.6382	1.5803	0.02801	0.58	0.0051
10～12	60	15	24.7605	1.7932	0.01842	0.58	0.0051
13～15	60	15	24.8882	1.8061	0.01855	0.59	0.0051
16～18	78	17	117.7551	1.755	0.01199	0.7	0.0058
19～21	78	17	118.1083	1.7664	0.01261	0.7	0.0058
22～24	78	17	118.4576	1.7777	0.01359	0.72	0.0058
25～27	78	17	118.8206	1.789	0.01433	0.72	0.0058
28～30	90	19	81.1364	1.5327	0.00876	0.8	0.0068
31～33	90	19	81.298	1.3354	0.00895	1.7	0.0068
34～36	90	19	81.4641	1.3081	0.0091	1.7	0.0068
37～39	90	19	81.6259	1.4407	0.00932	0.75	0.0068
40～42	100	25	217.8952	1.8	0.00623	0.9	0.0065
43～45	100	25	218.335	1.81	0.00612	0.9	0.0065
46～48	100	25	218.7752	1.82	0.00598	0.9	0.0065
49～51	155	54.25	142.7348	1.4694	0.00463	1.3	0.008
52～54	155	54.25	143.0288	1.4715	0.00473	1.4	0.008
55～57	155	54.25	143.3179	1.4737	0.00481	1.3	0.008
58～60	155	54.25	143.5972	1.4758	0.00487	1.3	0.008
61～63	197	68.95	259.131	1.93	0.00259	2.1	0.0091
64～66	197	68.95	259.649	2.01	0.0026	2.2	0.0091
67～69	197	68.95	260.176	2.02	0.00223	2.2	0.0091
70～72	350	140	177.0575	1.2861	0.00213	3.4	0.011
73～75	400	100	310.0021	1.2492	0.00194	3.9	0.011
76～78	400	100	311.9102	1.2503	0.00195	4.1	0.011

表 7A-3　15 机系统机组特性数据

机组	P_g^{max}	P_g^{min}	a_g	b_g	c_g
1	455	150	671.03	10.07	0.000299
2	455	150	574.54	10.22	0.000183
3	130	20	374.59	8.80	0.001126
4	130	20	374.59	8.80	0.001126
5	470	150	461.37	10.40	0.000205
6	460	135	630.14	10.10	0.000301
7	465	135	548.20	9.87	0.000364
8	300	60	227.09	11.50	0.000338
9	162	25	173.72	11.21	0.000807
10	160	20	175.95	10.72	0.001203
11	80	20	186.86	11.21	0.003586
12	80	20	230.27	9.90	0.005513
13	85	25	225.28	13.12	0.000371
14	55	15	309.03	12.12	0.001929
15	55	15	323.79	12.41	0.004447

表 7A-4　15 机系统机组禁止运行域数据

机组	n_g	禁止域 1	禁止域 2	禁止域 2
2	3	[185, 225]	[305, 335]	[420, 450]
5	3	[180, 200]	[260, 335]	[390, 420]
6	3	[230, 255]	[365, 395]	[430, 455]
12	2	[30, 55]	[65, 75]	

表 7A-5　4 机系统机组特性数据

机组	P_g^{max}	P_g^{min}	a_g	b_g	c_g
1	500	100	500	10	0.004
2	500	100	500	10	0.004
3	500	100	500	10	0.004
4	500	100	500	10	0.004

表 7A-6　4 机系统机组禁止运行域数据

机　　组	n_g	禁止域 1	禁止域 2
1	2	[200, 250]	[300, 350]
2	2	[210, 260]	[335, 356]

第 8 章

状态估计相关的基本问题

8.1 电力系统拓扑模型及算法基础

8.1.1 网络拓扑的建模

电力系统中的各类设备除输电线路外都集中于发电厂和变电站内，厂站设备和各种输电线路的相互连接构成了电力系统网络拓扑[51]。厂站包含的一次设备主要有发电机、变压器、隔离开关和电抗器等。母线一般有单母线、单母线分段、双母线、双母线带旁母及倍半接线等形式；变压器根据其结构又可分成双绕组变压器和三绕组变压器。在各种接线形式下，断路器两边一般设置有隔离开关，断路器和隔离开关串联用来连接母线、进出线路和变压器等。

8.1.1.1 电网拓扑模型

为了方便问题的研究，首先定义与电力系统拓扑分析相关的几个概念。

（1）元件

电力系统一次设备集合中的一个元素，称为元件。元件按照其结构可以分为：①单端点元件，只有一端和电网连接的设备，如发电机组、用电负荷、并联补偿器和调相机等；②双端点元件，有两端和电网连接的设备，如断路器、隔离开关、输电线路、串联补偿器和双绕组变压器等；③多端点元件，有多个端点和电网连接的设备，如三绕组变压器。在实际计算中，多端点元件可以根据端点的连接情况等效为多个双端点元件。

按照元件的性质，元件又分为：①无阻抗元件，一般将用于转换和控制电力系统运行方式的元件称为（近似）无阻抗元件，如断路器、隔离开关等；②有阻抗元件，用于电能转换与传输的元件称为有阻抗元件，如输电线路、变压器等。

（2）厂站

由若干元件连成的区域中，不包含任何输电线路元件的整体，若有输电线路仅含有输电线路元件的一个端点，这样的区域称为厂站。这里定义的厂站与电网中实际的厂站不完全相同，有些输电线路上的 T 形接线根据实际需要也可以定义为厂站。显然，每一输电线路元件的两个端点一定属于两个不同的厂站。

（3）网络

由厂站拓扑分析后的逻辑节点和有阻抗元件构成的集合称为网络，网络是与厂站对应的。

（4）电气节点

元件之间的连接点称为电气节点，包含电气连接点和物理母线，所有设备通过电气节点连接在一起。

（5）逻辑节点

由无阻抗元件直接连接在一起形成的电气节点连通片称为逻辑节点，逻辑节点都集中在厂站内。

（6）系统节点

一个逻辑节点也称为系统节点，所有逻辑节点的总数是系统的最大节点号。

（7）子系统

由有阻抗元件连接在一起的系统节点的连通片称为子系统，子系统由网络拓扑分析确定。

基于上述定义，本节的电网拓扑模型由厂站拓扑和网络拓扑两层构成，其中所有的电气节点、除输电线路外的所有元件都集中于厂站，厂站间的节点编号互不关联、彼此独立，厂站由输电线路连接构成电力系统的拓扑模型。图 8-1 为基于本节定义的含有 3 个厂站的电网拓扑模型。

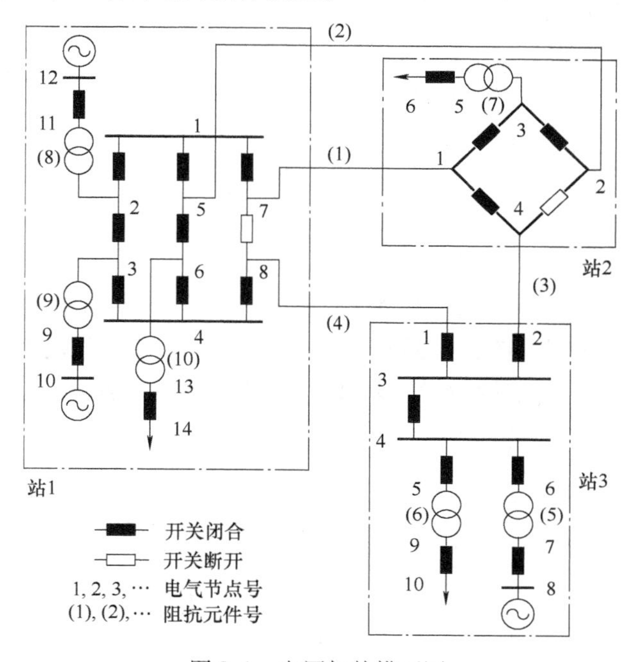

图 8-1　电网拓扑模型图

8.1.1.2 拓扑模型的表达

电力系统主接线图可以由一个节点和边的集合 G 来描述，即

$$G=(V,E(s)) \tag{8-1}$$

式中，V 为节点集合；E 为边集合；s 为边的开断状态（边赋权）。

G 在表示厂站拓扑时，$V=\{$电气节点$\}$，$E=\{$厂站内双端元件$\}$；G 在表示网络拓扑时，$V=\{$逻辑节点$\}$，$E=\{$有阻抗双端元件$\}$。

也就是说，G 由边、点及边赋权的三元集合构成，是一个无向图。在拓扑分析中，边赋权 s 只有 0 和 1 两种赋值，边赋权 $s=0$ 表示断开，边赋权 $s=1$ 表示连通。对于一个节点数为 n 的拓扑结构用关联矩阵 $\boldsymbol{A}$ 作为数学表达，矩阵的行/列号对应节点集合 V，矩阵 $\boldsymbol{A}$ 的元素 a_{ij} 表示点 i 与点 j 间的连通性，对应边及其赋权集合 $E(s)$，具体表示为

$$a_{ij}=\begin{cases}1 & i=j\\ 0 & i\neq j,i\notin j\\ s & i\neq j,i\in j\end{cases}\quad (i=1,2,\cdots,n;j=1,2,\cdots,n) \tag{8-2}$$

显然，关联矩阵是对称矩阵，其元素反映网络节点位置及节点间的直接连接关系。以图 8-1 网络模型中的变电站 2 为例，该站有 6 个电气节点，4 个无阻抗元件，1 个有阻抗元件（标号为 7），输电线路 1-3 的一个端点属于该站，对有阻抗元件视为断开，形成初步关联矩阵为

$$\boldsymbol{A}=\begin{bmatrix}1 & 0 & s & s & 0 & 0\\ 0 & 1 & s & s & 0 & 0\\ s & s & 1 & 0 & s & 0\\ s & s & 0 & 1 & 0 & 0\\ 0 & 0 & s & 0 & 1 & s\\ 0 & 0 & 0 & 0 & s & 1\end{bmatrix}(s=0,1) \tag{8-3}$$

节点之间没有电气连接的取值为 0，有电气连接的取值根据支路的状态 s 确定。变电站 2 中变压器支路在厂站拓扑中处理为断开，开关支路只有 2-4 支路断开，则当前状态下变电站的拓扑结构可以由下式关联矩阵表述，即

$$\boldsymbol{A}=\begin{bmatrix}1 & 0 & 1 & 1 & 0 & 0\\ 0 & 1 & 1 & 0 & 0 & 0\\ 1 & 1 & 1 & 0 & 0 & 0\\ 1 & 0 & 0 & 1 & 0 & 0\\ 0 & 0 & 0 & 0 & 1 & 1\\ 0 & 0 & 0 & 0 & 1 & 1\end{bmatrix} \tag{8-4}$$

同样的方法可以确定其他变电站的关联矩阵及网络拓扑的矩阵。

8.1.2 基于关联阵的拓扑分析

8.1.2.1 广义乘法与广义加法

关联矩阵的元素值（1或者0）表示节点间的连通关系，故对其值的运算属于布尔代数的运算。基于此本节利用广义乘和广义加两个运算规则，具体如下

$$
\begin{aligned}
x_1 \otimes x_2 &= \min(x_1, x_2) \\
x_1 \oplus x_2 &= \max(x_1, x_2)
\end{aligned}
\tag{8-5}
$$

式中 x_1、x_2——关联矩阵元素。

$\oplus$和$\otimes$这两种运算，满足以下运算规则：

加法的交换律和结合律

$$
\begin{aligned}
x_1 \oplus x_2 &= x_2 \oplus x_1 \\
(x_1 \oplus x_2) \oplus x_3 &= x_1 \oplus (x_2 \oplus x_3)
\end{aligned}
\tag{8-6}
$$

乘法的结合律

$$(x_1 \otimes x_2) \otimes x_3 = x_1 \otimes (x_2 \otimes x_3) \tag{8-7}$$

乘法与加法间的分配律

$$(x_1 \oplus x_2) \otimes x_3 = x_1 \otimes x_3 \oplus x_2 \otimes x_3 \tag{8-8}$$

加法有幺元0，乘法有幺元1，即

$$
\begin{aligned}
0 \oplus x &= x \oplus 0 = x \\
1 \otimes x &= x \otimes 1 = x
\end{aligned}
\tag{8-9}
$$

加法的等幂律

$$x \otimes x = x$$

若 $n \times n$ 矩阵 $\boldsymbol{A}$ 和 $\boldsymbol{B}$ 均为布尔代数矩阵，则其乘法和加法运算分别为

$$\boldsymbol{AB} = \boldsymbol{A} \otimes \boldsymbol{B} = \left[\sum_{i=1}^{n} (a_{ji} \otimes b_{ik}) \right] \tag{8-10}$$

$$\boldsymbol{A} \oplus \boldsymbol{B} = [a_{jk} + b_{jk}] \tag{8-11}$$

其中，$j=1,2,\cdots,n$；$k=1,2,\cdots,n$。

8.1.2.2 拓扑的传递性质

由图论知识[52]可知，拓扑结构中点与点间的连通关系是可以通过边传递的，也就是说连通关系是具有传递性的。电力网络主接线关联矩阵法拓扑分析就是根据这种连通的传递性质确定拓扑结构中任意两点的连通性。例如点 j 与点 i 相连，同时点 i 又与点 k 相连，则点 j 与点 k 也一定是相连的（无论点 j 与点 k 是否直接相连），该性质可用广义代数运算表示为

$$a'_{jk} = a_{jk} \oplus (a_{ji} \otimes a_{ik}) = s \oplus (1 \otimes 1) = 1;(s=0,1) \tag{8-12}$$

例如式（8-4）中，$a_{12}=0$ 说明图8-1变电站2内节点1和节点2无连接关系，由于 $a_{13}=s=1$ 且 $a_{23}=s=1$，则节点1和节点2可以通过节点3间接相连。式（8-10）中，a_{jk} 表示点 j 与点 k 的直接连接关系，即节点通过1阶支路的连通性；a'_{jk} 表示点

j 与点 k 通过 2 阶（及以下）支路的连通性，其中 2 阶支路的连通是通过节点的间接连通。这里的支路均为简单路径，即排除了有局部回路的支路。一个节点数为 n 的拓扑图中，最多通过 $n-1$ 阶支路（简单路径）传递即可确定任意两点（点 j 与点 k）之间的连通性，只要拓扑结构中点 j 与点 k 存在可以连接的支路，经传递性运算后必定满足 $a'_{jk}=1$。

对式（8-4）进行矩阵广义乘法和加法计算，得

$$\boldsymbol{A}^2=\begin{bmatrix}1&1&1&1&0&0\\1&1&1&0&0&0\\1&1&1&1&0&0\\1&0&1&1&0&0\\0&0&0&0&1&1\\0&0&0&0&1&1\end{bmatrix} \tag{8-13}$$

可以看出，矩阵内点 1-点 2、点 3-点 4 对应位置的元素由 0 变为 1，说明变电站内这两对点存在着连通的 2 阶路径，即支路 1-3-2 和支路 4-1-3。

继续计算矩阵广义乘法和加法计算，得

$$\boldsymbol{A}^3=\begin{bmatrix}1&1&1&1&0&0\\1&1&1&1&0&0\\1&1&1&1&0&0\\1&1&1&1&0&0\\0&0&0&0&1&1\\0&0&0&0&1&1\end{bmatrix} \tag{8-14}$$

同样可发现，矩阵内点 2-点 4 对应位置的元素由 0 变为 1，说明变电站内存在这一对节点的 3 阶连通路径，即路径 4-1-3-2。

再进行计算，得

$$\boldsymbol{A}^4=\begin{bmatrix}1&1&1&1&0&0\\1&1&1&1&0&0\\1&1&1&1&0&0\\1&1&1&1&0&0\\0&0&0&0&1&1\\0&0&0&0&1&1\end{bmatrix} \tag{8-15}$$

可发现 $\boldsymbol{A}^4$ 对比 $\boldsymbol{A}^3$ 不再有元素值发生变化，说明变电站 2 内最高阶的路径是 3 阶路径，至此就确定了变电站 2 内任意两点之间的连通状态。

8.1.2.3　传递闭包阵

关联矩阵反映的是拓扑结构中两点间的直接联系关系，而拓扑分析的任务是找出拓扑结构中任意两点的连通状态。能够反映拓扑结构中任意两点连通状态的矩阵称为传递闭包阵（有的文献称其为全接通矩阵）。拓扑分析的关联矩阵算法的

核心部分就是计算拓扑结构的传递闭包阵的过程。

在代数计算上，传递闭包阵的计算方法为

$$\boldsymbol{A}_{\mathrm{c}} = \sum_{i=0}^{\infty} \boldsymbol{A}^{i} = \boldsymbol{I} \oplus \boldsymbol{A} \oplus \boldsymbol{A}^{2} \oplus \cdots \tag{8-16}$$

式中 $\boldsymbol{I}$——单位阵，对角元的值为1，非对角元的值为0。

由矩阵连通的性质可知，n 节点的拓扑结构的传递闭包阵表达式为

$$\boldsymbol{A}_{\mathrm{c}} = \sum_{i=0}^{n-1} \boldsymbol{A}^{i} = \boldsymbol{I} \oplus \boldsymbol{A} \oplus \boldsymbol{A}^{2} \oplus \cdots \oplus \boldsymbol{A}^{n-1} \tag{8-17}$$

由于关联矩阵 $\boldsymbol{A}$ 的幂阵，满足

$$\boldsymbol{I} \oplus \boldsymbol{A} = \boldsymbol{A} \tag{8-18}$$

$$\boldsymbol{A} \oplus \boldsymbol{A} = \boldsymbol{A} \tag{8-19}$$

则有

$$(\boldsymbol{I} \oplus \boldsymbol{A})^{2} = (\boldsymbol{I} \oplus \boldsymbol{A}) \oplus (\boldsymbol{A} \oplus \boldsymbol{A}^{2}) = \boldsymbol{I} \oplus \boldsymbol{A} \oplus \boldsymbol{A}^{2} \tag{8-20}$$

$$(\boldsymbol{I} \oplus \boldsymbol{A})^{3} = (\boldsymbol{I} \oplus \boldsymbol{A} \oplus \boldsymbol{A}^{2}) \oplus (\boldsymbol{A} \oplus \boldsymbol{A}^{2} \oplus \boldsymbol{A}^{3}) = \boldsymbol{I} \oplus \boldsymbol{A} \oplus \boldsymbol{A}^{2} \oplus \boldsymbol{A}^{3} \tag{8-21}$$

$$(\boldsymbol{I} \oplus \boldsymbol{A})^{n} = \boldsymbol{I} \oplus \boldsymbol{A} \oplus \boldsymbol{A}^{2} \oplus \cdots \oplus \boldsymbol{A}^{n} \tag{8-22}$$

则式（8-17）可表示为

$$\boldsymbol{A}_{\mathrm{c}} = \boldsymbol{I} \oplus \boldsymbol{A} \oplus \boldsymbol{A}^{2} \oplus \cdots \oplus \boldsymbol{A}^{n-1} = (\boldsymbol{I} \oplus \boldsymbol{A})^{n-1} = \boldsymbol{A}^{n-1} \tag{8-23}$$

式（8-23）说明了 n 节点拓扑结构关联矩阵 $\boldsymbol{A}$ 的 $n-1$ 次幂阵就是该拓扑结构的传递闭包阵。对于一个 n 节点的拓扑结构，只要计算出关联矩阵 $\boldsymbol{A}$ 的 $n-1$ 次幂阵就可以获得该拓扑结构内节点的连通关系，实现对网络的拓扑分析。

对于 n 节点拓扑结构关联矩阵 $\boldsymbol{A}$ 的逻辑自乘运算，每次新矩阵的每个元素需要 n 次广义乘和 $n-1$ 次广义加运算确定，则每次求得新矩阵的运算量为 $n^2(2n-1)$ 次。进而可得，由关联矩阵自乘 $n-1$ 次确定拓扑结构传递闭包阵 $\boldsymbol{A}_{\mathrm{c}}$ 的计算量为 $n^2(n-2)(2n-1)$ 次，可以看出采用关联矩阵自乘算法具有最坏情况下的复杂性 $O(2n^4)$。采用二次方法求解拓扑结构的传递闭包阵 $\boldsymbol{A}_{\mathrm{c}}$，计算量为 $\boldsymbol{I}(\log_2(n-1)n^2(2n-1)$ 次，其中 $\boldsymbol{I}(\sqrt{n-1})$ 表示对 $\sqrt{n-1}$ 收尾取整，其最坏情况下的复杂性为 $O(2\boldsymbol{I}(\log_2(n-1))n^3)$。当拓扑节点数目 n 比较大时，这种传递闭包阵的计算方法是比较耗时的。

8.1.3 小结

电力系统内一次设备众多，其连接关系也复杂多样，为实现对拓扑结构的分析需要对这些设备进行属性界定，以建立供计算机使用的计算模型。根据系统的特点，定义了模型的相关概念，构建了厂站-网络的拓扑分析模型，厂站模型设定为分解模型，增加了拓扑表达的灵活性。

在拓扑模型的数学表达上，采用关联矩阵来描述电力系统拓扑结构，其特点是直观清晰，结构性强。基于该表达，分析了矩阵连通性传递的规律。在定义关

联矩阵法运算的广义乘法和广义加法运算规则后，将对拓扑结构连通关系的分析转化为对拓扑结构传递闭包阵的计算。算法的适应性强，可以实现对任何接线形式的拓扑分析。

传统的关联矩阵算法采用矩阵的逻辑自乘运算确定传递闭包阵，使得关联矩阵算法计算量很大，在计算大规模系统时，计算速度比较慢。如何对算法进行改进，有效减少该算法计算量，是关联矩阵算法的一个焦点问题。

8.2 拓扑的高斯消元算法及其改进

拓扑结构的传递闭包阵的计算，无论采用矩阵自乘法还是二次方法，在对大规模的系统进行分析时，计算速度都是很慢的。尽管可以通过计算机技术的合理处理减少一些不必要的运算，达到提高计算速度的目的，但是由于算法本身的因素，其复杂性不可能有突破性的降低。因此，必须分析传递闭包阵的特点，采用新的计算方法才能提高关联矩阵法拓扑分析的速度。

基于关联矩阵的拓扑分析算法主要步骤为：

1）形成关联矩阵，也即拓扑表达。

2）分析关联矩阵，计算得到包含节点连通关系的传递闭包阵。

3）扫描传递闭包阵，确定节点的连通片。

本节主要介绍传递闭包阵的高斯消元算法[53]和节点连通片的扫描，以及算法在实际应用中的改进处理方法。

8.2.1 高斯消元过程

分析传递闭包阵 $\boldsymbol{A}_{\mathrm{c}}$ 的计算公式，可以有如下规律

$$\boldsymbol{A}\boldsymbol{A}_{\mathrm{c}} = \sum_{i=1}^{\infty} \boldsymbol{A}^{i} = \boldsymbol{A} \oplus \boldsymbol{A}^{2} \oplus \boldsymbol{A}^{3} \oplus \cdots \tag{8-24}$$

所以有

$$\boldsymbol{A}_{\mathrm{c}} = \boldsymbol{A}\boldsymbol{A}_{\mathrm{c}} + \boldsymbol{I} \tag{8-25}$$

其中，$\boldsymbol{I}$ 是与 $\boldsymbol{A}$ 同维数的单位阵。则传递闭包阵 $\boldsymbol{A}_{\mathrm{c}}$ 的计算转化为类似求解线性方程组 $\boldsymbol{X}=\boldsymbol{A}\boldsymbol{X}+\boldsymbol{B}$ 形式的计算，对于式（8-25）可以采用高斯消元算法求解。高斯消元算法的计算过程分为分解、前代和回代三步，从而使得传递闭包阵的计算量大大减少。

为了使用高斯消元算法，准备一个与关联矩阵 $\boldsymbol{A}$ 同维数的矩阵 $\boldsymbol{B}$，计算前为单位阵 $\boldsymbol{I}$，计算后即为传递闭包阵 $\boldsymbol{A}_{\mathrm{c}}$[54]。

8.2.1.1 分解

分解计算是高斯消元算法的第一步，需要将关联矩阵 $\boldsymbol{A}$ 分解为下三角矩阵 $\boldsymbol{L}$ 和上三角矩阵 $\boldsymbol{U}$，矩阵 $\boldsymbol{L}$ 和 $\boldsymbol{U}$ 的对角元的值均为 1。分解的过程是从拓扑结构的首点开始，依次确定图中节点消去后其他节点的连通关系，即确定通过该点间接连

接的节点。分解计算的过程具体可表示为如下三重循环

$$
\begin{aligned}
&\text{for}\ (i=1;i<=n-1;i++)\\
&\quad \text{for}\ (j=i+1;j<=n;j++)\\
&\quad\quad \text{for}\ (k=i+1;k<=n;k++)\\
&\quad\quad\quad a_{jk}=a_{jk}\oplus(a_{ji}\otimes a_{ik})
\end{aligned}
\tag{8-26}
$$

分解过程中新增注入元（矩阵中由 0 变 1 的元素）是由传递性质确定的新连通支路，消去完成后矩阵 $\boldsymbol{A}$ 中的元素 a_{jk} 为节点前向消去后点 j 与点 k 是否连通的标志。

分解过程中，每次运算都要进行一次广义乘法和一次广义加法的运算，则总的计算量为 $2\times[1^2+2^2+\cdots+(n-1)^2]=\dfrac{n(n-1)(2n-1)}{3}$次。

例如，对式（8-4）执行分解计算，得到分解后的关联矩阵

$$
\boldsymbol{A}=\boldsymbol{LU}=\begin{bmatrix}1&0&1&1&0&0\\0&1&1&0&0&0\\1&1&1&1&0&0\\1&0&1&1&0&0\\0&0&0&0&1&1\\0&0&0&0&1&1\end{bmatrix}
\tag{8-27}
$$

对比式（8-4）可发现$\dfrac{a_{34}}{a_{43}}=1$，说明在对关联矩阵分解的过程中，确定了点 3 和点 4 可以通过其他节点间接连通。

8.2.1.2　前代

从首点开始，将分解后的关联矩阵 $\boldsymbol{A}$ 节点信息按连接关系，由前向后传递至矩阵 $\boldsymbol{B}$。前代计算的过程具体可表示为如下三重循环

$$
\begin{aligned}
&\text{for}\ (i=1;i<=n-1;i++)\\
&\quad \text{for}\ (j=i+1;j<=n;j++)\\
&\quad\quad \text{for}\ (k=1;k<=j-1;k++)\\
&\quad\quad\quad b_{jk}=b_{jk}\oplus(l_{ji}\otimes b_{ik})
\end{aligned}
\tag{8-28}
$$

由于按照连接关系由前向后传递节点信息，因此前代结束后同一连通片上最大节点号对应的行包含了该连通片上的连接信息，即此时该点完成了与其他点的 $n-1$ 阶支路搜索。前代运算结束，获得矩阵 $\boldsymbol{Y}=\boldsymbol{L}^{-1}\boldsymbol{B}$（存于 $\boldsymbol{B}$）。

前代计算的计算量为 $2\times[1\times(n-1)+2\times(n-2)+\cdots+(n-1)\times(n-(n-1))]=\dfrac{n(n^2-1)}{3}$次。

对式（8-27）进行前代计算，得到中间矩阵为

$$B' = \begin{bmatrix} 1 & 0 & 0 & 0 & 0 & 0 \\ 0 & 1 & 0 & 0 & 0 & 0 \\ 1 & 1 & 1 & 0 & 0 & 0 \\ 1 & 1 & 1 & 1 & 0 & 0 \\ 0 & 0 & 0 & 0 & 1 & 0 \\ 0 & 0 & 0 & 0 & 1 & 1 \end{bmatrix} \tag{8-29}$$

8.2.1.3 回代

从末节点开始根据矩阵 $\boldsymbol{Y}$ 和关联矩阵 $\boldsymbol{A}$，将同一连通片上的节点信息按由后至前的顺序传递至所有节点，确定拓扑结构的连通结果，该过程具体可表示为如下三重循环

$$\begin{aligned} &\text{for } (i=1;i<=n-1;i++) \\ &\quad \text{for } (j=1;j<=n-i;j++) \\ &\quad\quad \text{for } (k=1;k<=n;k++) \\ &\quad\quad\quad b_{jk}=b_{jk}\oplus(u_{j(n-i+1)}\otimes b_{(n-i+1)k}) \end{aligned} \tag{8-30}$$

回代结束即完成拓扑结构中任意两点间的 $n-1$ 阶支路连通分析，拓扑矩阵 $\boldsymbol{I}$ 的元素 $\boldsymbol{I}_{jk}$ 即为点 j 与点 k 是否连通的标志。回代结束，获得 $\boldsymbol{X}=\boldsymbol{U}^{-1}\boldsymbol{Y}$（存于 $\boldsymbol{B}$），$\boldsymbol{B}$ 即为拓扑结构的传递闭包阵。

回代计算的计算量为 $2\times[n\times(n-1)+n\times(n-2)+\cdots n\times 1]=n^2(n-1)$ 次。

则采用高斯消元算法，分为分解、前代和回代三步进行传递闭包阵的计算量为 $\dfrac{n(n-1)(2n-1)}{3}+\dfrac{n(n^2-1)}{3}+n^2(n-1)=2n^2(n-1)$ 次广义运算。

对式（8-27）进行回代的结果为

$$B = \begin{bmatrix} 1 & 1 & 1 & 1 & 0 & 0 \\ 1 & 1 & 1 & 1 & 0 & 0 \\ 1 & 1 & 1 & 1 & 0 & 0 \\ 1 & 1 & 1 & 1 & 0 & 0 \\ 0 & 0 & 0 & 0 & 1 & 1 \\ 0 & 0 & 0 & 0 & 1 & 1 \end{bmatrix} \tag{8-31}$$

8.2.2 连通片的确定

拓扑结构的传递闭包阵确定后，只是表示出了任意两个顶点之间的连通关系，为了确定哪些节点是连通的，一个连通块由哪些节点组成，还需要对传递闭包阵进行节点连通片的分析，以确定节点的连通信息。传递闭包阵的分析方法有两种：行比较法和行扫描法。

1）行比较法：传递闭包阵属于同一个连通片的行是相同的，比较各行元素的值，相同的行所对应的节点就属于同一个连通片。如式（8-31）的传递闭包阵，行 1-4 所对应的矩阵元素相同，所以它们对应的点 1、2、3、4 属于同一个连通片。

2）行扫描法：行比较法要用到矩阵中所有的行元素，而行扫描法可以仅仅利用少数的行元素的值。传递闭包阵中的一个行元素就包含了一个连通块中所有连通在一起的节点。在传递闭包阵中，线性无关的行确定了连通片，行中元素数值为1的节点是属于同一连通片中的节点。如式（8-31）的传递闭包阵，线性无关的行有两行，分别对应两个连通片：由第4行知站2内点1、2、3、4构成一个连通片；由第6行知点5、6构成另一个连通片。

对传递闭包阵扫描确定的是节点的连通片，对厂站拓扑分析确定的是站内的逻辑节点，对网络拓扑分析确定的是系统内的子系统。

8.2.3　算法改进

采用高斯消元算法进行传递闭包阵的计算，其计算量相比二次方法等传统方法有了大幅度的减少，因而计算速度有明显改进。实际计算应用中，增加一些处理技巧，可以更进一步地提高其分析速度，并减少内存使用。

8.2.3.1　数据存储结构

电力系统拓扑结构是描述无向图的，因而其关联矩阵是一个对称矩阵，实际应用只取其上三角或下三角矩阵（含对角元）即可反映拓扑结构。因此，可以在形成关联矩阵时利用这一性质，只根据拓扑图中的连接关系形成上（下）三角矩阵，这样关联矩阵的存储空间可以减少至原来的1/2（对角元素都为1，可单独处理）。仍以图8-1中变电站2为例，形成下三角的关联矩阵为

$$\boldsymbol{A}=\begin{bmatrix}1 & & & & & \\ 0 & 1 & & & & \\ 1 & 1 & 1 & & & \\ 1 & 0 & 0 & 1 & & \\ 0 & 0 & 0 & 0 & 1 & \\ 0 & 0 & 0 & 0 & 1 & 1\end{bmatrix} \tag{8-32}$$

在进行关联矩阵进行分解、前代和回代的计算中，当需要关联矩阵上三角矩阵的信息时，利用对称性这一特点取下三角矩阵的转置信息即可。

另外，对大规模的拓扑结构，关联矩阵$\boldsymbol{A}$往往是稀疏的，可以充分实施电力系统分析中成熟的稀疏技术，进一步节省内存开销。但是，传递闭包阵$\boldsymbol{B}$由于计算后期稀疏度不高，不宜使用稀疏技术处理。

8.2.3.2　无须回代的连通片确定

由高斯消元算法的消去、前代和回代计算过程可以发现，回代结束可以确定拓扑结构中任意两点间的连通性；而前代结束同一连通片上最大号节点与其他节点连通性可以确定。因此，实际工程应用中，拓扑分析可以只进行消去和前代两个过程的计算，并由前代后的矩阵$\boldsymbol{B}$确定节点的连通片，进而分析的计算量减少至$n^2(n-1)$次。

前代计算得到的矩阵$\boldsymbol{B}$中任意两个节点间的连通关系是不完整的，因此在节

点连通片的扫描上，不能使用行比较法来判定节点的连通片。应当使用行扫描的方式，从矩阵 $\boldsymbol{B}$ 的最后一行向前扫描，遇到值为 0 的列跳过，值为 1 的列对应的节点构成一个连通片。最后一行扫描结束后，若没有将所有节点都扫描到，则跳至上次扫描时值为 0 的列（先至列号最大的点）对应的行继续扫描，直至所有的节点都被扫描到。

以式（8-31）矩阵为例，首先扫描第 6 行（最大节点号对应行），元素值为 1 的节点对应同一逻辑节点，同时标记元素值为 0 的列号，得点 5、6 为一个连通片，值为 0 的元素最大列号为 4；于是下一步扫描第 4 行得点 1、2、3、4 为另一个连通片，同时没有未被扫描到且值为 0 的元素了，则扫描结束，连通片被确定，前代后进行扫描的结果与回代后对传递闭包阵的扫描结果是完全一致的。

8.2.3.3 算法的处理技巧

在高斯消元法的分解、前代和回代三步计算过程中，可以充分利用广义乘法和广义加法的幺元性质，减少不必要的计算。

在分解、前代和回代三步计算过程中都有的计算（以分解计算为例）表达式为

$$a_{jk}=a_{jk}\oplus(a_{ji}\otimes a_{ik}) \tag{8-33}$$

如果 $a_{ji}=0$，根据广义运算规则，则必定满足有 a_{jk} 的值计算前后不变。因此可以在计算前首先对 a_{ji} 的值进行判定，只在 $a_{ji}=1$ 时进行式（8-33）的运算，而 $a_{ji}=0$ 时不需要计算，则 $a_{ji}=0$ 的计算由三重循环降低为二重循环，效率可大为提高。

此外，如果两个节点的连通性在进行计算以前就已经直接相连或者已经通过传递性质确定了，即 $a_{jk}=1$，那么也同样不需要再进行广义乘法和广义加法的计算。在计算过程中加入相应的判断，就可以达到简化计算的目的，在大的稀疏矩阵情况下，算法的复杂性可以明显降低。

8.2.3.4 分块技术

分解、前代和回代计算过程都需要进行三重循环内的广义乘法与广义加法的运算，虽然可以通过一些简化技术降低算法的复杂性，但其最坏情况的复杂性并没有降低。特别是在处理大规模系统时，由于其计算量为 $2n^2(n-1)$ 次，计算用时仍然很长。为了降低高斯消元算法复杂性，有效提高处理高维数矩阵时的计算速度，可采用数学分块技术来处理关联矩阵。如将 n 维关联矩阵划分为 $\boldsymbol{L}\times\boldsymbol{L}$（$\boldsymbol{L}<n$）子关联矩阵（子关联矩阵维数不一定能刚好被整除，所以其数值并非要一致，但应保证数值相近），即

$$\boldsymbol{A}=\begin{bmatrix}\boldsymbol{A}_{11} & \boldsymbol{A}_{12} & \cdots & \boldsymbol{A}_{1L}\\ \boldsymbol{A}_{21} & \boldsymbol{A}_{22} & \cdots & \boldsymbol{A}_{2L}\\ \vdots & \vdots & \ddots & \vdots\\ \boldsymbol{A}_{L1} & \boldsymbol{A}_{L2} & \cdots & \boldsymbol{A}_{LL}\end{bmatrix} \tag{8-34}$$

每个对角子关联矩阵 $\boldsymbol{A}_{ii}(i=1,2,\cdots,\boldsymbol{L})$ 内的节点连通信息可以由矩阵本身的分析得到，而隶属于不同的两个子关联矩阵 $\boldsymbol{A}_{jj}(j=1,2,\cdots,\boldsymbol{L})$ 与 $\boldsymbol{A}_{kk}(k=1,2,\cdots,\boldsymbol{L})$ 的节点间的连通关系则需要由非对角子关联矩阵 $\boldsymbol{A}_{jk}(i\neq j)$（或 $\boldsymbol{A}_{jk}$）来确定。

首先对 L 个对角子关联矩阵 $\boldsymbol{A}_{ii}$ 进行拓扑分析，确定各对角子阵内节点连通片；非对角子关联矩阵非对角子阵 $\boldsymbol{A}_{jk}$ 中的元素原本对应对角子阵 $\boldsymbol{A}_{jj}$ 和 $\boldsymbol{A}_{kk}$ 中节点的连接关系，在对角子关联矩阵 $\boldsymbol{A}_{ii}$ 确定节点连通片的信息后，由于节点和连通片之间是多对一的映射关系，非对角子阵 $\boldsymbol{A}_{jk}$ 和 $\boldsymbol{A}_{kj}$ 内非0元就可以按照这种多对一的映射关系，确定节点连通片的连接关系，形成 m 维（m 是 $\boldsymbol{L}$ 个对角子关联矩阵 $\boldsymbol{A}_{ii}$ 拓扑分析后节点连通片的总数）新的关联矩阵 $\boldsymbol{A}'$。最后对新关联矩阵 $\boldsymbol{A}'$ 执行高斯消元计算，得到其传递闭包阵。

例如对式（8-4）关联矩阵，若按式（8-34）形式分为 2×2 个子块表示，即

$$\boldsymbol{A}=\left[\begin{array}{c:c}\boldsymbol{A}_{11} & \boldsymbol{A}_{12}\\ \hdashline \boldsymbol{A}_{21} & \boldsymbol{A}_{22}\end{array}\right]=\left[\begin{array}{ccc:ccc}1&0&1&1&0&0\\0&1&1&0&0&0\\1&1&1&0&0&0\\ \hdashline 1&0&0&1&0&0\\0&0&0&0&1&1\\0&0&0&0&1&1\end{array}\right] \tag{8-35}$$

对分块表示的对角子阵进行拓扑分析后，可得

$$\boldsymbol{A}_{11}=\begin{bmatrix}1&0&1\\0&1&1\\1&1&1\end{bmatrix},\ \boldsymbol{A}_{22}=\begin{bmatrix}1&0&0\\0&1&1\\0&1&1\end{bmatrix} \tag{8-36}$$

即 $\boldsymbol{A}_{11}$ 内形成一个（第1个）节点连通片，由点1、2、3构成；$\boldsymbol{A}_{22}$ 内形成两个（第2、3个）节点连通片，第2个连通片由点4构成，第3个连通片由点5、6构成。

本例非对角阵 $\boldsymbol{A}_{12}$ 和 $\boldsymbol{A}_{21}$ 非0元素都只有1个，原本对应变电站2内点1和点4的连接关系，现在分别对应连通片1和连通片2的连接关系，因此形成新的3维的关联矩阵

$$\boldsymbol{A}'=\left[\begin{array}{c:cc}1&1&0\\ \hdashline 1&1&0\\0&0&1\end{array}\right] \tag{8-37}$$

再对式（8-37）执行拓扑分析，由片1（点1、2、3）和片2（点4）形成一个逻辑节点，片3（点5、6）形成另一个逻辑节点。

应用分块技术处理矩阵，中间会涉及映射关系记录的问题，会增加一些计算处理过程，但是由于 $\boldsymbol{L}$ 个对角子阵计算量为 $\dfrac{2n^2(n-1)}{\boldsymbol{L}^2}$ 次，新的关联矩阵计算量为

$2m^2(m-1)$ 次（$m \ll n$），比分块前的 $2n^2(n-1)$ 次有了明显减少，在高维矩阵的拓扑分析时，可以有效提高分析速度。

8.2.4 小结

关联矩阵的传递闭包算法直接利用布尔形式的邻接矩阵来进行图的连通块分析，可以处理任意接线方式。分析传递闭包阵的计算，发现传递闭包阵可以转化为类似线性方程组的方式来计算确定，进而引入线性方程组的高斯消元算法。该方法将传递闭包阵的计算分为分解、前代、回代三步，避免了关联矩阵的反复自乘，简化了大量不必要的计算，比较适合计算机处理。

更进一步地，在算法的设计中，针对高斯消元算法的特点，采用稀疏存储、简化搜索、条件判断、分块技术等处理方法，缩减了计算所需的内存开销、减少了不必要的计算、并降低了矩阵维数，避免了大规模的矩阵运算，可以节省大量的计算时间。

8.3 电力系统网络拓扑分析

通过本节对厂站和网络的定义，整个电力系统拓扑分析可分为三个步骤：

1）由厂站拓扑结构分析，确定逻辑节点。

2）由逻辑节点与有阻抗元件的关联，形成网络拓扑结构。

3）由网络拓扑结构分析，确定子系统的数量和每一子系统的等效计算模型。

8.3.1 厂站拓扑分析

在形成厂站拓扑时，传统的方法是将厂站主接线抽象为按照厂站顺序排列的拓扑结构，整个网络内电气节点编号是自成一体的。本节在形成厂站拓扑时将厂站分解开来，厂站和厂站之间电气节点编号独立，这样厂站拓扑就独立出来，便于形成厂站的关联矩阵，也便于进行厂站的独立分析。

对于一个厂站拓扑，按照站内电气节点数目形成同维数的关联矩阵，无电气连接关系的节点对应的元素值为0，有电气连接关系的节点对应的元素根据连接元件是否为阻抗元件设定：对有阻抗元件的边赋权假设为0，无阻抗元件按实际状态取边权，不运行取0，运行取1。这样对每一厂站形成其关联矩阵，通过对关联矩阵的计算处理得到厂站的逻辑节点，完成厂站拓扑结构的分析。

厂站拓扑分析完成后，形成记录站内电气节点和逻辑节点的映射关系表，供网络拓扑分析使用。需要说明的一点是，由于厂站编号相互独立，在形成逻辑节点时需要设定一个累加指针，保证能统计所有厂站的电气节点。

假设系统总计有 NS 个厂站，每一厂站形成的关联矩阵为 $\boldsymbol{A}_k(k=1,2,\cdots,\mathrm{NS})$，则厂站拓扑结构分析可简单总结如下：

1）$k=1$，系统节点号累计指针 $\mathrm{NL}=0$。

2）形成厂站的关联矩阵 $\boldsymbol{A}_k$，并设定相应的 $\boldsymbol{I}_k$。

3）对关联矩阵 $\boldsymbol{A}_k$ 执行高斯消元运算，得到传递闭包阵，存于 $\boldsymbol{I}_k$。

4）搜索传递闭包阵 $\boldsymbol{I}_k$，确定站内逻辑节点数 NLS，并置 NL = NL + NLS，同时形成各系统节点号与逻辑节点的映射关系。

5）如果 $k=\mathrm{NS}$，则分析结束；否则 $k=k+1$，返回步骤2）。

对图8-1中变电站2进行拓扑分析的示意图如图8-2所示，站内6个电气节点，共形成2个逻辑节点，由于变电站1拓扑分析后形成4个电气节点，所以此时系统节点号 NL =4，站2内的逻辑节点在此基础上累加编号分别为5和6。

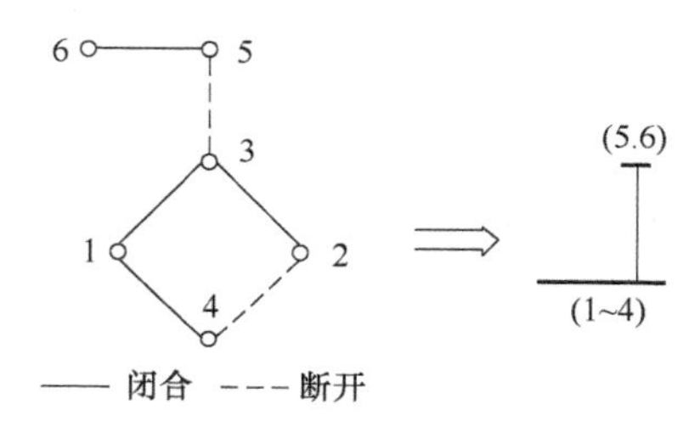

图8-2　变电站2拓扑分析结果

继续对其他厂站执行同样的拓扑分析，可得图8-1网络模型，共形成9个逻辑节点（也即系统节点），系统最大节点号为9。

8.3.2　厂站与网络间的协调

在执行厂站拓扑分析后，将站内有阻抗元件的边赋权设置为1，即可确定站内逻辑节点的连接关系，但是由于厂站拓扑表达上的分解厂站之间连接关系无法直接确定，此时厂站关系进行协调确定网络内逻辑节点的连接关系如图8-3所示。

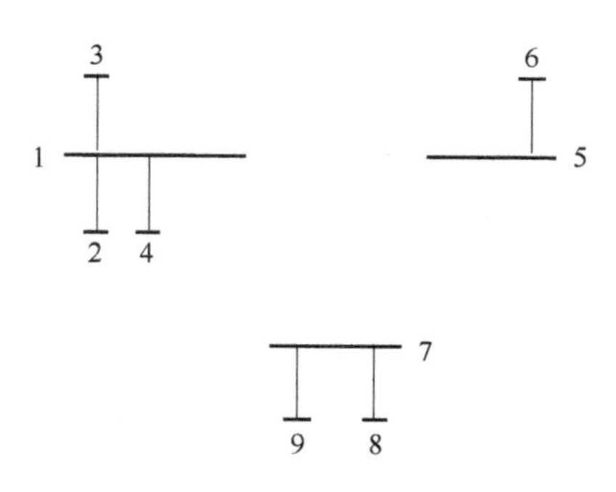

图8-3　厂站拓扑分析结果

本节模型定义中，厂站包括不完整输电线路，一条输电线路的两端不同时在一个厂站内，因此厂站网络的协调关系可由输电线路确定。在厂站拓扑结构分析进行过程中，按系统节点号累计指针的变动，记录电气节点-逻辑节点的关联映射关系，如图8-4所示。

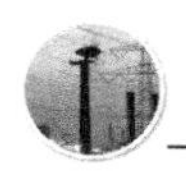

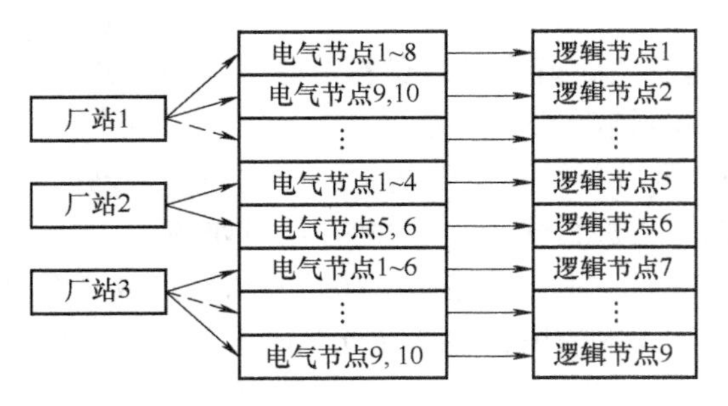

图 8-4　电气节点-逻辑节点映射关系

输电线路的两端分别记录厂站及站内电气节点信息，则由映射表可以形成系统节点与有阻抗元件之间的关联矩阵，由此也就自动形成了网络拓扑结构。图 8-5 是经过协调后，所有逻辑节点按照由有阻抗元件的连接关系形成的网络拓扑。

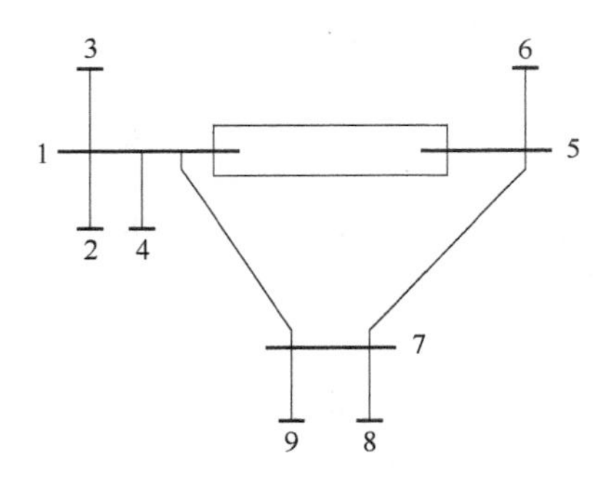

图 8-5　网络拓扑

8.3.3　网络拓扑分析

网络拓扑结构分析是电力系统拓扑分析中最后一个重要环节，厂站拓扑结构分析结果经协调后，形成完整的网络拓扑结构。网络分析方法与厂站拓扑结构分析相同，根据拓扑结构形成关联矩阵，拓扑结构中有阻抗元件对应的边赋权为 1 时表示运行。进而计算反映任意两节点间连接关系的传递闭包阵，对传递闭包阵搜索确定节点的连通片。

与厂站拓扑分析形成电气节点的连通片——逻辑节点类似，网络拓扑分析形成电力系统节点的连通片——子系统。正常情况下，仅存在一个主子系统，其他子系统往往是不带电的，向 EMS 高级应用传递的信息就是主子系统的信息。对图 8-1 所示的简单电力系统，在当前开关状态下，厂站拓扑结构分析累计得到 9 个逻辑节点，即电力系统的最大节点号为 9，协调后得到如图 8-5 所示的网络拓扑，继续进行网络拓扑分析知 9 个逻辑节点形成一个连通片，即一个子系统。

8.3.4　算法流程

高斯消元算法用于电力系统拓扑结构分析的计算流程总结成如下几个方面，

也是计算机处理的主要流程：

1）读取每个厂站开关状态，根据拓扑结构形成厂站的关联矩阵。

2）由高斯消元计算获得拓扑结构的传递闭包阵，并对闭包阵进行节点连通片的搜索，确定站内的逻辑节点。

3）记录电气节点、逻辑节点和系统节点间的映射关系，形成节点映射表，直到所有厂站拓扑分析结束。

4）根据输电线路两端的厂站、节点信息，形成网络拓扑结构。

5）形成网络拓扑结构的关联矩阵，采用和厂站拓扑分析一样的方法进行网络拓扑结构分析，确定电网内的子系统。

6）形成供电力系统高级应用分析的等效模型和分析程序的接口。

上述电力系统拓扑分析的主要流程如图 8-6 所示。

8.3.5　算例分析

本节所述的电力系统拓扑结构分析方法基于 VC6.0++平台编制了实用程序，并已集成于山东电网 AVC 的主站系统中。

对文中图 8-1 网络模型执行拓扑分析，在主频为 1.66GHz 的 AMD2400+的 PC 运算耗时约 110μs，得到的结果如表 8-1 所示。

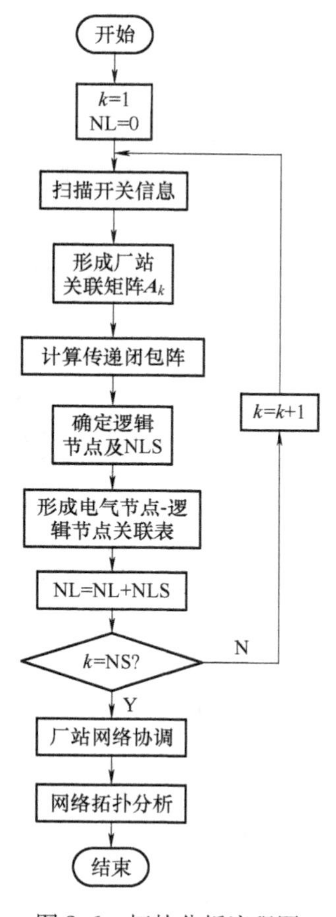

图 8-6　拓扑分析流程图

表 8-1　模型拓扑结果表

厂站号	1	1	1	1	1	1	1	1	1	1	1	1	1	1	2
电气节点	1	2	3	4	5	6	7	8	9	10	11	12	13	14	1
逻辑节点	1	1	1	1	1	1	1	1	2	2	3	3	4	4	5
子系统	1	1	1	1	1	1	1	1	1	1	1	1	1	1	1
厂站号	2	2	2	2	2	3	3	3	3	3	3	3	3	3	3
电气节点	2	3	4	5	6	1	2	3	4	5	6	7	8	9	10
逻辑节点	5	5	5	6	6	7	7	7	7	7	7	8	8	9	9
子系统	1	1	1	1	1	1	1	1	1	1	1	1	1	1	1

由表 8-1 可以看出，高斯消元算法的分析结果与实际系统一致，且速度很快。再以山东 220kV 及以上电压等级电网某一时刻运行方式为初始状态，并进行拓扑

分析行测试。此时系统规模为180座厂站、326条输电线路、147台（双、三绕组）变压器、681条母线段、65组并联补偿器（电容器或电抗器）和5712个开关（断路器和隔离开关），共有4681个电气节点。

对180座厂站形成关联矩阵后，按照高斯消元算法计算传递闭包阵并搜索电气节点的连通片，得648个逻辑节点，用时约44ms。形成网络拓扑的关联矩阵后进行分析得185个子系统，其中主子系统含有4370个电气节点，其他184个子系统含有311个电气节点，且都是死岛，网络拓扑分析耗时约72ms，即总耗时为116ms。

使用分块技术将网络拓扑的关联矩阵分割为10×10的子块后再进行分析，则网络拓扑分析耗时可以缩减为22ms，即此时执行拓扑分析的总耗时约为66ms。

8.3.6 小结

基于分解-协调思想的厂站拓扑设计，不必记录变电站节点起始号，方便形成厂站关联矩阵的同时也增加了厂站设计的灵活性，尤其在厂站拓扑变化时无须对全网所有厂站重新编号，而厂站拓扑分析后与网络的协调是随着节点映射表的形成自动关联，不需要复杂的算法设计，适于模块化的程序开发。

在此模型下，实际算例计算表明了使用高斯消元算法可以有效降低计算关联矩阵的传递闭包阵的计算量，提高计算速度。在山东电网AVC主站实时运行环境下，本节作者也用其他算法进行相应测试，尽管深度（广度）优先搜索技术在某些简单接线形式下会出现一定的速度优势，但在面临复杂、多变情况下，本节方法不仅具有一定的速度优势，同时由于体现类似线性代数方程求解的特点，模式形成容易，程序代码简洁，适应性强，鲁棒性好。对于每5~15min执行一次无功优化的AVC主站或其他应用来讲，上述足以满足实时环境的要求。

8.4 拓扑分析与状态估计及其衔接

通过对开关状态处理形成等效模型以后，拓扑分析还应根据子系统的范围，将SCADA采集的量测数据一一划定，并检查各个子系统的可观测性，使其满足电力系统状态估计的要求[55]。近年来，以相角测量单元（PMU）为基础的广域测量系统（WAMS）为电力系统的监控、控制提供了新的技术手段，并对电力系统状态估计产生了一定的影响。本节对WAMS下拓扑分析、状态估计等问题作了基本分析和探讨。

8.4.1 量测量的划分及子系统可观测性检查

8.4.1.1 量测量的划分

量测量根据其测点的设置可以分为线路潮流量测、节点注入量测和节点电压量测三类，每一类量测都应根据其测点位置对应到子系统中。

1）潮流量测具体可分为首端有功量测、首端无功量测、末端有功量测和末端无功量测四类。每个量测都对应一个有效测点，首端量测对应的节点为输电线路的首端节点，末端量测对应的节点为输电线路的末端节点，按照电气节点-逻辑节

点-子系统关联表就可以确定其所对应的逻辑节点和所属子系统。

2）节点注入量测没有像线路潮流量测一样的对应关系，由于在状态估计中节点注入量是净注入功率，是一个节点上各元件注入功率的总和。因此，节点注入量测应当先根据节点注入量的数目和有效注入量测的值确定该注入量测是否为有效量测，若量测量有效，则根据关联表确定所属子系统，否则不使用该注入量测。

3）节点电压量测在 SCADA 系统中只有节点电压幅值量测，可以像线路潮流量测一样确定所属子系统信息；在 WAMS 中量测包含节点电压幅值和电压相角量测，其测量准确度比 SCADA 的测量准确度要高，更新速度要快且含有时标。一般来讲，SCADA 数据实时更新的周期为 2～4s，而 PMU 数据实时更新的周期为 10～20ms，也就是说，在 SCADA 数据采集的一个周期内，将会有约 200 组 PMU 数据被采集。最简单的办法是根据时标采用最新的一组 PMU 数据作为节点电压量测的有效量测，传递至相应的子系统，但缺点是与延时较大的 SCADA 数据不在同一时间断面上；折中的方法是考虑到电力系统节点电压幅值和电压相角短时间（2～4s）内一般不会发生显著变化，在一个 SCADA 数据采集周期内，取 PMU 数据的平均值作为有效量测，传递至相应的子系统，尽量减小与 SCADA 数据的断面差距，但这样处理又会增加计算量。图 8-7 为划归量测量至子系统的流程图。

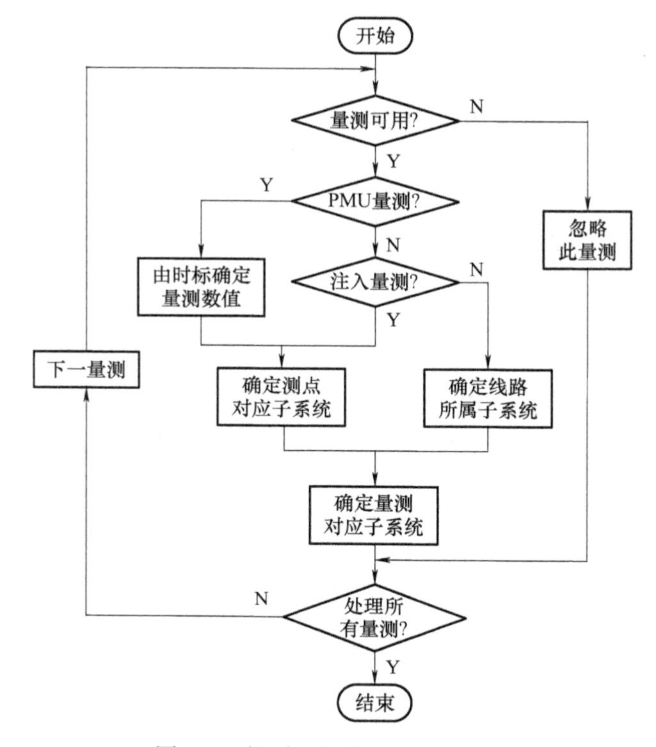

图 8-7　量测量划分子系统流程图

8.4.1.2 子系统可观测性检查

可观测性检查是分析判断利用处于可用状态的量测数据是否能计算出各个子系统的状态，有功量测量和无功量测量是系统状态量的非线性函数，而 PMU 量测量是系统状态量的线性函数，电压幅值和电压相角的出现使得状态量可被直接获得，提高了系统的可观测性。特别地，当测点 PMU 对节点关联支路的电流向量也进行测量时，可以根据电压、电流向量的线性关系得

$$\boldsymbol{V}=\boldsymbol{Z}\boldsymbol{I} \tag{8-38}$$

式中 $\boldsymbol{V}$——节点电压向量；

$\boldsymbol{I}$——支路电流向量；

$\boldsymbol{Z}$——阻抗矩阵。

确定出相邻节点的电压幅值和相角，扩大子系统内可观测的区域。可观测性检查的过程实际上是确定子系统内量测量涵盖节点电压幅值相角的过程，对于一个子系统的可观测性检查的流程可以用图 8-8 表示。

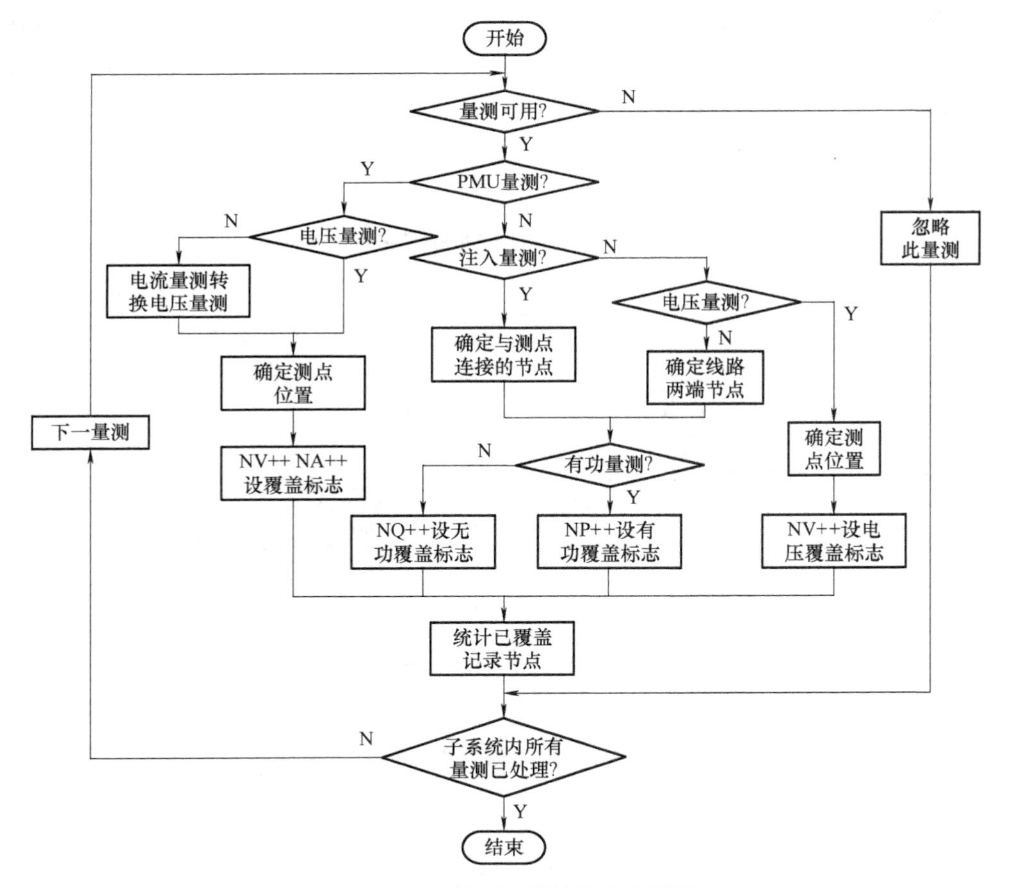

图 8-8 子系统可观测性检查流程图

图中，NV 表示节点电压测点数目，NA 表示节点相角测点数目，NP 表示有功测点数目，NQ 表示无功测点数目。当子系统中存在如下情况时：

1）至少有一个电压测点。

2）有功或者电压相角量测覆盖全部节点，且有功测点数 NP 与电压相角测点数 NA 之和应不少于系统节点数。

3）无功或者电压幅值量测覆盖全部节点，且无功测点数 NQ 与电压幅值测点数 NV 之和应不小于系统节点数。

子系统同时满足上述三个条件，则系统是可观测的，可以进行状态估计计算；若子系统仅仅满足前两个条件 1 和 2 时，则只能进行有功-相角的估计，即直流状态估计。

8.4.2　拓扑分析与状态估计的通信

拓扑分析程序和状态估计程序的衔接主要是传递两个程序之间的信息和数据，其具体流程如图 8-9 所示。

1）初始化运行，根据站内电气节点数目和开关状态形成相应的节点关联矩阵。

2）进行厂站和网络层的拓扑分析，得到电气节点-逻辑节点-子系统的映射表及子系统总数等网络拓扑信息。

3）从第一子系统开始分析。

4）将全网内的有效量测划归至子系统。

5）对子系统内的量测量执行可观测性检查，判断子系统的可估性。

6）对子系统执行状态估计，并输出计算结果。同时测试是否对所有子系统都进行了状态估计，如果未进行完，则进行下一个子系统的状态估计，否则计算结束。

7）跟踪运行中开关变位情况，如果有开关状态发生变化，则重新进行拓扑分析，无变化则直接进行状态估计。

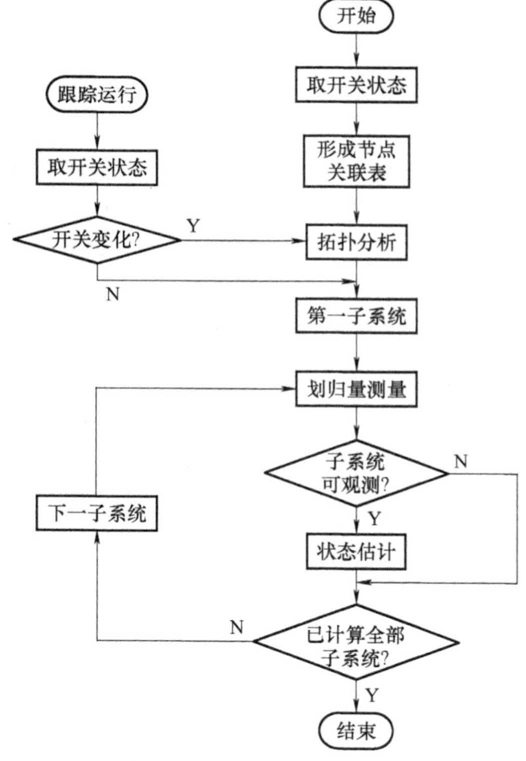

图 8-9　拓扑分析与状态估计的连接

8.4.3　PMU 对传统状态估计的影响

电力系统状态估计一般是 SCADA 系统采集的冗余量测信息，按照设定的估计准则拟合出最接近于实际运行状态的最佳估计值，从而排除错误信息和测量误差的干扰。其求解方法大多是基于牛顿法的非线性计算方法，估计出的状态作为电力系统的准稳态描述，即限于稳态应用。20 世纪 90 年代开始的基于 GPS 的实时相角测量的研究和 PMU 装置在电力系统的投运，使得电力系统状态量可以被直接测量，测量数据具有高准确度、短周期的特点，将现代电力系统的数据监控采集系统由 SCADA 推向了 WAMS。

由于价格因素等原因，在当前阶段还不可能在电网中大量配置 PMU，一般采取的方案是在系统最关键的部分配置 PMU，以精细的 WAMS 量测数据对这部分系统进行精确监控。由于状态估计程序求解的状态量即为节点电压向量，一旦这些向量可以直接测量，必然会对状态估计产生巨大影响。因此如何在原有的状态估计中有效利用 PMU 量测，提高状态估计的性能是当前研究的一个重要方向。

8.4.3.1 状态估计模型

当前在状态估计中应用 PMU 量测的模型可以分为三类：线性状态估计模型、非线性估计模型以及线性与非线性估计结合的混合模型。

线性估计模型利用直角坐标下 PMU 量测与电力系统状态量的线性关系，只用节点电压向量和支路电流向量进行估计，不需要迭代，运行周期短，收敛性好。但是，如前所述，PMU 的可观测性配置在短期内很难实现，而且线性估计存在不能利用功率量测的缺点，造成了 SCADA 数据的浪费。

非线性估计模型利用 PMU 数据的方式有两种，具体如下。

1）将 PMU 量测直接作为估计值。PMU 可以直接测量所在节点的状态量，在系统对状态估计结果准确度要求不很严格，例如要求误差在 10^{-3} 内，则高准确度 PMU 量测基本可以满足这一要求，相应的量测数据可以直接作为状态量真值。这种处理方式可以有效减少状态估计的计算规模，因此计算速度非常快，且不需要修改原有状态估计程序，只需要确定哪些节点有 PMU 量测、哪些没有便可以计算。因此，该方式适于对计算速度、时间有严格要求的程序中，但是要考虑到数据准确度偏低的问题。

2）在 SCADA 量测基础上增加 PMU 量测。将 PMU 节点电压相角量测方程加入传统状态估计算法中，并利用 PMU 准确度高的特点给量测数据以较大的权重，能够有效提高状态估计结果的准确度。其引入方式十分简单，即

$$\begin{aligned} V_i^m &= V_i \\ \theta_i^m &= \theta_i \end{aligned} \tag{8-39}$$

式中，m 表示量测；i 为装配了 PMU 的节点，$i=1,2,\cdots,n$。

计算中雅可比矩阵 $\boldsymbol{H}$ 中电压相应元素为 V_i，而相角相应元素为 1，权值按各自量测准确度分别为 W_v 和 W_θ。在计算信息矩阵时，PMU 量测对应部分将全部加入到信息矩阵主对角线相应节点上，因而能够改善信息矩阵的性态。当 PMU 量测数据权值很大时，会对信息矩阵以及迭代方程产生显著影响，从而提高估计准确度。

混合模型将线性估计和非线性估计集合在一起，在 PMU 可观测区域实施线性

估计而在其他区域实施非线性估计，这种处理方式需要考虑两种参考节点和边界节点的处理，处理起来较为复杂。

8.4.3.2　参考点的协调

由于PMU相角量测和状态估计计算都需要选取参考节点，若要在非线性估计中利用PMU量测，就必须考虑两种参考节点的协调问题。参考节点的协调主要有两种方法，具体如下。

1）选择配置PMU的节点作为估计状态估计的参考节点，将其他PMU节点与参考节点的相角之差作为该节点的电压相角量测，也即使用PMU相角量测的绝对角度值，则PMU数据的量测方程如式（8-39）所示。此种协调方式实现最为简单，但当参考节点的相角量测出现比较大的误差时会较为严重地影响估计结果的准确性。因此，在使用参考节点PMU量测数据前应当根据一定准则（如量测突变）进行数据的校验。

2）选取某一时刻开始进行测量，所有PMU相角测量都以相角两两差值的方式提供给状态估计，量测作为节点相对相角量测来利用，表达式为

$$\theta_{ij}=\theta_i-\theta_j \tag{8-40}$$

式中，$i=1,2,\cdots,n$；$j=1,2,\cdots,n$。

相对相角量测方式可以避免不同参考节点相角变换问题，但是需要注意的是该方式将增大量测误差，应计算实际差值量测误差并进行加权。

8.4.3.3　引入PMU量测的状态估计

本节采用配置PMU的节点作为估计方程的参考节点，以节点绝对相角的方式利用PMU的节点电压相角量测（PMU支路电流量测暂不考虑），分析WAMS下状态估计的特性。参考节点的PMU坏数据采用量测突变检测技术检测，若参考节点出现坏数据，则选择其他PMU测点作为参考节点[51,56]。

基于SCADA数据的电力系统状态估计将状态量和量测量的关系表示为

$$\boldsymbol{z}=\boldsymbol{h}(\boldsymbol{x})+\boldsymbol{v} \tag{8-41}$$

式中　$\boldsymbol{z}$——m维量测量；

$\boldsymbol{x}$——$2n-1$维状态量；

$\boldsymbol{v}$——服从均值为0、方差为σ^2正态分布的量测噪声。

根据加权最小二乘法进行状态估计的迭代修正公式为

$$\Delta\boldsymbol{x}_{l+1}=[\boldsymbol{H}_l^{\mathrm{T}}\boldsymbol{R}^{-1}\boldsymbol{H}_l]^{-1}\boldsymbol{H}_l^{\mathrm{T}}\boldsymbol{R}^{-1}[\boldsymbol{z}-\boldsymbol{h}(\boldsymbol{x}_l)] \tag{8-42}$$

式中，$l=1,2,\cdots$表示迭代次数；$\boldsymbol{H}=\dfrac{\partial\boldsymbol{h}(\boldsymbol{x})}{\partial\boldsymbol{x}}$为状态量的系数矩阵；$\boldsymbol{R}=\mathrm{diag}[\sigma_1^2,\sigma_2^2,\cdots,\sigma_m^2]$，其倒数作为量测量的权值。

当系统可观测时，量测修正方程为

$$\begin{bmatrix}\Delta\boldsymbol{P}\\ \Delta\boldsymbol{Q}\\ \Delta\boldsymbol{V}\end{bmatrix}=\begin{bmatrix}\boldsymbol{M} & \boldsymbol{F}\\ \boldsymbol{G} & \boldsymbol{N}\\ \boldsymbol{0} & \boldsymbol{B}\end{bmatrix}\begin{bmatrix}\Delta\boldsymbol{\theta}\\ \dfrac{\Delta\boldsymbol{V}}{\boldsymbol{V}}\end{bmatrix} \tag{8-43}$$

式中 $\boldsymbol{M}$、$\boldsymbol{G}$——NP×$(n-1)$ 维的雅可比子矩阵；

$\boldsymbol{F}$、$\boldsymbol{N}$——NQ×n 维的雅可比子矩阵；

$\boldsymbol{B}$——NV×n 维的雅可比子矩阵。

WAMS 引入了高准确度的 PMU 数据，可以直接获得节点的状态量。这使得电力系统状态估计的计算确定多个节点相对于一个节点（参考节点）的相对偏移位置变成多个节点相对于多个节点（PMU 配置节点）的相对偏移位置的计算。因此 WAMS 下电力系统状态估计计算相比传统估计计算也发生一些新的变化，朝着准确度更高、性能更好的方向发展。

设量测系统中引入了 NU 个 PMU 量测，则在系统可观测时，量测修正方程变化为

$$\begin{bmatrix} \Delta\boldsymbol{P} \\ \Delta\boldsymbol{Q} \\ \Delta\boldsymbol{V} \\ \hdashline \Delta\boldsymbol{V}_{\mathrm{P}} \\ \Delta\boldsymbol{\theta}_{\mathrm{P}} \end{bmatrix} = \begin{bmatrix} \mathbf{M} & \mathbf{F} \\ \mathbf{G} & \mathbf{N} \\ \mathbf{0} & \mathbf{B} \\ \hdashline \mathbf{0} & \mathbf{B}_{\mathrm{P}} \\ \boldsymbol{A}_{\mathrm{P}} & \mathbf{0} \end{bmatrix} \begin{bmatrix} \Delta\boldsymbol{\theta} \\ \dfrac{\Delta\boldsymbol{V}}{\boldsymbol{V}} \end{bmatrix} \tag{8-44}$$

式中 $\boldsymbol{A}_{\mathrm{P}}$——NU×$(n-1)$ 维雅可比子阵；

$\boldsymbol{B}_{\mathrm{P}}$——NU×$n$ 维雅可比子阵。

实际应用中常以估计误差的协方差矩阵来衡量状态估计值与真值之间的差异，表达式如下

$$\boldsymbol{D} = \boldsymbol{E}[(\boldsymbol{x}-\hat{\boldsymbol{x}})(\boldsymbol{x}-\hat{\boldsymbol{x}})^{\mathrm{T}}] = (\boldsymbol{H}^{\mathrm{T}}\boldsymbol{R}^{-1}\boldsymbol{H})^{-1} \tag{8-45}$$

其对角元素随量测量的增多而减小，即量测点设置越多时，估计出来的状态量就越准确；反之，量测点设置越少时，估计出来的状态量误差也就越大。

以式（8-43）计算增益矩阵有

$$\boldsymbol{H}^{\mathrm{T}}\boldsymbol{R}^{-1}\boldsymbol{H} = \begin{bmatrix} \boldsymbol{M} & \boldsymbol{G} & \mathbf{0} \\ \boldsymbol{F} & \boldsymbol{N} & \boldsymbol{B} \end{bmatrix} \begin{bmatrix} \boldsymbol{R}_{\mathrm{P}} & & \\ & \boldsymbol{R}_{\mathrm{Q}} & \\ & & \boldsymbol{R}_{\mathrm{V}} \end{bmatrix}^{-1} \begin{bmatrix} \boldsymbol{M} & \boldsymbol{F} \\ \boldsymbol{G} & \boldsymbol{N} \\ \mathbf{0} & \boldsymbol{B} \end{bmatrix} \tag{8-46}$$

式中，$\boldsymbol{R}_{\mathrm{P}}$、$\boldsymbol{R}_{\mathrm{Q}}$ 和 $\boldsymbol{R}_{\mathrm{V}}$ 分别为有功量测、无功量测和电压量测的方差。

以式（8-44）计算增益矩阵有

$$\boldsymbol{H}'^{\mathrm{T}}\boldsymbol{R}^{-1}\boldsymbol{H}' = \begin{bmatrix} \boldsymbol{M} & \boldsymbol{G} & \mathbf{0} & \mathbf{0} & \boldsymbol{A}_{\mathrm{P}} \\ \boldsymbol{F} & \boldsymbol{N} & \boldsymbol{B} & \boldsymbol{B}_{\mathrm{P}} & \mathbf{0} \end{bmatrix} \begin{bmatrix} \boldsymbol{R}_{\mathrm{P}} & & & & \\ & \boldsymbol{R}_{\mathrm{Q}} & & & \\ & & \boldsymbol{R}_{\mathrm{V}} & & \\ & & & \boldsymbol{R}_{\mathrm{U}} & \\ & & & & \boldsymbol{R}_{\mathrm{A}} \end{bmatrix}^{-1} \begin{bmatrix} \boldsymbol{M} & \boldsymbol{F} \\ \boldsymbol{G} & \boldsymbol{N} \\ \mathbf{0} & \boldsymbol{B} \\ \mathbf{0} & \boldsymbol{B}_{\mathrm{P}} \\ \boldsymbol{A}_{\mathrm{P}} & \mathbf{0} \end{bmatrix} \tag{8-47}$$

式中，$\boldsymbol{R}_{\mathrm{U}}$、$\boldsymbol{R}_{\mathrm{A}}$ 分别为 PMU 测点电压幅值和相角的量测方差。

对比式（8-46）和式（8-47），可发现

$$\boldsymbol{H}'^{\mathrm{T}}\boldsymbol{R}^{-1}\boldsymbol{H}' = \boldsymbol{H}^{\mathrm{T}}\boldsymbol{R}^{-1}\boldsymbol{H} + \begin{bmatrix} \boldsymbol{A}_{\mathrm{P}}^{\mathrm{T}}\boldsymbol{R}_{\mathrm{A}}^{-1}\boldsymbol{A}_{\mathrm{P}} & \\ & \boldsymbol{B}_{\mathrm{P}}^{\mathrm{T}}\boldsymbol{R}_{\mathrm{U}}^{-1}\boldsymbol{B}_{\mathrm{P}} \end{bmatrix} \tag{8-48}$$

$\boldsymbol{A}_{\mathrm{P}}^{\mathrm{T}}\boldsymbol{R}_{\mathrm{A}}^{-1}\boldsymbol{A}_{\mathrm{P}}$、$\boldsymbol{B}_{\mathrm{P}}^{\mathrm{T}}\boldsymbol{R}_{\mathrm{U}}^{-1}\boldsymbol{B}_{\mathrm{P}}$ 均为对角矩阵，当母线 i 装设有 PMU 时，矩阵 $\boldsymbol{A}_{\mathrm{P}}^{\mathrm{T}}\boldsymbol{R}_{\mathrm{A}}^{-1}\boldsymbol{A}_{\mathrm{P}}$ 和 $\boldsymbol{B}_{\mathrm{P}}^{\mathrm{T}}\boldsymbol{R}_{\mathrm{U}}^{-1}\boldsymbol{B}_{\mathrm{P}}$ 的第 i 个对角元分别为$\dfrac{1}{\sigma^2}$和$\dfrac{V_i^2}{\sigma^2}$。

当系统中有母线配置 PMU 后，增益矩阵的对角元素值可以被显著放大，使得量测数据在拟合状态量时向 PMU 数据靠拢，在计算过程中会较为明显地发生迭代偏移，实现对状态估计计算准确度的改善，PMU 的测量准确度越高，对状态估计计算准确度的改善也就越大。

8.4.3.4　算例分析

图 8-10 为对图 8-1 进行拓扑分析、量测分配及可观测性检查后形成的 9 节点可计算模型，支路参数如表 8-2 所示（标幺值）。

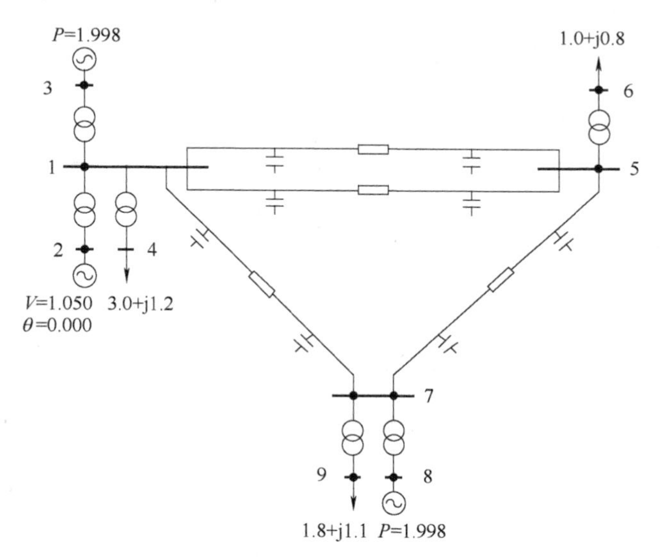

图 8-10　9 节点系统

表 8-2　支路参数表

支路号	起点	终点	电阻	电抗	对地电纳	非标准变比
1	1	5	0.00413	0.08264	0.06897	1.00000
2	1	5	0.00496	0.09917	0.08276	1.00000
3	5	7	0.01240	0.24793	0.20691	1.00000
4	1	7	0.00826	0.16529	0.13794	1.00000

（续）

支路号	起点	终点	电阻	电抗	对地电纳	非标准变比
5	8	7	0.00029	0.05053	0.00000	1.04762
6	9	7	0.00032	0.05546	0.00000	0.90909
7	6	5	0.00032	0.05546	0.00000	0.90909
8	2	1	0.00029	0.05053	0.00000	1.04762
9	3	1	0.00029	0.05053	0.00000	1.04762
10	4	1	0.00032	0.05546	0.00000	0.90909

系统潮流计算的状态值如表 8-3 所示。本节以潮流结果作为系统运行真值，对潮流数据进行 Mento Carlo 模拟，研究系统在配置 PMU 前后状态估计的变化趋势。对潮流计算生成的支路功率、节点注入功率按照标准差 σ 生成正态分布函数进行扰动，σ 表达式为

$$\sigma = 0.01 \times F \tag{8-49}$$

式中　F——量测值的绝对值。

对于 PMU 测点的电压幅值和相角，根据当前阶段 PMU 量测所能达到的准确度，取电压幅值量测的标准差

$$\sigma_U = 0.003 \times F \tag{8-50}$$

取相角量测的标准差

$$\sigma_P = 0.001 \times F \tag{8-51}$$

表 8-3　系统状态值

节点号	1	2	3	4	5	6	7	8	9
幅值（pu）	1.0397	1.0500	1.0500	1.0659	1.0145	1.0692	1.0360	1.0500	1.0748
相角（°）	−5.0579	0.0000	0.4972	−12.9190	−7.0396	−9.7271	−4.8221	0.7517	−9.5153

取误差协方差矩阵 $\boldsymbol{D}$ 对角元之和 tr$\boldsymbol{D}$ 作为直接由估计方程推出的估计准确度指标。用受扰动的模拟随机数据进行本节所述状态估计计算，设定迭代收敛阈值为 1×10^{-5}，得到状态估计结果如表 8-4 和表 8-5 所示。表 8-4 的数据为基于 SCADA 量测数据的状态估计结果，表 8-5 的数据为基于 WAMS 量测数据的状态估计结果（除在参考节点外，在节点 8 安装 PMU，测值为 $\boldsymbol{U}=1.0490$pu、$\theta=0.7507°$）。

表 8-4　SCADA 数据状态估计结果

节点号	1	2	3	4	5	6	7	8	9
幅值（pu）	1.0403	1.0503	1.0500	1.0664	1.0149	1.0700	1.0370	1.0515	1.0759
相角（°）	−5.0318	0.0000	0.5689	−12.8318	−7.0097	−9.6757	−4.7931	0.7475	−9.4236

基于 SCADA 数据的状态估计经过 4 次迭代收敛，误差协方差矩阵 $\boldsymbol{D}$ 对角元之

和 $\mathrm{tr}\boldsymbol{D}=9.7417\times10^{-5}$，各个节点状态量相比状态真值偏差最大的分别为 $\Delta U_8=0.0015\mathrm{pu}$ 和 $\Delta\theta_9=0.0917°$。

表 8-5 PMU 数据状态估计结果

节点号	1	2	3	4	5	6	7	8	9
幅值（pu）	1.0390	1.0491	1.0489	1.0648	1.0136	1.0685	1.0355	1.0502	1.0742
相角（°）	-5.0436	0.0000	0.5702	-12.8650	-7.0267	-9.7000	-4.8045	0.7512	-9.4486

基于 PMU 数据的状态估计经过 4 次迭代收敛，误差协方差矩阵 $\boldsymbol{D}$ 对角元之和 $\mathrm{tr}\boldsymbol{D}=5.1867\times10^{-5}$，各个节点状态量相比状态真值偏差最大的分别为 $\Delta U_3=0.0011\mathrm{pu}$ 和 $\Delta\theta_3=0.0730°$。

可见，引入高准确度的 PMU 数据后，由于计算中赋予了较高的加权量，使得误差的协方差矩阵的值显著减小，节点的状态估计值在 PMU 数据引入后明显接近状态真值，估计准确度也得到了有效提高。

需要注意的是，由于网络内不同节点的耦合关系不同，PMU 提供的高准确度数据在网络内经由不同的路径传递其相对角，影响每次的迭代修正也就不同。在不同节点配置 PMU 进行状态估计计算后，误差协方差矩阵 $\boldsymbol{D}$ 对角元之和 $\mathrm{tr}\boldsymbol{D}$ 也就不同，对各个节点配置受随机误差干扰的 PMU 数据，计算的 $\mathrm{tr}\boldsymbol{D}$ 结果如表 8-6 所示。

表 8-6 不同 PMU 数据下的 trD

PMU 配置点	1	2	3	4	5	6	7	8	9
$\mathrm{tr}\boldsymbol{D}(\times10^{-5})$	4.4398		5.3129	2.8594	4.1010	3.3759	4.4909	5.1867	3.5907

8.4.4 小结

在现代 EMS 中，状态估计是整个 EMS 的基础部分，而拓扑分析又是状态估计的基础工作。拓扑分析除应当根据系统内开关状态形成等效节点模型外，还应当将可用量测数据传送至子系统供状态估计程序计算。

将 PMU 引入现有 SCADA 系统升级为 WAMS 系统后，PMU 测点提供的高准确度电压幅值和相角量测可以使得状态量直接获得，同时也可改善系统的可观测性。因此，在实际拓扑分析和状态估计中应当充分挖掘利用 PMU 数据高准确度、可测量的特点，使得信息能够被最大可能地输送至系统其他节点，从而提高总体状态估计的性能。

8.5 结论

本章在状态估计研究与实践较成熟的前提下，从工程应用的角度，较全面地对电力系统运行与控制的实时拓扑分析及其状态估计进行了系统性的总结，具有一定的实用性。

第9章

自动发电控制

9.1 引言

在上述章节中，围绕电力系统运行基点及其允许变动的范围，从经济运行的角度出发，已详细讨论了若干问题的模型和算法。然而，这些决策结果都是超前的，当面临现实情况时，不免会产生偏差。对这一偏差，当然要进行控制。控制的依据是频率、电压和电能质量的标准，这一电力系统控制技术在现代能量管理系统中起到了关键的作用。本章主要围绕火电系统的频率控制展开探讨，有关电压控制、电能质量控制由于其分散性、涉及内容多，本书不再探讨。后续内容均认为电压及电能质量已控制在合理范围之内。

由汽轮机驱动的发电机可用图9-1所示的旋转系统示意，图中 T_{mech} 表示机械转矩，是由汽轮机作用在转轴上驱动发电机转子旋转的转矩；T_{elec} 表示电磁转矩，是由发电机作用在转轴上制动其转子旋转的转矩，该旋转系统的平衡由 T_{mech} 和 T_{elec} 间的相互作用来维持。若 $T_{mech}=T_{elec}$，则发电机组转速 ω 维持不变；若载荷增加导致 $T_{mech}\leqslant T_{elec}$，则发电机组开始减速；反之，则发电机组加速。如发电机组降速或超速超过一定范围，都应采取措施增加或减少机械转矩 T_{mech}，使发电机组转速恢复到可接受的范围，维持转子运动的平衡。

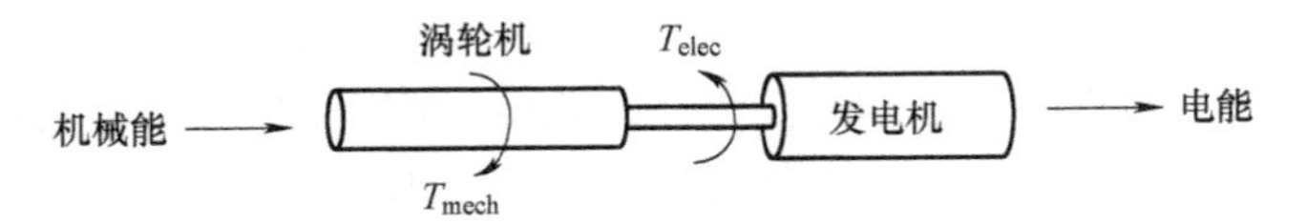

图9-1　发电机组中机械转矩和电磁转矩的相互作用示意图

在实际的电力系统中，负荷功率是持续改变的，这导致 T_{elec} 在不断变化，需要不断调整机械转矩 T_{mech} 以维持转子运动的平衡。此外，由于电力系统含多台发电机组，负荷是由多台发电机组共同承担的，此时就存在一个功率分配的问题（前已述及），功率分配应该与这些控制器衔接，以应对偏差。图9-2给出了发电控制概况的示意。

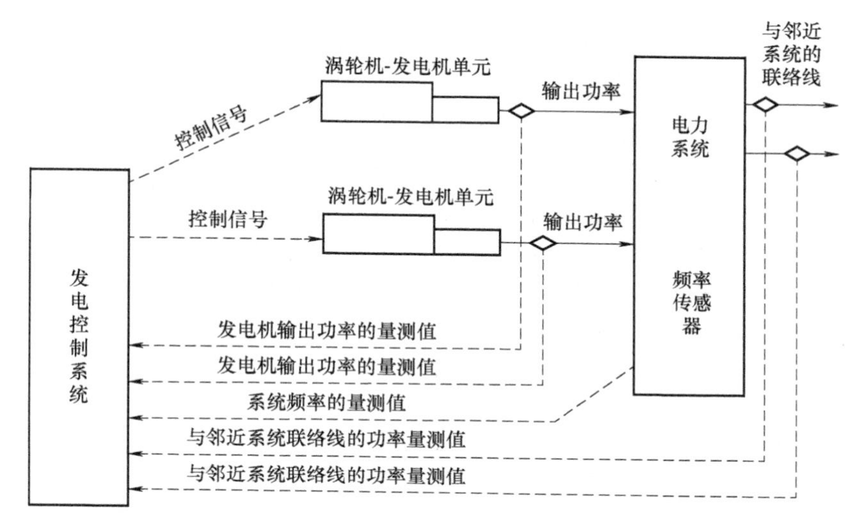

图9-2　发电控制系统概况

9.2　发电模型

首先定义以下变量：

ω_r = 转子的角速度（rad/s）

α_r = 转子的角加速度

δ_r = 转子转过的角度

T_{net} = 作用在转子上的净加速转矩

T_{mech} = 作用在转子上的机械转矩

T_{elec} = 作用在转子上的电磁转矩

P_{net} = 净加速功率

P_{mech} = 机械输入功率

P_{elec} = 电磁输出功率

I = 转动惯量

M = 角动量

上述变量（除角度）是标幺值的形式，以发电机组额定值为基准值。

在下面的分析中，按控制的作用，比较重要的是相关变量相对其正常值（可认为是基点）变化的大小，正常值（基点）用含有下标“0”的符号来表示（例如ω_0、T_{net0}），变化量用前面含“Δ”的符号来表示（例如$\Delta\omega$、ΔT_{net}）。基于旋转力学原理，有如下三个基本方程：

$$T_{\text{net}} = I\alpha_r \tag{9-1}$$

$$M = I\omega_r \tag{9-2}$$

$$P = \omega_r T_{net} = \omega_r (I\alpha_r) = M\alpha_r \tag{9-3}$$

对一个旋转的转子而言，若该转子在正常状态下的转速和转过的相对角度分别为 ω_0 和 δ_0，当发生机械或电的扰动时，作用在该转子上的机械转矩和电磁转矩间会出现不平衡，导致其加速或减速，就会产生转速、相对角度的变化（分别记为 $\Delta\omega$、$\Delta\delta$)，这是控制对应的状态。

若旋转坐标参考系以 ω_0 角速度旋转，转子转过角度 δ_r（这个角度与潮流中的相位角有本质的区别）等于转子与参考坐标系间的角度，因扰动而产生的角加速度使得 δ_r 发生 $\Delta\delta$ 的变化，此时角速度为

$$\omega_r = \omega_0 + \alpha_r t \tag{9-4}$$

积分则有

$$\begin{aligned}\Delta\delta &= \underbrace{\int(\omega_0 + \alpha_r t)\,\mathrm{d}t}_{\substack{\text{转子转过}\\\text{的角度}}} - \underbrace{\int\omega_0\,\mathrm{d}t}_{\substack{\text{参考坐标系}\\\text{转过的角度}}} \\ &= \omega_0 t + \frac{1}{2}\alpha_r t^2 - \omega_0 t \\ &= \frac{1}{2}\alpha_r t^2\end{aligned} \tag{9-5}$$

同时，$\Delta\omega$ 可表示为

$$\Delta\omega = \alpha_r t = \frac{\mathrm{d}}{\mathrm{d}t}(\Delta\delta) \tag{9-6}$$

由此，净加速转矩与转子角度、角速度变化量间的关系为

$$T_{net} = I\alpha_r = I\frac{\mathrm{d}}{\mathrm{d}t}(\Delta\omega) = I\frac{\mathrm{d}^2}{\mathrm{d}t^2}(\Delta\delta) \tag{9-7}$$

进一步可以分析净加速功率和净加速转矩间的关系，净加速功率等于机械功率与电磁功率之差，即

$$P_{net} = P_{mech} - P_{elec} \tag{9-8}$$

净加速功率还可表示为其正常值与变化量之和，即

$$P_{net} = P_{net_0} + \Delta P_{net} \tag{9-9}$$

其中

$$P_{net_0} = P_{mech_0} - P_{elec_0} \tag{9-10}$$

$$\Delta P_{net} = \Delta P_{mech} - \Delta P_{elec} \tag{9-11}$$

则有

$$P_{net} = (P_{mech_0} - P_{elec_0}) + (\Delta P_{mech} - \Delta P_{elec}) \tag{9-12}$$

同理对转矩也有类似的表达：

$$T_{net}=(T_{mech_0}-T_{elec_0})+(\Delta T_{mech}-\Delta T_{elec}) \tag{9-13}$$

由式（9-3）可知

$$P_{net}=P_{net_0}+\Delta P_{net}=(\omega_r+\Delta\omega)(T_{net_0}+\Delta T_{net}) \tag{9-14}$$

结合式（9-12）和式（9-13）可得

$$\begin{gathered}(P_{mech_0}-P_{elec_0})+(\Delta P_{mech}-\Delta P_{elec})=\\(\omega_r+\Delta\omega)\left[(T_{mech_0}-T_{elec_0})+(\Delta T_{mech}-\Delta T_{elec})\right]\end{gathered} \tag{9-15}$$

在正常状态下，有

$$P_{mech_0}=P_{elec_0} \tag{9-16}$$

$$T_{mech_0}=T_{elec_0} \tag{9-17}$$

将式（9-15）展开，忽略 $\Delta\omega$ 与 ΔT_{mech}、ΔT_{elec} 相乘的二次项，则有

$$\Delta P_{mech}-\Delta P_{elec}=\omega_0(\Delta T_{mech}-\Delta T_{elec}) \tag{9-18}$$

由式（9-7）可知净加速转矩与角速度变化量间的关系为

$$(T_{mech_0}-T_{elec_0})+(\Delta T_{mech}-\Delta T_{elec})=I\frac{d}{dt}(\Delta\omega) \tag{9-19}$$

由于 $T_{mech_0}=T_{elec_0}$，则结合式（9-18）和式（9-19）可得

$$\Delta P_{mech}-\Delta P_{elec}=\omega_0 I\frac{d}{dt}(\Delta\omega)=M\frac{d}{dt}(\Delta\omega) \tag{9-20}$$

将式（9-20）进行拉普拉斯变换可得

$$\Delta P_{mech}-\Delta P_{elec}=Ms\Delta\omega \tag{9-21}$$

其传递函数可由图9-3所示框图表示。

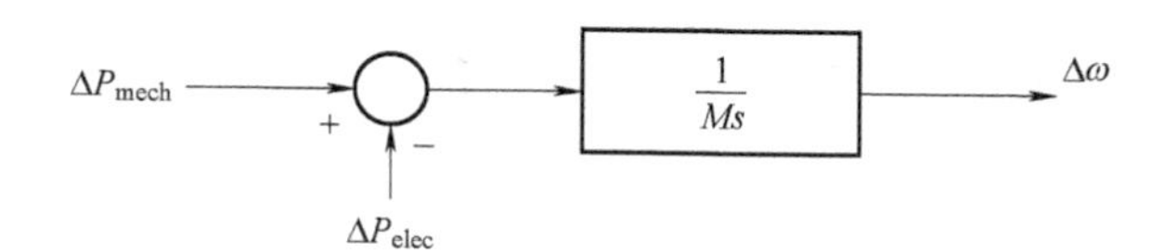

图9-3 机械功率、电磁功率变化与转速变化之间的关系

M 的单位是 W/(rad/s)，有时也将其表示为标幺值形式。

9.3 负荷模型

实际电力系统中的负荷由不同种类的用电设备组成，有些设备是纯电阻性的，有些设备的输出功率随系统频率变化而改变，除此之外还有一些呈现其他特性的设备。其中，电动机是电力负荷中的主要组成部分，而其消耗功率受系统频率的影响，一般称为负荷的频率特性，该特性为载荷消耗功率变化与频率变化间的关系，可以表达为

$$\Delta P_{L(freq)}=D\Delta\omega \text{ 或 } D=\frac{\Delta P_{L(freq)}}{\Delta\omega} \tag{9-22}$$

式中，D表示每单位百分比频率的变化所导致负荷变化的百分比。例如，频率变化1%导致负荷变化1.5%，则D等于1.5。然而在分析系统的动态响应特性时，常常将D表示成标幺值，如果所选的功率基准值不等于系统负荷的实际值，D在表示成标幺值的形式时，其大小会发生改变。例如，一系统中接入了1200MV·A的负荷，在分析其动态响应特性时，所采用的功率基准值为1000MV·A，$D=1.5$说明系统频率变化1pu将使负荷改变1.5pu，即频率变化1pu会使负荷改变1800MV·A（1.5×1200MV·A），在以1000MV·A为基准值分析时，D的标幺值为

$$D_{1000-\mathrm{MV\cdot A\ base}}=1.5\times\left(\frac{1200}{1000}\right)=1.8 \tag{9-23}$$

考虑负荷的功率-频率特性，可将图9-3中净电磁功率的变化量表示为

$$\Delta P_{\mathrm{elec}}=\underbrace{\Delta P_{\mathrm{L}}}_{\substack{\text{对频率不敏感}\\ \text{负荷的变化}}}+\underbrace{D\Delta\omega}_{\substack{\text{对频率敏感}\\ \text{负荷的变化}}} \tag{9-24}$$

根据上式可将图9-3所示框图表示成图9-4所示的框图。

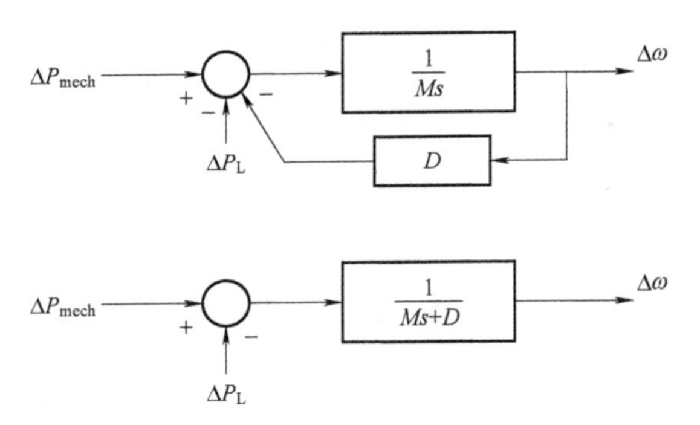

图9-4　考虑负荷一次调频特性时频率变化与负荷变化之间的框图

【算例1】

针对一孤立的电力系统，含一台额定功率为600MW的发电机组，以发电机组额定功率为功率基准值，M的标幺值为7.6pu，发电机组供给400MW的负荷，频率变化1%将使负荷变化2%。首先可建立等效发电-负荷系统的框图，以1000MV·A为基准值，此时M和D的标幺值为

$$M=7.6\times\left(\frac{600}{1000}\right)=4.56 \tag{9-25}$$

$$D=2\times\left(\frac{400}{1000}\right)=0.8 \tag{9-26}$$

则该系统的框图如图9-5所示。

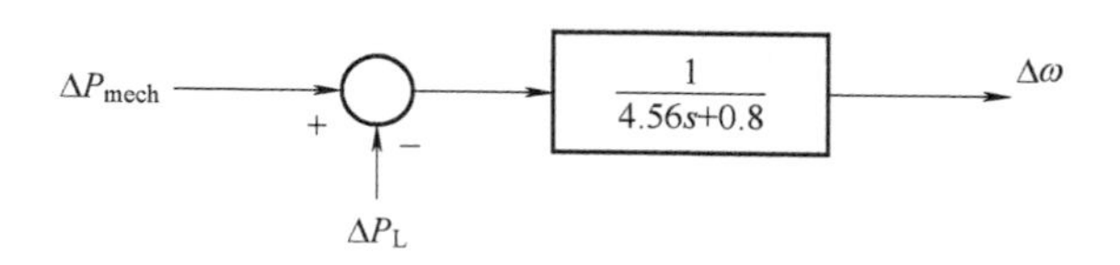

图9-5　算例1的系统框图

假设负荷突然增加10MW（0.01pu），则负荷阶跃变化的拉普拉斯变换为

$$\Delta P_L(s)=\frac{0.01}{s} \tag{9-27}$$

由框图9-5可得

$$\Delta\omega(s)=-\frac{0.01}{s}\left(\frac{1}{4.56s+0.8}\right) \tag{9-28}$$

将其进行拉普拉斯反变换可得

$$\Delta\omega=\left(\frac{0.01}{0.8}\right)e^{-\left(\frac{0.8}{4.56}\right)t}-\left(\frac{0.01}{0.8}\right)=0.0125e^{-0.175t}-0.0125 \tag{9-29}$$

可见频率最终会降低−0.0125pu，在额定频率为50(60)Hz的系统中，频率会降低0.625(0.75)Hz。从这个例子中，可以发现在扰动发生的瞬间，频率是不发生变化的，这就是惯性。这一惯性维持的时间越长，系统应对扰动的动作就越来得及。这充分说明发电、负荷自身频率调节特性给系统带来了自动的柔韧性，这对电力系统安全经济运行是有益的。

对多台发电机组构成的系统，在一定条件下，可以近似为一个等效机组和一个等效负荷，等效的示意如图9-6所示。

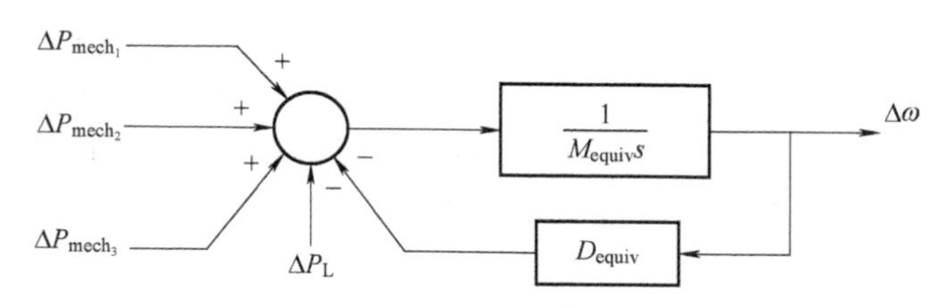

图9-6　多机系统的等效框图

9.4　原动机模型

驱动一台发电机的原动机可以是汽轮机或水轮机，对不同类型原动机进行建模时，必须考虑其相应的特性。例如对汽轮机建模时，必须考虑蒸汽供应和锅炉控制系统的特性；对水轮机建模时，必须考虑其闸门的特性。本节给出最基本的原动机模型，有关复杂的原动机模型，可参阅相关的文献。

原动机模型如图9-7所示，可通过调整、控制汽轮机阀门位置来控制其进气量，进而改变汽轮机输出的机械功率。图9-7给出了控制阀位置与汽轮机输出机械

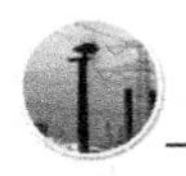

功率之间的关系，图中，T_{CH}为惯性时间常数；ΔP_{valve}为控制阀位置相对其正常值的改变。

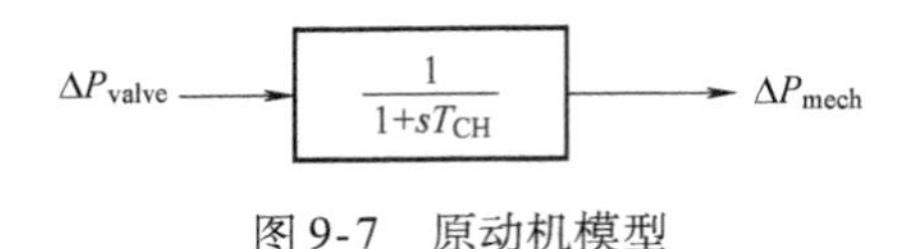

图 9-7　原动机模型

一单机系统的原动机-发电机-负荷整体的模型可通过对图 9-4 和图 9-7 的整合得到，模型如图 9-8 所示。

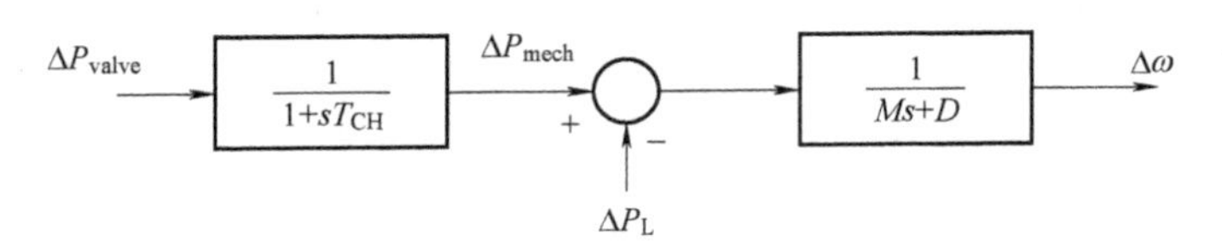

图 9-8　原动机-发电机-负荷模型

9.5　调速器模型

若系统中的发电机组由输出机械功率恒定不变的汽轮机驱动，则任何负荷的波动将完全由对频率敏感负荷的变化来调节，这将导致系统的频率偏离其正常的范围。通过调速器可解决这一问题，调速器能够测量原动机的转速，并可根据系统频率的变化来调整进气阀位置，进而改变原动机输出的机械功率，以应对负荷的变化，将系统的频率恢复至正常范围。最早的调速器是离心飞摆式的，可测量原动机的转速，并将转速的大小反映在其机械运动的形态上。现代的调速器采用电子装置检测原动机转速的变化，常常综合利用电子、机械和水力等多种技术使进气阀处在给定的参考位置上。同步调速器是一种最简单的调速装置，可通过对进气阀位置的调整使频率恢复至正常值。若简单地将转速测量的输出端直接与进气阀连接在一起，进气阀位置随着转速变化呈等比例的改变，此时不能将系统的频率恢复至正常值。为了实现对频率的无差控制，必须采用比例积分控制。比例积分控制通过引入对频率偏差的积分环节来实现。

图 9-9 给出了同步调速器的工作原理。将转速量测装置输出的转速 ω 和参考转速 ω_{ref}的差，得到转速偏差 $\Delta\omega$，将 $\Delta\omega$ 反向并通过比例环节放大 K_G 倍，继而积分成一个对进气阀的控制信号 ΔP_{valve}。若原动机运行在额定转速时负荷突然增加，则其转速会下降，转速偏差 $\Delta\omega$ 为负，$\Delta\omega$ 经过反向过程和比例积分环节的作用得到的控制信号 ΔP_{valve}为正，将其作用于控制阀使得进气阀开度增加，这将增加原动机输出的机械功率，进而驱动发电机的输出电磁功率增加，最终提升系统的频率。为使频率重新恢复至参考值，须将进气阀调整至一个新的位置，使发电机组输出功率完全应对负荷的变化。

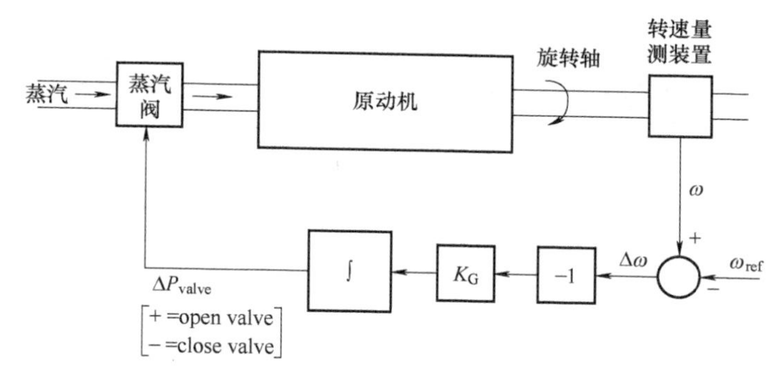

图 9-9　同步调速器

图 9-9 所示的同步调速器不能满足系统同时接入多台发电机组的情况。在系统同时接入多台发电机组时，相应调速器设定的参考转速必须精确相等，否则，各调速器都试图将系统频率拉入各自设定的参考值，使得各调速器不能稳定工作。为避免此种情况的发生，须在调速器上增加一反馈环节，使得调速器在各自给定的参考载荷下调整原动机转速。

这一过程可通过图 9-10 给出的调速器来实现，其在同步调速器的积分环节上增加了一个静态反馈环节，引入参考负荷这一新的输入量。此时调速器的框图如图 9-11 所示，与同步调速器相比多了增益 $1/R$ 和时间常数 T_G 两个参数。

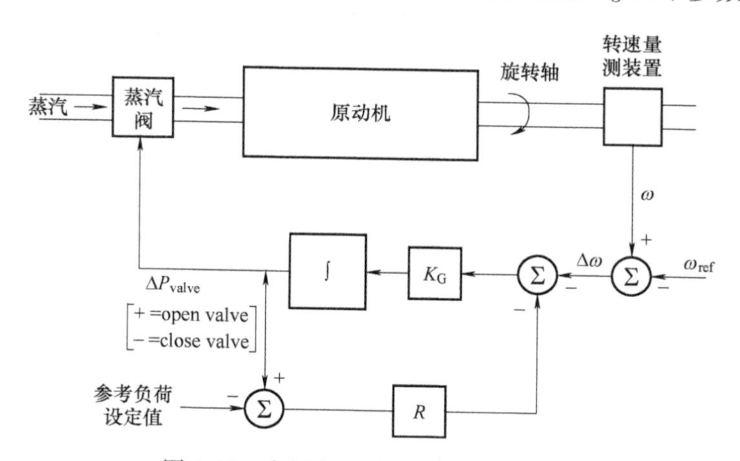

图 9-10　含频率下垂反馈环节的调速器

带反馈增益 $1/R$ 的调速器调频特性如图 9-12 所示，此时的调速器具有下垂特性，增益 R 决定了其下垂特性斜率的大小，即决定了发电机组输出功率随频率变化增减的多少。R 需要根据发电机输出功率范围进行统一整定，使各台发电机组出力从 0 增加至 100% 时对频率增减的影响效果相同。在此整定原则下，各发电机可根据各自额定功率的大小自动等比例地分配负荷的变化。

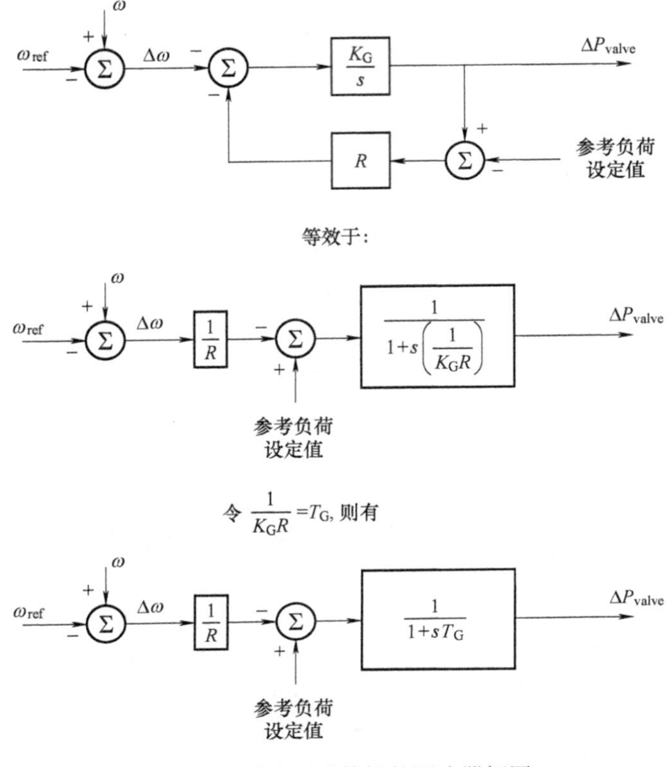

图 9-11　具有下垂特性的调速器框图

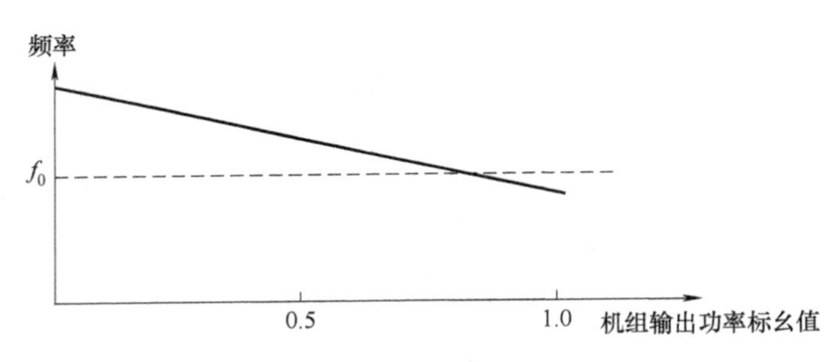

图 9-12　调速器的调频特性（下垂特性）

若系统中同时接入两台调速器具有下垂特性的发电机组，则系统的频率是唯一的，且这个频率会决定两台机组分担负荷的变化，图 9-13 展示了两台机组对负荷变化的分配。如图 9-13 所示，两台发电机组的初始运行状态处在正常频率 f_0，负荷突然增加 ΔP_L，使调速器的下垂反馈发挥作用，增加两台发电机组的输出功率，直至两台机组的频率达到一个新的相同值。两台机组对负荷分配的比例等于各自下垂曲线的斜率比，第一台机组的输出功率由 P_1 增加至 P_1'，第二台机组输出功率由 P_2 增加至 P_2'，使得净发电功率增加了 $P_1'-P_1+P_2'-P_2$，刚好补偿负荷的

增加量 ΔP_{L}。值得注意的是，实际上系统最后达到的稳态频率还与负荷的频率特性有关。

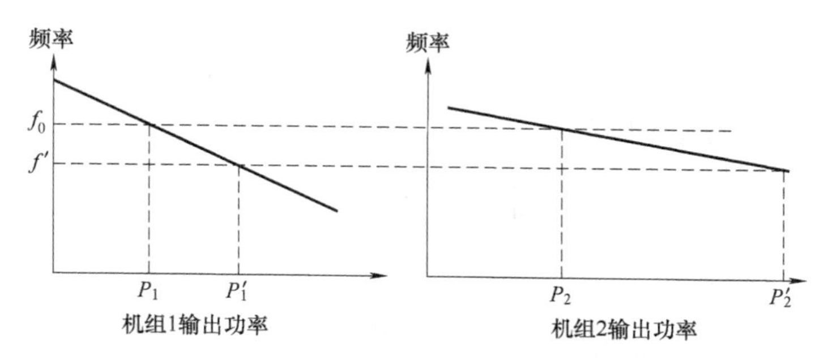

图 9-13 带有下垂特性调速器的机组之间负荷分配

如图 9-14 所示，可通过调整参考负荷（图 9-10 中的参考负荷设定值，实际上就是我们前面章节中提到的机组调度基点）来调整发电机组在给定频率下的输出功率。在对发电机组控制过程中，参考负荷是基本的控制输入量。通过调整每台机组的参考负荷，可实现对发电机组的调度，保证系统的频率接近正常值。

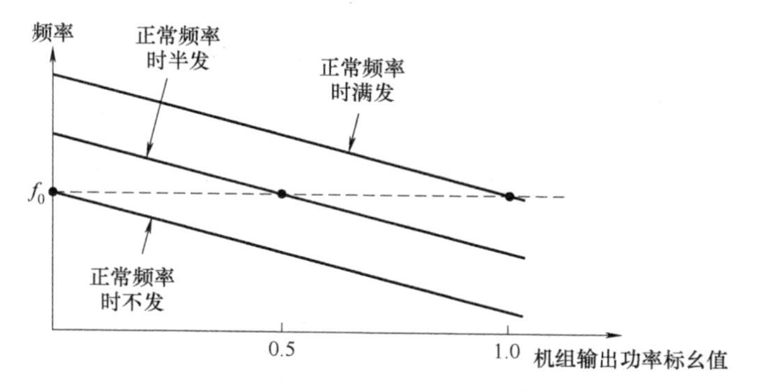

图 9-14 参考负荷的选择对下垂特性的影响

频率变化 $\Delta\omega$ 为 R 时，进气阀位置改变量 $\Delta P_{\mathrm{valve}}=1.0\mathrm{pu}$，常常用百分数来表示机组的这一调整特性。例如，机组的调差系数为 3% 表示频率变化 3% 将导致机组进气阀位置改变 100% 。由此可得出，R 等于频率的变化除以发电机组输出功率的变化，即

$$R=\frac{\Delta\omega}{\Delta P} \tag{9-30}$$

在此，我们可以将发电机组的各部分模型进行整合，得到调速器-原动机-转子/负荷的模型如图 9-15 所示，假设负荷突然增加，有

$$\Delta P_{\mathrm{L}}(s)=\frac{\Delta P_{\mathrm{L}}}{s} \tag{9-31}$$

负荷变化量 ΔP_{L} 和频率变化量 $\Delta\omega$ 之间的传递函数为

$$\Delta\omega=\Delta P_{\mathrm{L}}(s)\left[\frac{\frac{-1}{Ms+D}}{1+\frac{1}{R}\left(\frac{1}{1+sT_{\mathrm{G}}}\right)\left(\frac{1}{1+sT_{\mathrm{CH}}}\right)\left(\frac{1}{Ms+D}\right)}\right] \tag{9-32}$$

频率变化最终将趋于稳定。

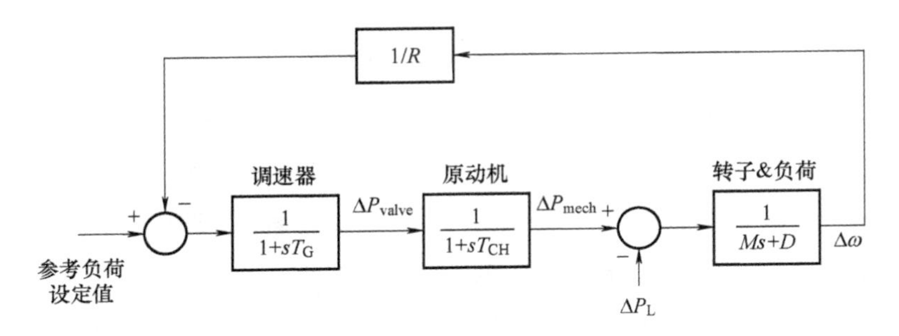

图 9-15　调速器-原动机-转子/负荷模型框图

稳定状态下

$$\Delta\omega=\lim_{s\to 0}[s\Delta\omega(s)]=\frac{-\Delta P_{\mathrm{L}}\left(\frac{1}{D}\right)}{1+\left(\frac{1}{R}\right)\left(\frac{1}{D}\right)}=\frac{-\Delta P_{\mathrm{L}}}{D+\frac{1}{R}} \tag{9-33}$$

假设系数 $D=0$，则频率的变化可简化为

$$\Delta\omega=-R\Delta P_{\mathrm{L}} \tag{9-34}$$

若 n 台发电机组接入一个系统，考虑多台发电机组调速器的调节作用，则频率变化为

$$\Delta\omega=\frac{-\Delta P_{\mathrm{L}}}{\frac{1}{R_1}+\frac{1}{R_2}+\cdots+\frac{1}{R_n}+D} \tag{9-35}$$

9.6　互联系统模型

对两区域互联系统，采用直流潮流假设，对其联络线建模：

$$P_{\text{tie flow}}=\frac{1}{X_{\text{tie}}}(\theta_1-\theta_2) \tag{9-36}$$

此联络线中的潮流为稳态值，对式（9-36）进行摄动，得到潮流变化量关于相角变化量之间的函数关系为

$$P_{\text{tie flow}}+\Delta P_{\text{tie flow}}=\frac{1}{X_{\text{tie}}}[(\theta_1+\Delta\theta_1)-(\theta_2+\Delta\theta_2)]=\frac{1}{X_{\text{tie}}}(\theta_1+\Delta\theta_1)-\frac{1}{X_{\text{tie}}}(\theta_2+\Delta\theta_2) \tag{9-37}$$

则

$$\Delta P_{\text{tie flow}} = \frac{1}{X_{\text{tie}}}(\Delta\theta_1 - \Delta\theta_2) \tag{9-38}$$

式中，$\Delta\theta_1$、$\Delta\theta_2$ 分别等于联络线所连接两个区域的相角 $\Delta\delta_1$、$\Delta\delta_2$，结合式（9-6）可得

$$\Delta P_{\text{tie flow}} = \frac{T}{s}(\Delta\omega_1 - \Delta\omega_2) \tag{9-39}$$

式中，$T = \frac{314}{X_{\text{tie}}}$（系统频率为 50Hz）或 $T = \frac{377\times 1}{X_{\text{tie}}}$（系统频率为 60Hz）；$\Delta\theta$ 的单位是弧度，而 $\Delta\omega$ 的单位是频率，1Hz 对应的弧度是 2π rad，由于系统的频率是 50Hz 或 60Hz，需要将 $\Delta\omega$ 乘以 314rad/s 或 377rad/s（2π rad × 50Hz 或 2π rad × 60Hz）才等于对应的弧度。T 可理解成联络线的“刚性”系数。

针对一个两区域互联系统，每个区域都接入一台发电机，两个区域之间通过一根联络线连接。联络线的功率可以看成两个区域的电源或负荷，其大小由两个区域的相位差决定。图 9-16 给出了该互联系统的框图，假设联络线的功率由区域 1 流向区域 2，则联络线功率对于区域 1 来讲是一个负荷，对区域 2 则是一个电源。

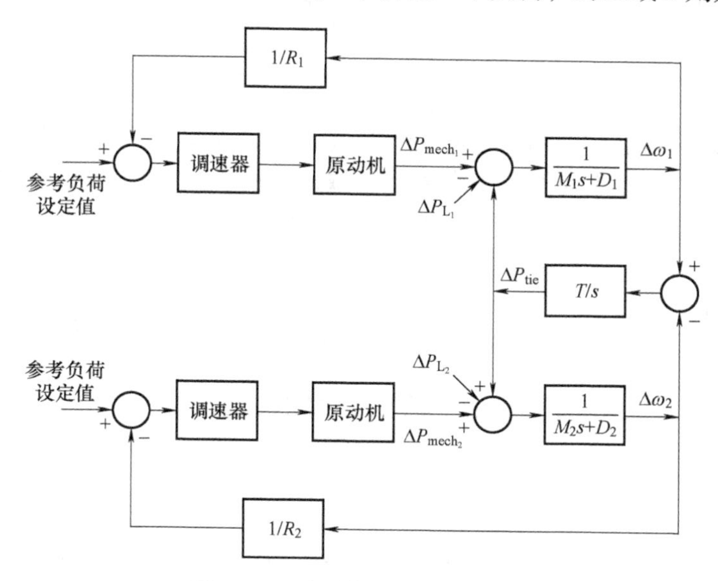

图 9-16　两区域互联系统的框图

当该互联系统的负荷突然增加时，分析频率和联络线功率变化的稳定值是至关重要的。若区域 1 的负荷突然增加 ΔP_{L_1}，在经过同步振荡过程之后，两个区域的频率将趋于同一恒定值，此时有

$$\Delta\omega_1 = \Delta\omega_2 = \Delta\omega \text{ 且} \frac{d\Delta\omega_1}{dt} = \frac{d\Delta\omega_2}{dt} = 0 \tag{9-40}$$

$$\Delta P_{\text{mech}_1} - \Delta P_{\text{tie}} - \Delta P_{\text{L}_1} = \Delta\omega D_1 \tag{9-41}$$

$$\Delta P_{\text{mech}_2} + \Delta P_{\text{tie}} = \Delta\omega D_2 \tag{9-42}$$

$$\Delta P_{\text{mech}_1} = \frac{-\Delta\omega}{R_1} \tag{9-43}$$

$$\Delta P_{\text{mech}_2} = \frac{-\Delta\omega}{R_2} \tag{9-44}$$

对式（9-31）作适当的变形可得

$$-\Delta P_{\text{tie}} - \Delta P_{\text{L}_1} = \Delta\omega\left(\frac{1}{R_1} + D_1\right) \tag{9-45}$$

$$\Delta P_{\text{tie}} = \Delta\omega\left(\frac{1}{R} + D_2\right) \tag{9-46}$$

最终得到

$$\Delta\omega = \frac{-\Delta P_{\text{L}_1}}{\frac{1}{R_1} + \frac{1}{R_2} + D_1 + D_2} \tag{9-47}$$

由式（9-46）和式（9-47）可得联络线功率的变化为

$$\Delta P_{\text{tie}} = \frac{-\Delta P_{\text{L}_1}\left(\frac{1}{R_2} + D_2\right)}{\frac{1}{R_1} + \frac{1}{R_2} + D_1 + D_2} \tag{9-48}$$

式（9-40）~式（9-48）描述了系统在负荷突变后达到的新的稳定状态，此时联络线潮流由净负荷改变的大小和两个区域发电机组的运行特性、负荷阻尼系数共同决定，与联络线的“刚性”无关，但是联络线的“刚性”将决定其两端相角之差受联络线潮流变化影响的程度。

【算例2】

考虑一个两区域互联系统，区域之间由一条联络线连接，系统参数如表9-1所示。

表9-1　系统参数

区域1	区域2
$R=0.01$pu	$R=0.02$pu
$D=0.8$pu	$D=1.0$pu
基准功率=500MV·A	基准功率=500MV·A

区域1的负荷突然增加100MW（0.2pu），系统达到新的稳定状态后频率和联络线潮流变化分别是多少？假设两个区域在初始状态下的频率都为60Hz。

$$\Delta\omega = \frac{-\Delta P_{\text{L}_1}}{\frac{1}{R_1} + \frac{1}{R_2} + D_1 + D_2} = \frac{-0.2}{\frac{1}{0.01} + \frac{1}{0.02} + 0.8 + 1}\text{pu} = -0.00131752\text{pu} \tag{9-49}$$

$$f_{\text{new}} = 60\text{Hz} - 0.00132 \times 60\text{Hz} = 59.92\text{Hz} \tag{9-50}$$

$$\Delta P_{\mathrm{tie}}=\Delta\omega\left(\frac{1}{R_2}+D_2\right)=-0.00131752\left(\frac{1}{0.02}+1\right)\mathrm{pu}=-0.06719368\mathrm{pu}=-33.6\mathrm{MW} \tag{9-51}$$

原动机输出功率变化为

$$\Delta P_{\mathrm{mech}_1}=\frac{-\Delta\omega}{R_1}=-\left(\frac{-0.00131752}{0.01}\right)\mathrm{pu}=0.13175231\mathrm{pu}=65.876\mathrm{MW} \tag{9-52}$$

$$\Delta P_{\mathrm{mech}_2}=\frac{-\Delta\omega}{R_2}=-\left(\frac{-0.00131752}{0.02}\right)\mathrm{pu}=0.06587615\mathrm{pu}=32.938\mathrm{MW} \tag{9-53}$$

两个原动机输出机械功率变化总和为98.814MW，比负荷的增加量（100MW）少1.186MW，两个区域对频率敏感的负荷变化分别为

$$\text{区域 1 负荷变化}=\Delta\omega D_1=-0.0010540\mathrm{pu}=-0.527\mathrm{MW} \tag{9-54}$$

$$\text{区域 2 负荷变化}=\Delta\omega D_2=-0.00131752\mathrm{pu}=-0.6588\mathrm{MW} \tag{9-55}$$

可见对频率敏感的负荷总共变化1.186MW，正好等于负荷增加量与发电增加量之间的差值。

图9-17给出了负荷突然改变后频率偏差的动态变化过程。需注意，此处忽略高频振荡对频率动态变化过程的影响。

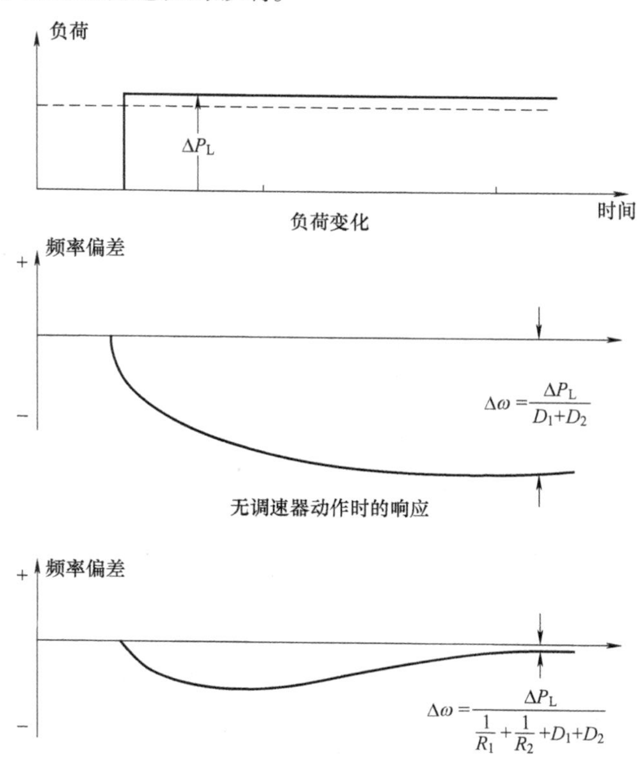

图9-17　负荷变化时的频率响应

9.7 自动发电控制

自动发电控制（Automatic Generation Control，AGC）的目的有三个：

1）使系统频率维持在正常值或正常值附近。

2）使互联区域之间联络线的功率维持在给定值。

3）使各台机组出力维持在最经济的运行点（与经济调度相一致）。

9.7.1 辅助控制的作用

为了方便理解 AGC 要达到的三个目的，首先研究只由一台发电机组供应负荷的孤立系统。如图 9-17 所示，负荷的变化会导致频率发生变化，频率变化的多少取决于调速器的下垂特性和负荷的频率特性。因此一旦负荷发生改变，辅助控制必须动作，使系统的频率恢复到正常范围。这一过程可通过在调速器上增加一个复归（或积分）控制来实现，如图 9-18 所示。

辅助控制的作用原理是，通过复归控制重新设定调速器的参考负荷（在非常短时间内难以准确决策这个参考值，一般通过计算参与因子来实现），从而促使频率偏差趋于零，例如，使图 9-17 最下面图中所示的频率偏差趋于零。

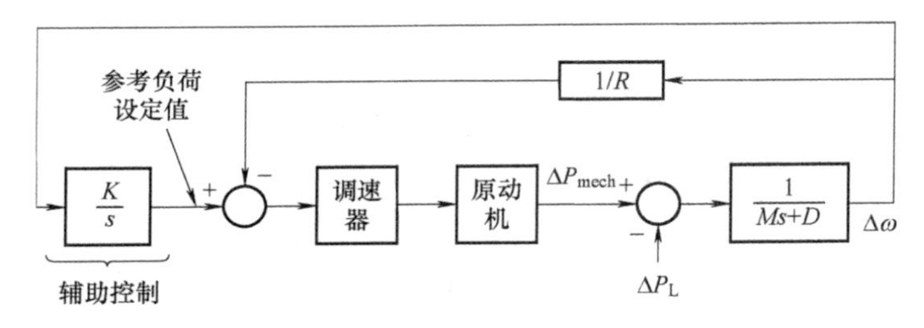

图 9-18 有辅助控制的发电机组控制框图

9.7.2 联络线控制

区域之间的互联有很多好处，相邻区域之间可通过买卖电能来获得收益。即便相邻区域之间不存在电能的交易，在某个区域发电机组发生故障时，其他互联区域的发电机组可提供有效的频率支撑，有助于恢复系统的频率。

互联系统的功率分配是一个很值得关注的控制问题，以两区域互联系统为例对这一问题进行分析，如图 9-19 所示。假设图 9-19 中两个区域的发电、负荷都有相同的特性（$R_1=R_2$，$D_1=D_2$），根据两个区域运行商之间的合同规定，区域 1 需要向区域 2 输送 100MW 的功率。若区域 2 的负荷突然增加 30MW，由于所有机组有相同的特性，它们最终都要增加 15MW 的出力，联络线的功率由 100MW 增加到 115MW。此时，区域 2 增加的 30MW 负荷，由本区域增加的 15MW 发电和联络线增加的 15MW 注入功率来满足。但是原本合同规定区域 1 注入 100MW 的功率给区域 2，而并非 115MW，区域 1 多发的 15MW 并没有相应的经济补偿。因此须有一

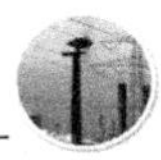

套控制方案保证区域 2 增加 30MW 的发电，以完全补偿负荷的变化。此时可保证区域 1 的发电恢复到负荷突变前的水平。

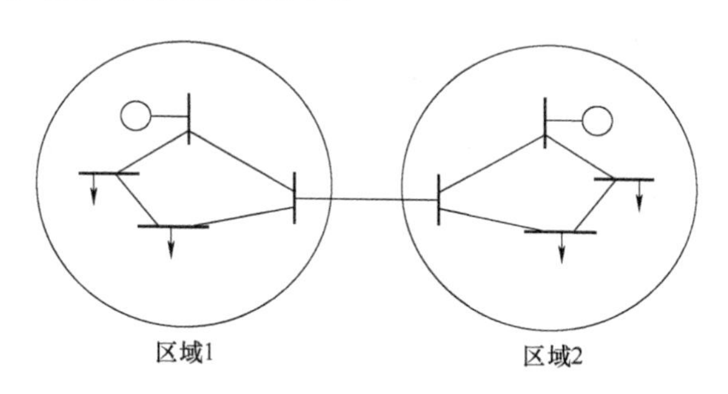

图 9-19　两区域互联系统

实现上述的控制需要两方面的信息，即系统的频率、经联络线流入或流出的净功率。同时，设计的控制方案必须能够识别负荷变化的各种情况：①若频率下降，且由本区域流入联络线的功率增加，则其他区域的负荷有所增加；②若频率下降，且由本区域流入联络线的功率降低，则本区域的负荷有所增加。同理，可得到频率上升时负荷变化的分析结果。在此首先定义如下变量：

$P_{\text{net int}}$ = 流入联络线的净功率（"+"表示功率流入联络线；"-"表示功率流入区域）

$$P_{\text{net int sched}} = \text{联络线功率的设定值}$$

$$\Delta P_{\text{net int}} = P_{\text{net int}} - P_{\text{net int sched}}$$

综上，可将两区域互联系统的频率控制规则总结如表 9-2 所示。

表 9-2　区域互联系统的频率控制规则

$\Delta\omega$	$\Delta P_{\text{net int}}$	负荷变化		控制动作
-	-	ΔP_{L_1}	+	增加区域 1 的发电 P_{gen}
		ΔP_{L_2}	0	
+	+	ΔP_{L_1}	-	降低区域 1 的发电 P_{gen}
		ΔP_{L_2}	0	
-	+	ΔP_{L_1}	0	增加区域 2 的发电 P_{gen}
		ΔP_{L_2}	+	
+	-	ΔP_{L_1}	0	降低区域 2 的发电 P_{gen}
		ΔP_{L_2}	-	

将互联系统的一部分定义为一个控制区域，根据表 9-2 的规则对各区域内部的发电进行控制。控制区域的边界是其与联络线的连接点，可测量所有经过边界的联络线功率，以此为依据，来计算控制区域与外部的净交换功率。

表 9-2 所示的规则可通过相应的控制机制来实施，首先需量化频率的偏差 $\Delta\omega$

和净交换功率的偏差 $\Delta P_{\text{net int}}$。对于图 9-20 所示的两区域互联系统，区域 1 负荷增加 ΔP_{L_1}，由式（9-50）~式（9-54）可得出频率和净交换功率的变化，此处再一次给出相应的结果如表 9-3 所示。

表 9-3　负荷变化与频率和净交换功率的关系

负荷变化	频率变化	净交换功率变化
ΔP_{L_1}	$\Delta\omega = \dfrac{-\Delta P_{L_1}}{\dfrac{1}{R_1}+\dfrac{1}{R_2}+D_1+D_2}$	$\Delta P_{\text{tie}} = \dfrac{-\Delta P_{L_1}\left(\dfrac{1}{R_2}+D_2\right)}{\dfrac{1}{R_1}+\dfrac{1}{R_2}+D_1+D_2}$

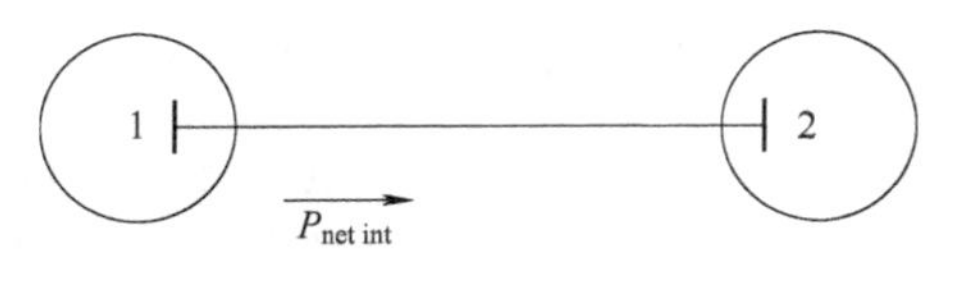

图 9-20　两区域互联系统的联络线功率、频率控制

此种情况如上述表格第一行所示，相应的控制规则为

$$\Delta P_{\text{gen}_1} = \Delta P_{L_1} \tag{9-56}$$

$$\Delta P_{\text{gen}_2} = 0 \tag{9-57}$$

发电机组的增发量被称作区域控制偏差（ACE），表示为了恢复频率和净交换功率所需各区域增加的发电量，各区域 ACE 的计算公式如下

$$\text{ACE}_1 = -\Delta P_{\text{net int}_1} - B_1\Delta\omega \tag{9-58}$$

$$\text{ACE}_2 = -\Delta P_{\text{net int}_2} - B_2\Delta\omega \tag{9-59}$$

式中　B_1 和 B_2——频率偏差系数，其形式如下

$$B_1 = \frac{1}{R_1} + D_1 \tag{9-60}$$

$$B_2 = \frac{1}{R_2} + D_2 \tag{9-61}$$

综上，最终可得出

$$\frac{\Delta P_{L_1}\left(\dfrac{1}{R_2}+D_2\right)}{\dfrac{1}{R_1}+\dfrac{1}{R_2}+D_1+D_2} - \left(\frac{1}{R_1}+D_1\right)\left(\frac{-\Delta P_{L_1}}{\dfrac{1}{R_1}+\dfrac{1}{R_2}+D_1+D_2}\right) = \Delta P_{L_1} \tag{9-62}$$

$$\frac{-\Delta P_{L_1}\left(\dfrac{1}{R_2}+D_2\right)}{\dfrac{1}{R_1}+\dfrac{1}{R_2}+D_1+D_2} - \left(\frac{1}{R_2}+D_2\right)\left(\frac{-\Delta P_{L_1}}{\dfrac{1}{R_1}+\dfrac{1}{R_2}+D_1+D_2}\right) = 0 \tag{9-63}$$

两区域互联系统的辅助控制可通过图 9-21 所示的控制框图来实现，须注意，由式（9-60）和式（9-61）可知，当机组投入或退出运行时，R_1 和 R_2 发生改变，会导致 B_1 和 B_2 变化。实际上，即使 B_1 和 B_2 存在误差，辅助控制内部的动作仍可将 ACE 进行重置使其趋近于零。

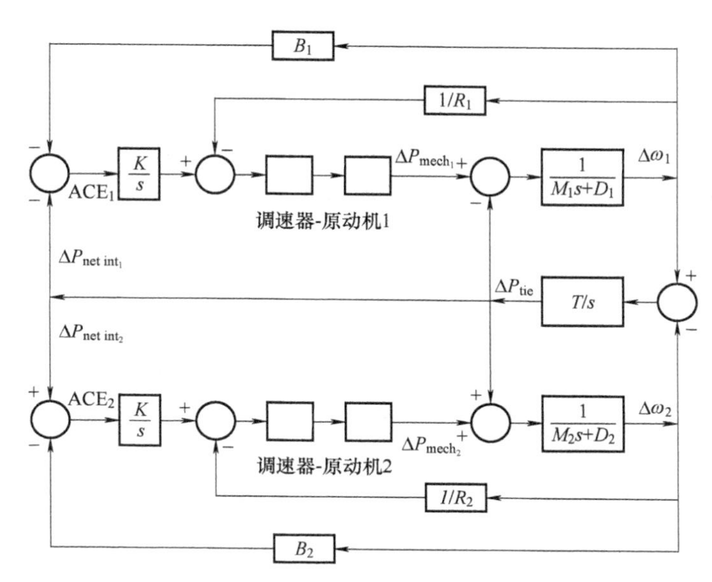

图 9-21 两区域互联系统的辅助控制

9.7.3 发电的分配

若互联系统中每个控制区域只含有一台发电机组[2]，则图 9-21 所示的控制框图完全可以适用。然而，在实际的系统中，单个控制区域内往往含有多台发电机组，此时需要以经济最优为原则对各台机组的出力进行分配。也就是说，我们必须针对辅助控制建立一套相应的经济调度方法，在得到单个区域总发电需求之后，获取其内部各台机组所分配的最经济出力。

在实际的系统中，居民和工厂对电能的消费特点决定了负荷是连续变化的，不能将总发电需求在较长时间内指定为一个恒定不变的量。因此，必须设计这样一种控制机制，能够根据发电需求在短时间内的变化，及时得出各台发电机组分配的出力。这种控制机制早期是通过模拟计算机来完成的，现在已逐渐被基于数字计算机的控制系统取代。虽然模拟计算机并未广泛地用于现代的控制中心，但它们仍有一些应用价值。模拟计算机可根据等耗量微增率准则，及时地实现经济调度和单个区域内部发电的分配。此外，还可引入网损修正系数，通过构造协调方程分配发电机组出力，使调度结构更为准确。

采用数字计算机后，经济调度可以在每一分钟或每几分钟执行一次，经济调度计算的结果或被传送到相应的模拟计算机（数字模拟控制系统），或被传送到用于执行控制过程的数字计算机（直接数字控制系统）。不论控制过程是通过模拟的方式还是数字的方式来实现，当单个区域的发电总需求改变时，对发电的分配过程必须是及时的。由于经济调度要每隔几分钟执行一次，在间隔的几分钟之内必须对发电功率进行再分配，以满足负荷的连续变化。

可利用基点和参与因子来实现对每台发电机组出力的再分配。经济调度根据当前负荷水平得出总发电需求，并将其分配至各台机组，得出每台发电机组的基点功率 $P_{i_{\text{base}}}$，$P_{i_{\text{base}}}$ 代表每台发电机组的最经济出力。在经济调度执行的间隔时间内，各台机组根据参与因子（Participation Factor，PF）来分配总发电需求的变化，PF 代表各台发电机组所分配的出力变化占总发电需求变化的比例。基点和参与因子表示如下

$$P_{i_{\text{des}}} = P_{i_{\text{base}}} + \text{PF}_i \times \Delta P_{\text{total}} \tag{9-64}$$

其中

$$\Delta P_{\text{total}} = P_{\text{new total}} - \sum_{\text{all gen}} P_{i_{\text{base}}} \tag{9-65}$$

式中 $P_{i_{\text{des}}}$——第 i 台机组新的最优出力；

$P_{i_{\text{base}}}$——第 i 台机组的基点功率；

PF_i——第 i 台机组的参与因子；

ΔP_{total}——总发电需求的变化；

$P_{\text{new total}}$——新的总发电需求。

须注意，由式（9-64）和式（9-65）可知所有机组的参与因子之和等于1。若采用直接数字控制系统，对功率的分配可通过基于式（9-64）、式（9-65）的程序来实现。

9.7.4 自动发电控制的实施

现代在实施自动发电控制时，往往要建立一个集中的控制中心，可通过远方终端单元的遥信遥测系统实现。控制中心的计算机可对控制动作进行决策，并通过遥信遥测通道将结果传送至各发电机组的终端。为了实现实时的自动发电控制，控制中心必须能够获取以下几方面信息：①每台发电机组的出力状况；②与邻近区域相连的联络线功率；③系统频率。

AGC 控制程序的计算结果必须能够传送至各台发电机组，通常是传输可变宽度的升/降脉冲信号给发电机组，然后控制装置根据接收信号调高或调低机组的参考负荷以正比于脉冲宽度。控制脉冲信号可以编码成数字信号，将数字信号通过数字遥测信道传送至各台机组。数字遥测在现代电力系统中已被广泛采用，管理控制信号（用于开断变电站的断路器）、遥测信息（关于有功、无功、视在功率和电压的量测量）及控制信息（机组出力上升/下降指令）都是在同一条信道内传输的[57]。

一台机组的闭合复位控制框图如图 9-22 所示，积分环节的增益为 K，通过遥测实现这一控制的示意如图 9-23 所示。图 9-22 和图 9-23 中的输入量 P_{des} 是关于系统频

率偏差、联络线净功率偏差以及每台机组实际出力与最优出力之间偏差的函数。

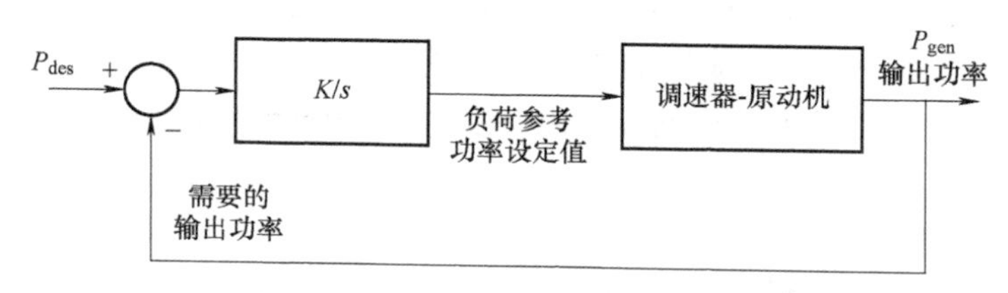

图 9-22 最基本的发电机闭环控制

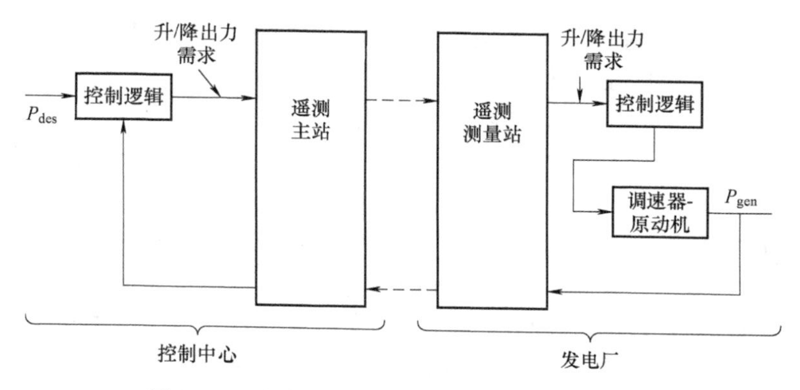

图 9-23 通过遥测实现的最基本发电机闭环控制

为了实施整个控制方案，首先需要知道 ACE，可通过计算区域内实际发电出力与发电需求的偏差得到。ACE 的计算方法如图 9-24 所示。ACE 不为零，表示该区域需要增加或降低发电机出力。然而，ACE 并不是唯一的控制输入量，每台发电机实际出力可能偏离根据基点功率和参与因子得出的最优出力。

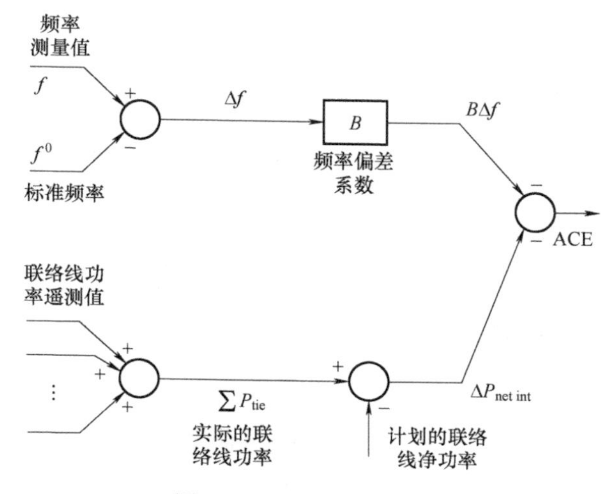

图 9-24 ACE 的计算方法

AGC 控制必须引入关于发电机组出力偏差的反馈环节，对输入信号进行校正。为了实现这一目的，将所有机组出力偏差的总和附加到 ACE 上，得到一个综合误差，将此综合误差作为系统最终的输入量。图 9-25 展示了这一控制系统的框图，整合了 ACE 的计算、发电分配的计算以及发电机组的闭环控制。

基于图 9-25 所示的控制框图，AGC 控制可使 ACE 最终减少至零，同时保证每台发电机出力是最经济的。须注意，在实际应用中，图 9-25 所示的控制框图可能会有很多改变，尤其是采用数字的方法实现 AGC 时，可对相应的计算机程序作大量的改进。

究竟一个“好”的 AGC 系统应该采用何种结构呢？这一问题很难回答，因为对于某个 AGC 系统设计的结构并非一定适用于其他的 AGC 系统。但是从总体上考虑，仍有以下三个准则判断 AGC 系统设计的好坏：

1）在理论上 ACE 不能过大。由于 ACE 直接受负荷随机波动量的影响，难以严格保证 ACE =0，但却要保证 ACE 的统计值维持在一个很小的标准范围内。

2）ACE 不能“堆积”。即一段时间内 ACE 的积分要保持很小，否则会导致较大的系统时间误差，也被称为“Inadvertent Interchange Errors”。

3）应保证 AGC 系统的控制动作次数最少。很多 ACE 中的偏差是由负荷的随机波动导致的，没有必要对此实施控制，否则只会造成对发电机组机械装置不必要的磨损。

一个“好”的 AGC 还要具备一些额外的特征，将在下一节中列出。

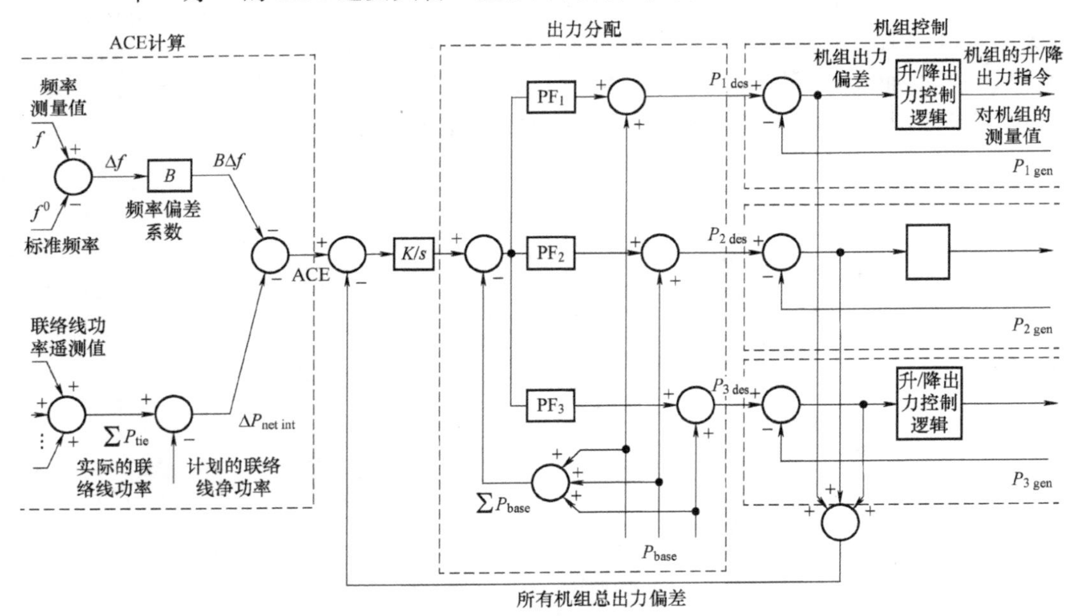

图 9-25　AGC 控制的整体逻辑

9.7.5 AGC 的特征

本节列举了大部分 AGC 系统所具备的一些特征。

辅助动作：当出现较显著的 ACE 变化时，依据等耗量微增率准则分配机组出力可能会给 AGC 带来不良影响。此时参与因子占绝对主导的机组会承担大部分的调控任务，而其他机组的出力却相对维持不变。虽然这在经济上是最优的，但当 ACE 变化较大时，承担大部分调控任务的机组出力可能不会快速跟随 ACE 的变化。此时需要一套辅助动作机制[57]，使所有机组合理地分担 AGC 调整任务，以快速跟随 ACE 的变化，调整过后，再将机组的运行位置恢复至最优经济运行点。

ACE 的滤波：前文提到，ACE 中的大部分偏差是由随机噪声信号引起的，发电机组没必要完全响应。大部分 AGC 系统是采用自适应非线性滤波的办法，将 ACE 中的随机量滤掉。

遥测失败处理机制：必须建立一套机制，保证遥测失败时，AGC 不会出现错误的指令。通常的设计是当遥测失败时，暂时停止 AGC 过程。

控制指令执行效果的检测：个别机组有时不能响应升/降出力的控制脉冲，为了保证系统整体的控制效果，应该建立一套机制来应对这种情况。发生此种情况时，AGC 系统可检测到不能响应控制脉冲的机组，并停止对其控制，将升/降出力的调控任务分配至其余机组。

爬坡控制：AGC 系统中有一套控制机制，可使机组出力按照给定的爬坡速率变化，可用于需要控制机组出力由最小至满发的情况。

爬坡速率限制：机组所能承受的机械应力和热应力是受限的，导致机组出力不能快速变化，也就是说机组的爬坡速率是受限的。若负荷发生较大变化，AGC 系统在分配各台机组出力时必须考虑其相应的爬坡约束。

机组控制模式：很多机组并非完全采用 AGC 模式，它们可在人工操作、承担基荷等多种控制模式之间转换。例如，承担基荷的机组在正常状态下承担相应的基荷功率，但可对 AGC 系统下达的辅助动作指令做出响应，调整自身出力，待响应过程结束后再恢复至原来的基荷功率。

9.8 结论

本章在上述章节讨论问题的基础上，吸收文献［2］表述的成熟的自动发电控制技术，围绕经济调度的基点，对自动发电控制跟踪技术，即元件的模型、机组自动发电控制模型、区域自动发电控制模型、多区域互联自动发电控制模型等进行了较全面的阐述，同时也阐释了电网实现自动发电控制的若干技术问题和经济问题，由此使本书实现了电网调度基础上围绕波动范围应对的闭环体系。

参考文献

[1] 李文沅. 电力系统安全经济运行——模型与方法 [M]. 重庆: 重庆大学出版社, 1989.

[2] ALLEN J WOOD, BRUCE F WOLLENBERG, GERALD B SHEBLÉ. Power generation, operation, and control [M]. New York: John Wiley & Sons, 2013.

[3] 柳焯. 最优化原理及其在电力系统中的应用 [M]. 哈尔滨: 哈尔滨工业大学出版社, 1988.

[4] 韩学山. 动态优化调度的积留量法 [D]. 哈尔滨: 哈尔滨工业大学, 1994.

[5] 韩学山, 张文. 电力系统工程基础 [M]. 北京: 机械工业出版社, 2008.

[6] SEBASTIAN DE LA TORRE, FRANCISCO D GALIANA. On the convexity of the system loss function [J]. IEEE Transactions on Power Systems, 2005, 20 (4): 2061-2069.

[7] 杨朋朋. 机组组合理论与算法研究 [D]. 济南: 山东大学, 2008.

[8] CHAO-AN Li, RAYMOND B JOHNSON, ALVA J SVOBODA. A new unit commitment method [J]. IEEE Transactions on Power Systems, 1997, 12 (1): 113-119.

[9] S J WANG, S M SHAHIDEHPOUR, DANIEL S KIRSCHEN, et al. Short-term generation scheduling with transmission and environmental constraints using an augmented Lagrangian relaxation [J]. IEEE Transactions on Power Systems, 1995, 10 (3): 1294-1301.

[10] S O ORERO, M R IRVING. Large scale unit commitment using a hybrid genetic algorithm [J]. International Journal of Electrical Power & Energy Systems, 1997, 19 (1): 45-55.

[11] 孟祥星, 韩学山. 不确定性因素引起备用的探讨 [J]. 电网技术, 2005 (01): 30-34.

[12] ROSS BALDICK. The generalized unit commitment problem [J]. IEEE Transactions on Power Systems, 1995, 10 (1): 465-475.

[13] 张利, 赵建国, 韩学山. 考虑网络安全约束的机组组合新算法 [D]. 济南: 山东大学, 2006.

[14] 李文博. 输配电网潮流与优化的理论研究 [D]. 济南: 山东大学, 2013.

[15] 王云鹏, 韩学山, 孙东磊, 等. 基于交直流关联最小雅可比矩阵结构的潮流算法 [J]. 电力系统自动化, 2015, 39 (7): 1-6.

[16] 张心怡. 柔性交直流电网潮流算法的研究 [D]. 济南: 山东大学, 2017.

[17] 陈亚民. 电力系统计算程序及其实现 [M]. 北京: 水利电力出版社, 1995.

[18] 李华东, 韩学山, 卢艺, 等. 配电网潮流计算的实用算法 [J]. 东北电力学院学报, 1997, 17 (1): 60-66.

[19] 车仁飞. 配电网潮流计算及重构算法的研究 [D]. 济南: 山东大学, 2003.

[20] 陈海焱. 含分布式发电的电力系统分析方法研究 [D]. 武汉: 华中科技大学, 2007.

[21] 王锡凡, 方万良, 杜正春. 现代电力系统分析 [M]. 北京: 科学出版社, 2003.

[22] 徐政. 交流等值法交直流电力系统潮流计算 [J]. 中国电机工程学报, 1994 (03): 1-6.

[23] DANIEL J TYLAVSKY. A simple approach to the solution of the ac-dc power flow problem [J]. IEEE Transactions on Education, 1984, 27 (1): 31-40.

[24] 邱革非，束洪春，于继来．一种交直流电力系统潮流计算实用新算法［J］．中国电机工程学报，2008，28（13）：53-57.

[25] 李文博，韩学山，张波．直流输电单元运行模式等效的交直流电网潮流算法［J］．电网技术，2013，37（1）：126-130.

[26] 徐政．交直流电力系统动态行为分析［M］．北京：机械工业出版社，2004.

[27] 柴润泽，张保会，薄志谦．含电压源型换流器直流电网的交直流网络潮流交替迭代方法［J］．电力系统自动化，2015，39（7）：7-13.

[28] 张强．静态条件下输电能力计算及可用输电能力决策研究［D］．济南：山东大学，2007.

[29] GREG ASTFALK，IRVIN LUSTIG，ROY MARSTEN et al. The interior-point method for linear programming［J］. IEEE software，1992，9（4）：61-68.

[30] 张建中，许绍吉．线性规划［M］．北京：科学出版社，1999.

[31] YU-CHI WU，ATIF S DEBS，ROY E MARSTEN. A direct nonlinear predictor-corrector primal-dual interior point algorithm for optimal power flows［J］. IEEE Transactions on power systems，1994，9（2）：876-883.

[32] 潘珂，韩学山，孟祥星．无功优化内点法中非线性方程组求解规律研究［J］．电网技术，2006（19）：59-65.

[33] LEUNG TSANG. Power Systems Test Case Archive-UWEE［OL］. 2006. http://www.ee.washington.edu/research/pstca/.

[34] 钟世民，韩学山，刘道伟，等．计及校正控制的安全约束最优潮流的奔德斯分解算法［J］．中国电机工程学报，2011，31（1）：65-71.

[35] JORGE NOCEDAL，STEPHEN WRIGHT. Numerical optimization［M］. New York：Springer Science & Business Media，2006.

[36] LUIS S VARGAS，VICTOR H QUINTANA，ANTHONY VANNELLI. A tutorial description of an interior point method and its applications to security-constrained economic dispatch［J］. IEEE Transactions on Power Systems，1993，8（3）：1315-1324.

[37] 张伯明，陈寿孙，严正．高等电力网络分析［M］．北京：清华大学出版社，2007.

[38] YONG FU，MOHAMMAD SHAHIDEHPOUR，ZUYI LI. Long-term security-constrained unit commitment：hybrid Dantzig-Wolfe decomposition and subgradient approach［J］. IEEE Transactions on Power Systems，2005，20（4）：2093-2106.

[39] JOSÉ A AGUADO，VÍCTOR H QUINTANA. Inter-utilities power-exchange coordination：a market-oriented approach［J］. IEEE Transactions on Power Systems，2001，16（3）：513-519.

[40] 于尔铿，韩放，谢开．电力市场［M］．北京：中国电力出版社，1998.

[41] 孟祥星．市场环境下电力系统有功调度与无功优化的经济规律研究［D］．济南：山东大学，2007.

[42] 张国全，王秀丽，王锡凡．电力市场中旋转备用的效益和成本分析［J］．电力系统自动化，2000（21）：14-18.

[43] ALEXIS L MOTTO，FRANCISCO D GALIANA. Equilibrium of auction markets with unit commitment：The need for augmented pricing［J］. IEEE Transactions on Power Systems，2002，17（3）：798-805.

[44] FRANCISCO D GALIANA, ALEXIS L MOTTO, FRANÇOIS BOUFFARD. Reconciling social welfare, agent profits, and consumer payments in electricity pools [J]. IEEE Transactions on Power Systems, 2003, 18 (2): 452-459.

[45] 王士柏. 应对不确定性电力系统经济调度的理论研究 [D]. 济南: 山东大学, 2015.

[46] LEI WU, MOHAMMAD SHAHIDEHPOUR, ZUYI LI. Comparison of scenario-based and interval optimization approaches to stochastic SCUC [J]. IEEE Transactions on Power Systems, 2011, 27 (2): 913-921.

[47] 王成山, 肖峻, 罗凤章. 多层分区空间负荷预测结果综合调整的区间方法 [J]. 电力系统自动化, 2004 (12): 12-17.

[48] 王守相, 徐群, 张高磊, 等. 风电场风速不确定性建模及区间潮流分析 [J]. 电力系统自动化, 2009, 33 (21): 82-86.

[49] FRED N LEE, ARTHUR M BREIPOHL. Reserve constrained economic dispatch with prohibited operating zones [J]. IEEE transactions on power systems, 1993, 8 (1): 246-254.

[50] T ADHINARAYANAN, M SYDULU. Fast and effective algorithm for economic dispatch with prohibited operating zones [M]. New York: IEEE, 2006.

[51] 华健. 电力系统拓扑分析的高斯消元算法及其研究应用 [D]. 济南: 山东大学, 2007.

[52] 陈子岐. 图论 [M]. 北京: 高等教育出版社, 1990.

[53] ALFRED V AHO, JOHN E HOPCROFT. The design and analysis of computer algorithms [M]. Pearson Education India, 1974.

[54] 李俊锋, 冯刚. 离散数学 [M]. 北京: 清华大学出版社, 2006.

[55] 于尔铿. 电力系统状态估计 [M]. 北京: 水利电力出版社, 1985.

[56] CAIRNS C ZIVANOVIC R. Real Time Voltage Phosar Measurements for Static Estimation: An Overview [J]. IEEE African Conference, 1996 (2): 1006-1011.

[57] MAOJUN YAO, RAYMOND R SHOULTS, RANDY KELM. AGC logic based on NERC's new control performance standard and disturbance control standard [J]. IEEE Transactions on Power Systems, 2000, 15 (2): 852-857.